4과목 통합

간호연구방법론
간호과정론
간호지도자론
간호윤리와 법

최신 개정판

독학사

한권으로 합격하기

간호학과

합격문제집

- 최강적중 예상문제 + 합격 TEST 3회 수록!
- 출제 가능성이 높은 문항만 엄선하여 수록!

4단계

인터넷 강의 | 신지원에듀
www.sinjiwonedu.co.kr

Preface
머리말

독학에 의한 학위취득제는 「독학에 의한 학위취득에 관한 법률」에 따라 독학자에게 학사학위 취득의 기회를 줌으로써 평생교육의 이념을 구현하고 개인의 자아실현과 국가 · 사회의 발전에 이바지하는 것을 목적으로 한다. 현재 독학학위 취득시험은 「평생교육법」에 의해 '국가평생교육진흥원'에서 관장하며, 홈페이지를 통해 과목별 평가영역을 구체적으로 알려 주고 있다.

독학사 시험에서 다루는 4단계 학위취득 종합시험은 시험의 최종 단계로 학위를 취득한 사람이 일반적으로 갖추어야 할 소양과 전문지식 및 기술을 종합적으로 평가한다.

간호학에서의 독학사를 통해 학사 학위를 받으면 대학원 진학, 해외로의 취업 등 많은 길이 열려 있어 내 미래를 끌어 올릴 수 있는 기폭제가 될 수 있다.

그동안의 독학사 기출문제를 분석해보면 문제은행식이라 할 수 있다. 따라서 수험생들은 기출문제를 중심으로 주어진 범위와 내용을 반복 학습해야 하며, 이것이 합격점 이상의 점수를 얻을 수 있는 최선의 방법이다.

모든 지식을 빠뜨리지 않고 실어 놓은 수험서가 꼭 좋은 수험서라고는 할 수 없다. 우리가 치러야 할 시험이 요구하는 준거를 무난히 통과하기 위해서 주어진 시간과 비용을 고려해 가장 효율적인 방법을 선택하는 것이 필요하다. 이런 점에서 본서는 기출을 기반으로 예상문제를 개발해 최소한의 충분한 양을 수록하였다.

독학사 학위취득을 위해 본서를 선택한 모든 수험생분들이 꼭 학위취득의 기회를 마련하였으면 한다. 본서로 공부하는 분들 모두에게 좋은 결과가 있길 기원한다.

편저자 씀

Information
시험 안내

1 독학학위제란?

독학학위제는 「독학에 의한 학위취득에 관한 법률」에 의거하여 고등학교 졸업 이상의 학력을 가진 사람이라면 누구나 시험에 응시할 수 있으며 총 4개의 과정을 거쳐 학위취득 종합시험에 합격하면 국가에서 학사학위를 수여하는 제도이다.

2 간호학 학위취득 종합시험

구 분	시 간	시험 과목
1교시	09:00~10:40(100분)	국어, 국사, 외국어 중 택 2과목(외국어를 선택할 경우 실용영어, 실용독일어, 실용프랑스어, 실용중국어, 실용일본어 중 택 1과목)
2교시	11:10~12:50(100분)	간호연구방법론, 간호과정론
3교시	14:00~15:40(100분)	간호지도자론, 간호윤리와 법

3 문항 수 및 배점

과정	객관식	주관식	합계
교양과정 · 전공기초	40문항 × 2.5점 = 100점	–	40문항 100점
전공심화 · 학위취득	24문항 × 2.5점 = 60점	4문항 × 10 = 40점	28문항 100점

4 문항 수 및 배점

① 1~3과정 : 매 과목 100점 만점에 전 과목 60점 이상 득점

② 4과정 : 총점 합격제 또는 과목별 합격제 병행 실시

시험 응시원서 접수 시, 총점 합격제와 과목별 합격제 중 자유롭게 선택하여 시험에 응시 가능. 단, 과목별 합격제로 응시하였던 사람이 다시 총점 합격제로 응시할 경우 이전에 기합격된 합격 과목은 모두 인정되지 아니한다.

구분	객관식	합계
합격기준	6과목 총점(600점)의 60%(360점) 이상 득점(과목 낙제 없음)	매 과목 100점 만점의 전 과목(교양 2, 전공 4) 60점 이상 득점
유의사항	6과목 모두 신규 응시해야 하며, 기존에 합격한 과목은 불인정	기존에 합격한 과목은 재응시 불가, 1과목이라도 60점 미만 득점하면 불합격

Information 시험 안내

시험과정별 응시자격

1과정 교양과정 인정시험 → 2과정 전공기초과정 인정시험 → 3과정 전공심화과정 인정시험 → 4과정 학위취득 종합시험

「독학에 의한 학위취득에 관한 법률」 일부 개정에 따라 2016년부터 고등학교 졸업 이상의 학력을 가진 사람이면 누구나 1~3과정(교양과정, 전공기초과정 및 전공심화과정) 시험에 자유롭게 응시 가능. 단, 학사학위 취득을 위한 마지막 과정인 학위취득 종합시험에 응시하기 위해서는 1~3과정 시험에 모두 합격(면제)하거나, 학위취득 종합시험 응시 자격을 충족해야 함.

1 교양과정 · 전공기초과정 및 전공심화과정 인정시험(1~3과정) 응시자격

① 고등학교 졸업자

② 「초 · 중등교육법 시행령」 제98조 제1항에 따라 상급학교의 입학에 있어 고등학교를 졸업한 사람과 같은 수준의 학력이 있다고 인정되는 사람

③ 「평생교육법」 제31조 제2항에 따라 지정된 학력이 인정되는 학교형태의 평생교육시설에서 고등학교 교과과정에 상응하는 교육과정을 마친 사람

④ 「보호소년 등의 처우에 관한 법률」 제29조에 따른 소년원학교에서 고등학교 교육과정을 마친 사람

2 학위취득 종합시험(4과정) 응시자격(단, 응시하고자 하는 전공과 동일전공 인정 학과에 한함)

① 교양과정 인정시험, 전공기초과정 인정시험 및 전공심화과정 인정시험에 합격(면제)한 사람

② 대학(「고등교육법」 제2조 제2호 · 제3호 및 제5호에 따른 학교와 다른 법령에 따라 설립된 대학을 포함) 및 이에 준하는 각종학교(학력인정학교로 지정된 학교만 해당)에서 3년 이상의 교육과정을 수료하였거나 105학점 이상을 취득한 사람

③ 수업 연한이 3년인 전문대학을 졸업한 사람 또는 이와 같은 수준의 자격이 있다고 인정되는 사람(전문대학 졸업예정자는 응시 불가)

④ 「학점인정 등에 관한 법률」 제7조에 따라 105학점(전공 28학점 이상 포함) 이상을 인정받은 사람

⑤ 외국에서 15년 이상의 학교교육 과정을 수료한 사람

3 유의사항

① 학사학위 소지자는 취득한 학사학위 전공과 동일한 전공 시험에 응시할 수 없음.

② **유아교육학, 정보통신학 전공 :** 전공심화과정 인정시험 및 학위취득 종합시험만 개설, 고등학교 졸

업자가 전공심화과정 인정시험에 응시는 가능하나, 학위취득 종합시험에 응시하기 위해서는 1~2 과정 시험 면제요건을 충족하고 3과정 시험에 합격하거나 4과정 시험 응시자격을 충족해야 함.

교양과정 인정시험, 전공기초과정 인정시험 면제대상

- 동일전공 인정학과로 대학에서 2년 이상 교육과정 수료하거나 70학점 이상 학점을 취득한 사람
- 동일전공 인정학과로 학점은행제에 70학점 이상 학점인정을 받은 사람
- 해당 전공 2과정까지 면제 가능한 자격 또는 면허를 취득하거나 시험에 합격한 사람 등

③ 간호학 전공 : 학위취득 종합시험만 개설

간호학 전공은 4과정(학위취득 종합시험)의 시험만 개설. 학위취득 종합시험에 응시하기 위해서는 3년제 전문대학 간호학과를 졸업 또는 4년제 대학교 간호학과에서 3년 이상 교육과정을 수료하거나 105학점 이상을 취득해야 함.

4 시험면제

「독학에 의한 학위취득에 관한 법률 시행령」 제9조에 따라 국가기술자격 취득자, 국가시험 합격 및 자격 · 면허 취득자, 일정한 학력을 수료하였거나 학점을 인정받은 사람은 1~3과정별 인정시험 또는 시험과목을 면제받을 수 있다.

과정면제

- 국가기술자격 취득자 : 자격 취득분야와 동일한 분야의 시험 응시자는 해당 과정 면제
- 교육부령으로 정하는 교육과정 수료자 또는 학점을 인정받은 자
  - ① 교양과정 면제
    - ㉠ 대학 및 이에 준하는 각종학교에서 1년 이상 교육과정을 수료하였거나 35학점 이상을 취득한 사람
    - ㉡ 학점은행제로 35학점 이상을 인정받은 사람
    - ㉢ 외국에서 13년 이상의 학교교육과정을 수료한 사람
  - ② 교양 및 전공기초과정 면제 [면제받고자 하는 전공과 동일전공인정 학과에 한함]
    - ㉠ 대학 및 이에 준하는 각종학교에서 2년 이상 교육과정을 수료하였거나 70학점 이상을 취득한 사람
    - ㉡ 학점은행제로 70학점 이상을 인정받은 사람
    - ㉢ 외국에서 14년 이상의 학교교육과정을 수료한 사람
- 교육부령으로 정하는 시험 합격자 및 자격 · 면허 취득자 : 국가(지방) 공무원 7급 이상의 공개경쟁채용시험 합격자는 해당 과정 면제, 교육부령으로 정하는 자격 면허 취득자는 해당 과정 면제

과목면제

- 국가기술자격 취득자 : 자격 취득 분야와 다른 분야의 시험 응시자는 해당 과목 면제
- 국가평생교육진흥원장이 지정한 강좌 또는 과정 이수자는 해당 과목 면제

독학사와 학점은행제의 연관관계

1 「학점인정 등에 관한 법률」 제7조 제2항 제5호에 따라 독학학위제 시험합격 및 면제교육과정을 이수한 사람은 아래와 같이 학점은행제 학점인정을 받을 수 있음.

독학사의 과정별 학점은행제 등록 시 인정학점

- 학점 (단계별 최대 5과목, 20학점까지 인정 가능)
- 과목당 5학점 (단계별 최대 6과목, 30학점까지 인정 가능)

2 유의사항

① 학점은행제 학습구분 결정기준
- 교양과정 인정시험 : 교양학점으로 인정 가능. 단, 일부 과목의 경우 학점은행제 희망 전공의 표준교육과정에 기초하여 전공필수 혹은 전공선택으로 인정 가능

  예 학점은행제 경영학(학사) 전공의 학습자가 [경영학개론] 과목 합격 시 전공필수와 교양 중 학습자가 원하는 학습구분으로 인정
- 전공기초, 전공심화, 학위취득 종합시험 : 희망 학위 및 전공의 표준교육과정을 기준으로 학습구분이 결정

② 학위취득 종합시험에 합격하여 독학학위제 학사학위를 취득한 경우에는 과정별 합격(면제)과목을 학점으로 인정하지 않음.

③ 시험면제교육과정 이수 학습과목에 한하여 1년/1학기 최대 이수학점, 1개 교육훈련기관 최대 인정학점 제한이 적용됨.

④ 학점인정을 받은 과목 간 중복과목이 있는 경우 학습자가 선택하는 1과목만 인정 가능(단, 독학학위제 시험 과목 간에는 중복 없이 인정 가능)

Tendency

출제경향

1

국가평생교육진흥원에서 고시한 과목별 평가영역에 준거하여 출제하되 특정한 영역이나 분야가 지나치게 중시되거나 경시되지 않도록 한다.

2

독학자들의 취업 비율이 높은 점을 감안하여, 과목의 특성상 가능한 경우에는 학문적이고 이론적인 문항뿐만 아니라 실무적인 문항도 출제한다.

3

단편적 지식의 암기로 풀 수 있는 문항의 출제는 지양하고, 이해력 · 적용력 · 분석력 등 폭넓고 고차원적인 능력을 측정하는 문항을 위주로 한다.

4

이설(異說)이 많은 내용의 출제는 지양하고 보편적이고 정설화된 내용에 근거하여 출제하며, 그럴 수 없는 경우에는 해당 학자의 성명이나 학파를 명시한다.

5

교양과정 인정시험은 대학 교양교재에서 공통적으로 다루고 있는 기본적이고 핵심적인 내용을 출제하되, 교양과정 범위를 넘는 전문적이거나 지엽적인 내용의 출제는 지양한다.

6

전공기초과정 인정시험은 각 전공영역의 학문을 연구하기 위하여 각 학문 계열에서 공통적으로 필요한 지식과 기술을 평가한다.

7

전공심화과정 인정시험은 각 전공영역에 관하여 보다 심화된 전문적인 지식과 기술을 평가한다.

8

학위취득 종합시험은 시험의 최종 과정으로서 학위를 취득한 자가 일반적으로 갖추어야 할 소양 및 전문지식과 기술을 종합적으로 평가한다.

9

교양과정 인정시험 및 전공기초과정 인정시험의 시험방법은 객관식(4지택1형)으로 한다.

10

전공심화과정 인정시험 및 학위취득 종합시험의 시험방법은 객관식(4지택1형)과 주관식(80자 내외의 서술형)으로 하되 과목의 특성에 따라 다소 융통성 있게 출제한다.

학위 취득

과정도

학사 학위 취득

- 총점(600점)의 60%(360점) 이상 득점
- 전 과목(6과목) 60점 이상 득점

4 과정 학위 취득 종합시험 응시

응시자격(동일전공에서)

- 4년제 대학 3학년 수료 또는 105학점 취득
- 3년제 전문대학 졸업
- 학점은행제 105학점(전공 28학점 포함) 인정

1~3과정 전 과목(17개) 합격(면제)

시험 과정 면제

1~3과정 면제자

3 과정 전공심화과정 인정시험 응시

응시자격

고등학교 졸업 이상 학력

시험 과정 면제

1~2과정 면제자

2 과정 전공기초과정 인정시험 응시

응시자격

고등학교 졸업 이상 학력

시험 과정 면제

1과정 면제자

1 과정 교양과정 인정시험 응시

응시자격

고등학교 졸업 이상 학력

Contents
차례

간호연구방법론

최강적중 예상문제

Contents
차례

간호과정론

최강적중 예상문제

Contents
차례

간호지도자론

최강적중 예상문제

Contents
차례

간호윤리와 법

최강적중 예상문제

최강적중 예상문제 + 합격 TEST 3회

간호연구 방법론

독학사

4 단계

독학사

간호학과

합격문제집

4단계

인터넷 강의 | 신지원에듀
www.sinjiwonedu.co.kr

PART 1

과학적 연구의 이해 최강적중 예상문제

CHAPTER

1·2 과학과 연구, 연구윤리

01 **과학적 방법이 지니고 있는 특성 중 다른 연구자들에게도 연구진행 과정과 결과가 이해되어야 하는 것은?**

① 실증성 ② 논리성
③ 객관성 ④ 간주관성

해설 과학적 방법의 특성
- 실증성(empirical) : 실제현상에 의거하여 연구가 이루어져야 한다.
- 논리성(logical) : 전개과정에서 논리적 비약이 없어야 한다.
- 객관성(objective) : 주관적인 판단이나 편견을 배제하고 객관적으로 나타난 증거에 입각하여야 한다.
- 간주관성(intersubjective) : 다른 연구자들에게도 연구진행 과정과 결과가 이해되어야 한다.
- 재현 가능성(replication) : 관찰된 결과나 실험결과가 재현될 수 있어야 한다.
- 체계성(systematic) : 내용의 전개 과정이나 조사과정이 일정한 틀, 순서, 원칙에 입각하여 진행되어야 한다.
- 통제성(controlable) : 연구문제 해결과 관련 없는 변수들의 영향은 제거되어야 한다.

02 **Beat(1981)가 제시한 좋은 연구의 특징과 거리가 먼 것은?**

① 문제해결과 연관되어야 한다.
② 원리와 이론이 정립으로 현상과 사실을 예측해야 한다.
③ 실증적인 증거에 기초하여야 한다.
④ 주관성이나 논리성을 유지하여야 한다.

해설 Beat(1981)가 제시한 좋은 연구의 특징
- 문제해결과 연관되어야 한다.
- 원리와 이론의 정립으로 현상과 사실을 예측해야 한다.
- 실증적인 증거에 기초하여야 한다.
- 정확한 관찰력과 서술에 의한다.
- 조직적이고 체계적이어야 한다.
- 전문지식이나 경험을 보유하여야 한다.
- 객관성이나 논리성을 유지하여야 한다.
- 문제 지향적이어야 한다.
- 지속적이어야 한다.
- 연구결과가 왜곡되지 않고 정직해야 한다.

정답 01 ④ 02 ④

03 간호연구의 필요성을 나열한 것 중 옳지 않은 것은?

① 간호만이 가질 수 있는 전문지식체를 형성한다.

② 기존의 간호지식을 검증한다.

③ 간호학문의 경계성을 무너뜨려 차별화할 수 있다.

④ 새로운 지식체를 축적하며 간호의 범주를 규명한다.

해설 간호연구가 필요한 이유

- 간호만이 가질 수 있는 전문지식체를 형성하고 새로운 지식체를 축적하며 기존의 간호지식을 검증하고 간호의 범주를 규명하여 간호학문의 경계성을 가짐으로써 다른 전문직과 차별화할 수 있다는 것이다.
- 간호연구는 간호중재를 통하여 건강상태의 차이를 가져오며 비용을 절감할 수 있다는 효율성을 입증할 수 있다.
- 간호현장에서 올바른 의사결정을 할 수 있도록 도와주므로 간호사는 간호연구에 관심을 가지고 행할 수 있어야 한다.
- 간호연구는 간호실무와 관련 있어야 하고, 간호와 관련된 지식체를 포함하여야 한다.

04 국제간호협의회의 간호에 대한 정의이다. (　　) 안에 들어갈 적절한 단어는?

> 간호는 모든 연령의 개인, 가족, 집단, 지역사회를 대상으로 아프거나 건강한 사람에게 돌봄을 제공하기 위하여 협력하고 자율적으로 행하는 것이다. 간호는 건강을 (　　)시키고 질병을 (　　)하며 아프거나 장애가 있거나 죽어가는 사람을 돌보는 행위를 포함한다. 건강한 환경과 연구 보건정책 건강제도의 개선, (　　)이 간호의 역할이다.

① 교육, 증진, 예방

② 개선, 증진, 교육

③ 증진, 예방, 교육

④ 교육, 개선, 예방

해설 국제간호협의회의 간호에 대한 정의

'간호는 모든 연령의 개인, 가족, 집단, 지역사회를 대상으로 아프거나 건강한 사람에게 돌봄을 제공하기 위하여 협력하고 자율적으로 행하는 것이다. 간호는 건강을 증진시키고 질병을 예방하며 아프거나 장애가 있거나 죽어가는 사람을 돌보는 행위를 포함한다. 건강한 환경과 연구 보건정책 건강제도의 개선, 교육이 간호의 역할이다(ICN, 2010).'

정답 03 ③ 04 ③

05 **간호연구의 구체적인 연구방법 중 서술에 속하는 것은?**

① 간호현상 사이의 관계를 규명하는 것이다.
② 새로운 정보를 발견하여 간호상황에 대한 이해를 증진시킨다.
③ 특정상황을 조작하여 원하는 결과를 얻을 수 있다.
④ 주어진 현상에서 어떤 변인이나 조건을 변화시켜 결과가 나올 것을 추정할 수 있게 한다.

해설 서술(Description)
간호현상과 현상과의 관련성을 이해하고 확인하는 것을 의미한다. 연구자는 간호실무를 서술하고, 새로운 정보를 발견하여 간호상황에 대한 이해를 증진시키며, 학문을 적용하여 정보를 분류한다. 탐색을 목적으로 하는 연구는 간호현상을 통제, 예측, 설명하는 데 기초가 된다.

06 **농촌지역 중학생의 섭식장애와 부모-자녀 의사소통과의 관계를 파악하여 청소년의 문제행동으로의 진행을 막고 조기에 예방하고자 하는 연구를 진행하였다. 이것은 연구방법의 어떤 목적을 적용한 것인가?**

① 서술 ② 설명
③ 예측 ④ 통제

해설 설명(Explanation)
설명은 간호현상 사이의 관계를 규명하는 것으로, 어떤 현상이 일어난 이유를 확인하고자 함이다. 예를 들면 농촌지역 중학생의 섭식장애와 부모-자녀 의사소통과의 관계를 파악하여 청소년의 문제행동으로의 진행을 막고 조기에 예방하고자 하였다. 이와 같이 관계를 파악하고자 하는 연구는 간호현상 사이의 관계를 파악하여 예측과 통제에 대한 연구를 행하는 데 기초가 된다.

07 **주어진 현상에서 어떤 변인이나 조건을 변화시켜 결과가 나올 것을 추정할 수 있게 하는 연구방법의 목적은?**

① 서술 ② 설명
③ 예측 ④ 통제

해설 예측(Prediction)
예측은 주어진 현상에서 어떤 변인이나 조건을 변화시켜 결과가 나올 것을 추정할 수 있게 한다. 그러나 예측은 결과를 변화시킬 수는 없으며 간호사는 예측을 통하여 간호중재가 대상자에게 미치는 영향을 예상할 수 있다. 예를 들면 김문실 등(1999)은 말기암 환자의 호스피스교육 프로그램을 개발하여 효과를 파악하고 프로그램이 죽음의식에 미치는 영향을 파악하고자 하였는데, 그 결과 교육 프로그램이 죽음의식을 긍정적으로 변화시킬 수 있다는 예측을 할 수 있음을 알 수 있었다.

정답 05 ② 06 ② 07 ③

08 집단인지기능향상 프로그램을 취약계층 재가노인에게 적용하여 인지기능, 우울, 삶의 질이 적용하지 않은 대상자보다 높음을 알 수 있었다면 이렇게 특정상황을 조작하여 원하는 결과를 얻을 수 있는 것은?

① 서술 ② 설명
③ 예측 ④ 통제

해설 통제(Control)
예측을 할 수 있으면 통제를 통해 특정상황을 조작하여 원하는 결과를 얻을 수 있다. 바람직한 결과를 위하여 원인적 요인을 통제할 수 있다. 간호사는 원하는 건강목표를 달성하기 위하여 대상자에게 특정한 간호중재를 행한다. 한영란 등(2010)은 집단인지기능향상 프로그램을 취약계층 재가노인에게 적용하여 인지기능, 우울, 삶의 질이 적용하지 않은 대상자보다 높음을 알 수 있었다. 이와 같이 집단인지기능을 향상시키는 프로그램 적용은 상황을 조정, 통제하여 취약계층 재가노인의 건강상태에 긍정적인 효과를 가져왔음을 알 수 있다.

09 간호연구의 필요성을 설명한 것 중 옳지 않은 것은?

① 간호실무를 향상시킬 수 있는 방법을 연구할 필요성이 있다.
② 간호수행이 질적이며 비용효과적으로 대상자에게 제공해야 하므로 연구해야 한다.
③ 간호연구와 간호실무와의 관계는 하나의 개념틀이 아니므로 연구해야 한다.
④ 간호사는 대상자의 건강수준을 최대한으로 향상시킬 수 있는 방법을 연구해야 한다.

해설 간호연구는 간호실무를 발전시키는 방향으로 이루어진다. 간호연구와 간호실무와의 관계는 하나의 개념 틀로 설명할 수 있다. 간호연구는 구체적인 것부터 추상적인 것까지 하나로 연결되어 있다. 연구는 현실에서 발생되는 것을 검증하는 것이다. 현실을 측정하는 것은 연구자의 인식에서 출발한다.

10 간호상황에서 필수적인 요소이며 지식체를 형성하여 과학과 이론을 발전시키고 임상실무에 적용할 수 있도록 하는 것은?

① 추상적인 사고 과정 ② 추론
③ 과학적 방법 ④ 이론

해설 추상적인 사고과정
추상적인 사고는 간호상황에서 필수적인 요소이다. 추상적 사고과정에서 과학적 결과는 발견되며 이론은 검증되고 발전한다. 추상적 사고는 지식체를 형성하여 과학과 이론을 발전시키고 임상실무에 적용할 수 있도록 한다. 예를 들면 투석 환자에서 감염이 자주 발생하는 것을 발견하면 투석과 환자 돌봄에서의 다른 요소를 연결할 수 있는 추상적 사고를 하므로 간호실무를 발전시킬 수 있다. 추상적 사고는 추론과 과학적 방법을 거쳐 이론이 형성되어 간호지식체를 발전시킨다.

정답 08 ④ 09 ③ 10 ①

11 **추론에 대한 설명이다. 옳지 않은 것은?**

① 귀납적 방법과 연역적 방법으로 구분한다.
② 귀납적 방법은 연구자가 관찰된 자료를 통하여 일반적 원리를 도출한다.
③ 연역적 방법은 기존의 이론이나 일반적인 원리를 이용하여 특수한 사실에 적용한다.
④ 간호연구에서는 귀납적 및 연역적 사고가 같이 사용되지 않는다.

해설 추론(reasoning)

추론의 과학적 접근방법은 귀납적 방법과 연역적 방법으로 구분된다. 귀납적 방법은 연구자가 관찰된 자료를 통하여 현상 속에 내재되어 있는 일반적 원리를 도출하고, 이를 실제 현상에서 확인하여 검증하는 방법으로 특정한 사실에서 일반적 사실을 도출해 내는 과정이다. 연역적 방법은 기존의 이론이나 일반적인 원리를 이용하여 새로운 가설을 도출, 이를 실증적으로 검증하여 사실 규명을 하는 과정으로 일반적 원리를 특수한 사실에 적용하는 과정이다. 간호연구에서는 귀납적·연역적 사고가 같이 사용되며 논리적 사고를 바탕으로 간호연구가 발전한다.

12 **과학적 방법에는 체계, 통제, 경험, 일반화, 이론형성의 과정을 지킨다. 각각의 설명으로 옳지 않은 것은?**

① 체계 : 미리 정해진 순서를 따라가서 결론을 얻는 과정이다.
② 통제 : 현상과의 관계를 규명하기 위해 결과를 도출하는 과정이다.
③ 경험 : 인간의 감각을 통하여 체험되는 사실에 기초하는 증거가 기본이 된다.
④ 일반화 : 연구결과를 특수한 대상자에게 적용시킬 수 있을 때 의미가 있다.

해설 과학적 방법

- 과학적 방법이란 인간과 관련된 학문이 발전된 방법으로 체계(order), 통제(control), 경험(empiricism), 일반화(generalism), 이론형성(theoretical formulation)의 과정을 거친다.
- 체계란 문제확인, 정의, 예상결과, 연구계획에 따른 자료수집, 분석, 결론의 순서를 거치는 것으로 미리 정해진 순서를 따라가서 결론을 얻는 과정이다.
- 통제는 현상과 현상과의 관계를 규명하기 위하여 연구의 현상 또는 사실을 통제를 통해 결과를 도출하는 과정이다.
- 경험은 인간의 감각을 통하여 객관적·주관적으로 체험되는 사실에 기초하는 증거가 기본이 되는 것으로 연구는 현실을 기반으로 한다.
- 일반화는 연구결과를 대중에게 적용시킬 수 있을 때 의미가 있음을 의미한다. 이론형성은 현상이 조직화되어 추상적 개념으로부터 나오는 것을 의미하고 간호실무를 행하는 데 중요한 요소이다.

정답 11 ④ 12 ④

13 이론에 대한 설명이다. 옳지 않은 것은?

① 이론은 서술, 설명, 예측, 통제를 포함한다.
② 어떤 학문이든지 네 가지 기능을 동시에 달성한다.
③ 실무현장에서 이론을 사용하는 간호사들에게 간호수행에 기초가 된다.
④ 명확하게 정의된 지식체에 관심을 가지는 간호전문직의 목표를 달성하는 일차적인 수단이다.

해설 이론(theory)

- 이론은 일반적으로 관심을 가지고 있는 현상의 본질(특성)에 대한 새로운 통찰력이나 새로운 아이디어를 표현하기 위해 구축된다.
- 이론은 명확하게 정의된 지식체에 관심을 가지는 간호전문직의 목표를 달성하는 일차적인 수단이다.
- 실무 현장에서 이론을 사용하는 간호사들에게 간호수행에 기초가 되며, 누구를 위해 간호하고 누구와 함께 간호할 것인가를 기획하는 목표, 의무, 권리에 대한 인간적인 판단이다.
- 이론은 서술(description), 설명(explanation), 예측(prediction), 통제(control)를 포함한다.
- 그러나 어떤 학문에서든 네 가지 기능을 동시에 달성하는 이상적인 이론은 거의 없다.
- 이론은 항상 변화한다.
- 과학적 사고는 발전하고 어떤 주어진 이론에 대한 비판과 분석을 받아들이면서, 그 이론에서 설명하고 있는 현상을 수정하고 확인하게 되며 나아가 그 이론을 확장하게 된다.

정답 13 ②

주관식

01 문헌고찰은 연구주제를 찾을 수 있는 통로이고 연구현장에서 가장 보편적으로 사용되는 방법이다. 각종 저널이나 논문을 읽을 때 어떤 관점을 가지고 읽으면 연구주제를 선정하는데 용이할 수 있는가?

02 연구주제를 선정할 때 고려할 사항을 3가지 이상 쓰시오.

정답

01
- 아이디어를 가지고 논문을 정독한다.
- 연구논문 뒷부분에 제시된 앞으로의 연구를 위한 제언을 참고한다.
- 특정분야 연구들 간의 결과의 불일치를 파악한다.
- 연구가 이루어지지 않는 영역을 발견한다.

02
- 연구자가 흥미를 가지고 있는 주제인가?
- 철저한 평가과정을 거쳤는가?
- 경험이 있거나 사전 지식이 있는가?
- 선배 동료와 논의하여 보았는가?
- 너무 완벽한 주제는 아닌가?
- 연구를 뒷받침해 줄 수 있는 이론적 배경은 있는가?
- 주제가 너무 광범위하지는 않는가?

CHAPTER

3 연구과정의 개요

01 **존재하지 않는 데이터 또는 연구결과 등을 허위로 만들어 내는 행위를 무엇이라고 하는가?**

① 위조　　② 변조

③ 표절　　④ 부당한 논문저자 표시

해설 연구부정행위

- **위조(fabrication)** : 존재하지 않는 데이터 또는 연구결과 등을 허위로 만들어 내는 행위를 말한다.
- **변조(falsfication)** : 연구재료, 장비, 과정 등을 인위적으로 조작하거나 데이터를 임의로 변형, 삭제함으로써 연구내용 또는 결과를 왜곡하는 행위를 말한다.
- **표절(plagiarism)** : 타인의 아이디어, 연구내용 결과 등을 정당한 승인 또는 인용 없이 도용하는 행위를 말한다.
- **부당한 논문저자 표시** : 연구내용 또는 결과에 대하여 과학적 · 기술적 공헌 또는 기여를 한 사람에게 정당한 이유 없이 논문저자 자격을 부여하지 않거나, 과학적, 기술적 공헌 또는 기여를 하지 않은 자에게 감사의 표시 또는 예우 등을 이유로 논문저자 자격을 부여하는 행위를 말한다.

02 **1964년에 세계의학협회에서 인체실험과 관련된 연구윤리원칙을 공표하였다. 이 선언에 포함되는 내용이 아닌 것은?**

① 인간존중, 자기결정권

② 동물실험을 먼저 한 후 임상실험계획

③ 취약계층의 보호, 연구로 인한 위험과 이익

④ 자발적 연구승낙, 대상자를 보호할 연구자의 의무

해설 Helsinki 선언의 공포내용

- **기본원칙** : 인간존중, 자기결정권, 자발적 연구승낙, 대상자를 보호할 연구자의 의무, 취약계층의 보호,
- **실행원칙** : 과학적 근거에 기반한 연구, 연구로 인한 위험과 이익, 프로토콜에 의한 연구자 훈련, 플라세보나 대조군 활동의 적절성, 출판 전 모든 저자의 동의

03 **헬싱키 선언(Declaration of Helsinki)의 주요 쟁점이 아닌 것은?**

① 피험자의 복지가 과학적 이익보다 우선되어야 한다는 것

② 기관 내 심의위원회의 심사를 받아야 한다는 것

③ 피험자에게 임상시험에 관한 정보를 제공해야 한다는 것

④ 윤리적 문제를 근거로 연구를 제한할 수 있다는 것

정답 01 ① 02 ② 03 ④

해설 헬싱키 선언(Declaration of Helsinki)의 주요 쟁점
- 인간을 대상으로 하는 연구에서 피험자의 복지가 과학적 이익보다 우선되어야 한다는 것
- 기관 내 심의위원회의 심사를 받아 시험계획을 승인받아야 임상시험을 할 수 있다는 것
- 피험자에게 임상시험에 관한 정보를 제공하고 동의를 받은 후 임상시험을 해야 한다는 것

04 벨몬트 보고서에서 제시한 선행의 내용은?

① 인간이 자율적 존재로 인정되어야 한다.
② 연구자로부터 부당한 요구를 받지 않아야 한다.
③ 연구를 통해 나타날 수 있는 위험과 이익을 사전에 심사숙고해야 한다.
④ 연구대상자가 취약한 상태라면 그들이 선정된 이유가 세밀히 검토되어야 한다.

해설 선행(beneficence)
선행은 단순히 자선을 의미하는 것이 아니라, 연구참여자에게 해를 입히지 않고 가능한 이익을 극대화하는 것을 의미한다. 연구자는 연구를 통해 나타날 수 있는 위험과 이익을 사전에 심사숙고하여 연구를 진행해야 하며 위험을 최소화하고 연구참여자와 사회에 이익을 극대화할 수 있게 연구를 계획하고 진행해야 한다는 것이다.

05 생명윤리법의 목적이 아닌 것은?

① 생명윤리 및 안전을 확보
② 국민의 건강 이바지
③ 삶의 질 향상 이바지
④ 여유가 있는 사람에게만 편익되어서는 안됨

해설 생명윤리법은 인간과 인체유래물 등을 연구할 때 인간의 존엄과 가치를 침해하거나 인체에 위해를 끼치는 것을 방지함으로써 생명윤리 및 안전을 확보하고 국민의 건강과 삶의 질 향상에 이바지함을 목적으로 한다(생명윤리법 제1조).

06 기관생명윤리위원회(Institutional Review Board, IRB)에 대한 설명으로 옳지 않은 것은?

① 교육・연구기관 또는 병원 등에 설치하는 비독립적인 위원회이다.
② 생명윤리법 규정에 따라 해당 기관 내에 설치하게 되어 있다.
③ 해당 기관에서 수행 중인 연구의 진행 과정 및 결과에 대해 조사하고 감독한다.
④ 연구의 윤리적・과학적 타당성과 연구대상자 보호에 대해 심의를 한다.

정답 04 ③ 05 ④ 06 ①

해설 기관생명윤리위원회(Institutional Review Board, IRB)

- 인간과 인체유래물 등을 연구할 때 연구의 윤리적·과학적 타당성 등을 확보할 수 있도록 교육·연구기관 또는 병원 등에 설치하는 독립적인 위원회를 말한다.
- 기관생명윤리위원회는 생명윤리법 규정에 따라 해당 기관 내에 설치하게 되어 있으며 연구의 윤리적·과학적 타당성과 연구대상자 보호에 대해 심의를 한다.
- 연구자가 IRB 심사승인을 위해 제출한 연구계획서를 심의한다. 연구계획서 심사 시 연구계획서의 윤리적·과학적 타당성뿐만 아니라 연구대상자로부터 적법한 절차에 따라 동의를 받았는지, 연구대상자의 안전과 개인정보 보호에 대한 대책이 있는지, 그 밖에 기관에서의 생명윤리 및 안전에 관한 사항이 적절한지에 대해 검토한다.
- 해당 기관에서 수행 중인 연구의 진행과정 및 결과에 대해 조사하고 감독한다.
- 생명윤리 및 안전을 위해 해당 기관의 연구자 및 종사자를 교육하고 취약한 연구대상자 등의 보호 대책을 수립한다. 또한, 연구자를 위한 윤리지침을 마련하여 윤리적으로 연구가 진행될 수 있도록 활동한다.

07 생명윤리법 시행규칙 제2조에 의한 인간대상연구의 범위가 아닌 것은?

① 사람을 대상으로 물리적으로 개입하는 연구
② 개인을 식별할 수 있는 정보를 이용하는 연구
③ 동물을 대상으로 물리적으로 개입하는 연구
④ 의사소통, 대인 접촉 등의 상호작용을 통하여 수행하는 연구

해설 생명윤리법 시행규칙 제2조에 의한 인간대상연구의 범위

- 사람을 대상으로 물리적으로 개입하는 연구 : 연구대상자를 직접 조작하거나 연구대상자의 환경을 조작하여 자료를 얻는 연구
- 의사소통, 대인 접촉 등의 상호작용을 통하여 수행하는 연구 : 연구대상자의 행동관찰, 대면 설문조사 등으로 자료를 얻는 연구
- 개인을 식별할 수 있는 정보를 이용하는 연구 : 연구대상자를 직접·간접적으로 식별할 수 있는 정보를 이용하는 연구

08 인체 유래물에 속하는 것이 아닌 것은?

① 인체로부터 수집하거나 채취한 조직
② 인체로부터 수집한 세포, 혈액, 체액
③ 인체구성물, 혈청, 혈장,
④ 동식물의 세포, 혈액, 구성물

해설 인체유래물이란 인체로부터 수집하거나 채취한 조직, 세포, 혈액, 체액 등 인체 구성물 또는 이들로부터 분리된 혈청, 혈장, 염색체, DNA, RNA, 단백질 등을 말하며 인체유래물 연구란, 인체유래물을 직접 조사하거나 분석하는 연구를 말한다.

정답 07 ③ 08 ④

09 **IRB의 심의면제에 해당하는 것이 아닌 것은?**

① 약물투여, 혈액채취 등 침습적 행위를 하지 않는 연구
② 민감정보를 수집하거나 기록하지 않는 연구
③ 취약한 환경에 있는 연구대상자
④ 연구대상자 등에 대한 기존의 자료나 문서를 이용하는 연구

해설 심사면제 대상은 일반 대중에게 공개된 정보를 이용하는 연구 또는 개인식별정보를 수집 및 기록하지 않는 연구로서 다음 중 어느 하나에 해당하는 연구이다.

- 연구대상자를 직접 조작하거나 그 환경을 조작하는 연구 중 다음 어느 하나에 해당하는 연구
  a. 약물투여, 혈액채취 등 침습적 행위를 하지 않는 연구
  b. 신체적 변화가 따르지 않는 단순 접촉 측정장비 또는 관찰장비만을 사용하는 연구
- 연구대상자 등을 직접 대면하더라도 연구대상자 등이 특정되지 않고 개인정보 보호법 제23조에 따른 민감정보를 수집하거나 기록하지 않는 연구
- 연구대상자 등에 대한 기존의 자료나 문서를 이용하는 연구
- 그러나 생명윤리법의 심사면제 조건에 해당하더라도 연구대상자가 취약한 환경에 있다면 IRB 심의를 받아야 하며, 심사면제대상 연구라 하더라도 IRB에 연구계획서를 제출하여 기관 위원회의 확인 절차를 받아 승인받아야 연구를 시작할 수 있다.

10 **자율성 존중의 원칙을 설명한 것이다. 옳지 않은 것은?**

① 사람이 자신의 생각을 가지고 선택을 한다.
② 개인적 가치와 신념을 가지고 행동할 권리를 가지는 것을 인식한다.
③ 여기서의 존중은 단순히 태도만을 의미하는 것이다.
④ 적극적 의무와 소극적 의무가 있다.

해설 자율성 존중의 원칙에서의 존중은 단순히 태도만을 의미하는 것은 아니다.

11 **악행금지의 원칙에 대해 옳지 않게 설명하고 있는 것은?**

① '해'의 의미는 고통, 무능력, 죽음, 신체적 상해를 말한다.
② 환자들이 겪게 되는 고통이나 불편함은 도덕적 평가와 관계있다.
③ 환자들의 더 큰 복지를 위해 어쩔 수 없이 가해지는 것들이다.
④ 모든 의료인은 환자에게 '해'가 되는 행위를 해서는 안 된다.

정답 09 ③ 10 ③ 11 ②

해설 악행금지의 원칙

- 악행금지의 원칙에서 '해'의 의미는 고통, 무능력, 죽음, 신체적 상해 등에 초점을 맞춘 피해로 해석하여야 할 것이다.
- 이 원칙에 따르면 모든 의료인은 환자에게 '해'가 되는 행위를 해서는 안 된다. 이것은 치료과정에서 환자에게 신체적·정신적으로 상해를 주어서는 안 된다는 의미이다.
- 하지만 의료 전문인으로서 치료과정상 환자에게 일부 신체적 상해나 고통을 줄 수 밖에 없는 경우에 부딪히곤 한다. 그리고 이 경우 환자들이 겪게 되는 고통이나 불편함은 도덕적 평가와는 관계가 없는 해로, 이러한 고통이나 불편함은 환자들의 더 큰 복지를 위해 어쩔 수 없이 가해지는 것들이다.
- 악행금지의 원칙은 환자에게 무조건적으로 상해나 고통을 주어서는 안된다는 의미가 아니라 환자에게 가해지는 위험과 고통을 최소화하여야 한다는 의미로 해석하여야 할 것이다.

12 로스가 제시한 실제적 의무들이 아닌 것은?

① 타인의 권리를 보호하고 옹호하기
② 위험에 처한 사람을 구하기
③ 능력과 무관하게 사람을 돕기
④ 타인에게 피해를 불러일으키는 상황들을 제거하기

해설 로스가 제시한 실제적 의무들

- 타인의 권리를 보호하고 옹호하기
- 타인에게 피해를 불러일으키는 상황들을 제거하기
- 위험에 처한 사람을 구하기
- 타인에게 발생하는 피해를 예방하기
- 무능력한 사람을 돕기

13 정의의 원칙을 적용하기 위해 필요로 하는 가정적 조건을 설명한 것 중 옳지 않은 것은?

① 인간은 순수하게 이타적인 존재이다.
② 인간은 완전히 이기적인 존재도 아니다.
③ 사회의 자원이 적절히 부족한 상태여야 한다.
④ 사회의 재화가 적절히 부족한 상태여야 한다.

해설 정의의 원칙을 적용하기 위한 가정적 조건

- 정의의 원칙을 적용하기 위해 필요로 하는 첫 번째 가정적 조건은 인간이 순수하게 이타적인 존재도 아니고 또 완전히 이기적인 존재도 아니라는 것이다. 이것은 인간이 극단적으로 이기적인 존재라면 야수적인 상태에 머물러 있을 것이고, 반면 철저히 이타적인 존재라면 자신의 몫과 타인의 몫을 엄밀하게 구분하려고 하지도 않을 것이기 때문이다.
- 두 번째 전제는 사회의 자원이나 재화가 '적절히 부족한 상태'여야 한다는 것이다. 이는 그 사회의 재화가 모든 사람의 욕구를 충족시킬 만큼 풍부하다면(공기처럼) 어떻게 공정하게 분배할 것인가와 같은 정의의 문제는 생기지도 않을 것이기 때문이다.

정답 12 ③ 13 ①

14 **연구의 윤리적 수행을 하기 위한 원칙으로 옳지 않은 것은?**

① 연구대상자의 자발적 참여
② 전문적인 용어로 작성되어야 한다.
③ 참여여부에 대해 적절한 고려 기회를 주어야 한다.
④ 연구대상자가 충분한 정보를 제공받아야 한다.

해설 연구의 윤리적 수행
- 연구의 윤리적 수행을 위한 첫 번째 원칙은 연구대상자의 자발적 참여이다. 따라서, 연구참여 전에 모든 연구대상자로부터 자발적인 연구 참여 동의를 받아야 한다.
- 동의절차는 연구대상자가 임상연구에 대해 충분한 정보를 제공받았으며, 참여여부에 대해 적절한 고려 기회를 가진 후 자발적으로 참여에 동의하였음을 보증할 수 있어야 하며 법적 근거이기도 하다.
- 동의서는 서면으로 받으며 연구대상자에게 혼란을 주지 않도록 이해하기 쉽게 작성되어야 한다.

15 **취약한 환경의 연구 대상자가 아닌 것은?**

① 임산부와 태아 ② 미성년자
③ 20세 이상 성인 ④ 말기질환자

해설 취약한 환경의 연구대상자에는 임산부와 태아, 미성년자, 노인, 말기질환 환자, 저소득자, 인지능력결핍자, 수용시설에 있는 사람, 학생과 직원 등이 포함된다.

16 **존재하지 않는 연구자료나 연구결과 등을 허위로 만들어 내는 행위는?**

① 위조 ② 변조
③ 표절 ④ 부당한 저자 표시

해설 위조(fabrication)는 존재하지 않는 연구자료나 연구결과 등을 허위로 만들어내는 행위를 말한다. 위조는 연구자가 원하는 결론을 이끌어내기 위해 연구자료 혹은 결과를 거짓으로 꾸며내는 행위이므로 부적절한 연구행위이다.

17 **연구자가 고의적으로 연구자료, 연구과정, 연구결과를 변경 또는 누락하거나, 과장 또는 축소하는 행위는?**

① 위조 ② 변조
③ 표절 ④ 중복게재

정답 14 ② 15 ③ 16 ① 17 ②

해설 변조(falsification)는 연구자가 고의적으로 연구자료, 연구과정, 연구결과를 변경 또는 누락하거나, 과장 또는 축소하는 행위를 말한다. 변조는 연구내용 또는 결과를 왜곡하는 행위이므로 부적절한 연구행위이다.

18 부적절한 연구행위에 대한 설명 중 옳지 않은 것은?

① 정직한 출처 표시는 연구자의 의무이다.

② 저자의 자격부여는 공정하게 이루어져야 한다.

③ 연구결과를 여러 개의 논문으로 분할 게재할 수 있다.

④ 표절은 타인의 핵심아이디어, 연구내용을 정당한 승인 또는 출처 제시 없이 도용하는 행위이다.

해설 중복 게재
이미 출간된 본인의 논문을 적절한 인용이나 언급 없이 다른 학술지에 다시 게재하는 것을 말한다. 중복 게재는 하나의 논문으로 이중의 성과를 얻으려는 부적절한 연구행위이다. 하나의 논문으로 게재할 수 있는 연구결과를 여러 개의 논문으로 분할 게재하는 행위 역시 부적절한 연구행위이다.

19 연구방법 중 사례연구방법에 속하는 것은?

① 실증적인 관찰을 통하여 연구함

② 탐색적 또는 보조적 연구의 성격을 지님

③ 과거 또는 현재의 현상을 기술하고 설명함

④ 기술적 연구방법과 실험적 연구방법이 있음

해설 사례연구방법
- 핵심적인 연구방법이라기보다는 탐색적 또는 보조적 연구의 성격을 지닌다.
- 단일사례를 집중적으로 연구한다.
- 보기 ①, ④는 실증적 연구방법, ③은 문헌적 연구방법

20 사물이나 현상을 추상적으로 설명하고 이름 짓는 용어는?

① 개념 ② 변수

③ 변인 ④ 통제

해설 개념은 사물이나 현상을 추상적으로 설명하고 이름 짓는 용어로서 의미를 분리하며 이론이나 명제를 구성하는 가장 기본적인 단위이다.

정답 18 ③ 19 ② 20 ①

21 **다음 중 변수에 대한 옳은 설명은?**

① 구체적이고 용어가 측정할 수 있다.
② 수치가 경우에 따라 변하지 않는다.
③ 개념을 밝히는 것을 말한다.
④ 정의의 범위가 넓혀진다.

해설 변수의 정의
- 좀 더 구체적인 수준에서의 용어는 변수로 불리우고 정의의 범위가 좁혀진다.
- 변수는 개념보다는 구체적이고, 용어가 측정할 수 있게 정의되어짐을 의미한다.
- 변수는 용어의 수치가 경우에 따라 변함을 의미한다. 만일 손바닥에서 나는 땀의 변화량에 수치를 배정할 수 있다면 '손바닥의 땀'은 불안에 관계된 변수가 될 수 있다.
- 연구의 주된 과제는 어떤 현상과 관련된 변인들 간의 관계를 밝히는 것이다.
- 연구주제와 관련되는 개념은 직접적으로 관찰할 수 없거나 측정할 수 있는 경험적 차원으로 다루어진다.

22 **개념의 기능 중 관찰한 것을 조직하고 질서를 부여하는 기능은?**

① 인지적 기능
② 평가적 기능
③ 실용적 기능
④ 의사소통 기능

해설 개념의 기능
- 인지적 기능 : 관찰한 것을 조직하고 질서를 부여하는 기능
- 평가적 기능 : 지각한 것이 얼마나 중요하고 의미가 있는지 판단하는 기능
- 실용적 기능 : 개념이 규정하는 뜻을 바탕삼아 우리의 행위를 좌우하는 기능
- 의사소통 기능 : 개념을 사용하여 서로 뜻을 전달하고 의사소통하는 기능

23 **연구진행과정 중 문제 진술에 대한 설명이다. 옳지 않은 것은?**

① 흥미 있고 의미 있는 주제의 선정에 골몰하는 것이 가장 좋다.
② 좋은 연구는 연구문제 자체에 얼마나 좋은 것인지 정도에 달려 있다.
③ 연구주제를 선정하는 데 추천할 수 있는 표준화된 절차는 없다.
④ 연구자 자신의 경험으로부터 비롯될 수 있다.

해설 문제의 진술
- 좋은 연구는 연구문제 자체가 얼마나 좋은 것인지 그 정도에 달려 있다. 때로는 흥미있고 의미 있는 주제의 선정에 골몰하다가 적절한 연구절차를 활용하는 데 소홀히 할 수가 있다. 그러나 동시에 아무리 신중하게 기술적으로 설계한 연구 프로젝트라도 실행 가능하고 의미 있는 좋은 주제가 되지 못한다면 쓸모가 없는 것이 될 것이다.

정답 21 ① 22 ① 23 ①

- 연구를 위한 주제는 여러 가지 방법으로 얻을 수 있다. 연구주제를 선정하는 데 추천할 수 있는 표준화된 절차는 없다. 대부분의 경우 해결할 필요가 있는 문제가 연구주제가 된다.
- 그리고 관심 있는 영역의 문헌을 읽으면서 해답을 얻지 못한 의문이 생길 때 그것이 주제가 되기도 하며, 또한 연구자 자신의 경험으로부터 비롯될 수 있다.
- 지적인 호기심, 개인적인 배경, 개인의 지식을 합친 것이 문제영역을 확인하는 데 특히 효과 있는 자원이 될 수 있다.
- 일단 일반적인 주제를 설정했으면 연구하고자 하는 구체적인 문제를 가능한 명확하게 정의해야 한다. 초보 연구자들이 가장 공통적으로 어려워하는 것 중 하나가 다룰 수 있고 연구할 수 있는 문제 진술을 개발하는 것이다.
- 초기의 문제 진술이 너무 모호하고 광범위하면 프로젝트가 추구하는 방향을 결정하지 못하게 되어 결국 혼돈을 일으키게 된다.

24 아래에 제시되는 용어는?

- 현상을 설명하고 예측하는 것을 주 목적으로 한다.
- 특정한 시간, 장소, 개인의 특수성을 넘는다.
- 변수 간의 관계에 대한 규칙성을 확인한다.

① 변인　　② 이론
③ 기틀　　④ 가설

해설 이론
- 이론이란 현상을 설명하고 예측하는 것을 주목적으로 하는 현상 간의 상호관계에 대한 일반적이고 추상적인 설명이다.
- 이론은 특정한 시간, 장소, 개인의 특수성을 넘어서 변수 간의 관계에 대한 규칙성을 확인하는 과학의 궁극적인 목표이다

정답 24 ②

주관식

01 **벨몬트 보고서의 기본적 윤리원칙 세 가지를 쓰시오.**

02 **생명윤리법의 대상이 되는 것은?**

03 **자율성 존중의 원칙 중 적극적 의무와 소극적 의미에 대해 쓰시오.**

정답

01 인간존중, 선행, 정의

02 인체와 인체 유래물

03 • 적극적 의무는 정보를 제공하거나 상대방이 자율적으로 의사결정을 하도록 하는 것을 의미하고, 때로는 사람들로 하여금 이용 가능한 선택을 최대한으로 증가시킬 의무를 지칭하기도 한다.
• 소극적 의무란 자율적인 행위가 타인에 의해 억압되어서는 안 된다는 절대적인 의무로 보통은 '사람이 타인을 해롭게 하지 않은 한 그의 생각과 행동은 존중되어야 한다.'라는 조항을 두어 강조하고 있다.

04 연구대상자의 모집 광고에 포함되어야 할 내용을 쓰시오.

05 개념의 기능을 수행하기 위한 조건을 쓰시오.

06 변수 조작화의 정의를 쓰시오.

정 답

04
- 연구의 제목
- 연구의 목적
- 연구방법
- 대상자 자격과 선정기준
- 연구 책임자의 성명, 주소, 연락처
- 예측 가능한 부작용
- 참여에 대한 보상

05
- 개념을 나타내는 말이나 용어가 정확하고 개념의 의미가 적절하며 일관성 있어야 한다.
- 개념이 뜻하는 영역 또는 대상의 범위를 명확히 규정해야 한다.
- 개념은 경험할 수 있는 또는 관찰할 수 있는 것을 나타내야 한다.

06 개념이 신중하게 개념화되고 정의되어 연구과정의 초기 단계가 끝나면 연구변수를 실제로 측정할 수 있는 방법이 구체화되어야만 한다. 이러한 연구활동을 변수의 조작화라고 한다.

4단계

독학사

PART 2

연구문제 및 가설 설정
최강적중 예상문제

CHAPTER 1·2

연구문제 선정, 문헌고찰

01 **연구문제를 진술할 때 주의점으로 옳지 않은 것은?**

① 연구제목이 연구목적이나 연구가설을 대표하도록 해야 한다.
② 연구제목에는 중심단어를 포함시켜야 한다.
③ 가치중립적인 단어를 사용해야 한다.
④ 특수한 전문화된 용어를 사용해야 한다.

해설 일반화된 용어의 사용
연구제목에 전문가 집단만이 사용하는 특수한 전문용어는 되도록 쓰지 말아야 한다. 연구제목에서 전문용어가 사용될 경우, 그 집단에 속하지 않는 독자는 연구의 내용을 짐작할 수가 없다. 따라서 연구제목에서 특수한 전문용어를 대치할 수 있는 다른 용어를 바꾸어 줄 때, 그 연구와 관련된 많은 연구자들이 참고할 수 있기 때문에 특수한 전문용어의 사용은 가능한 피하는 것이 바람직하다.

02 **연구문제를 평가할 경우 중요성 측면에서 질문을 해야 한다. 바람직하지 않은 것은?**

① 결과를 실제에 적용할 수 있는가?
② 결과는 검증된 가정에 도전하는 것인가?
③ 연구가 간호실무나 정책수립 또는 정책변경에 도움을 줄 수 있는가?
④ 환자, 간호사 넓게는 의료계나 사회가 연구결과로 생겨날 지식에 의해 이익을 얻을 수 있는가?

해설 연구문제의 중요성
연구문제가 간호학에 공헌하는 정도는 연구를 진행하는 데 매우 중요하며, 연구문제는 의미 있는 방법으로 간호학 지식체에 기여할 수 있는 잠재력을 가지고 있어야 한다.
연구자는 다음과 같은 질문을 해 보아야 한다.
- 문제는 중요한가?
- 환자, 간호사 넓게는 의료계나 사회가 연구결과로 생겨날 지식에 의해 이익을 얻을 수 있는가?
- 결과를 실제에 적용할 수 있는가?
- 결과가 이론과 연결될 수 있는가?
- 결과는 검증되지 않은 가정에 도전하는 것인가? 아니면 가정을 지지하는 것인가?
- 연구가 간호실무나 정책수립 또는 정책변경에 도움을 줄 수 있는가?
- 누구나 결과에 대해 관심을 가질 수 있는 문제인가?
- 만일 이 모든 질문에 대한 대답이 '아니요'라면 그 연구는 포기해야 한다.

정답 01 ④ 02 ②

03 연구가능성에 대한 설명이다. 옳지 않은 것은?

① 연구문제가 정확하게 정의되어야 한다.
② 측정될 수 있는 변수를 포함하고 있어야 한다.
③ 개념이 명확하고 구체적인 질문이 가능해야 한다.
④ 간접적인 관찰이나 활동을 근거로 설명되어야 한다.

해설 연구 가능성
연구를 시행하기 위해서는 연구문제가 정확하게 정의되고 측정될 수 있는 변수를 포함하고 있어야 한다. 즉 연구에서 다루고 있는 개념은 명확해야 하며, 구체적인 질문이 가능해야 하고 직접적인 관찰이나 활동을 근거로 설명되어야 한다. 또한 그 개념이 현실세계에서 조직화되고 측정 가능해야 한다. 적합한 정의와 측정기준을 세울 수 없으면 그 연구는 진행될 수 없다.

04 연구를 진행하는데 고려해야 할 사항이 아닌 것은?

① 연구의 시간 및 시기
② 대상자의 관심과 추진력
③ 대상자의 이용 가능성
④ 다른 사람으로부터의 상호협조

해설 연구수행 가능성
매우 의의가 있고 연구 가능한 문제라 하더라도 현실적으로 수행할 수 없다면 그 연구는 진행될 수 없다. 연구를 진행하기 위해서는 연구문제와 목적이 분명하고 간략할수록 용이하다. 또한 연구를 진행하는 데 고려해야 할 사항으로는 연구의 시간 및 시기, 대상자의 이용 가능성, 다른 사람으로부터의 상호협조, 시설이나 기구 사용, 연구자의 경험, 윤리적인 고려, 연구자의 관심과 추진력 등이 있다.

05 문헌고찰의 필요성과 거리가 먼 내용은?

① 구체적인 지식을 얻을 수 있다.
② 선행연구의 맥락을 알 수 있다.
③ 단편적인 연구결과들이 필요하기 때문이다.
④ 여러 연구결과들이 서로 어떠한 연관성을 지니는지 미리 검토해야 한다.

정답 03 ④ 04 ② 05 ③

해설 문헌고찰의 필요성

- 과학적 연구의 발전을 위해서는 여러 연구결과들이 서로 어떠한 연관성을 지니는지 그리고 연구결과들 간의 구체적인 관계의 양상은 어떠한지를 반드시 사전에 점검할 필요가 있으므로 연구자는 자신의 연구주제를 결정하기에 앞서 기존 문헌에 나타난 연구결과들을 미리 검토하여야 한다.
- 문헌고찰은 구체적인 지식의 획득뿐만 아니라 선행연구의 맥락과 앞으로의 연구에 관한 전망을 할 수 있으므로 연구의 계획과정 전반에 걸쳐서 뿐만 아니라 최종 단계까지도 계속 필요하다고 보아야 한다.
- 만일 모든 연구자들이 각기 자신의 연구주제를 설정함에 있어서 기존의 연구결과들을 무시하고 학문적 차원의 소통 없이 연구자의 취향이나 편의대로 연구하려 한다면, 단편적이고 편파적인 연구결과들만이 난무할 수 있다.

06 어떤 주제에 대한 연구자의 경험이나 주관적인 견해를 제시하는 문헌을 무엇이라고 하는가?

① 통계보고 ② 단행본
③ 연구보고서 ④ 종설

해설 종설

- 어떤 주제에 관한 연구자의 경험이나 주관적인 견해를 제시하는 문헌을 종설이라고 한다.
- 연구의 초기 단계에 타 연구자의 의견을 참고하는 것은 연구문제를 광범위하게 이해하는 데 도움이 된다.
- 관심이 있는 연구에 대하여 어느 정도 예비지식을 가진 상태에서 종설을 찾아보면 현재까지 연구되어 온 개요를 쉽게 파악할 수 있다

07 다음 중 일차적 문헌에 대한 옳은 설명은?

① 연구논문에 대한 정보를 충분하고 자세하게 제공하지 않는다.
② 주제에 관련된 문헌을 요약한 종설이 포함된다.
③ 다른 연구자의 논문을 이용한 것을 말한다.
④ 이론이나 개념적 내용을 개발한 이론가에 의해 쓰여진 것이다.

해설 1차적 문헌

- 1차적 문헌은 연구를 수행한 사람이 직접 작성한 서술로, 대한간호학회지, nursing research에 기재된 논문이 1차 출처이다.
- 1차적 문헌은 이론이나 개념적 내용을 개발한 이론가에 의해 쓰여진 것이다.

정답 06 ④ 07 ④

08 문헌 고찰을 할 때 주의사항으로 적절하지 않은 것은?

① 가능한 이차적 문헌을 이용해야 한다.
② 이차적 문헌은 일차적 문헌을 대체할 수 없다.
③ 이차 출처는 완전한 객관성을 지닐 수 없다.
④ 이차 출처에 의존하려는 경향은 질에 크게 영향을 미친다.

해설 가능한 한 1차적 문헌을 이용해야 하며, 부득이 1차적 문헌을 이용할 수 없을 때에는 2차 문헌을 이용했음을 밝혀야 한다.

09 문헌을 기록하는 방법 중 축약에 대한 내용은?

① 원본을 정확하고 객관적으로 축소시켜야 한다.
② 내용의 가장 중요한 측면만을 뽑아서 요약한다.
③ 원본의 내용과 자신의 평가를 구별해서 기록한다.
④ 원문에서 직접인용이 필요하다고 생각되는 부분은 그 문장을 원문 그대로 정리해 둔다.

해설 축약
- 문헌 전체의 기본적인 내용을 그대로 유지하면서 간단히 줄이는 방법이다.
- 축약은 문헌을 비평하거나 평가하는 것이 아니므로 원본을 정확하고 객관적으로 축소시켜야 한다.
- ②, ③, ④번은 요약에 관한 내용이다.

10 문헌고찰 결과를 옳게 진술하는 방법을 나열한 것이다. 옳지 않은 것은?

① 논의 부분에서는 자신의 연구결과와 비교하여 평가를 한다.
② 연구의 필요성이나 목적 부분에서는 자신의 연구와 부합되는 문헌의 인용을 통해서 필요성을 강조하는 데 이용할 수 있다.
③ 참고문헌을 직접 찾지 못했을 경우라도 직접적으로 인용하였음을 밝혀야 한다.
④ 고찰된 문헌은 연구의 필요성, 목적, 결과, 논의 부분에서 많이 이용된다.

해설 문헌고찰 결과의 옳은 진술방법
- 고찰된 문헌은 연구의 필요성이나 목적 부분에 또는 연구의 이론 틀 부분에서 가장 많이 이용되며, 연구방법이나 결과 또는 논의 부분에서 이용된다.
- 연구의 필요성이나 목적 부분에서는 자신의 연구와 부합되는 문헌의 인용을 통하여 본 연구의 필요성을 강조하는 데 이용할 수 있다.

정답 08 ① 09 ① 10 ③

- 연구의 이론 틀 부분은 하나하나의 연구결과가 이론 틀을 구성하는 데 이용되므로 각각의 연구결과를 잘 연결하여 제시되어야 한다. 이 부분에서 가장 많은 양의 연구문헌이 소개되는데, 내용별로 소제목을 붙여 정리하는 것이 좋다.
- 연구방법에 관하여서는 선행연구의 방법적 장·단점에 대한 평가를 통하여 자신의 연구방법을 고안하게 된 과정이 나타나도록 사용해야 한다.
- 논의 부분에서는 자신의 연구결과와 비교하여 평가를 한다.
- 참고문헌은 직접 찾아서 읽어본 후에 인용하여야 하며, 부득이한 경우에 참고문헌을 직접 찾지 못했을 경우에는 참고문헌에서 간접적으로 인용하였음을 밝혀야 한다.

11 문헌고찰 내용 작성 시 주의사항으로 옳지 않은 것은?

① 일관성 낸 논문과 상반된 논문의 결과 모두 제시해야 한다.

② 문헌고찰은 가능한 한 객관적이어야 한다.

③ 가설이 지지되지 못한 연구라도 생략해서는 안된다.

④ 관련이 적은 문헌이라도 버리지 말고 사용해야 한다.

해설 문헌고찰 내용 작성 시 주의사항

- **모든 결과의 제시** : 동일한 주제에 관한 선행연구 결과를 진술할 때는 일관성 있는 결과를 낸 논문과 상반된 결과를 낸 논문을 모두 제시해야 한다. 또한 비일관성의 이유가 무엇인지에 대한 가능한 설명을 제공해야 한다.
- **관련있는 문헌** : 본 연구와 관련 있는 문헌은 연구설계, 결과, 결론을 포함하여 자세히 기술하는 반면, 관련이 적은 문헌은 과감하게 버려야 한다.
- **요약 및 진술** : 연구결과가 서로 비교될 수 있는 논문들은 묶어서 간략하게 요약하고 진술한다.
- **객관성** : 문헌고찰은 가능한 한 객관적이어야 한다. 가설이 지지되지 못한 연구나 개인적 가치관과 맞지 않는 연구라 해도 생략해선 안 된다. 서로 다른 상충된 결과를 제시한 연구들도 흔하게 있다. 중요한 것은 일치되지 않는 결과를 분석하고 지지되는 증거를 평가함에 있어 가능한 객관적이어야 한다는 점이다.
- **마지막 결론** : 문헌고찰 부분은 연구하고자 하는 문제의 상태를 요약하는 것으로 끝을 맺어야 한다. 요약에는 연구된 것이 무엇이고 얼마나 적절하게 연구되었는가에 대한 것뿐 아니라 연구되지 않고 있는 영역도 언급되어야 한다. 즉, 요약에는 제목에 대한 정보의 범위와 이와 관련하여 비판적인 판단이 다루어져야 된다. 이러한 비판적 요약은 연구의 필요성을 제시해 주어야 한다.

12 이론적 기틀 작성의 필요성 중 옳지 않은 것은?

① 연구개발을 가이드한다.

② 결과를 간호지식체에 연계할 수 있게 한다.

③ 양적 연구에서는 개념모델에서 나올 수 있는 검증가능한 이론이다.

④ 질적 연구에서는 귀납적으로 개발될 수 있는 검증가능한 이론이다.

정답 11 ④ 12 ④

해설 이론적 기틀 작성의 필요성

- 이론적 체계와 개념적 체계는 인간이 살고 있는 세계의 복잡성을 이해하기 위한 인간의 가장 높고 가장 발전된 노력을 나타낸 것이다.
- 기틀은 연구개발을 가이드하고 결과를 간호지식체에 연계할 수 있게 하는 의미(meaning)의 추상적, 논리적 구조이다.
- 양적 연구에서 이론적 기틀은 개념모델에서 나올 수 있는 또는 임상관찰로부터 귀납적으로 개발될 수 있는 검증 가능한 이론이다.
- 질적 연구에서의 초기 기틀은 철학 또는 세계관에서 나오며, 연구를 통해 철학과 일치하는 이론이 개발된다.
- 모든 연구는 기틀을 가진다. 기틀은 방법론 안에서 잘 통합되고 구조화되어 분명하게 제시되어야 한다.
- 기틀을 임상에 적용하기 위해 또는 추후 연구로 이용하기 위해 연구의 기틀을 확인하고 평가한다.

13 이론적 기틀을 구축하기 위한 내용 중 옳지 않은 것은?

① 모든 개념들이 실체이론으로부터 나와야 한다.
② 개념적 정의는 이론가들이 정의한 것으로 정의되어야 한다.
③ 조작적 정의는 개념적 정의와 일치해야 한다.
④ 명제는 검증을 위해 가설로부터 추출되어야 한다.

해설 이론적 기틀의 구축

- 이론적 기틀 내에 있는 모든 개념들이 실체이론으로부터 나와야 한다.
- 개념의 정의는 이론가들이 정의한 것으로 정의되어야 하며, 조작적 정의는 개념적 정의와 일치해야 한다.
- 명제는 검증을 위해 이론으로부터 추출되어야 한다. 가설은 이런 진술에서 유래되어야 한다.
- 명제를 검증하기 위해 설계된 선행연구들은 문헌고찰을 하면서 논의될 필요가 있다.

정답 13 ④

주관식

01 연구문제의 출처를 3가지 이상 쓰시오.

02 "서울에서 혼자 거주하는 노인의 여가활동양상, 외로움, 삶의 만족도의 관계에 관한 연구"를 적절한 연구문체로 수정하시오.

03 문헌고찰의 뜻을 쓰시오.

정답

01 연구자의 관심과 흥미, 임상경험, 간호와 관련된 문헌연구, 공동연구나 연구 프로젝트의 참여, 새로운 학설이나 이론, 전문가 또는 교수

02 → (수정 후) 독거 노인의 여가활동, 외로움, 삶의 만족도의 관계

03 문헌고찰은 연구하고자 하는 문제에 대한 기존의 연구내용을 사전에 검토하는 작업을 말한다.

04 문헌고찰의 기능을 3가지 이상 쓰시오.

05 양적연구에 있어서 문헌고찰의 목적을 쓰시오.

정답

04 연구에 대한 착상의 출처, 기존 지식에 대한 확인, 개념적 맥락의 제공, 연구접근에 대한 정보, 이론 틀의 작성

05
- 연구주제와 연구문제를 명료화한다.
- 연구문제를 세련되게 다듬고 구체화한다.
- 간호학에서 유용하고 연구수행이 가능한 연구목적을 세우게 한다.
- 지금까지의 연구결과와 이론 중에서 연구문제와 관련된 필수적인 정보를 얻게 된다.
- 이러한 정보들은 연구제안서나 연구보고서의 문헌고찰 부분에서 논리적으로 조직되어 제시된다.
- 발견한 연구문제와 관련된 이론은 연구를 위한 개념정의와 이론적 기틀을 발전시키는 데 도움을 준다.
- 구체적인 세부 연구문제가 확인되고 관련 변수를 정의할 수 있다.
- 다른 연구자가 사용한 연구설계를 고려하여 자신의 연구를 위한 연구설계를 이해하고 조직화하는데 도움이 된다.

CHAPTER 3

연구변수의 결정 및 가설의 설정

01 가설에 대해 설명한 것 중 옳지 않은 것은?

① 가설의 설정은 연구의 해답을 얻게 되는 중요한 과정이다.

② 모든 연구에서 반드시 가설이 요구되어진다.

③ 가설은 크게 연구가설과 통계적 가설로 나눌 수 있다.

④ 둘 이상의 변수 사이의 관계에 대한 연구자의 기대를 진술한 것이다.

해설 모든 연구에서 반드시 가설이 요구되는 것은 아니다. 질적 연구나 연구현상을 단순히 설명하는 데 목적을 두는 서술적 연구에서는 가설을 설정하지 않으며, 관계를 탐색하는 관계연구에서는 가설을 설정할 수도 또는 설정하지 않을 수도 있다. 반면에 실험연구에서는 반드시 가설이 요구된다.

02 아래 제시된 내용은 가설의 기능 중 어디에 속하는가?

- 연구에서 "수술 전 교육을 받은 군은 교육을 받지 않은 군보다 수술 후 합병증이 낮을 것이다."라는 가설을 설정한 경우 연구자는 가설 설정의 근거를 마련하기 위해 선행이론과 같은 선행연구를 고찰하고 논리적 사고를 통해 이들을 종합한다.
- 연구결과 수술 전 교육을 받은 군과 교육을 받지 않은 군의 수술 후 합병증이 통계적으로 유의한 차이가 없어 이 가설이 지지되지 않은 경우 연구자는 가설이 지지되지 못한 이유를 찾기 위하여 이론이나 선행연구 결과를 비판적으로 분석하고 연구방법의 제한점을 주의깊게 검토하며 결과에 대한 대안적 설명을 찾게 된다.

① 지식의 확대

② 과학적 탐구

③ 현상의 이해

④ 연구방향의 제시

해설 가설이 지지되지 않을 때에도 가설이 있는 경우가 없는 경우보다 현상 이해를 돕는 데 많은 기여를 한다.

정답 01 ② 02 ③

03 잘 서술된 가설의 특징으로 옳지 않은 것은?

① 가설에 사용된 용어가 명확하여 이해하기 쉬워야 한다.

② 가설에 사용된 용어가 경험적 수준에서 관찰 가능하고 측정 가능해야 한다.

③ 가설은 이론, 이론적 기틀, 문제진술로 도출되어야 한다.

④ 가설에 의한 자료 분석의 결과로 개념의 진위가 밝혀져야 한다.

해설 잘 서술된 가설의 특징

- 가설에 사용된 용어가 명확하여 이해하기가 쉬워야 한다.
- 가설에 사용된 용어가 경험적 수준에서 관찰 가능하고 측정 가능해야 한다.
- 가설은 이론, 이론적 기틀, 문제진술로 도출되어야 한다.
- 가설에 의한 자료 분석의 결과로 이론의 진위가 밝혀져야 한다.

04 독립변수에 대한 설명이다. 옳은 것은?

① 다른 변수를 변화시킬 수 있는 변수이다.

② 변화를 받는 변수이다.

③ 효과변수 또는 준거측정이라 부른다.

④ 연구자가 예측 또는 설명하기 원하는 변수이다.

해설 독립변수와 종속변수

- 어떤 현상과 관련된 두 변수가 있을 때, 한 변수가 다른 변수보다 시간적으로 선행하면서 다른 변수를 변화시킬 수 있는 변수를 독립변수라 하며, 변화를 받는 변인을 종속변수라 한다.
- 독립변수는 연구자가 종속변수에 대해 효과를 창출하기 위해 조작하거나 변화시키는 활동 또는 자극이다(처치변수 또는 실험변수라 부른다).
- 종속변수는 연구자가 예측 또는 설명하기 원하는 반응, 행위, 성과이다(효과변수 또는 준거측정이라 부른다). 종속변수에서의 변화는 독립변수에 의해 초래되어진다고 가정한다.

05 변수의 개념에 대한 설명 중 옳지 않은 것은?

① 양적 변수 : 나이, 키, 체중 등 측정하고 수치화할 수 있는 값을 갖는 변수

② 질적 변수 : 성별, 혈액형, 학력, 인종 등 수치화될 수 없는 변수

③ 독립 변수 : 처치 변수 또는 조작변수

④ 종속 변수 : 독립변수에 영향을 주는 변수

해설 종속변수는 독립변수에 의해 영향을 받은 변수이고 독립변수에 대응되는 개념이다.

정답 03 ④ 04 ① 05 ④

06 **가설과 연구문제의 차이점 중 옳은 내용은?**

① 연구문제는 가설로부터 도출된다.

② 연구문제나 연구목적 없어도 가설은 존재한다.

③ 가설 : 변수 간에 어떤 관계가 존재할 것이라고 예측한 연구자의 잠정적 해답을 제시한 경험적 진술이다.

④ 연구문제 : 내포한 현상에 관련된 개념을 변수화한 것이다.

해설 가설과 연구문제의 차이점

- 가설은 연구문제로부터 도출된다.
- 연구자들은 무엇을 연구할 것인지 결정하면서 연구문제를 선택하게 되고 가설은 연구문제에 근거하여 설정하므로 연구문제나 연구목적없이 가설은 존재할 수 없다.
- 연구문제는 연구자가 어떤 것을 연구할 것인지를 의문문이나 연구목적의 형태로 제시하는 이론적 진술이다.
- 가설은 연구문제가 내포한 현상에 관련된 개념을 변수화하여 변수 간에 어떤 관계가 존재할 것이라고 예측한 연구자의 잠정적 해답을 제시한 경험적 진술이다.

정답 06 ③

주관식

01 "당뇨 환자 교육은 당뇨 자가간호 지식을 높일 수 있는가?"라는 연구문제에 대한 귀무가설과 연구가설을 쓰시오.

02 제1종 오류를 감소시킬 수 있는 방법은 무엇인가?

03 가설검증과정을 단계별로 쓰시오.

04 "발 마사지가 복부수술 환자의 통증을 감소시킬 것이다"라는 연구문제를 연구가설로 바꾸어 쓰시오

정답

01 • 귀무가설 : 당뇨 환자교육을 받은 집단과 당뇨 환자교육을 받지 않은 집단 간에는 당뇨 자가간호 지식정도에 차이가 없다.
• 연구가설 : 당뇨 환자교육을 받은 집단과 당뇨 환자교육을 받지 않은 집단 간에는 당뇨 자가간호 지식정도에 차이가 있다.

02 표본수를 크게 하기, 신뢰도가 높은 측정도구 사용하기, 가능한 명목, 서열척도 등의 비연속변수보다는 연속변수로 측정하기

03 • 1단계 : 귀무가설과 연구가설을 설정하기
• 2단계 : 유의수준 설정하기
• 3단계 : 연구목적과 가설과 자료의 특성을 고려하여 적절한 통계방법을 선정하기
• 4단계 : 결정된 통계방법에 따라 통계분석을 행하고 자유도와 검정 통계량값을 계산하기
• 5단계 : 유의수준과 유의확률값을 비교하여 귀무가설의 기각 여부를 결정하기. 유의수준보다 유의 확률값이 적다면 연구가설 채택

04 발마사지를 받은 복부수술 환자군은 발마사지를 받지 않은 복부수술 환자군보다 통증정도가 낮을 것이다.

05 가설의 목적을 쓰시오.

06 "라마즈 교육은 산모의 통증을 감소시킬 수 있는가?"의 등가설과 부등가설을 쓰시오.

07 제1종 오류와 제2종 오류에 대해 설명하시오.

정답

05
- 이론과 현실의 통합
- 지식의 확장
- 연구방향 제시

06
- 등가설 : "라마즈 교육을 받은 산모집단이 느끼는 출산 시 통증과 라마즈 교육을 받지 않는 산모집단이 느끼는 출산 시 통증 간에는 차이가 없다"
- 부등가설 : "라마즈 교육을 받은 집단이 교육을 받지 않은 집단보다 출산 시 통증이 적다."

07
- 제1종 오류 : 귀무가설이 참일 때 귀무가설을 기각하고 연구가설을 채택하는 오류로 알파라 말하고, 심각한 오판을 말한다.
- 제2종 오류 : 귀무가설이 거짓일 때 귀무가설을 채택하는 오류로 베타라고 하고 덜 심각한 오판을 말한다.

PART 3

연구설계 최강적중 예상문제

CHAPTER 1 연구설계의 유형

01 실험연구설계에 대한 설명으로 옳은 것은?

① 종속변수가 독립변수보다 선행되어야 한다.
② 처치와 결과 사이에 인과성을 확인하기 위한 설계방법이다.
③ 한 변수가 변화할 때 다른 변수는 영향을 받지 말아야 한다.
④ 외생변수의 영향을 배제하면 두 변수간의 관계가 유지되지 않는다.

해설 실험연구설계
- 처치와 결과 사이에 인과성을 확인하기 위한 연구설계방법으로, 인과관계가 성립하기 위해서는 처치와 결과 사이의 시간적 순서, 연관성, 비허위성이 전제되어야 한다.
- 시간적 순서는 어떤 현상이나 문제의 원인을 규명하기 위해서 독립변수가 먼저 발생하든지 종속변수보다 선행되어야 하는 것을 의미한다.
- 연관성(covariation/association)은 한 변수가 변화할 때 다른 변수가 함께 같은 방향으로 변화하는 것으로 처치와 결과 사이에 인과관계가 성립한다면 처치가 변화할 때 결과도 함께 변화해야 하는 것이다.
- 비허위성(nonspuriousness)은 외생변수의 영향을 배제하여도 두 변수 간의 관계가 유지되는 것을 의미한다.

02 변수를 조작한다는 것은 어떤 의미인가?

① 외생변수를 통제한다는 것
② 실험군에 연구자가 실험처치나 중재를 하는 것
③ 실험대상으로 뽑힐 확률이 모두 동일하도록 배정하는 것
④ 독립변수 이외에 어떠한 변수도 종속변수에 영향을 미치지 않도록 하는 것

해설 변수의 조작(manipulation)은 실험군에 연구자가 실험처치나 중재를 실시하는 것으로 변수를 인위적으로 변화시키거나 조작하는 것이다.

03 순수실험설계의 조건이 아닌 것은?

① 변수의 조작
② 외생변수의 통제
③ 무작위화
④ 표본의 편중

해설 순수실험설계는 변수의 조작, 외생변수의 통제, 무작위화의 3가지 실험설계의 조건을 모두 갖춘 설계이며, 유사실험설계는 3가지 조건 중 무작위 혹은 통제의 조건을 갖추지 않은 설계이다.

정답 01 ② 02 ② 03 ④

04 다음 〈보기〉의 예를 통해 수행할 수 있는 실험설계는?

| 보기 |

프리셉터 인센티브 프로그램 도입이 간호사의 이직률과 직업 만족도에 미치는 영향을 연구하기 위해 조건이 비슷한 두 병원을 골라 가 병원에서는 프리셉터 인센티브 프로그램을 적용한 실험군으로 나 병원에서는 미실시 상태이므로 대조군으로 하여 간호사의 직업만족도를 아래와 같은 설계로 연구하고자 한다.

구분	사전조사	처치	사후조사
EG	O_1	X	O_2
CG	O_1		O_2

① 비동등성 대조군 전후 시차설계
② 비동등성 대조군 사전 – 사후설계
③ 무작위 대조군 사전 – 사후설계
④ 단일집단 사전 – 사후설계

해설 비동등성 대조군 사전 – 사후설계
대상자들을 실험군과 대조군에 무작위로 배정하지 않았다는 것을 제외하고는 비동등성 대조군 사전 – 사후설계와 동일한 설계 방법이다. 무작위 할당이 이루어지지 않아 실험군과 대조군 간에 동질성이 확보하기 어려우므로 연구자는 실험군과 대조군을 최대한 동질한 집단으로 구성하도록 노력하여야 한다.

05 무작위 대조군 사전–사후 설계의 장점으로 옳지 않은 것은?

① 외생변수의 효과를 통제할 수 있다.
② 내적 타당도가 비교적 높다.
③ 선택편중을 최대한 배제할 수 있다.
④ 외생변수가 존재할 경우 내적 타당도가 낮다.

해설 무작위 대조군 사전–사후 설계의 장점
- 대조군을 선정하는 설계방법으로 외생변수가 존재하는 경우라 할지라도 외생변수가 실험군과 대조군 모두에게 동일하게 영향을 미칠 것이므로 외생변수의 효과를 통제할 수 있어 내적 타당도가 비교적 높다
- 무작위 할당을 통해 대상자 추출과 실험군과 대조군을 배정하여 선택편의(selection bias)를 최대한 배제할 수 있다.
- 중재나 처치(독립변수)가 둘 또는 그 이상일 경우 약간의 변형으로 무작위 솔로몬 4집단설계 등으로 확장이 가능하다.

정답 04 ② 05 ④

06 **외생변수가 되는 대상자의 특성에 맞춰 짝짓기를 한 후에 각 집단에 무작위로 배정하여 집단 간 동등성을 유지시키는 통제 방법은?**

① 통계적 통제
② 짝짓기법
③ 연구환경 통제
④ 중재 통제

해설 짝짓기법(matching)

- 짝짓기법은 외생변수가 되는 대상자의 특성에 맞춰 짝짓기를 한 후에 각 집단에 무작위로 배정하여 집단 간 동등성을 유지시키는 방법이다.
- 실험군과 대조군 두 집단을 대상으로 실험연구를 진행할 경우 연구대상자의 특성 수준에 맞게 대상자를 두 명씩 짝짓기를 하고 실험군과 대조군에 각 1명씩 무작위 배정을 하는 것이다.
- 연구자는 외생변수를 먼저 잘 파악해야 하는 전제조건이 있다. 또한, 대상자의 특성 중 외생변수가 3가지 이상일 경우 적절히 짝짓기법을 하기에 상당한 어려움이 있을 수 있다

07 **실험환경을 통제하기 위한 설명으로 옳지 않은 것은?**

① 연구환경 통제 : 연구환경은 완벽히 통제해야만 한다.
② 시간 혹은 계절효과 통제 : 일관된 시점에 자료를 수집해야 한다.
③ 중재 통제 : 중재는 표준화되고 상세히 기술해야 한다.
④ 측정, 자료수집 절차 통제 : 타당도가 확보가 된 도구를 선택한다.

해설 연구환경 통제

- 연구대상자가 참여하는 연구환경은 가능한 일관되게 유지하는 것이 필요하다. 인공적인 환경에서 실험처치나 중재를 제공하는 것이 가능하다면 외생변수를 최대한 통제할 수 있다.
- 현실적으로 연구환경을 완벽히 통제하는 것이 어렵기 때문에 연구자는 최대한 비슷한 연구환경을 유지하려는 노력이 필요하다.
- 중재를 제공하는 장소를 대상자의 거주지에 따라 다르게 설정한다면 중재 장소의 차이가 연구결과에 영향을 미칠 수 있을 것이다.

08 **무작위 대조군 사전-사후 설계 시 외적 타당도에 영향을 미칠 수 있는 원인을 설명한 것이다. 옳지 않은 것은?**

① 사전조사와 처치 간에 상호작용이 있을 수 있다.
② 실험진행과정에 대한 반응효과가 나타날 수 있다.
③ 처치와 특별한 사건이 상호작용할 수 있다.
④ 눈가림법으로 외적 타당도가 감소할 수 있다.

정답 06 ② 07 ① 08 ④

해설 실험진행과정에 대한 반응 효과가 나타나 외적 타당도를 감소시키는 원인이 될 수 있다. 대상자가 자신이 실험군에 배정되었음을 알 경우 평소와는 다른 행동을 할 수 있는데 자가보고법이나 관찰방법으로 자료를 수집할 때 더욱 문제가 될 수 있다. 이러한 문제는 대상자가 실험군에 소속된 것을 모르게 하는 눈가림법(blinding)으로 해결이 가능하다.

09 사전조사 자체가 대상자를 민감화시키거나 변화시켜 외적 타당도가 감소하였다면 자료수집 시 적절한 해결책은?

① 생리적 측정법을 이용한다.
② 자가보고법을 이용한다.
③ 관찰법을 이용한다.
④ 사전조사를 생략한다.

해설 사전조사와 처치 간에 상호작용이 있을 수 있다. 만약 사전조사 자체가 대상자를 민감화시키거나 변화시켜서 사전조사가 없었을 경우와는 다른 반응을 나타낸다면 외적 타당도는 감소하게 된다. 이런 문제는 생리적 측정법을 이용했을 경우보다 자가보고법이나 관찰의 방법으로 자료를 수집할 때 더욱 문제가 된다.

10 보기에서 제시되는 상황에 적합한 연구설계 방법은?

| 보기 |

심도자 시술 환자들을 실험군과 대조군으로 무작위로 배정한 후 활력징후, 불안 정도, 혈중 코티솔 수준을 측정한 뒤 실험군에게만 일정기간 마사지를 시행한 후 활력징후, 불안 정도, 혈중 코티솔 수준을 측정하여 실험군과 대조군의 종속변수의 변화를 비교하여 마사지의 중재효과를 측정하는 것이다.

구분	사전조사	처치	사후조사
EG	O_1	X	O_2
CG	O_1		O_2

① 무작위 대조군 사전-사후설계
② 무작위 대조군 사후설계
③ 솔로몬 4집단설계
④ 요인설계

해설 무작위(동등성) 대조군 사전-사후설계
대상자를 모집단에서 무작위 할당법으로 표출하여 실험군과 대조군에 배정한 후 사전조사를 실시하고 처치 후 사후조사를 실시하는 연구방법으로 실험설계 중 가장 이상적인 연구설계이다.

정답 09 ① 10 ①

11 아버지와 신생아 접촉이 부친 – 신생아 간 애착에 미치는 영향을 알아보고자 하는 연구를 할 경우 가장 적합한 연구방법은?

① 무작위 대조군 사전-사후설계
② 무작위 대조군 사후설계
③ 솔로몬 4집단설계
④ 요인설계

해설 무작위 대조군 사후설계

- 무작위 할당으로 실험군과 대조군을 배정하였으므로 종속변수에 영향을 미칠 수 있는 외생변수를 최대한 통제하여 두 집단의 동질성을 확보하였다는 가정으로 사전조사를 생략하는 것이다. 이 설계방법은 무작위 할당으로 내적 타당도가 보장되었고 외적 타당도를 높이는 목적의 연구설계 방법이다
- 무작위 대조군 사후설계는 사전조사가 불가능한 상황에서 유용한 연구설계 방법이다. 예를 들어, 아버지와 신생아 접촉이 부친-신생아 간 애착에 미치는 영향을 알아보고자 하는 연구는 사전조사가 불가능하므로 신생아 접촉이라는 중재 이후에 애착관계를 측정할 수밖에 없다.
- 사전조사가 사후조사 결과에 영향을 미치리라고 예상되는 경우 무작위 대조군사후설계가 유용하다

12 무작위 대조군 사후설계에 대한 설명 중 옳지 않은 것은?

① 무작위 할당을 하면 두 집단의 동질성이 확보된다.
② 실험군과 대조군 간의 차이로 실험결과에 영향을 미칠 수 있다.
③ 집단의 동질성을 확보하기 위해 표본수를 적정하게 확보해야 한다.
④ 사전조사를 하지 않는 무작위 대조군 사후설계의 경우 두 집단 간의 동질성을 확보하지 못할 수 있다.

해설 무작위 대조군 사후설계의 단점

- 무작위 할당이 모든 경우에 실험군과 대조군의 동질성을 보장하는 것은 아니다. 특히 표본 수가 작은 경우에는 무작위 할당을 하였더라도 두 집단의 동질성을 확보하기가 어렵다. 따라서 사전조사를 하지 않는 무작위 대조군 사후설계의 경우 두 집단 간의 동질성을 확보하지 못할 수 있다.
- 집단의 동질성을 확보할 수 없는 경우 사후조사 결과 나타난 실험군과 대조군간의 차이가 반드시 처치만의 단독 효과라고 확증하기 어려울 수 있다. 즉, 처치의 효과 이외에도 처음부터 실험군과 대조군 간의 차이로 인하여 실험결과에 영향을 미친 것일 수 있기 때문이다.
- 집단의 동질성을 확보하기 위하여 표본 수를 적정하게 확보하여야만 한다는 것이다.

정답 11 ② 12 ①

13 아래 〈보기〉에서 제시되는 상황에 적합한 연구설계 방법은?

| 보기 |

비만 클리닉을 방문한 환자들에게 자체 개발한 체중감소 운동프로그램을 시행한 후 그 효과를 측정하기로 하였다. 연구자는 운동프로그램 시행 여부와 함께 성별이 중요한 변수라고 가정하였다.

구분	운동프로그램 시행	운동프로그램 시행하지 않음
남		
여		

① 무작위 대조군 사전-사후설계
② 무작위 대조군 사후설계
③ 솔로몬 4집단설계
④ 요인설계

해설 요인설계

- 요인설계 연구자가 관심을 가지는 독립변수가 두 가지 이상이고 범주형 변수일 때 사용하는 연구설계이다.
- 한 번의 연구에서 여러 가지 독립변수를 조작하여 연구할 수 있고, 여러 독립변수 간 상호작용 여부도 확인할 수 있다.
- 독립변수를 요인이라고 하며 각 요인들은 반드시 2개 이상의 수준을 가지고 있어야 하고, 설계 방법은 요인수준×요인수준으로 표시한다.
- 한 번의 연구로 운동프로그램과 성별이 체중감소에 미치는 영향을 측정할 수 있을 뿐만 아니라 운동프로그램의 시행 여부와 성별 간 상호작용도 측정할 수 있다.

14 임상시험의 단계 중 실험군과 대조군을 무작위로 할당하고 통제된 환경에서 효과를 측정하는 단계는?

① 제1상
② 제2상
③ 제3상
④ 제4상

해설 임상시험의 단계

- 임상시험의 제1상은 신약이나 방법의 초기 개발 이후에 동물실험 등을 통한 안전성을 검증하는 시험 단계이다.
- 제2상은 신약의 효과와 안전성을 평가하기 위한 사람을 대상으로 한 예비시험으로 소규모의 실험 연구를 하는 단계이다.
- 제3상은 실험군과 대조군을 무작위로 할당하고 통제된 환경에서 효과를 측정하는 단계이고 무작위 임상시험연구가 이 단계에 해당한다. 무작위 임상시험의 결과를 전체 인구집단에 일반화하기 위하여서는 표본수를 적정하게 선정하여야 한다.
- 제4상은 신약 승인을 받은 후에 환자를 추적하여 흔하지 않은 부작용을 규명하고 안전성을 재확립하며 새로운 적응증을 탐색하는 연구 단계이다.

정답 13 ④ 14 ③

15 **병원 전산화가 간호사들의 간접간호 시간에 미치는 영향에 대한 연구를 하기 위하여 무작위로 실험군과 대조군을 배정하려고 한다. 이때 실험군에 배정된 간호사가 기존 근무병동을 변경하여야 하는 경우가 발생할 경우 병동을 옮기지 않고도 할 수 있는 연구방법은?**

① 비동등성 대조군 사전 – 사후설계
② 비동등성 대조군 사후설계
③ 비동등성 대조군 전후 시차설계
④ 단일집단 시계열설계

해설 비동등성 대조군 사전 – 사후설계

- 실험군과 대조군을 무작위 할당으로 배정하기 위하여 기존에 속하여 있는 집단을 와해하지 않아도 된다는 점이다.
- 예를 들어, 병원 전산화가 간호사들의 간접간호시간에 미치는 영향에 대한 연구를 하기 위하여 무작위로 전산화 사용군(실험군)과 미사용군(대조군)을 배정한다면 실험군에 배정된 간호사가 기존 근무병동을 변경하여야 하는 경우가 발생할 수 있으나 이 설계방법을 사용한다면 병동을 옮기지 않고도 연구가 가능하다.
- 즉 병동을 실험군과 대조군으로 배정하여 두 집단에 소속되어 있는 병동 간호사들의 간접간호 시간을 미리 사전조사하고 실험군에 소속된 병동에만 전산화 작업을 한 후 나중에 다시 한 번 간접간호 시간을 측정하여 비교하면 가능하다.

16 **질식분만과 제왕절개분만의 초산부 통증 지각에 관한 연구 시 사전조사하는 것도 불가능하고 무작위 배정도 할 수 없다. 이 경우 가장 적합한 연구설계 방법은?**

① 비동등성 대조군 사전–사후설계
② 비동등성 대조군 사후설계
③ 비동등성 대조군 전후 시차설계
④ 단일집단 시계열설계

해설 비동등성 대조군 사후설계

- 비동등성 대조군 사후설계는 순수실험설계의 무작위 대조군 사후 실험설계와 유사하지만 무작위 배정이 이루어지지 않았다는 점과 사전 측정을 하지 않고 사후측정만 실시하였다는 차이가 있는 설계방법이다.
- 예를 들어, 질식분만과 제왕절개분만의 초산부 통증지각에 관한 연구 시 분만 전 통증지각을 사전조사하는 것은 불가능하고 무작위 배정도 할 수 없다. 무작위 배정과 사전조사가 없으므로 두 군의 통증지각 정도가 단지 분만형태에 따른 것인지 두 군 간의 다른 차이에 의한 것인지 연구결과를 일반화하기 어려우므로 반복측정을 통하여 확인하여야 한다.

정답 15 ① 16 ②

17 아래 〈보기〉에서 제시되는 상황에 적합한 연구설계 방법은?

| 보기 |

새로운 운동방법에 따른 비만 환자들의 체중변화를 측정하여 실제로 차이가 있는지를 알아보려고 한다. 같은 대상자들을 대상으로 하며 전후를 비교함으로써 선택편중과 탈락의 문제를 통제할 수 있다.

구분	사전조사	처치	사후조사
EG	O_1	X	O_2

① 단일집단 사전-사후설계
② 단일집단 사후설계
③ 솔로몬 4집단 설계
④ 평행 설계

해설 단일집단 사전-사후설계

- 단일집단 사전-사후설계는 실험군만 있으며 그 실험군에 실험조작을 실시하고 사전조사와 사후조사의 차이를 비교하는 설계방법이다.
- 새로운 운동방법에 따른 비만 환자들의 체중변화를 측정하여 실제로 차이가 있는지를 알아보는 것이다. 같은 대상자들을 대상으로 하며, 전후를 비교함으로써 선택편중과 탈락의 문제를 통제할 수 있다.
- 다른 집단을 비교할 경우에 문제가 될 수 있으나 같은 대상자들을 대상으로 하므로 선택편중의 문제가 일어날 수 없고 사전조사에만 참여하고 사후조사에는 참여하지 않은 사람들의 자료를 제외하는 방법으로 탈락의 문제를 통제할 수 있다.

18 단일집단 사전 – 사후설계에 대한 내용이다. 옳은 것은?

① 성숙의 효과가 없다.
② 시험효과가 개입될 수 없다.
③ 선택편중과 탈락의 문제가 복합되어 발생할 경우 문제가 될 수 있다.
④ 실험처치가 사전조사와 사후조사 사이의 차이를 발생시키는 주요 원인을 확증할 수 있다.

해설 단일집단 사전 – 사후설계의 단점

- 실험처치가 사전조사와 사후조사 사이의 차이를 발생시키는 주요 원인인지 확증할 방법이 없다.
- 비교집단이 없기 때문에 실험처치 때문인지 실험도중 발생한 대상자의 변화 때문인지 구분하기가 어렵다.
- 시험 효과가 개입될 수 있다. 예를 들어, 사전조사에 의해 비만을 극복하려는 동기가 일어나 평소와는 다른 적극적인 태도를 보일 수 있다.
- 선택편중과 탈락의 문제가 복합되어 발생할 경우 문제가 될 수 있다. 예를 들어, 어떤 대상자가 사전조사는 받고 사후조사는 받지 않았을 경우 사전조사결과와 사후조사 결과의 차이는 통제되지 않은 다른 변수나 원인요인에 의해 일어난 것일 수 있다.

정답 17 ① 18 ③

19 **비만 환자들에게 새로운 운동요법을 시행한 후 얼마 후 체중의 변화 정도를 측정하려고 단일집단 사후설계를 했다. 이 연구방법의 매우 큰 위협으로 옳은 것은?**

① 성숙의 문제가 있다.
② 선택편중의 상호작용을 통제한다.
③ 잔여효과가 있을 수 있다.
④ 통제가 전혀 이루어지지 않기 때문에 내적 타당도에 위협을 받는다.

해설 단일집단 사후설계 단점
- 통제가 전혀 이루어지지 않았기 때문에 내적 타당도에 매우 큰 위협을 받는다는 것이다. 빠르고 쉽게 연구를 할 수 있으나 잘못된 판단을 초래할 수 있다.
- 암시적이고 직관적이고 인상적인 것을 제외하고는 어떤 비교도 가능하지 않다는 것이다. 과학적 증거를 확보하기 위해서는 적어도 하나 이상의 비교가 이루어져야 한다.
- 비교집단이 없기 때문에 사건과 선택편중의 문제가 발생할 수 있다. 따라서 둘째와 셋째의 문제를 해결하기 위해서는 대조군을 설정하는 것이 가장 좋은 방법이다.

20 **다음의 〈보기〉는 어떤 실험설계에 대한 설명인가?**

| 보기 |

대조군 사전 – 사후 실험설계와 대조군 사후실험설계의 결합된 형태로 모든 외생 변수의 통제가 가능한 실험설계이다.

① 무작위 대조군 사전 – 사후설계 ② 무작위 대조군 사후설계
③ 솔로몬 4집단설계 ④ 평행설계

해설 솔로몬 4집단 설계는 대조군 사전–사후 실험설계와 대조군 사후실험설계의 결합된 형태로 모든 외생 변수의 통제가 가능한 실험설계이다.

21 **진정한 행복의 조건이 무엇인지 탐색하는 연구로 1930년대 말에 하버드대학에 입학한 2학년생 268명의 삶을 72년 동안 정기적인 검사와 답변서로 추적하였던 연구가 있다. 이 연구설계 방법은?**

① 전향적 연구 ② 후향적 연구
③ 종단적 연구 ④ 횡단적 연구

해설 전향적 연구
전향적(prospective) 연구는 예상된 원인을 조사하는 것으로 시작하여 예상된 결과가 나타날 때를 기다려 측정하는 연구이다.

정답 19 ④ 20 ③ 21 ①

22 **심근경색 환자군과 정상인군의 두 집단을 구성하여 이들의 과거운동과 식이습관에 관하여 두 집단 간의 차이를 비교했더니 환자군의 운동량과 식이습관이 정상인과 다르게 나타났다. 어떤 연구방법을 사용했는가?**

① 전향적 연구　② 후향적 연구
③ 종단적 연구　④ 횡단적 연구

해설 후향적 연구(retrospective)
- 현재의 어떤 현상이 과거의 다른 현상에 어떻게 연결될 수 있는가에 흥미를 갖는 것으로 연구자는 현재 일어난 결과를 일으켰던 선행요인을 찾으려고 시도한다.
- 위의 사례에서 차이가 있었던 변인이 심근경색 발병에 영향을 주었을 것이라고 설명할 수 있게 된다.
- 후향적 연구는 어떤 상황의 발생에서 시작하여 원인적 요인을 규명하려는 과거지향적 연구방법으로, 실험연구와 반대되는 특성이 있다.
- 독립변수를 조작하지도 않고 대상자를 무작위로 선정하지도 않기 때문에 인과관계를 분명하게 설명하지 못하는 단점이 있다.
- 비실험 설계로서 원인추론이 가능하고 재정과 시간을 절약할 수 있다는 장점이 있다.

23 **A 지역 소재 300병상 이상의 병원에 근무하는 중환자실 간호사를 대상으로 직무 스트레스를 조사하여 분석하려고 한다. 어떤 연구방법이 적합한가?**

① 전향적 연구　② 후향적 연구
③ 종단적 연구　④ 횡단적 연구

해설 횡단적 연구
- 횡단적(cross-sectional) 연구는 한 시점에서만 자료를 수집하는 연구설계이다.
- 여러 단계에 처해 있는 대상자의 다양한 상태를 동시에 조사하는 것이다.
- 모든 측정이 한 시점에서 이루어지며, 모집단에서의 발생률을 추정하는 것이어서 표본의 대표성이 연구 타당도를 결정하는 특성이 있다.
- 위의 사례에서 만약 표본으로 선정한 중환자실 간호사들이 이직률이 높아서 유독 스트레스가 많은 시점에 연구를 진행하였다면, 연구결과를 일반화하기에는 무리가 있을 수 있게 된다.

24 **〈초등학생의 비만도에 따른 인터넷 중독의 차이〉를 연구할 때, 초등학교 1학년 학생들을 대상으로 변수들을 측정한 후 학년이 올라갈 때마다 측정하여 대상자들이 6학년이 되는 6년 동안 계속 자료수집을 하였다. 어떤 설계방법을 이용한 것인가?**

① 전향적 연구　② 후향적 연구
③ 종단적 연구　④ 횡단적 연구

정답 22 ② 23 ④ 24 ③

해설 종단적 연구

- 종단적(longitudinal) 연구는 동일한 대상자를 여러 시점에서 수집하여 자료를 수집하는 것이다.
- 종단적 연구는 일정한 대상자의 변화 흐름을 볼 수 있기 때문에 다른 외생변수를 통제하기 좋은 방법이나, 위의 예에서도 알 수 있듯이 많은 시간과 비용이 필요하며 대상자 탈락의 위험이 있다.

25 상관연구에 대한 설명 중 옳지 않은 것은?

① 상관관계 연구, 예측적 연구, 모델검증 연구로 구분한다.

② 단일 집단에서 두 개 이상의 변수 관계를 조사하는 연구이다.

③ 단시간 내에 많은 자료의 수집이 가능하다.

④ 적은 표본으로도 연구가 가능하다는 장점이 있다.

해설 상관연구

- 상관관계 연구, 예측적 연구, 모델검증 연구로 구분한다.
- 단일 집단에서 두 개 이상의 변수 관계를 조사하는 연구로, 단순히 서술적으로 관계를 알아 볼 수 있으며, 변수 사이의 예측적 관계를 알아 볼 수도 있고, 이론에서 제시된 모든 관계를 테스트해 보는 모델검증의 연구도 가능하다.
- 간호학 분야에 있는 많은 지식은 연구자가 변수들 간의 관계에 초점을 두고 있다.
- 상관관계 연구의 장점은 실험적으로 조작할 수 없는 흥미 있는 많은 변수들이 간호학, 의학, 사회과학 연구부문에서 아주 유용하고 단시간 내에 많은 자료의 수집이 가능하다는 것이다.
- 현실적 상황에서의 연구결과는 다른 상황에서 일반화시키는 데 다소 유리하다.
- 상관관계 연구에서는 변수의 범위가 매우 다양하기 때문에 표본은 변수 측정의 다양성을 모두 반영할 수 있어야 하므로 상관관계 연구는 매우 많은 대상자 수가 필요하다.

26 직장스트레스 완화프로그램에 참여한 대상자가 참가 기간에 승진하게 되었을 때 연구결과가 스트레스 완화프로그램의 효과인지 승진의 효과인지 구별하기 힘들 수 있다. 이 경우 내적 타당도를 위협하는 요인은?

① 성숙　　② 특정사건의 영향

③ 외생변수의 개입　　④ 시험효과

해설 특정사건의 영향

- 독립변수 이외의 외부에서 일어난 특정 사건, 천재지변이 대상자에게 영향을 주어 독립변수와 종속변수와의 관계가 다르게 나타날 수 있다.
- 특정사건의 영향을 줄이기 위해서는 외부 환경에 영향을 받지 않도록 실험실 환경으로 격리하는 것이 최선이지만 사람을 대상으로 하는 연구에서는 불가능하므로 대조군을 선정하는 연구설계가 도움이 된다.

정답 25 ④ 26 ②

27 **한 연구자가 뇌졸중 센터에 내원 중인 환자를 대상으로 뇌졸중 재발예방 교육프로그램 중재를 4주간 진행하는 중간에 인기 있는 방송에서 뇌졸중 예방 캠페인을 접하게 되었다. 이럴 경우 어떤 위협요인이 발생한 것인가?**

① 시험효과 ② 성숙

③ 선택편중 ④ 외생변수의 개입

해설 연구를 통하여 알고자 하는 것은 독립변수와 종속변수와의 인과관계이다. 연구설계가 잘못되어 독립변수 이외의 다른 변수가 개입하여 독립변수와 종속변수와의 관계를 왜곡하는 경우를 제3의 변수의 개입 혹은 외생변수의 개입이라고 한다.

28 **학습효능감 향상 프로그램의 효과를 검증하기 위하여 학생들을 대상으로 프로그램 운영 전·후에 학습효능감을 조사하였다. 이때 사전-사후 조사기간의 간격이 1년이라고 할 때 학생들은 1년 사이에 어떤 변화를 겪은 것인가?**

① 성숙 ② 시험효과

③ 통계적 회귀 ④ 선택편중

해설 성숙(maturation)

- 성숙이란 연구 기간 중 독립변수의 영향이 아니라 단순히 시간의 흐름에 따른 자연적인 변화(신체의 변화, 심리적 성숙 등)가 결과변수에 영향을 주게 되는 경우를 의미한다.
- 위의 사례에서 학생들은 1년 사이에 성장을 하게 되고 내적인 요소가 변화하게 된다.
- 사전-사후의 학습효능감의 점수 차이가 프로그램의 효과인지 내적인 성숙에 의한 것인지 구별하는 것은 매우 어려운 일이며 내적 타당도는 낮아지게 된다.

29 **우울증 치료프로그램의 효과를 검증하기 위한 유사실험연구에서 실험군과 대조군을 선정할 때 실험군에 사전 우울증 점수가 낮은 사람을 배정하면 사후 우울증 점수의 변화가 프로그램 때문인지 원래 차이 때문인지 설명하기 어렵게 된다. 이처럼 집단 간 대상자의 특성이 서로 동등하지 않아 발생하는 내적 타당도 위협요인은?**

① 성숙 ② 시험효과

③ 통계적 회귀 ④ 선택편중

해설 선택편중

- 대상자 선택편중은 집단 간 대상자의 특성이 서로 동등하지 않아 발생한다.
- 연구대상자가 무작위 배정이 되지 않는 연구에서 대상자 선택편중의 위험이 더 크다.
- 연구 시작 전 두 집단에 속한 사람들의 개인 특성에 차이가 있다면 중재의 효과인지 원래 가지고 있던 개인 특성에 의한 것인지 구별하기 어려워 내적 타당도를 보증할 수 없게 된다.
- 선택편중을 예방하기 위해서는 연구설계 단계에서 무작위 배정을 하거나 연구분석 단계에서 종속변수에 영향을 줄 수 있는 변수를 통계적인 방법으로 보정하는 과정이 필요하다.

정답 27 ④ 28 ① 29 ④

30 **청소년들에게 효과적인 성교육 방법을 평가하기 위해 홀수반은 비디오 교육, 짝수반은 유인물과 모형교육을 실시하였다. 이때 짝수반의 유인물을 홀수반 학생들이 얻을 수 있게 되는 경우 발생할 수 있는 위협요인은?**

① 통계적 회귀 ② 대상자 탈락
③ 처치의 확산 ④ 선택편중

해설 처치의 확산
- 실험군에서 주어진 처치가 대조군에게 영향을 주어 두 집단 간의 차이가 분명하지 않게 되거나 서로 다른 처치를 하는 경우 한 군의 처치가 다른 군에게 오염되어 발생하는 것이다.
- 처치의 확산은 두 집단이 물리적으로 가깝게 있거나 경쟁관계에 있을 때 발생하기 쉽다.

31 **통계적 결론 타당도를 위협하는 요인이 아닌 것은?**

① 낮은 통계검정력 ② 변수값 범위의 제한
③ 표본의 타당도 ④ 중재 수행의 신뢰도 문제

해설 통계적 결론 타당도를 위협하는 요인
- **낮은 통계 검정력(low statistical power)** : 검정력(power)은 실제 존재하는 변수 간의 차이나 관계를 밝힐 수 있는 능력이다. 낮은 통계 검정력은 실제로 차이나 관계가 있는데 없다고 영가설을 기각하는 2종 오류의 위험을 높인다.
- **변수값 범위의 제한(restriction of range)** : 연구자가 변수값의 범위를 제한하여 측정하는 경우 변수 간의 차이나 관계를 제대로 찾기 어려울 수 있다.
- **중재 수행의 신뢰도 문제** : 연구자가 적용할 중재를 표준화하지 못하거나 표준화한 중재라 하여도 일관되게 대상자에게 중재가 전달되지 못한 경우에 발생한다.

32 **실험자의 특성(연령, 성별, 외모, 인종, 옷차림, 태도 등)과 무의식적 기대가 대상자에게 전달되어 대상자가 반응(행동)하게 되는 것은?**

① 구성개념의 부적절한 조작화 ② 연구상황에 대한 반응
③ 실험자 기대효과 ④ 보상동등화

해설 실험자 기대효과(experimenter expectancies)
- 실험자 기대효과는 로젠탈 효과(Rosenthal's effect)라고도 하며, 실험자의 특성(연령, 성별, 외모, 인종, 옷차림, 태도 등)과 무의식적 기대가 대상자에게 전달되어 대상자가 반응(행동)하게 되는 것을 의미한다.
- 실험자는 실험군에 속한 대상자에게 칭찬과 격려를 함으로써 무의식적으로 연구결과에 대한 기대를 전달할 수 있다.
- 실험자 기대효과를 줄이기 위해 실험자도 대상자가 속한 집단이 대조군인지 실험군인지 모르도록 맹검을 취할 수 있다.

정답 30 ③ 31 ③ 32 ③

주관식

01 다음의 연구에 어떤 연구설계가 적당한지를 〈보기〉에서 골라 적으시오.

| 보기 |

가. 사례연구　　나. 서술적 연구
다. 방법론적 연구　　라. 단일집단 사전・사후설계

(1) 임상간호사의 도덕적 고뇌와 우울과의 관계 : _____
(2) 간호조직문화 도구개발 연구 : _____
(3) 노인환자의 수면장애 간호에 대한 사례연구 : _____
(4) 수술실 대기중인 모든 환자에게 제공하는 음악요법이 불안 감소에 미치는 영향 : _____

02 코호트 연구에 대해 쓰시오.

03 내적 타당도에 대해 쓰시오.

04 내적 타당도와 외적 타당도의 관계에 대해 두 가지를 동시에 높일 수 있는지 설명하시오.

정답

01 (1) : 나, (2) : 다, (3) : 가, (4) : 라

02 (종단적 연구 중 의료계에서 많이 사용하는 연구 방법 중 하나가 코호트 연구(cohort study)이다. 코호트는 '동일한 속성을 가진 집단'을 의미하며 특정 요인에 노출되는 것이 질병 발생에 영향을 미치는지 알아보고자 할 때, 질병이 없는 연구대상자들을 모아서 특정 요인 노출 여부를 확인하고 시간이 흐름에 따라 질병이 발생하는지 조사하여 요인과 질병 발생 간의 관계를 보는 연구를 말한다)

03 • 연구의 결과가 최종적으로 측정하고자 하는 것을 얼마나 정확하게 측정하였는가를 평가하는 것이다.
• 외생변수의 영향 없이 연구결과(종속변수)가 독립변수에 의해 진실되게 나타난 정도를 의미한다.

04 연구결과가 내적으로 타당하지 않으면 외적 타당도를 보장할 수 없으므로 종종 내적 타당도를 강하게 하는 것이 더 선호된다. 연구목적에 따라 내적 타당도와 외적 타당도의 경계선을 결정해야 한다.

05 내적 타당도를 위협하는 요인을 나열하시오.

06 지능지수검사(IQ test)를 일주일 후 재실시하면 대상자들은 일부 문항을 기억하거나 친숙하기 때문에 평균적으로 3~5점이 더 높아진다. 이러한 효과를 무엇이라고 하는가?

07 초기 조사에서 극단적인 점수로 응답했던 대상자가 같은 도구를 이용한 재조사 시 특별한 이유 없이 초기 조사보다 평균점수에 가깝게 응답하는 경우를 통계적 수렴 혹은 통계적 회귀라고 한다. 이 문제를 예방하기 위한 방법은 무엇인가?

08 실험연구나 코호트 연구에서 주로 발생하며 대상자들이 연구 참여를 중단하게 되면서 발생할 수 있는 내적 타당도 위협요인은?

정답

05 특정사건의 영향, 외생변수의 개입, 시험효과, 측정도구 효과, 통계적 회귀, 선택편중, 대상자 탈락, 처치의 확산

06 시험효과

07 신뢰도가 높은 도구를 사용하거나 대상자를 무작위 배정하여 예방한다.

08 대상자 탈락

09 구성 타당도를 높이기 위한 방법을 쓰시오.

10 통계분석을 통해 추정된 원인(독립변수)과 결과(종속변수)의 관계가 실제 현실을 얼마나 정확하게 반영하고 있는지에 대한 것을 무엇이라고 하는가?

11 구성 타당도의 정의를 쓰시오.

12 구성 타당도를 위협하는 요인을 나열하시오.

정답

09 • 중요한 개념에 대한 정의를 분명하게 한다.
• 연구에서의 중재, 결과, 연구환경, 연구대상자에 대한 개념을 명확하게 해야 한다.
• 개념과 가장 일치하는 사례와 결합한다.

10 통계적 결론 타당도

11 연구도구가 연구에서 측정하고자 하는 구성요소들을 모두 포함하고 있는지를 평가하는 것

12 구성 개념의 부적절한 조작화, 연구 상황에 대한 반응, 실험자 기대효과, 진기성 효과, 보상 동등화, 보상 경쟁, 대상자 사기저하, 중재의 확산

CHAPTER 2

표집방법

01 **연구주제와 관련된 모집단의 어느 특성이 체계적으로 과잉되거나 부족하게 표본에 반영된 상태를 무엇이라고 하는가?**

① 표본 ② 표본추출
③ 대표성 ④ 표본추출편중

해설 표본추출편중(sampling bias)
- 연구주제와 관련된 모집단의 어느 특성이 체계적으로 과잉되거나 부족하게 표본에 반영된 상태를 의미한다.
- 표본추출편중은 연구자가 특정 대상자를 의식적으로 배제하여 발생할 수 있다.
- 예를 들면, 선정기준에 맞는 뇌졸중 환자들 중 A 환자가 평소 의료진에게 협조적이지 않은 것을 보고 A 환자를 표본에서 배제하기로 연구자가 의식적으로 결정함으로써 편중이 발생할 수 있다.
- 표본추출편중은 무의식적으로 더 많이 발생될 수 있다.

02 **'항암치료를 받는 암환자의 자기관리에 미치는 영향요인'이라는 연구를 진행하게 될 때 근접 모집단에 적합한 내용은?**

① 항암치료를 받는 암환자 전체
② 항암치료를 받는 암환자 일부
③ 지난 1년 동안 항암치료를 받은 경험이 있는 암환자 전체
④ 특정 병원에서 지난 1년 동안 항암치료를 받은 경험이 있는 암환자 전체

해설 모집단, 표적 모집단, 근접 모집단의 예
〈항암치료를 받는 암환자의 자기관리에 미치는 영향요인〉이라는 연구를 진행하게 될 때, 모집단, 표적 모집단, 근접 모집단은 다음과 같이 정의내릴 수 있다.
- **모집단** : 항암치료를 받는 암환자 전체
- **표적 모집단** : 지난 1년 동안 항암치료를 받은 경험이 있는 암환자 전체
- **근접 모집단** : 특정 병원에서 지난 1년 동안 항암치료를 받은 경험이 있는 암환자 전체

03 **난수표, 소프트웨어 프로그램을 이용하여 숫자 목록을 생성하고, 이에 해당되는 대상자를 표본으로 선정하는 방법은?**

① 단순무작위 표집 ② 층화무작위 표집
③ 계통적 표집 ④ 집락 표집

정답 01 ④ 02 ④ 03 ①

해설 단순 무작위 표본추출(simple random sampling)
- 단순 무작위 표본추출은 가장 기본적인 확률표본추출이다.
- 이는 모집단의 전체 구성요소를 파악하여 대상자가 동일하게 선택될 기회를 가지도록 추출하는 방법이다.

04 단순무작위 표본추출법의 장점으로 옳은 것은?

① 모집단의 특성에 대한 정보가 있어야 표본추출이 가능하다.
② 인위적 분류시 발생할 수 있는 오류를 막을 수 있다.
③ 모집단의 크기가 클수록 표본추출에 시간과 비용이 적게 든다.
④ 동일 크기의 표본인 경우 층화 무작위 표본추출보다 오차가 적다.

해설 단순무작위 표본추출
- **장점** : 모집단의 특성에 대한 정보가 없는 상태에서 표본추출이 가능하다. 인위적 분류 시 발생할 수 있는 오류를 막을 수 있다.
- **단점** : 모집단의 크기가 클수록 표본추출에 시간과 비용이 많이 든다. 동일 크기의 표본인 경우 층화 무작위 표본추출보다 오차가 크다.

05 아래 〈보기〉에 제시된 표본추출방법은?

| 보기 |

- 모집단을 2개 이상의 계층이나 집단으로 나누고 각 계층에서 무작위로 표본을 뽑는 것이다.
- 계층은 종속변수에 영향을 주는 변수(인종, 성별, 연령, 질병 중증도)를 이용하여 하부 단위로 나눈 후에 무작위로 표본을 추출한다.

① 단순무작위 표집
② 층화무작위 표집
③ 계통적 표집
④ 집락 표집

해설 층화 무작위 표본추출(stratified random sampling)
- 모집단을 동일한 특성을 갖는 계층으로 분류한 후 각 계층에서 무작위로 골고루 표본을 추출하는 방법이다.
- **장점** : 표본추출에 드는 시간과 비용을 절약할 수 있다. 더 작은 표본의 크기로 단순 무작위 표본추출과 유사한 대표성을 얻을 수 있다.
- **단점** : 계층에 대한 정보가 없다면 단순 무작위 표본추출보다 더 많은 시간과 비용이 든다.

정답 04 ② 05 ②

06 A 대학의 간호대학 400명 중에서 50명을 추출하려고 한다. 이때 간격은 400/50 = 8이 되어 1번에서 8번 사이에서 무작위로 번호를 선택했을 때 7번이 나오면 다음 8번 간격으로 15번, 23번, 31번, … 순으로 50명을 추출한다면 어떤 표집 방법인가?

① 단순무작위 표집　② 층화무작위 표집
③ 계통적 표집　④ 집락 표집

해설 계통적 표본추출(systematic sampling)
계통적 표본추출 혹은 체계적 표본추출은 모집단 명부 목록에서 무작위로 선택된 대상자를 시작으로 매 k번째 개체를 연구 대상자로 선정하는 방법이다.

07 '우리나라 간호대학생의 임상실습 스트레스에 영향을 주는 요인'이라는 연구를 진행할 때 연구자가 속한 학교의 간호대학생을 표본으로 추출했다면 어떤 표집방법인가?

① 편의표집　② 할당표집
③ 의도표집　④ 눈덩이표집

해설 편의 표본추출(convenience sampling)
- 편의 표본추출은 임의 표본추출(accidental sampling)이라고도 하며 연구자의 편의에 의해 쉽게 접근가능한 사례를 연구 대상으로 선정하는 것이다.
- 실험연구에서는 표본의 동질성을 갖춘 집단을 연구 대상으로 하기 때문에 연구자는 편의 표본추출을 실험연구 대상자 모집에 많이 이용한다.

08 임종환자의 죽음에 대한 태도를 질적으로 연구하고자 할 때 연구의 목적에 적합한 대상자를 의도적으로 추출하여 면담하려고 한다. 어떤 표집방법인가?

① 편의표집　② 할당표집
③ 의도표집　④ 눈덩이표집

해설 의도 표본추출(purposive sampling)
- 의도 표본추출 혹은 판단 표본추출(judgemental sampling)은 모집단에 대해 연구자가 사전지식을 가지고 표본추출을 하는 것이다.
- 연구주제에 대해 많이 아는 사람들을 의도적으로 선택한다. 모집단의 대표성보다 연구목적에 부합되는 특정기준에 근거한다.
- 어떤 새로운 도구를 개발하고자 할 때 연구자는 그 분야의 전문가를 의도적으로 추출하여 도구의 타당성을 검증받는다.

정답 06 ③ 07 ① 08 ③

09 **약물중독자, 가출청소년 등 연구대상자가 쉽게 파악되지 않는 경우 대상자의 소개로 점차적으로 표본 수를 증가시키는 표본추출방법은?**

① 편의표집　　② 할당표집

③ 의도표집　　④ 눈덩이표집

해설 눈덩이표집(snowball sampling)

- 작은 눈덩이를 굴려 커다란 눈덩이를 만드는 것과 같이 초기에는 작은 표본으로 시작하여 대상자가 관련된 사람들을 소개의 소개를 해주어 계속적으로 표본을 늘리는 방법이다.
- 약물 중독자, 가출청소년 등 연구대상자가 쉽게 파악되지 않는 경우 눈덩이 표집방법으로 처음에는 3명으로 시작하여 대상자의 소개로 점차적으로 표본 수를 증가시킨다.

정답 09 ④

주관식

01 모집단의 개념을 쓰시오.

02 '우리나라 간호대학생의 임상실습 스트레스에 영향을 주는 요인'이라는 주제로 연구를 진행할 경우 모집단은?

03 표본추출된 대상자에게서 발견된 현상을 연구자의 관심 대상자 전체에 반영할 수 있는 것을 의미하는 것은?

04 모집단에서 표본을 추출하는 과정을 무엇이라고 하는가?

정답

01 • 모집단(population)은 연구에 부합하는 연구자가 관심을 가지는 사례 전체를 의미한다.
• 사례는 사람, 행동, 사건, 혈액수치, 의무기록 등을 포함할 수 있다. 사례가 사람인 경우 연구대상자라고 한다.
• 연구대상 단위는 개인일 수도 있고 집단일 수도 있다.

02 대한민국의 모든 간호대학생들

03 일반화

04 표집, sampling

05 전국의 졸업반 간호대학생을 대표할 수 있는 500명을 추출하려고 한다. 먼저 도, 광역시와 특별시의 명단에서 무작위로 5개 장소를 선택하고, 5개 장소에 소재하는 간호대학 명단에서 무작위로 5개 대학을 선택하여 선택된 대학의 모든 졸업반 간호대학생 전체를 포함하거나 무작위로 500명을 선택한다. 사용된 표본추출방법을 쓰시오.

06 편의표집 시 표집오차를 줄이기 위한 방법은?

07 편의표본 추출의 예를 3가지 이상 쓰시오.

08 아래 표는 모집단을 동일성을 갖춘 계층으로 분류한 후 각 계층에서 임의로 골고루 표본을 추출한 뒤 각 학년당 비율을 고려하여 퍼센트를 적용하였다. 어떤 표집방법인가?

연령대	환자 수	비율	추출할 환자 수
50~59세	20,000	20%	200×0.2=40명 편의추출
60~69세	30,000	30%	200×0.3=60명 편의추출
70세 이상	50,000	50%	200×0.5=100명 편의추출
합계	100,000	100%	200명의 환자를 편의추출

정답

05 군락표집

06 표본수를 늘려야 한다.

07
- 특정 병원 내과병동에 근무하는 간호사에게 참여 요청
- 연구자가 근무하는 병원에 입원한 환자에게 연구참여 요청
- 병원 게시판에 대상자 모집안내문을 올려 모집
- 인터넷에 대상자 모집안내문을 올려서 모집
- 길을 지나가는 사람에게 연구참여 요청

08 할당표집

09 유의수준은 제(　　)종 오류를 허용하는 수준이며 일반적으로 100번 시도했을 때 (　　)번 미만으로 허용한다. 괄호안에 들어갈 적절한 단어는?

10 효과크기(effect size)는 독립변수와 종속변수와의 관계의 강도 혹은 크기이다. 그 정도는 small, medium, large로 구분하는데 통계분석의 종류에 따라 그 수치는 다르다. 연구대상자 수를 계산할 때 선행연구가 없을 경우 중간크기(medium)을 선택하는데 t 검정의 경우 .50이고, 상관분석의 경우 (　　), 분산분석의 경우 (　　), 회귀분석에서는 (　　)가 중간크기이다. 괄호안에 적절한 수치를 쓰시오.

11 (　　) 안에 적절한 단어를 채우시오.

> (　　)은 (　　)를 범하지 않을 확률이며 1-B라고 표기하며, 개발한 항암제가 효과가 있을 때 있다고 증명할 수 있는 확률이다.
> 이는 통계적으로 귀무가설이 거짓일 때 귀무가설을 (　　)하는 확률이다. 구체적으로 살펴보면 제2종 오류란 개발한 항암제가 효과가 (　　) 할 오류이다. 즉, 두 군의 회복 정도의 평균값의 차이가 있는데도 차이가 없다고 결론짓고 항암제를 사용하지 않는 오류이다. 이는 귀무가설이 거짓이므로 기각할 수 있는데도 기각하지 않는 오류이다. 제2종 오류는 제1종 오류보다는 (　　)이 아니기 때문에 대부분 (　　)를 허용한다. 따라서 검정력은 연구시작전에 대부분 80%로 범위를 결정한다.

정답

09 (1), (5)

10 (.30), (.25), (.15)

11 검정력, 제2종 오류, 기각, 있는데 없다고, 치명적, 20%

PART 4

연구자료 수집 최강적중 예상문제

CHAPTER 1·2

측정, 자료수집방법

01 명목변수에 대한 설명이다. 옳지 않은 것은?

① 명목수준에서 범주는 명칭으로 구분되며 순위를 정할 수 있다.

② 상호배타적 특성을 분류하여 범주화할 때 사용한다.

③ 성별, 종교, 인종, 혈액형, 진단명 등이 있다.

④ 자료분석을 위해 성별인 경우 남자는 1, 여자는 2등으로 숫자를 부여한다.

해설 명목수준 측정

- 명목수준 측정(nominal-level measurement)은 정보의 양이 가장 적은 수준의 측정으로, 상호배타적 특성을 분류하여 범주(category)화할 때 사용한다.
- 명목수준에서 범주는 명칭으로 구분되며 순위를 정할 수 없다. 명목수준 측정의 예로 성별, 종교, 인종, 혈액형, 진단명 등이 있다.
- 명목수준의 변수라 하여도 자료분석을 위해 성별인 경우 남자는 1, 여자는 2등으로 숫자를 부여하는데, 이때 부여된 숫자는 구분을 위해 사용되며 숫자 자체의 의미가 없어 수학적 계산에는 사용될 수 없다.

02 측정된 변수 사이에 등간성이 있고, 임의 단위가 부여되면서 절대 0과 비율이 의미가 있는 변수로 곱하기를 할 수 있다. 따라서 절대 영점을 가지는 무게, 길이, 속도 등의 물리적 현상도 측정할 수 있는 변수는?

① 서열변수　　② 등간변수

③ 명목변수　　④ 비율변수

해설 비율변수(ratio variable)

- 비율변수는 측정된 변수 사이에 등간성이 있고, 임의 단위가 부여되면서 절대 0과 비율이 의미가 있는 변수로 곱하기를 할 수 있다.
- 따라서 절대 영점을 가지는 무게, 길이, 속도 등의 물리적 현상도 측정할 수 있는 변수이다.
- 수량적인 비교뿐만 아니라 비율적인 비교판단, 즉 몇 배나 더 큰가 작은가 비교도 가능하다.

03 측정에서 중요한 점과 거리가 먼 것은?

① 객관성　　② 정확성

③ 의사소통　　④ 주관성

정답 01 ① 02 ④ 03 ④

해설 측정

- 측정에서 중요한 점은 객관성, 정확성, 의사소통이다.
- 객관적인 관찰을 다른 연구자에 의해서도 동일하게 검증될 수 있어야 한다.
- 모든 과학적 측정도구가 완전히 객관적이라고는 할 수 없으나 대부분이 주관성을 최소화하기 위한 규칙을 지키려고 노력한다.
- 과학사이의 의사소통은 필수적이다.
- 숫자는 단어에 비해 모호하지 않기 때문에 수량화된 측정은 여러 사람들이 정보를 의사소통하는 데 상당히 좋은 역할을 한다.

04 교육정도, 직급, 사회계층 순위를 측정하려면 어떤 변수를 활용해야 하는가?

① 서열변수　② 등간변수
③ 명목변수　④ 비율변수

해설 서열수준(변수) 측정

- 서열수준 측정(ordinal-level measurement)은 특성을 분류할 때 상대적 순위에 따라 범주(category)화하는 것이다.
- 서열수준에서 범주는 크고 작은 순위를 정할 수 있으나 순위간 차이는 일정하지 않아 양적인 비교는 어렵다.
- 서열수준 측정의 예로 교육정도, 직급, 사회계층순위를 들 수 있다. 병원에 따라 직급명의 상이한 점은 있으나 간호사의 직급순위는 아래의 예와 같이 나누어 볼 수 있다.
- 서열수준 측정에서 순위 간 차이는 같지 않으므로, 일반간호사와 수간호사 간 차이와 수간호사와 간호팀장 간 차이가 같다고 볼 수 없다.

05 복수가 찬 환자의 복부 둘레의 참값이 98cm라고 할 때, A 간호사는 줄자를 조금 위로 올려 96cm로 측정하고 B 간호사는 줄자를 조금 느슨하게 해서 100cm로 측정하였다. 이 경우 발생할 오차는?

① 무작위 오차　② 체계적 오차
③ 평가적 오차　④ 구별적 오차

해설 무작위 오차

- 무작위 오차(random measurement error)는 관찰 값이 실제 값을 중심으로 방향성 없이 다양하게 존재하여 오차의 유형이 없는 것이다.
- 위 사례에서 A 간호사는 위치를 부정확하게 잡아 실제 값보다 과소하게 측정하였고, B 간호사는 줄자를 느슨하게 해서 실제 값보다 과대하게 측정하였다.
- 이 경우, 두 간호사가 한 환자의 복부 둘레를 측정하는데 오차를 낸 이유가 다르며 두 오차 값의 방향도 다르기 때문에 무작위 측정오차가 발생함을 알 수 있다.

정답 04 ① 05 ①

06 **교정(calibration)되지 않은 혈당 측정기로 혈당을 측정하여 정상 혈당치보다 10% 정도 낮게 측정된다면 어떤 오차가 발생하는가?**

① 무작위 오차
② 체계적 오차
③ 평가적 오차
④ 구별적 오차

해설 체계적 오차(systematic measurement error)
- 체계적 오차는 관찰 값이 실제 값을 중심으로 특정 방향으로 존재하는 것이다.
- 예를 들어 교정(calibration)되지 않은 혈당 측정기로 혈당을 측정하여 정상 혈당치보다 10% 정도 낮게 측정된다면, 어떤 간호사가 측정을 하여도 측정된 모든 혈당수치는 실제 값보다 10%가 낮게 측정될 것이다.
- 즉, 교정되지 않은 혈당기를 사용하여 측정함으로써 모든 측정값이 실제 값보다 10% 낮게 한 방향성으로 잘못 측정되어 체계적 오차가 발생함을 알 수 있다.

07 **백혈병 환아의 호중구 감소 식이와 관련한 보호자들의 음식 섭취 이행 정도를 측정하기 위한 항목에서 각 문항이 측정하고자 하는 내용과 관련되어 있고 적절한지를 알아보고자 하는 타당도는?**

① 내용타당도
② 안면타당도
③ 표면타당도
④ 준거타당도

해설 내용타당도
- 내용 타당도(content validity)는 도구의 문항들이 보고자 하는 개념을 측정하기에 충분하고 적절하게 포함되어 있는지를 파악하는 것이다.
- 예를 들어 삶의 질을 측정하기 위해 개발된 도구의 내용 타당도를 볼 때 삶의 질의 다차원성(신체적, 사회적, 심리적, 영적 차원)을 파악할 수 있는 문항들로 적절히 구성되어 있는지 확인할 필요가 있다.
- 측정 도구의 내용 타당도는 흔히 전문가 패널을 이용하여 평가한다. 전문가 패널은 해당 분야의 전문가 5인에서 1인 사이로 구성할 것을 권장한다.

08 **다음 타당도에 대한 설명으로 옳지 않은 것은?**

① 개념 측정방법이 좋아지면 타당도는 향상된다.
② 도구의 타당도는 매 연구상황에서 다시 평가한다.
③ 타당도는 측정도구 자체의 평가보다는 측정도구가 적절하게 사용되었는지를 보는 것이다.
④ 도구의 신뢰도가 높으면 도구의 타당도는 높다고 볼 수 있다.

정답 06 ② 07 ① 08 ④

해설 도구의 신뢰도와 타당도와의 관계

- 개념 측정방법이 좋아지면 타당도는 향상된다.
- 도구의 타당도는 매 연구상황에서 다시 평가한다.
- 타당도는 측정도구 자체의 평가보다는 측정도구가 적절하게 사용되었는지를 보는 것이다.
- 높은 신뢰도와 높은 타당도는 도구가 의도한 바를 일관성 있게 측정하고 있다는 의미이다.
- 높은 신뢰도와 낮은 타당도일 때 도구로 측정하고자 의도한 개념이 아닌 무엇인가 일관성있게 측정한다는 의미이다.
- 낮은 신뢰도와 높은 타당도는 도구가 개념은 잘 반영하고 있지만 일관성 있는 측정치를 나타내지 못한다는 의미이다.
- 낮은 신뢰도와 낮은 타당도는 최악의 경우로 도구가 측정하고자 하는 개념도 측정하지 못하고 일관성 있는 결과도 나타내지 못함을 의미한다.
- 신뢰도가 높다고 꼭 타당도가 높다고 볼 수는 없다. 그러나 타당도가 높으면 신뢰도는 반드시 높다.

09 만성질환자의 불안을 측정하는 도구를 개발한 후에 동시 타당도를 보려면, 연구자는 자료수집을 할 때 불안을 측정하는 공인된 도구로도 불안을 동시에 측정하여 두 점수 간의 상관관계를 구한다. 이 경우 기준이 된 타당도는?

① 동시타당도　　② 예측타당도
③ 다속성 – 다방법　　④ 요인분석

해설 동시 타당도(concurrent validity)

- 동시 타당도는 외적 준거의 측정과 측정 도구의 측정을 동시에 수행하여 측정 도구로 측정한 점수가 현재 대상자의 상태를 올바르게 판단하는지 정도를 평가하는 것이다.
- 측정된 도구가 외적 준거가 되는 도구를 대체할 수 있는 역량이 있는지를 검증하는 것이다.
- 위의 사례에서 만성질환자의 불안을 측정하는 도구를 개발한 후에 동시 타당도를 보려면, 연구자는 자료수집을 할 때 불안을 측정하는 공인된 도구로도 불안을 동시에 측정하여 두 점수 간의 상관관계를 구한다.
- 만약, 두 점수의 상관관계가 높고 유의하게 나타난다면 새로 개발한 만성질환자의 불안 측정 도구의 동시 타당도가 높음을 확인할 수 있다.

10 연구자가 수면 상태를 측정하는 도구를 개발하였을 때, 낮은 수면 상태점수가 1년 뒤 대사 증후군 발생과 관련이 있었다. 어떤 타당도와 관련이 있는가?

① 동시타당도　　② 예측타당도
③ 다속성–다방법　　④ 요인분석

정답 09 ① 10 ②

해설 예측 타당도(predictive validity)

- 예측 타당도는 측정 도구의 점수와 미래 시점에 외적 준거로 측정된 점수의 관련성을 보는 것이다.
- 측정 도구로 측정한 값이 외적 준거로 측정된 대상자의 미래 상태를 예측할 수 있는 정도를 보는 것이다.
- 위의 사례에서 연구자가 수면 상태를 측정하는 도구를 개발하였을 때, 낮은 수면 상태점수가 1년 뒤 대사 증후군발생과 관련이 있다면, 대사 증후군 발생에 대해 개발된 수면 상태 측정 도구가 예측 타당도가 있다고 할 수 있다.

11 **통계 결과 총 17개 문항에서 17, 3, 15번이 한 가지 요인으로 묶여 있어 문항들이 공통적으로 가지고 있는 속성을 분석하고 추출하여 요인에 명칭을 부여하고 해석을 하였다. 이 방법은 구성 타당도 중 어디에 속하는가?**

① 요인분석 ② 집단비교법
③ 다속성다방법 ④ 수렴 판별법

해설 요인분석(factor analysis)

- 요인분석은 관심 개념을 구성하는 개념들의 요인구조(하위 구조 또는 다차원 구조)를 확인하고, 각 요인(factor)과 해당 문항들의 관계를 확인하는 방법이다.
- 연구자는 상관관계가 높은 항목들끼리 같은 요인으로 잘 수렴하는지와 요인들이 독립된 개념으로 구분(판별)되는지를 확인한다.
- 연구자는 일차적으로 탐색적 요인분석(exploratoryfactor analysis)을 통해 관심 개념이 몇 가지 요인으로 구성되고 각 문항이 어떤 요인에 속하는지 확인한다.
- 이러한 요인구조를 바탕으로 확인적 요인분석(confirmatoryfactor analysis)을 수행하여 확인된 요인과 문항 간 관계를 입증하게 된다.

12 **주로 신체적인 측정, 공학적인 측정 및 지필 척도 등에 사용되는 안정성 검사법은?**

① 반분 신뢰도 ② 문항내적일관성 신뢰도
③ 검사 - 재검사법 ④ 관찰자간 신뢰도

해설 검사 - 재검사법(test-retest reliability)

- 검사 - 재검사법은 동일한 대상자에게 동일한 측정도구를 일정한 시간 간격을 두고 반복 측정하여 신뢰도를 구하는 방법이다.
- 반복 검사를 통해 얻은 점수 간의 상관 관계를 통해 검사도구의 안정성을 평가한다. 반복 검사된 점수 간의 상관관계는 –1에서 1의 범위를 가지며 상관성이 높을수록 측정도구의 안정성이 높다고 판단한다.
- 검사 간 시간 간격은 측정 도구가 생리적 측정(몸무게, 키, 혈압, 혈당, 혈액검사 등)인 경우 바로 반복 측정을 통해 신뢰도를 볼 수 있다.

정답 11 ① 12 ③

13 Cronbach's alpha에 대한 설명이다. 옳지 않은 것은?

① 신뢰도 검증을 위해 가장 많이 시행하는 방법이다.
② 0~2 사이의 값을 가진다.
③ 등간이나 비율척도에서 많이 사용된다.
④ 항목의 상호연관성이 높을수록 내적일관성이 우수하다고 할 수 있다.

해설 Cronbach's alpha

- 크론바흐 알파는 연속변수인 척도의 내적 일관성(신뢰도)을 보기 위해 가장 흔히 쓰이는 방법으로 측정 도구를 구성하는 문항 간의 상관이 높을수록 알파계수는 높은 값을 보인다.
- 대부분의 통계 프로그램에서 Cronbach's a 값을 구할 수 있으며 그 값은 0에서 1의 범위를 가진다.
- Cronbach's a 값이 0.7 이상인 경우 그 도구의 내적 일관성이 적절하다고 본다.
- 항목의 상호연관성이 높을수록 내적일관성이 우수하다고 할 수 있다.
- 등간이나 비율척도로 측정된 점수가 부여되는 문항들의 신뢰도 추정에 사용된다.

14 타당도를 이해하는 데 있어서 주의사항을 설명한 것이다. 옳지 않은 것은?

① 측정자체와 관련되어 있다.
② '정도'의 문제이다.
③ '낮다', '적절하다' 등으로 표현해야 한다.
④ 특별한 목적이나 해석에 국한된다.

해설 타당도의 이해

- 타당도는 피험자 집단에서 사용된 측정도구나 측정에 의하여 얻어진 측정결과의 해석에 대한 적합성이므로 측정자체와 관련된 것은 아니다. 따라서 편의상 측정도구의 타당도라고 표현하지만 '측정결과에 기초한 해석'에 대한 타당성을 말하는 것이다.
- 타당도는 '정도'의 문제이다. 따라서 측정도구의 타당도가 '있다' 혹은 '없다' 등으로 표현하는 것이 아니라 '낮다', '적절하다', '높다' 등으로 표현하여야 한다.
- 타당도는 특별한 목적이나 해석에 국한된다. 즉, 한 측정도구가 모든 목적에 맞게 측정할 수 없으므로 '이 측정도구는 어떠한 것을 측정하는데 타당하다'라고 표현하여야 한다.
- 타당도는 단일 개념이다. 타당도 개념으로 이해하여야 한다. 즉, 타당도를 여러 가지 종류로 분류하여 구분하고 있으나 타당도라는 개념 자체로서 이해하는 것이 필요하다.

15 생리적 측정법에 대한 설명이다. 옳지 않은 것은?

① 생리적 변수의 측정은 직접 또는 간접으로 측정할 수 있다.
② 경제적이어야 한다.
③ 한 가지 방법으로 정확히 측정해야 한다.
④ 측정기구가 민감하고 타당성과 신뢰성이 있어야 한다.

정답 13 ②, ③ 14 ① 15 ③

해설 생리적 측정법의 의미
- 간호실무는 인간의 건강과 관련된 생리적 현상과 밀접한 관련이 있다.
- 생리적 변수의 측정은 직접 또는 간접으로 측정할 수 있다.
- 생리적 변수를 측정할 때는 한 가지 방법으로 정확히 측정하지 못할 경우에는 복합적인 방법으로 측정해야 한다.
- 측정될 변수의 변화를 정확하게 파악하기 위해서는 측정기구가 민감해야 할 뿐 아니라 타당하고 신뢰성이 있어야 한다.
- 생리적 변수를 측정하기 위한 기구는 경제적이고 신뢰도가 높아야 한다.
- 생리적 변수를 사용한 연구의 결과보고는 측정상의 기술과 방법을 상세히 기술하여야 한다.
- 생리적 측정의 중요 초점은 간호의 결과로 나타나는 변화를 수량화하는 방법을 발견하는 것이다.

16 생리적 측정법의 단점 중 옳지 않은 것은?

① 주관성이 강함
② 변환기와 같은 감지장치의 존재
③ 장치에 의한 방해
④ 신체 계통 간에 고도의 상호작용의 존재

해설 생리적 측정도구의 단점
- 생리적 측정도구가 가지고 있는 문제는 다른 자료수집방법과 마찬가지로 도구 자체가 측정하고자 하는 변수에 대해 가지는 효과이다. 변환기(transducer)와 같은 감지장치의 존재가 관심 있는 변수를 변화시킬 수 있다.
- 생리적 측정도구 내외의 장치에 의해 어떤 방해를 받을 수 있다는 것이다.
- 주요한 신체 계통 간에 고도의 상호작용이 존재한다는 것도 문제이다.
- 측정하는 도구 자체도 다른 신체계통 안에서 상호작용을 유발할 수 있다.
- 생리적 측정을 하기 위해선 유기체에 에너지를 가해야만 한다는 것이다. 에너지가 필요하다는 것은 높은 에너지에 의해 세포가 손실되는 위험을 예방하기 위해 계속해서 주의를 기울여야만 한다는 것을 의미한다.

17 자연적인 상황에서 개인의 행동을 자세히 기술하는 연대기록은 어느 관찰법에 속하는가?

① 참여관찰 ② 비참여관찰
③ 구조적 관찰 ④ 비구조적 관찰

해설 비구조적 관찰
비구조적 관찰의 한 유형이 연대기록(chronolog)이다. 연대기록은 자연적인 상황에서 개인의 행동을 자세히 기술하는 것으로 관찰자의 출현이 대상자의 행동에 영향을 미치지 않게 하기 위한 방법이다.

정답 16 ① 17 ④

18 연구자가 개발한 설문지에 연구 대상자가 답을 기입하여 자료를 수집하는 방법은?

① 설문지법 ② 면담
③ 관찰법 ④ Q방법

해설 설문지법(질문지법)

- 연구자가 개발한 설문지에 연구대상자가 답을 기입하여 자료를 수집하는 방법
- 질문지를 통해 얻은 정보는 면담에 의한 정보와 유사하나 질문은 깊이가 덜하다.
- 대상자는 질문의 명확성에 대해 질문하거나 반응하는 데 대해 상세히 설명할 수 없다.

19 개방형 질문에 대한 옳은 설명은?

① 응답 항목들은 상호배타적이어야 한다.
② 측정에 일관성이 있다.
③ 짧은 시간에 많은 질문을 할 수 있다.
④ 깊이 있는 응답을 얻을 수 있다.

해설 개방형 질문

- 비구조적 질문이라고도 하며, 질문의 깊이와 범위를 규격화시키지 않고 광범위하게 질문하며 응답자는 자신의 의사를 충분히 표시할 수 있도록 충분한 여백을 주는 질문 유형이다.
- **장점** : 응답의 다양성을 기할 수 있고, 깊이 있는 응답을 얻을 수 있으며 심사숙고한 답변을 얻을 수 있고 새로운 사실을 발견할 수 있다.
- **단점** : 응답자가 많은 시간을 투자하여 답해야 하기 때문에 심리적 압박감이나 지루함을 느끼고, 결과의 회수율이 낮고 자료분석에 어려움이 있다.

20 면담법의 장점으로 옳은 것은?

① 비용이 절약된다.
② 익명의 가능성을 제공한다.
③ 잘 설계하고 적절히 수행된 면담연구는 보통 80~90%의 반응률을 보인다.
④ 사회적으로 받아들여지지 않는 반응을 더 많이 이끌어낼 수 있다.

해설 면담의 장점

- 1 : 1 면담에서는 반응률이 극히 높을 수 있다. 잘 설계하고 적절히 수행된 면담연구는 보통 80~90%의 반응률을 보인다.
- 유아, 맹인, 노인, 문맹자 등은 설문지를 채울 수가 없다. 그러나 면담은 모든 유형의 사람에게 적용할 수 있다.
- 면담은 모호하거나 혼돈을 주는 질문을 찾아낼 수 있다. 면담자는 어떤 질문이 오해를 불러일으키는 것인지를 결정할 수 있다. 질문지에서는 잘못 해석된 항목을 연구자가 발견하지 못하므로 잘못된 결론을 유도할 수 있다.
- 질문지를 통해 얻은 정보는 면담자료에 비해 훨씬 피상적이다.

정답 18 ① 19 ④ 20 ③

주관식

01 **질문지로 하는 자료수집 방법 중에서 회수율을 최대화하고 질문지에 대해 가지는 모호함을 분명하게 해 줄 수 있는 큰 장점을 지닌 방법은?**

02 **(　　) 안에 적절한 단어를 채우시오.**

> 우리가 무엇을 측정한다고 할 때 측정되는 것은 대상자체가 아니라 대상의 (　　)이다. 사람의 몸무게, 키, 영양에 대한 지식은 측정할 수 있으나 사람을 측정하는 것은 (　　)하며 또 (　　) 것이다. 간호상황에서 측정하고자 하는 특성, 예를 들면 스트레스, 돌봄, 대응, 불안, 자기효능감, 이행, 통증과 같은 (　　) 개념이 많다. 측정하고자 하는 요소가 추상적인 경우 개념적 정의를 내려 명확하게 해야 하며, 측정은 이러한 개념적 정의에 따른 실제 측정하는 의미와 도구를 소개하는 (　　)로부터 시작된다.

03 **종속변수와 독립변수의 정의를 설명하고 구체적인 예를 제시하시오.**

정답

01 집단배부

02 속성, 불가능, 무의미한, 추상적인 조작적 정의

03 • 종속변수 : 연구주제 변수로 다른 변수의 영향을 받는 변수
• 독립변수 : 다른 변수에 영향을 주는 변수
예 간호사의 주장 훈련이 역할 갈등에 미치는 효과에서 종속변수는 역할갈등, 독립변수는 주장훈련

04 측정 수준의 네 단계를 비교, 설명하고 구체적인 예를 제시하시오.

05 신규간호사의 간호역량에 대한 평가문항을 개발하였다. 각 문항이 적절한지 전문가에게 각 문항의 타당도에 대한 점수를 구하였다면 이때 사용한 타당도는 무엇인가?

06 신뢰도 향상 방안에 대해 나열하시오.

정답

04 명목변수 : 결혼유형, 서열변수 : 군대계급, 등간변수 : 체온, 비율변수 : 체중

05 내용타당도

06 • 문항수를 늘린다(문항수가 많을수록 측정의 신뢰도는 증가된다).
• 문항의 모호성을 제거한다(모호한 문항은 애매한 답변을 초래한다).
• 응답자가 모르는 내용은 측정하지 않도록 한다.

4단계

독학사

PART 5

연구분석 최강적중 예상문제

CHAPTER 1·2 통계분석을 위한 자료 준비, 서술통계

01 **도수분포표를 설명한 것이다. 옳지 않은 것은?**

① 자료를 전반적으로 요약하여 시각화한다.
② 도수란 몇 명, 몇 번 등의 횟수를 의미한다.
③ 측정변수가 비율형인 경우에 도수를 정리해 표로 제시한다.
④ 자료의 분포에 대한 정보를 보다 명확히 하고 쉽게 한다.

해설 도수분포표(frequency table)

- 자료를 전반적으로 요약하여 시각화 하므로써 연구자나 연구를 읽는 독자에게 자료의 분포에 대한 정보를 보다 명확히 하고 쉽게 알 수 있게 해준다.
- 도수분포표는 측정변수가 명목형이거나 서열형인 경우에 대상자의 응답범주의 도수를 정리해 표(table)의 형태로 제기하는 것이다.

02 **평균에 대한 설명이다. 옳지 않은 것은?**

① 극단값에 의해 영향을 많이 받는다.
② 명목측정에서도 많이 사용한다.
③ 점수 비교나 특성의 차이를 알기 위해 흔히 사용한다.
④ 연속변수의 중심화 경향을 보고자 할 때 가장 많이 사용한다.

해설 평균

- 평균은 표본의 값을 모두 더하여 표본 수로 나눈 값이다.
- 일반적으로 연속변수의 중심화 경향을 보고자 할 때 가장 많이 사용하는 방법이다.
- 평균은 등간측정이나 비율측정 같은 연속형 변수의 중심경향을 보는 데 주로 사용된다.
- 명목측정에서 평균의 계산은 아무 의미가 없다.

03 **어떤 표본의 편차점수를 모두 더하면 얼마가 나오는가?**

① 0　　② 1
③ 2　　④ 3

해설 표준편차

- 표준편차는 각각의 측정치가 평균으로부터 이탈된 정도를 측정하는 통계량이다.
- 실제로 표준편차를 계산하기 위해서는 먼저 각 대상자의 값이 평균에서 얼마나 떨어져 있는가를 나타내는 편차점수(deviation score)를 구해야 한다.
- 편차점수를 모두 합하면 항상 0이 된다는 것이다.

정답 01 ③ 02 ② 03 ①

04 표준정규분포에 대한 설명 중 옳지 않은 것은?

① 표준정규분포로 정규화하였을 경우 Z값이 일치하면 그때의 확률(넓이)이 모두 같다.
② 모든 정규분포의 평균과 표준편차를 표준화하여 표준적인 정규분포를 만든 것이 표준 정규분포이다.
③ 표준정규분포는 모든 관찰값을 표준값(Z값)으로 나타내기 때문에 Z분포라고도 한다.
④ 표준정규분포는 모든 정규분포를 평균 $\mu = 1$, 표준편차 $\alpha = 2$이 되도록 표준화한 것이다.

해설 표준정규분포는 모든 정규분포를 평균 $\mu = 0$, 표준편차 $\alpha = 1$이 되도록 표준화한 것이다.

05 명목형이나 서열형으로 측정된 범주형 변수의 경우 변수 간의 관계를 쉽게 파악할 수 있도록 해주는 방법은?

① 분할표 ② 상관계수
③ 분산 ④ 표준편차

해설 분할표
- 분할표는 교차표(cross tabulation)라고도 하는데, 두 변수의 빈도를 나타내는 2차원의 도수분포표이다.
- 명목형이나 서열형으로 측정된 범주형 변수의 경우 변수 간의 관계를 쉽게 파악할 수 있도록 해주는 방법이다.
- 분할표는 작성하기가 쉽고 많은 정보를 의사소통할 수 있는 능력이 있다.

06 상관계수에 대한 설명으로 옳은 것은?

① 측정 변수가 범주형 변수에 많이 사용된다.
② 표본의 상관계수는 p로 표기한다.
③ 모수의 상관계수는 r로 표기한다.
④ 두 변수가 동시에 변하는 정도를 나타내는 지수를 의미한다.

해설 상관계수
- 측정 변수가 범주형 변수가 아니라 등간, 비율 척도에 해당되는 연속형 변수일 때 분할표를 만들기는 불가능해지므로 두 변수가 관계되어 있는 정도를 하나의 수치로 계산하게 된다.
- 이를 상관계수(correlation coefficient)라고 한다.
- 두 변수가 동시에 변하는 정도를 나타내는 지수를 의미한다.
- 모수의 상관계수는 p로 표기하고 표본의 상관계수는 r로 표기한다.

정답 04 ④ 05 ① 06 ④

07 **상관계수의 특성을 제시한 것 중 옳지 않은 것은?**

① +2에서 −2 사이의 값으로 표시한다.

② 상관계수의 부호는 관계의 방향을 나타낸다.

③ 상관계수의 숫자가 클수록 더 밀접한 관계임을 나타낸다.

④ 상관관계 '0'은 두 변인 사이의 관계가 전혀 없음을 말한다.

해설 상관계수의 특징

- +1에서 −1 사이의 값으로 표시한다.
- 상관계수의 숫자가 클수록 더 밀접한 관계임을 나타낸다.
- 상관계수의 부호는 관계의 방향을 나타낸다.
- 상관관계 '0'은 두 변인 사이의 관계가 전혀 없음을 말한다.

정답 07 ①

주관식

01 원자료(raw data)를 자료입력 지침에 따라 컴퓨터가 읽을 수 있는 기호로 바꾸는 과정은?

02 서열측정 변수의 경우 코딩방법을 예를 들어 쓰시오.

03 미응답자료를 어떻게 처리해야 하는가?

정답

01 코딩

02 서열측정 변수의 경우 순위에 따라 연구자가 정한 규칙에 부여된 값을 갖게 된다. 예를 들어, 주관적 건강상태의 경우 '나쁨'은 가장 낮은 값 '1'을 부여하고, '좋음'은 가장 높은 값 '3'을 부여한다.

03 미응답 자료(missing value)도 코딩을 해주어야 하는데, 자료의 '0' 값이나 빈칸과는 구별이 되어야 한다. 보통 99, 9 등으로 부호화하고, 통계분석을 시행할 때에는 제외하거나 결측값을 대체하여 분석할 수 있다.

04 그래프의 기능을 나열하시오.

05 전체 자료를 대표하는 값을 의미하는 중심경향값에 속하는 것은?

06 평균이 50이고 표준편차가 10인 정규분포에서 ±1 사이의 면적은?

정답

04 • 수집된 자료를 구성하는 수들이 어떤 값을 중심으로 모이는 경향과 흩어진 경향을 쉽게 분석할 수 있다.
• 자료 속에 존재하는 집단 간의 차이 여부에 대해 알 수 있다.
• 어떤 변수 간에 연관성이 존재하는지를 쉽게 파악할 수 있다.

05 평균, 중앙값, 최빈값

06 68%

CHAPTER

3 추론통계

01 t검정을 사용하기 위해 연구자가 미리 확인해야 할 기본 가정이 있다. 옳지 않은 것은?

① 독립변수는 두 개의 범주를 가진 명목 또는 서열척도로 측정된 범주형 변수이어야 한다.

② 종속변수는 등간 또는 비율척도로 측정된 연속형 변수이어야 한다.

③ 종속변수의 값은 정규분포되어야 한다.

④ 등분산 가정이 충족되지 않아도 된다.

해설 t 검정의 기본 가정
- 독립변수는 두 개의 범주를 가진 명목 또는 서열척도로 측정된 범주형 변수이어야 한다.
- 종속변수는 등간 또는 비율척도로 측정된 연속형 변수이어야 한다.
- 종속변수의 값은 정규분포되어야 한다.
- 등분산 가정이 충족되어야 한다. 즉, 검정하려는 두 집단 종속변수 값 분포의 분산이 같아야 한다.
- 위의 가정을 모두 만족시켜야 t검정을 사용할 수 있으며, 위의 가정 중 하나라도 만족시키지 못하면 비모수통계법을 이용해야 한다.

02 모수통계 방법에 대한 설명이다. 옳지 않은 것은?

① 모집단이 분포에 대한 가정을 포함하는 통계적 방법

② 효율적이며 검정력이 더 크다.

③ t검정, 분산분석, 피어슨 적률상관계수 등이 있다.

④ 자료가 등간척도 이상으로 측정될 수 없는 경우에도 사용 가능하다.

해설 모수통계 방법
- 추론통계에서 모집단의 모수를 측정할 때 모집단의 분포에 대한 가정을 포함하는 통계적 방법이다.
- 모집단의 확률분포가 갖는 특성을 나타내는 평균이나 분산 등이 그 추론의 대상이 된다.
- 모집단의 확률분포를 엄격히 가정하고 모집단에서 추출된 표본의 자료를 등간척도나 비율척도로 측정하여 모수에 관해 통계적으로 추론하는 것이다.
- 자료가 추출된 모집단의 분포형태 등에 대한 정보가 비교적 충분하고 자료가 등간척도 이상으로 측정될 수 있는 것이라야 가능한 방법이다.
- t검정, 분산분석, 피어슨 적률상관계수 등이 있다.
- 자료가 등간척도 이상으로 측정될 수 없는 경우에는 비모수 통계방법을 적용한다.

정답 01 ④ 02 ④

03 **두 독립표본 t검정을 설명한 것 중 옳지 않은 것은?**

① 한 대상자는 두 집단 중 하나의 집단에만 소속될 수 있다.
② 양쪽 집단에 모두 소속된 대상자는 한 명 이상이라야 한다.
③ 두 모집단을 대표하는 표본들을 독립적으로 추출한 뒤 표본 평균들을 비교하여 모집단 간 차이를 검정하는 방법이다.
④ 서로 다른 두 집단 간에 종속변수의 평균값이 서로 차이가 있는지를 확인하는 방법이다.

해설 두 독립표본 t검정(two independet sample t-test)
- 각기 다른 두 모집단의 평균을 비교하기 위하여 두 모집단을 대표하는 표본들을 독립적으로 추출한 뒤 표본 평균들을 비교하여 모집단 간 차이를 검정하는 방법이다.
- 서로 다른 두 집단 간에 종속변수의 평균값이 서로 차이가 있는지 여부를 확인하는 방법이다.
- 표본으로 선정된 두 집단이 대상자들이 단 한 명도 두 집단에 중복되어 소속되지 않았다는 의미이다.
- 한 대상자는 두 집단 중 하나의 집단에만 소속될 수 있으며 양쪽 집단에 모두 소속된 대상자는 한 명도 없어야 한다는 것이다.

04 **분산분석에 대한 설명이다. 옳지 않은 것은?**

① 세 집단 이상의 평균을 비교하는 데 주로 사용된다.
② 독립변수가 하나일 때 일원분산분석이라고 한다.
③ 분산의 원인이 무엇인지를 밝히고자 하는 것이다.
④ 발생원인에 따라 집단 내 분석과 집단 외 분석이 있다.

해설 분산분석
- 분산분석(analysis of variance, ANOVA)은 세 개 이상 집단 간 평균을 비교하는 통계검정 방법이다.
- 독립변수가 세 집단 이상으로 구성된 범주형 자료이고, 종속변수가 연속형 자료인 경우에 활용한다.
- 독립변수가 한 개일 때의 분산분석을 일원배치 분산분석(one-way ANOVA)이라 하고, 독립변수가 두 개일 때를 이원배치 분산분석(two-way ANOVA)이라 한다.
- 분산의 원인이 무엇인지를 밝히고자 하는 것으로 발생원인에 따라 집단 내 분산과 집단 간 분산이 있다.

05 **분산분석을 위해 미리 확인해야 하는 가정이 있다. 옳지 않은 것은?**

① 독립변수는 두 범주 이상의 명목척도나 서열척도로 측정된 범주형 변수여야 한다.
② 종속변수는 등간척도나 비율척도로 측정된 연속형 변수여야 한다.
③ 각 집단의 종속변수 값이 모두 정규분포해야 한다.
④ 각 집단 독립변수 값의 분산이 같아야 한다.

정답 03 ② 04 ④ 05 ④

해설 분산분석을 위한 기본 가정
- 독립변수는 두 범주 이상의 명목척도나 서열척도로 측정된 범주형 변수여야 한다.
- 종속변수는 등간척도나 비율척도로 측정된 연속형 변수여야 한다.
- 각 집단이 종속변수 값이 모두 정규분포해야 한다.
- 각 집단 종속변수 값의 분산이 같아야 한다.

06 분산분석에서 총 제곱합(SST)을 옳게 설명한 것은?

① 각 측정치에서 전체 평균을 빼서 제곱한 뒤 모두 합한 것이다.
② 한 집단에 속해 있는 개인의 차이로 인해 발생한 분산이다.
③ 각 집단이 평균에서 전체 평균을 빼서 제곱한 것이다.
④ 각 측정치에서 자신이 속한 집단의 평균을 빼서 제곱한 것이다.

해설 총제곱합(SST : Total Sum of Square)은 각 측정치에서 전체 평균을 빼서 제곱한 뒤 모두 합한 것이다.

07 아래 표에 대해 분석한 것 중 옳지 않은 것은?

분산분석 : 분산분석표

		제곱합	자유도	평균제곱	F	유의확률
담배소비량	집단-간	860.000	2	430.000	3.842	.034
	집단-내	3022.000	27	111.926		
	합 계	3882.000	29			

① 전체 사례수는 30이다.
② 집단의 수는 3개이다.
③ 두 평균 제곱의 비는 3.842이다.
④ 영가설을 기각하지 않는다.

해설 분산분석표 결과 해석
- 위의 분산분석표를 보면, 총합의 자유도는 전체 사례수 30에서 하나 부족한 29이고, 집단 간 자유도는 집단의 수 3개에서 하나 부족한 2이다.
- 또 총제곱합은 두 가지 제곱합의 합과 같다. 두 평균제곱의 비는 3.842로서, 유의확률이 .034이다. 유의확률이 유의수준 .05보다 작기 때문에 영가설을 부정(기각)한다.
- 세 가지 치료방법 결과 대상자들이 피우는 평균 흡연량이 모두 같지는 않다. 어떤 치료방법인지는 몰라도 다른 방법에 비해 더 효과가 있는 방법이 있다는 뜻이다.

08 카이제곱을 위해 연구자가 미리 확인해야 할 통계적 가정 중 옳지 않은 것은?

① 변수들이 모두 명목변수 또는 서열변수여야 한다.
② 교차분할표에서 획득도수가 0인 칸이 하나도 없어야 한다.

정답 06 ① 07 ④ 08 ④

③ 기대도수가 5보다 작은 칸이 전체 칸의 20% 이하여야 한다.
④ 교차분할표에서 각 칸에 있는 도수들은 사례와 상관이 있어야 한다.

해설 카이제곱의 통계적 가정
- 변수들이 모두 명목변수 또는 서열변수여야 한다.
- 교차분할표에서 획득도수가 0인 칸이 하나도 없어야 한다.
- 기대도수가 5보다 작은 칸이 전체 칸의 20% 이하여야 한다.
- 교차분할표에서 각 칸에 있는 도수들은 각각 독립적이어야 한다. 즉 어떤 칸에 해당된 사례는 다른 칸에 해당된 사례와 상관이 없는 독립적 관계여야 한다.

09 **노인의 성별에 따라 흡연 유무에 차이가 있는지를 알아보기 위해 카이제곱 검정을 실시한 결과 통계값은 .254, 유의확률은 .614로 나타났다. 옳은 해석은?**

① 귀무가설을 기각한다.
② 연구가설을 채택한다.
③ 노인의 성별에 따라 흡연 유무는 차이가 있다.
④ 노인의 성별에 따라 흡연 유무는 차이가 없다.

해설 카이제곱의 분석결과 해석
- 위 사례에서 귀무가설은 노인의 흡연유무는 성별에 따라 차이가 없을 것이다. 연구가설은 노인의 흡연유무는 성별에 따라 차이가 있을 것이다.
- 유의확률이 .614로 .05보다 높아 귀무가설을 채택하고 연구가설을 기각한다.
- 유의수준 .05에서 노인의 성별에 따라 흡연유무는 유의한 차이가 없다고 분석한다.

10 **상관관계 분석에 대한 설명이다. 옳지 않은 것은?**

① 한 변수가 증가할 때 다른 변수가 감소하면 양적 상관관계가 있다.
② 한 변수가 증가할 때 다른 변수도 증가하면 정적 상관관계가 있다.
③ 하나의 변수가 변화할 때 다른 변수가 얼마나 밀접한 관련성을 갖고 변화하는 것을 확인하기 위한 방법이다.
④ 등간척도 또는 비율척도로 측정된 두 변수 간의 관련성의 정도를 보는 것이다.

해설 상관관계 분석
- 등간척도 또는 비율척도로 측정된 두 변수간의 관련성의 정도, 즉 하나의 변수가 변화할 때 다른 변수가 얼마나 밀접한 관련성을 갖고 변화하는가를 확인하는 방법이다.
- 한 변수가 증가할 때 다른 변수도 함께 증가하는 양상을 보이면 두 변수 간에는 '양의 상관관계' 또는 '정적 상관관계'가 있다고 표현한다.
- 한 변수가 증가할 때 다른 변수는 감소하는 양상을 보이면 두 변수 간에는 '음의 상관관계' 또는 '부적 상관관계'가 있다고 표현한다.

정답 09 ④ 10 ①

11 H병원 간호부에서는 소속 간호사들의 직무만족 수준과 재직의도 간에 관계가 있는지에 관심을 가지고 자료를 수집하고 상관분석을 하였다. 결과는 직무만족과 재직의도의 Pearson 상관계수는 .285이며, 유의확률은 .000으로 나타났다. 옳지 않은 설명은?

① 간호사들의 '직무만족 수준' 과 '재직의도'가 검정 대상이 되는 변수이다.
② 귀무가설은 '간호사의 직무만족 수준과 재직의도 간에는 상관관계가 없다'이다.
③ 연구가설은 '간호사의 직무만족 수준과 재직의도 간에는 상관관계가 있다'이다.
④ 음적 선형관계를 가지고 있는 것으로 분석할 수 있다.

해설 유의수준 .05보다 낮아 귀무가설을 기각하고 연구가설을 채택한다. 그러므로 유의수준 .05에서 간호사의 직무만족과 재직의도는 유의한 상관관계가 있는 것으로 나타났으며 상관계수가 .285이므로 약한 양적 선형 관계를 가지고 있는 것으로 분석할 수 있다.

12 회귀분석을 설명한 것 중 옳지 않은 것은?

① 상관계수에 근거한 분석방법이다.
② 독립변수가 하나인 경우 다중 회귀분석이라고 한다.
③ 설명하는 변수를 설명변수 또는 독립변수라 하고, 설명이 되거나 예측이 되는 변수를 종속변수 또는 반응변수라고 한다.
④ 한 변수를 이용하여 다른 변수의 값을 설명하거나 예측할 수 있는 모형으로 자료를 분석하는 것이다.

해설 회귀분석

- 한 변수를 이용하여 다른 변수의 값을 설명하거나 예측할 수 있는 모형으로 자료를 분석하는 것이다.
- 이때 설명하는 변수를 설명변수 또는 독립변수라 하고, 설명이 되거나 예측이 되는 변수를 종속변수 또는 반응변수라고 한다.
- 상관계수에 근거한 분석방법으로, 하나의 종속변수에 한 개 혹은 그 이상의 독립변수 중 실제로 유의한 영향을 미치는 변수가 무엇이며 그 영향력이 어느 정도인지, 종속변수를 설명하기에 가장 적합한 모형은 무엇인지에 대해 관심을 갖는 통계방법이다.
- 독립변수가 한 개인 경우를 단순회귀분석이라 하고 두 개 이상인 경우를 다중회귀분석이라고 한다.

13 회귀분석의 결정계수 R^2에 대한 설명이다. 옳지 않은 것은?

① 회귀모형의 적합도를 나타내는 기준이다.
② 결정계수의 범위는 0에서 1이다.
③ 결정계수가 높을수록 독립변수들의 설명력이 낮다.
④ 종속변수의 총 변화량 중 독립변수가 설명한 총 변화량의 비율을 말한다.

해설 결정계수 R^2가 높을수록 독립변수들의 설명력이 높다고 할 수 있다.

정답 11 ④ 12 ② 13 ③

14 A대 간호학과는 간호학생들의 간호윤리 교과목에서 학생들의 수업 참여도가 간호윤리 성적에 유의한 영향을 미치는 중요한 요인인지를 확인하여 효과적인 학습을 유도하고자 한다. 회귀분석을 사용하여 연구를 분석하려고 할 때 옳지 않은 가설은?

① 귀무가설 : 간호윤리 성적에 영향을 미치는 간호윤리 수업 참여도의 기울기는 0이다.
② 귀무가설 : 간호윤리 수업 참여도가 간호윤리 성적에 영향을 미치는 효과는 0이다.
③ 연구가설 : 간호윤리 성적에 영향을 미치는 간호윤리 수업 참여도의 기울기는 0이다.
④ 연구가설 : 간호윤리 수업참여도가 간호윤리 성적에 영향을 미치는 효과는 0이 아니다.

해설 회귀분석의 가설

- 귀무가설 : 독립변수의 회귀계수는 0이다.
- 연구가설 : 독립변수의 회귀계수는 0이 아니다.
- 위의 사례에서
  귀무가설 : 간호윤리 성적에 영향을 미치는 간호윤리 수업 참여도의 기울기는 0이다. 간호윤리 수업참여도가 간호윤리 성적에 영향을 미치는 효과는 0이다.
  연구가설 : 간호윤리 성적에 영향을 미치는 간호윤리 수업 참여도의 기울기는 0이 아니다. 간호윤리 수업참여도가 간호윤리 성적에 영향을 미치는 효과는 0이 아니다.

15 추론통계방법을 선정할 때의 유의점을 설명한 것 중 옳지 않은 것은?

① 모수적 혹은 비모수적 통계방법을 사용할 것인지를 결정한다.
② t -검증법은 표본의 수가 많을 때만 사용한다.
③ 표본집단이 세 개 이상일 경우 분산분석을 사용한다.
④ 피어슨 상관관계는 두 변수 모두 등간척도 이상일 경우 사용한다.

해설 추론통계방법을 선정할 때의 유의점

- 우선 주어진 자료가 나온 표본의 모집단이 모수적 통계가 필요로 하는 가정들을 충족시키고 있느냐 없느냐를 검토하여 모수적 통계방법을 쓸 것이냐 아니면 비모수적 통계방법을 사용해야 되느냐를 결정하여야 한다.
- 모수적 통계방법을 사용해야 한다면 그 다음 구체적으로 어떠한 통계방법을 사용할 것이냐를 결정해야 한다.
- t - 검증법은 소표본, 즉 표본의 크기가 대체로 120 이하인 두 개 표본집단 간의 차이만을 검증할 때 사용된다. 통계분석방법을 선정할 때는 표본의 크기도 고려해야 한다. 독립변수는 명목척도, 종속변수는 등간척도 이상일 경우에 사용된다.
- 표본집단이 세 개 이상인 경우는 분산분석, 즉 F - 검증법을 사용해야 된다. 분산분석도 독립변수는 명목척도, 종속변수는 연속변수일 때 사용한다.
- 피어슨 상관관계는 두 변수 모두 등간척도 이상의 경우 두 변수 간의 관계의 정도를 알아보기 위하여 사용한다.

정답 14 ③ 15 ②

주관식

01 추론통계의 개념을 서술하시오.

02 (　　) 안의 적절한 단어를 채우시오.

> (　　)은 통계적으로 유의한 실제 효과가 있는 것을 통계적으로 효과가 있다고 보여 줄 수 있는 힘으로, (　　)로 정의한다. 검정력의 수준은 실험연구의 경우 일반적으로 (　　)을, 조사연구의 경우 (　　)를 사용한다. 높은 검정력일수록 바람직하나 이 경우 표본의 수를 많이 요구하기에 적절한 통계방법에 따라 적절한 표본의 수를 결정한다.

03 모수통계방법을 사용하기 위해서는 세 가지 가정을 만족시킬 것이 전제된다. 가정을 쓰시오.

04 (　　) 안의 적절한 단어를 쓰시오.

> 가설검정 과정을 통해 p 값이 유의수준 (　　)보다 작으면 영가설을 (　　)하고 통계적으로 유의한 차이가 있다고 하고, p 값이 유의수준 .05보다 (　　) 통계적으로 유의한 차이가 (　　)고 결론을 내린다.

정답

01 추론통계는 모집단으로부터 추출된 표본을 분석하여 얻은 통계량을 가지고 모집단의 특성인 모수를 추정해 보는 방법으로서 크게 모수통계방법과 비모수통계방법으로 구분할 수 있다.

02 검정력, 1−B, .80, .90 또는 .95

03
- 표본이 추출된 모집단이 정규분포를 이루어야 한다.
- 모집단 내 변량이 같아야 한다.
- 변수의 측정은 최소한 등간척도 이상이어야 한다.

04 .05, 기각, 크면, 없다

05 당뇨환자에게 '운동관리 프로그램'의 효과를 알아보고자 하는 연구를 시행하였다. A 병원에 내원한 당뇨 환자들을 대상으로 교육 전에 당뇨 환자의 '운동지식'을 측정하고 '운동관리 프로그램'을 실시한 후 '운동지식'을 다시 측정하였다. 이 경우 어떤 통계방법을 사용하여 분석해야 하는가?

06 중학교 학생들의 식습관 정상 여부에 따라 비만 여부에 차이가 있는지에 관심을 가지고 자료를 수집하였다. 이에 식습관을 사정하여 정상인지 비정상인지, 비만인지 비만이 아닌지를 확인한 후에 이들 간에 어떤 관계가 존재하는지를 검정하고자 한다. 어떤 통계방법을 사용하여 분석해야 하는가?

07 대학생들의 성적등급에 따라 학습태도에 차이가 있는지를 확인하고자 한다. 이에 성적등급은 A, B, C, D등급으로 구분하여 학습태도를 측정하였으며 이들 간에 어떤 관계가 존재하는지를 검정하고자 한다. 어떤 통계방법을 사용하여 분석해야 하는가?

08 다음의 사례에서 영가설과 대립가설을 쓰시오.

> 간호대학생의 성격유형에 따른 온라인 수업선호도 차이를 비교하기 위한 연구이다. S시의 U 간호대학에 재학하고 있는 학생으로 MBTI 점수로 분류한 내향 성격 학생 48명과 외향 성격 학생 52명으로 총 100명에게 온라인 수업선호도 점수를 측정하였다.
> • **연구문제** : 간호대학생의 성격유형에 따른 온라인 수업선호도의 차이가 있는가?

정답

05 짝표본 t 검정, paired sample t-test

06 카이제곱 검정

07 one way ANOVA

08 영가설 : 간호대학생 성격유형에 따라 온라인 선호도는 차이가 없다
대립가설 : 간호대학생 성격유형에 따라 온라인 선호도는 차이가 있다.

09 다음의 사례에서 유의수준을 5%로 설정하였는데 통계적으로 유의한 결과가 나왔다면 어떤 결론을 내릴 수 있는가?

A병원 간호부는 여성의 흡연이 저체중아의 출산에 영향을 미치는지를 알아보고자 연구를 수행하기로 했다. 병원에 내원한 임산부들을 대상으로 흡연자 임산부 50명, 비흡연자 임산부 50명을 선정하여 이후 이 100명의 흡연자와 비흡연자 산모들이 출산한 신생아의 체중을 비교하였다.

10 다음의 사례에서 결과를 분석하시오.

- B병원에서는 간호사들을 대상으로 '서비스 교육'의 효과를 알아보고자 연구를 시행하였다. 병원에 소속되어 있는 간호사들을 대상으로 교육전에 '서비스 지향성'을 측정하고 서비스 교육을 실시한 후 '서비스 지향성'을 다시 측정하였다.
- SPSS분석결과 : 교육 전 친절 정도와 교육 후 친절 정도의 차이에 대한 통계적 유의성을 검정한결과 t 통계값은 -4.526, 유의확률은 .000으로 나타났다.

11 다음의 사례에서 귀무가설과 연구가설을 쓰시오.

A 대학 간호학과는 간호학생들에게 교수법을 달리하였을 때 간호학생의 간호윤리 성적에 차이가 있는지 확인함을 통해 효과적인 교수법 적용 연구를 수행하기로 하였다. 간호학생을 대상으로 각각 50명의 학생에게 강의식 교수법, 멀티미디어 활용 교수법, 토론식 교수법을 적용한 후 간호학생들의 간호윤리성적으로 비교하였다.

정답

09
- 양측검정인 경우 : '5% 유의수준에서 산모가 흡연자인 집단과 산모가 비흡연자인 집단에서 출산한 신생아의 체중에는 유의한 차이가 있었다.'
- 단측검정인 경우 : '5% 유의수준에서 비흡연자인 산모가 출산한 신생아의 체중은 흡연자인 산모가 출산한 신생아의 체중보다 유의하게 더 무거운 것으로 나타났다.'

10 유의수준 .05보다 낮아 귀무가설을 기각하고 연구가설을 채택한다. 유의수준 .05에서 서비스 교육에 의한 간호사의 사전, 사후 친절 정도는 유의한 차이가 있는 것으로 나타났다. 즉, 서비스 교육을 받기 전보다 서비스 교육을 받은 후에 간호사의 친절 정도가 높아진 것으로 분석되었다.

11
- 귀무가설 : 교수법에 따라 간호학생의 간호윤리 성적은 차이가 없을 것이다.
- 연구가설 : 교수법에 따라 간호학생의 간호윤리 성적은 차이가 있을 것이다.

12 다음의 사례에서 귀무가설과 연구가설을 쓰시오.

A 대학 간호학과에서는 A대학 학생들의 성별에 따라 흡연 여부에 차이가 있는지에 관심을 가지고 수집하였다.

13 (   ) 안에 적절한 단어를 채우시오.

카이제곱검정은 두 개의 변수를 교차분할표를 이용해 정리한 후 정리된 두 변수의 관계를 분석·검정하기 때문에 (   )이라고도 한다. 하나의 변수를 행으로 그리고 또 다른 변수를 열로 하여 작성된 교차분할표에서 각각의 칸에 해당하는 실제빈도를 (   ) 또는 획득빈도라고 하고, 각 범주에 포함될 것으로 기대되는 도수를 (   )라고 하여 이들 획득도수와 기대도수 간의 차이를 검정한다.

정답

12 • 귀무가설 : "학생들의 성별에 따라 흡연여부에 차이가 없다." 혹은 "두 변수가 서로 독립적이다."
• 연구가설 : "학생들의 성별에 따라 흡연여부에 차이가 있다." 혹은 "두 변수가 서로 독립적이 아니다."

13 교차분석, 획득도수, 기대도수

PART 6

연구보고서 작성 및 발표 최강적중 예상문제

CHAPTER 1 연구결과의 해석 및 보고

01 **가설 검증 결과를 해석할 경우 주의점으로 옳지 않은 것은?**

① 가설검증은 확률적인 것이다.
② 결과에 대한 대안적인 설명이 항상 참작되어져야 한다.
③ 통계적인 유의성이란 간호에 가치가 있다는 것을 의미한다.
④ 통계적 유의성은 결과가 우연히 얻어진 것이 아니라는 것을 나타낼 뿐이다.

해설 가설을 검증하여 통계적인 유의성이 받아들여졌다는 사실만으로 곧 그 결과는 중요하며 간호와 간호대상자에게 가치가 있다는 것을 의미하지는 않는다.

02 **유의하지 않은 결과를 해석할 경우 옳은 것은?**

① 연구가설은 특히 해석적인 관점에서 문제가 된다.
② 영가설이 부정되지 않는 이유는 한가지일 경우가 많다.
③ 유의하지 않은 결과는 가설의 '참' 또는 '거짓'에 대한 증거의 결여를 나타낸다는 것이 가장 안전한 해석이다.
④ 제2종 오류가 관계하고 있는 경우 영가설은 '참'일 것이다.

해설 유의하지 않은 결과의 해석

- 영가설은 특히 해석적인 관점에서 문제가 된다. 흔히 사용되는 통계절차는 영가설을 부정하는 방향으로 설계되었다. 영가설이 부정되지 않는 이유는 한 가지 이상일 수 있으며 연구자는 흔히 이들 이유 중 어떤 것이 내포되어 있는지를 알지 못한다.
- 영가설은 실제로 '참(true)'일 수 있다. 이 경우에 유의하지 않은 결과는 연구변수 사이에 관계가 없다는 것을 정확하게 반영할 수 있다.
- 반면에 제2종 오류(type 2 error)가 관계하고 있는 경우 영가설은 '거짓(false)'일 것이다. 거짓 영가설은 내적 타당도의 문제, 이탈된 표본의 선정, 검증력이 약한 통계절차의 이용, 너무 작은 표본 등과 같은 몇 가지 이유에 기인하여 나타날 수 있다.
- 채택된 영가설을 변수 간의 관계의 결여에 대한 증거로 해석하는 것은 전혀 정당하지 않다. 유의하지 않은 결과는 가설의 '참' 또는 '거짓'에 대한 증거의 결여를 나타낸다는 것이 가장 안전한 해석이다.

정답 01 ③ 02 ③

03 가설과 반대되는 유의한 결과를 해석할 때 옳지 않은 것은?

① 결과가 나온 후 가설을 변경할 수도 있다.
② 결과를 해석할 때는 항상 다른 연구와의 비교, 다른 이론의 참작, 자료수집과 분석절차의 비판적인 탐색이 포함되어야 한다.
③ 가설과 반대되는 유의한 결과가 나타난 경우에는 방법이 잘못되기보다는 추리나 이론이 잘못될 수 있다.
④ 가설과 반대의 결과를 얻는 것 이상으로 연구자를 당황하게 하는 것도 없을 것이다.

해설 가설과 반대의 결과를 얻는 것 이상으로 연구자를 당황하게 하는 것도 없을 것이다. 그렇다고 해서 결과가 나온 후 가설을 변경하는 것은 비윤리적임은 말할 나위가 없다.

04 연구자가 결과에 대해 제공하는 의미로 보고서에서 중요한 역할을 담당하는 것은?

① 연구의 목적　② 연구의 필요성
③ 논의　④ 결론

해설 논의
- 연구자는 연구결과 부분에서 연구과정을 통해 얻은 통계수치를 포함한 실질적인 결과들을 제시했다면 다음 단계는 그 연구결과를 해석하고, 개념적 의미를 부여하는 논의를 거쳐야 한다.
- 논의는 연구자가 결과에 대해 제공하는 의미로서 보고서에서 중요한 역할을 담당한다.

05 논의 부분의 작성법을 설명한 것이다. 옳지 않은 것은?

① 중요한 연구결과를 언급해야 한다.
② 결과를 관계된 문헌과 비교과정을 거쳐야 한다.
③ 체계적이고 논리적으로 해석해야 한다.
④ 간호실무와 지식발전에의 기여, 시사점은 제한해야 한다.

해설 논의
- 연구자는 연구결과 부분에서 연구과정을 통해 얻은 통계수치를 포함한 실질적인 결과들을 제시했다면 다음 단계는 그 결과를 해석하고, 개념적 의미를 부여하는 논의를 거쳐야 한다.
- 논의 부분에서는 중요한 연구결과를 언급하고 그 결과를 선행연구의 결과 혹은 관계된 문헌과 비교과정을 거치면서 체계적이고 논리적으로 해석해야 한다.
- 선행연구와의 논리적인 비교는 결과를 해석하는 데 있어 정당함을 부여할 수 있고 연구결과가 어떻게 합리적으로 모집단에 일반화할 수 있는지를 보여줄 수 있다.
- 연구결과를 해석하며 연구결과의 적용 및 이를 통한 간호실무와 지식발전에의 기여, 시사점 및 연구의 제한점에 대해 기술한다.

정답 03 ① 04 ③ 05 ④

06 아래 부분은 연구보고서 형식 중 어디에 포함되는가?

> 본 연구는 간호사를 대상으로 음악요법을 적용하여 생리적 지표인 혈압에 미치는 효과를 규명하기 위함이며, 구체적인 목표는 다음과 같다.
> (1) 음악요법이 간호사의 수축기 혈압에 미치는 효과를 규명한다.
> (2) 음악요법이 간호사의 이완기 혈압에 미치는 효과를 규명한다.

① 연구의 필요성
② 연구의 목적
③ 연구방법
④ 연구결과

해설 연구의 목적

- 연구해야 할 필요성과 중요성에 대해 설명한 다음에는 연구소비자에게 연구목적이 무엇인지를 알리게 된다.
- 연구목적은 연구자가 무엇을 연구로부터 얻고자 하는지 정확하게 언급해야 한다. 즉, 연구목적은 독립변수와 종속변수 등의 주요변수와 그들 사이의 상호관계를 불필요한 수식어 사용을 생략하고 명료하게 서술해야 한다.

07 아래 〈보기〉는 연구방법 중 어디에 포함시키는 것이 적절한가?

| 보기 |

> 본 연구는 대상자에게 음악요법 처치 전후의 생리적 변화, 즉 수축기압과 이완기압에 미치는 효과를 규명하기 위한 것이며, 이를 위한 연구설계는 대조군을 설정하지 않고, 실험군 내의 처치 전후 결과를 비교한 원시 실험설계로 이루어졌다. 독립변수는 음악요법이고 종속변수는 수축기 혈압과 이완기 혈압이다.

① 연구설계
② 연구대상자
③ 연구도구
④ 연구진행절차

해설 연구설계

- 연구설계에서는 연구목적과 연구가설에 따라 적절하게 선택된 설계유형을 제시한다.
- 일반적으로 실험설계인 경우, 연구처치나 측정을 나타내는 간단한 표를 이용하기도 한다.
- 표는 설계에 대하여 신속하게 이해하도록 도우며 긴 서술을 피하게 한다.
- 연구설계를 기록할 때 대상자 선정방법, 조작, 외생변수 통제 등에 대해 상세히 언급해야만 하는 연구의 타당성을 입증받을 수 있다.

정답 06 ② 07 ①

08 **연구보고서에 연구대상자를 제시할 경우 옳지 않은 것은?**

① 연구의 포함기준과 제외기준을 진술한다.

② 표본의 수와 인구학적 특성을 보고함으로써 표본의 대표성에 대해 알린다.

③ 만약 연구도중에 탈락자가 있다면 삭제해야 한다.

④ 연구대상자가 표집장소와 모집단으로부터 어떻게 표본으로 추출되었는지에 대한 구체적인 표집방법을 설명한다.

해설 연구대상자

- 연구대상자가 표집장소와 모집단으로부터 어떻게 표본으로 추출되었는지에 대한 구체적인 표집방법을 설명한다.
- 연구의 포함기준과 제외기준을 진술하고, 표본의 수와 인구학적 특성을 보고함으로써 표본의 대표성에 대해 알린다.
- 일반적으로 연구대상자를 서술하는 데 사용되는 요인으로는 연령, 성별, 관련 있는 변수등이다.
- 연수수행 전에 필요한 대상자의 수를 확인하기 위해 G power와 같은 프로그램을 이용하였다면 이에 대한 내용도 상세히 기록하여 적정한 표본수로 연구가 이루어졌음을 입증하도록 한다.
- 만약 연구 도중에 탈락자가 있다면 함께 기록해야 한다.

정답 08 ③

주관식

01 아래 제시되는 문장은 보기의 연구보고서 형식 중 어느 부분에 들어가는 것이 적절한지 고르시오.

| 보기 |

(1) 서론
(2) 연구방법
(3) 연구결과
(4) 논의
(5) 결론 및 제언

가설 1 : "간호과정 웹 프로그램을 적용한 실험군은 대조군보다 임상실습에서 경험하는 스트레스가 감소할 것이다"를 검증한 결과 두 집단 간에 유의한 차이가 있는 것으로 나타나 가설 1은 지지되었다.

02 연구대상자의 일반적 특성은 실수와 백분율, 평균과 표준편차로 분석하였다.

03 본 연구의 연구대상자는 편의 표집에 의한 K시에 소재한 H대학교 간호학부 3학년 142명 학생 중에 간호과정 이론 교과목 2학점을 이수하고, 연구의 목적을 듣고 연구참여에 동의한 간호학생 85명이었다.

정답

01 3번 연구결과

02 2번 연구방법

03 2번 연구방법

04 본 연구는 간호과정 전산 프로그램을 간호학생들에게 적용하여 그 효과를 확인하고자 한다.

05 연구결과를 분석하는 것과 해석하는 것의 의미를 쓰시오.

06 연구자가 연구의 필요성을 보다 체계적이고 매력적으로 강조하기 위해 하는 방법은?

정답

04 1번 서론

05
- 분석 : 분석이란 주어진 가설을 검정하고 연구문제에 대한 해답을 얻기 위해서 미리 계획된 분석틀에 따라 수집된 자료들을 통계라는 방법을 통해 기계적으로 배치하는 작업이다.
- 해석 : 한 연구의 결과와 그것으로부터 도출된 추리들을 관계된 이론 또는 다른 연구결과들과 비교하는 것을 말한다.

06 기존에 받아들여지고 있는 선행연구결과와 관련 이론을 제시하게 된다.

4단계

독학사

PART 7

질적 연구 최강적중 예상문제

CHAPTER 1 · CHAPTER 2 질적 연구의 개요, 질적 연구의 유형

CHAPTER 1·2

질적 연구의 개요, 질적 연구의 유형

01 질적 연구에 대한 설명 중 옳은 것은?

① 설명, 예측, 통제의 방법을 사용한다.
② 실재는 변화되지 않는 사실들로 구성되어 있다고 가정한다.
③ 연구를 수행하는 과정에서 영향을 받고 줄 수 있는 융통성이 적용된다.
④ 미리 선정된 변수를 가지고 연구한다.

해설 질적연구
- 인간에 대한 이해를 위하여 해석과 지각방법을 이해하는 데 목적이 있다.
- 일반화시킬 수 있는 본질은 없고 인간은 지각이 변함에 따라 변화하는 역동성을 가지고 있다고 가정한다.
- 연구를 수행하는 과정에서 영향을 받고 줄 수 있는 융통성이 적용된다.
- 상황에 따라 해석하고 실상을 구성하며 인간의 지각에 영향을 받으며 공감적 이해를 바탕으로 한다.

02 현상학적 연구에 일반적으로 포함되는 특징을 설명한 것이다. 옳지 않은 것은?

① 단일한 개념 혹은 아이디어의 형태로 표현되고 탐구되는 현상을 강조한다.
② 현상을 온전히 경험한 여러 개인과 현상으로 탐구한다.
③ 체험은 현상에 대한 주관적인 경험만이 포함된다.
④ 현상학은 개인들이 '무엇'을 경험했는지와 '어떻게' 경험했는지를 통합하여 개인 경험의 본질을 논의하는 기술적인 구절로 끝이 난다.

해설 기본적 아이디어에 대한 철학적 논의가 현상학을 하는 데 수반된다. 이러한 논의는 개인들의 생생한 체험 그리고 체험들이 현상에 대한 주관적인 경험과 다른 사람과 공통되는 객관적인 경험 양자를 갖는 방식을 중심으로 한다. 그래서 현상학적 논의에서 주관적－객관적 관점을 거부하며, 이런 이유로 현상학은 질적 연구와 양적 연구의 연속선상의 어딘가에 위치한다.

03 현상학적 연구의 과정과 방법에 대한 설명을 나열한 것이다. 옳지 않은 것은?

① 연구현상에 대한 지향 : 연구자는 인간 경험 중 어떤 것이 현상학적 탐구의 주제가 되어야만 하는가 하는 문제에 집중한다.
② 연구질문 형성 : 어떤 것에 대해 현상학적으로 묻는다는 것이고 어떤 것이 정말로 어떤 것인가라는 물음을 던지는 것이다.

정답 01 ③ 02 ③ 03 ④

③ 참여자의 선정 : 질적인 표본추출을 위해 적절성과 충분함을 충족시켜야 한다.

④ 문헌고찰 : 현상학적 문헌의 고찰은 초기단계에서 모두 이루어져야 한다.

해설 현상학적 과정과 방법에 대한 설명

- **연구현상에 대한 지향** : 연구자는 인간 경험 중 어떤 것이 현상학적 탐구의 주제가 되어야만 하는가 하는 문제에 집중한다.
- **연구질문 형성** : 어떤 것에 대해 현상학적으로 묻는다는 것이고 어떤 것이 정말로 어떤 것인가라는 물음을 던지는 것이다.
- **연구자의 가정과 선 이해** : 탐구하고자 하는 현상에 대해 우리가 너무 적게 알고 있다는 것이 아니라 현존하는 과학적 지식체와 상식적인 이해, 추측과 가정 때문에 현상학적 물음의 의의를 파악하기도 전에 현상의 본성을 해석한다는 것이 문제이다.
- **참여자의 선정** : 질적인 표본추출을 위해 적절성과 충분함을 충족시켜야 한다.
- **문헌고찰** : 현상학적 문헌의 고찰은 연구의 초기 단계에서 마지막 단계까지 계속적으로 이루어져야 한다.
- **자료의 분석** : 자료수집과 동시에 이루어져야 한다. 현상학적 분석의 목적은 연구하고자 하는 현상의 본질적인 의미를 파악하는 것이다.

04 근거이론적 연구의 특징과 거리가 먼 것은?

① 연구자가 설명을 시도하는 활동이나 어떤 행동이 있다.

② 시간에 따라 발생하는 명백한 단계 혹은 국면을 갖는 결과 혹은 행동에 초점을 둔다.

③ 설명 혹은 이해가 이론이 어떻게 작동하는가를 보이기 위해서 배열된 이론적 범주와 함께 도출된다.

④ 메모에서 아이디어는 연구자가 보았던 과정을 표현하며, 이러한 과정의 흐름을 스케치한다.

해설 근거이론적 연구의 특징

- 연구자가 설명을 시도하는 활동이나 어떤 행동이 있다.
- 시간에 따라 발생하는 명백한 단계 혹은 국면을 갖는 과정 혹은 행동에 초점을 둔다.
- 설명 혹은 이해가 이론이 어떻게 작동하는가를 보이기 위해서 배열된 이론적 범주와 함께 도출된다.
- 메모에서 아이디어는 연구자가 보았던 과정을 표현하며, 이러한 과정의 흐름을 스케치한다.
- 상징적 상호작용주의의 관점에서 사회현상을 연구하기 위하여 개발된 연구방법론이다.
- 검증을 통해 존재하는 이론을 확인하는 것이 아니라 경험적 자료로부터 이론을 도출해 내기 위하여 고안된 귀납적 기술방법이다.
- 어떤 사회적 상황에서 일어나는 핵심적인 과정과 부수적인 과정을 파악하여 정보에 토대를 두고 인간행위에 대한 설명적인 모델을 만들어낸다.

정답 04 ②

05 근거이론적 연구를 할 경우 오류를 예방하는 방법 중 옳지 않은 것은?

① 자료수집과 자료분석이 동시에 이루어진다.
② 객관성 유지를 위한 거리두기가 요구된다.
③ 일기나 개인성찰일지를 기록한다.
④ 연구대상자 자신에 대한 자기인식을 해야 한다.

해설 근거이론적 연구 시 오류를 예방하는 방법

- 근거이론 연구에서 자료수집은 다른 질적 연구와 마찬가지로 자료수집과 자료분석이 동시에 이루어진다.
- 연구자는 분석적인 자세를 유지하기 위해 연구자로서의 객관성 유지를 위한 거리두기가 요구된다.
- 일기나 개인성찰일지를 기록하면, 연구자 자신에 대한 자기 인식을 해야 한다.
- 관찰, 면담, 기타 자료수집의 종류를 결정하는 시점과 대상자를 결정하여 자료수집을 한다.
- 문헌에는 논문, 보고서, 일기, 자서전, 소설, 시, 영화 등이 해당한다.

06 문화기술적 연구의 특징과 거리가 먼 것은?

① 문화기술지는 인류학에서 나온 연구방법이다.
② 다른 질적 연구와 마찬가지로 연역적 방법을 이용한다.
③ 연구계획서 작성 전에 연구장소와 연구참여자에게 허락을 받아야 한다.
④ 문화기술지는 인류학, 사회학, 여성학, 간호학 등 여러 학문에서 이용되고 있다.

해설 문화기술적 연구

- 문화기술지(ethnography)는 인류학에서 나온 연구방법으로 주요 개념은 문화이다.
- 문화기술지는 지난 수십 년간 다른 질적 연구와 더불어 인류학과 사회학은 물론 인간을 다루는 교육, 사회심리학, 정치학, 여성학, 간호학 등 여러 학문에서 이용되고 있다.
- 간호학에서 문화기술지 연구는 Madeleine Leininger의 연구에 의해서 발달되었으며 이 연구방법을 이용하여 횡문화적 간호이론을 제시하였다.
- 문화기술적 연구는 다른 질적 연구와 마찬가지로 귀납적 방법을 이용한다.
- 연구자는 연구문제를 확인하고 연구자의 지식수준을 평가한다. 또한 연구현장의 책임자와 접촉하게 된다.
- 연구계획서 작성 전에 연구장소와 연구참여자에게 연구에 대한 허락을 받아야 한다.
- 연구책임자는 연구수행에 필요한 기간, 참여자의 수, 연구의 위험, 참여자의 유익와 위해 등에 대해서 알아야 한다.
- 연구수행을 위해 연구현장에 들어가면서부터 연구가 시작된다.
- 연구의 표본을 추출하고 정보제공자, 즉 연구참여자와 관계를 맺고 사람과 사건으로부터 자료를 모으게 된다.
- 참여관찰로 자료를 수집하여 그것은 과연 무엇을 의미하는지를 밝혀 내어 참여자들의 세계를 이해하게 된다.

정답 05 ④ 06 ②

주관식

01 양적 연구는 질문지검사와 같은 측정과 구조화된 면접과 관찰로 이루어진다면 질적 연구는 어떤 도구로 이루어지는가?

02 질적 연구는 간호학 연구방법론으로의 질적 연구의 역사는 짧지만 간호학의 지식체 구성에 큰 기여를 할 것으로 기대하고 있다. 그 이유에 대해 쓰시오.

03 질적 연구의 목적에 대해 쓰시오.

04 현상학적 연구의 정의를 쓰시오.

정답

01 현장기록, 문서, 사진, 문화서술적 면접과 관찰

02 질적 간호연구는 발견의 방법으로서 적합할 뿐 아니라 인간의 이해를 위한 적절한 해답을 제시할 수 있기 때문이다.

03 질적 연구의 목적은 이론개발, 간호현상에 대한 새로운 견해 제공, 통찰력 제공 및 연구도구를 개발하기 위함이다.

04 하나의 개념이나 현상에 대해 여러 사람의 체험에서의 공통적 의미를 기술하는 것

05 현상학적 분석방법 중 Colaizzi 분석방법을 나열한 것이다. (   ) 안에 적절한 단어를 채우시오.

- 연구현상과 관련된 의미 있는 (   )이나 구절 추출
- 의미 있는 진술들을 주의 깊게 보면서 중복 표현을 (   )하고 일반적이고 (   ) 형태로 재진술
- 의미 있는 진술로부터 의미를 구성, 이때 연구자의 (   ) 필요
- 구성된 의미를 주제, 주제묶음으로 범주화
- 지금까지 분석된 자료를 주제에 따라 (   )으로 철저하게 기술
- 기술된 내용에서 확인된 현상의 공통적 요소들이 통합되어 (   )를 진술
- 본질적 구조를 완성한 후 연구참여자에게 본질적인 구조의 (   ) 확인

06 문화기술지는 어디에 초점을 두는가?

07 Leininger는 문화기술지 연구 방법을 이용하여 어떤 간호이론을 제시하였는가?

정답

05 문장, 배제, 추상적인, 통찰력, 총체적, 본질적 구조, 타당성

06 전체 문화공유집단(culture-sharing group)

07 횡문화 간호이론

합격 TEST

1회 합격 TEST

01 **간호연구와 과학과의 관계를 설명한 것 중 옳지 않은 것은?**

① 간호연구는 과학적 근거를 제공한다.
② 연구를 통해서만이 실무가 제공된다.
③ 궁극적으로는 전문직의 자율성과 책임감을 신장시키게 된다.
④ 연구결과로 제공되는 지식은 간호사의 과학적 의사결정능력을 높인다.

02 **양적 연구의 특성 중 연구자가 미리 설정된 계획에 따라 일련의 단계를 밟으면서 연구를 진행하는 것을 무엇이라고 하는가?**

① 체계성
② 인과성
③ 통제
④ 경험성

03 **"아로마 요법에 대한 간호사의 인식"이라는 연구는 양적 연구 중 어디에 속하는가?**

① 서술연구
② 탐색연구
③ 상관성 연구
④ 실험연구

04 **다음의 〈보기〉에 제시된 내용은 연구문제의 평가기준 중 어디에 속하는가?**

| 보기 |

• 다루고 있는 개념이 명확하여 구체적인 질문이 가능해야 한다.
• 다루고 있는 개념이 직접적인 관찰이나 활동을 근거로 하여 설명되어야 한다.

① 연구문제의 중요성
② 연구 가능성
③ 연구자의 흥미
④ 연구수행 용이성

05 문헌고찰에 대해 설명한 것 중 옳지 않은 것은?

① 연구방법에 대한 정보를 얻을 수 있다.
② 과학적인 연구를 계획함에 있어서 필수적인 단계이다.
③ 연구주제와 직접 관련된 문헌만을 고찰해야 한다.
④ 자신의 연구문제에 대한 이론적 근거와 연구주제로서의 적합성을 확인할 수 있다.

06 종설에 대한 설명 중 옳지 않은 것은?

① 종설은 일차 문헌이다.
② 저자의 객관적인 의견을 반영하고 있다.
③ 연구문제를 광범위하게 이해하는 데 도움을 준다.
④ 저자의 경험이나 임상적 견해를 제시한 것이다.

07 독립변수에 대한 설명이다. 옳지 않은 것은?

① 종속변수의 원인적 요인 또는 선행이다.
② 예측변수라고도 한다.
③ 조작화할 수 있는 변수이다.
④ 조작이 불가능한 경우는 없다.

08 독립변수, 매개변수, 종속변수의 관계를 설명한 것이다. 옳지 않은 것은?

① 매개변수는 독립변수와 종속변수 사이에 존재한다.
② 독립변수와 매개변수 간에는 관계가 있다.
③ 매개변수와 종속변수 간에는 관계가 있다.
④ 매개변수는 내재적 관련성이 존재하지 않는다.

09 가설 검정이 어려운 경우에 해당되지 않는 것은?

① 변수 간에 예측된 관계를 진술하지 않은 가설은 검정할 수 없다.
② 가설에 포함된 변수들의 관찰이나 측정이 불가능한 경우이다.
③ 객관적인 판단을 전제로 하면 검정할 수 없다.
④ 도덕적이거나 윤리적인 쟁점 또는 가치관적 쟁점을 내포하는 가설은 과학적으로 검정할 수 없다.

10 **종속변수의 변화가 순전히 독립변수에 의해서만 영향을 받았는지 여부의 정도를 무엇이라고 하는가?**

① 내적 타당도
② 외적 타당도
③ 구성 타당도
④ 측정 타당도

11 **다음의 〈보기〉에 제시된 내용은 실험설계의 타당도를 저해하는 외생변수의 종류 중 하나이다. 어디에 속하는가?**

| 보기 |

사전측정에서 극단적인 점수를 얻은 경우에 사후측정에서 실험변수의 효과에 관계없이 평균치로 값이 근접하려는 경향으로 측정치의 값들이 평균치로 회귀하려는 특성

① 성숙효과
② 시험효과
③ 측정수단의 변화
④ 통계적 회귀

12 **모집단 전체에 대해 조사를 실시하는 것으로, 우리나라에서 매 10년마다 조사하는 인구센서는 조사연구 중 어디에 속하는가?**

① 전수조사
② 대단위 조사
③ 표본조사
④ 대상자 형태 조사

13 **고정집단 연구(panel)에 대한 설명 중 옳지 않은 것은?**

① 일반 모집단으로부터 추출한 표본을 대상으로 시간에 따른 변화율과 양상을 연구하는 것이다.
② 연구자로 하여금 관심이 되고 있는 변수의 변화의 양상과 이유를 설명할 수 있도록 더 많은 정보를 제공한다.
③ 연구자는 변화를 보인 대상자와 변화를 보이지 않은 대상자를 확인할 수 있으며 그에 따라 변화가 일어난 하위집단의 특성을 분리해 낼 수 있다.
④ 패널을 관리하는 데 시간과 비용이 적게 들어 대상자를 잃어버리지 않는다.

14 조사연구의 장점이 아닌 것은?

① 수집된 정보는 많은 목적에 이용될 수 있는 융통성이 있다.
② 많은 모집단에 일반화하여 적용할 수 있다.
③ 광범위한 주제에 초점을 맞출 수 있는 광범위함이 있다.
④ 상대적으로 피상적인 자료를 얻을 가능성이 없다.

15 모집단을 선정하려고 할 때 다음과 같은 기준으로 모집할 경우 해당되는 모집단은?

• 연구자가 연구결과를 일반화하여 적용시킬 대상의 총 집합체
• 표본 선정기준을 충족시키는 개인 또는 요소의 전체 집합

① 표적 모집단
② 근접 모집단
③ 표본 모집단
④ 대표 모집단

16 대표성에 대한 설명으로 옳지 않은 것은?

① 표본 선정에서 가장 중요한 것은 대표성이다.
② 표본의 평균을 표적 모집단의 평균과 비교함으로써 평가된다.
③ 연령, 성별, 인종 등에서는 대표성을 지닐 필요가 없다.
④ 가능한 많은 면에서 표본이 모집단과 같아야 함을 의미한다.

17 확률표집에 대한 설명으로 옳은 것은?

① 모집단에 대한 정보가 없는 경우에 사용된다.
② 표집될 확률이 알려져 있고 무작위로 추출한다.
③ 추출될 확률을 모르는 상태에서 사용된다.
④ 표본으로 추출될 확률이 일정하지 않은 경우이다.

18 **다음의 〈보기〉에서 제시된 표본방법은?**

| 보기 |

- 표적 모집단을 결정하고 상호배타적이고 포괄적인 타당한 계층들로 나눈다.
- 각 계층에서 얻을 표본의 비율을 정하여 각 계층별로 표본의 수를 결정한다.

① 층화표집법
② 군집표집법
③ 계통적 표집법
④ 임의표집법

19 **표본크기를 결정하는 데 고려해야 할 요인 중 옳지 않은 것은?**

① 표본크기가 작을수록 검정력은 작아진다.
② 효과크기가 작을수록 필요한 표본크기는 커진다.
③ 요구되는 검정력이 클수록 필요한 표본크기는 커진다.
④ 유의수준이 엄중할수록 필요한 표본의 크기는 작아진다.

20 **명목척도에 대한 설명이다. 옳지 않은 것은?**

① 단지 대상의 구분을 목적으로 사용되는 척도이다.
② 동일한 집단에 속해 있는 대상은 동일한 척도값을 갖는다.
③ 하나의 대상이 두 개의 척도값을 가질 수 있다.
④ 측정대상을 속성에 따라 포괄적이고 상호배타적인 범주로 구분한다.

21 **동질성 결정을 위한 대표적인 방법 중 도구의 전체 문항을 반으로 나누어 두 부분 문항 간의 상관절차를 수행하는 방법은?**

① 반분신뢰도
② 내적 일관성
③ Cronbach's alpha
④ K-R 20

22 **표본조사의 장점이 아닌 것은?**

① 비용과 시간적인 면에서 경제적이다.
② 아주 복잡한 표본설계를 조사하는 경우에도 경제적이다.
③ 사회과학 조사의 경우에 표본조사가 더 정확하다.
④ 정보가 신속히 필요한 경우에 자료수집, 집계 및 분석을 빠르게 처리할 수 있다.

23 관찰법의 장점이 아닌 것은?

① 정보의 깊이와 폭이 다양하다.
② 관찰자의 주관이 개입되지 않아 자료의 신뢰성이 높다.
③ 대상자의 언어에 의한 구사력이 부족할 때 더욱 유용하다.
④ 피관찰자가 연구에 참여하기를 꺼려하는 상황에서도 자료수집이 가능하다.

24 다음 중 잘 서술된 가설의 특징에 해당되지 않는 것은?

① 가설에 의한 자료 분석의 결과로 이론의 진위가 밝혀져야 한다.
② 가설에 사용된 용어가 비경험적 수준이어서 관찰 가능하고 측정 가능해야 한다.
③ 가설은 이론, 이론적 기틀 또는 문제진술로부터 논리적으로 도출되어야 한다.
④ 가설에 사용된 용어가 개념적으로 명확하여 이해하기 쉬어야 한다.

25 간호사는 질적 간호를 위해 판단을 많이 하기 때문에 대상자의 사정과 간호진단, 간호문제 해결을 위한 간호중재 계획, 간호중재의 효율성, 결과 평가 등을 판단해야 한다. 이것은 간호연구의 필요성 중 어떤 것을 말하는가?

① 임상간호 ② 의사결정
③ 간호의 전문적인 지식체 기여 ④ 사회적 관련성

주관식

01 연구 동의서에 포함되어야 할 내용을 쓰시오.

02 외생변수를 통제하기 위한 가장 대표적인 방법을 쓰시오.

03 무작위화의 의미를 쓰시오.

04 비동등성 대조군 사전－사후 설계의 단점을 쓰시오.

05 전향적 연구의 단점에 대해 쓰시오.

2회 합격 TEST

01 연구잡지인 'Nursing Research'의 출간 등은 이 시기 동안에 이루어졌으며, 간호연구의 흐름에 박차를 가하게 된 시기는?

① 1940년대　② 1950년대
③ 1960년대　④ 1970년대

02 다음 중 과학적 지식의 특성과 관련 없는 것은?

① 논리성인 이유에 근거해야 한다.
② 일반화의 가능성이 있어야 한다.
③ 과학적 지식은 간결해야 한다.
④ 동일한 현상을 연구하는 과학자들은 같은 결론에 도달하지 않아도 된다.

03 한 연구에서 엄마의 연령과 신생아의 Down씨 증후군 발현 사이에 관련이 있다고 제시하였다. 그러한 관련은 35세 이상의 여성은 35세 이하의 여성에 비해 Down씨 증후군을 가진 태아를 가질 위험이 높을 수 있다는 것이다. 이것은 양적 연구의 목적 중 무엇을 설명하는가?

① 서술　② 예측
③ 설명　④ 도구화

04 조작적 정의의 역할을 바르게 설명하고 있는 것은?

① 변인의 이론적 의미를 제공한다.
② 개념에 대한 이론가의 정의로부터 도출되거나 개념분석을 통해 개발된다.
③ 이론적인 개념이나 실증적인 조직자료 사이의 연결고리의 역할을 한다.
④ 변수를 개념적으로 정의하기 위한 기반을 제공한다.

05 **비실험설계를 해야 하는 경우가 아닌 것은?**

① 질병
② 교육
③ 연령
④ 화학

06 **연구문제를 보다 구체적이고 연구 가능한 형태로 다듬기 위해서는 다음 중 어떤 형태로 기술해야 하는가?**

① 긍정문
② 부정문
③ 의문문
④ 서술문

07 **연구문제의 표현방법 중 옳지 못한 것은?**

① 연구의 초기에 정해지는 연구제목은 후에 수정될 가능성이 없다는 것을 명심해야 한다.
② 연구제목은 연구내용을 충분하게 나타낼 수 있도록 구체적으로 표현되어야 한다.
③ 연구제목은 명확하고 간결하게 표현되어야 한다.
④ 연구제목이 길어지는 것을 피하기 위하여 '…에 관한 연구'나 '…에 관한 조사'와 같은 용어를 반드시 붙이지 않는다.

08 **다음 중 연구경험이 없는 사람이 처음 연구계획을 할 때 가장 고려해야 할 것은?**

① 연구가능성
② 연구자의 이슈
③ 연구주제의 의의성
④ 연구문제의 과학성

09 **주제별로 또는 저자별로 연구제목을 정리한 목록은?**

① 가설
② 색인
③ 요약집
④ 컴퓨터 탐색

10 어떤 연구대상자가 개인적인 견해나 자신의 약점, 공포에 대해 질문을 받았을 경우 그러한 질문은 대답하기 싫거나 잊기를 원하는 내용일 수 있다. 연구자는 절대로 질문에 대답하기를 강요해서는 안 되며 질문의 성질이 대상자의 심리에 미치는 영향을 충분히 고려해야 한다. 어떤 권리에 속하는가?

① 손상받지 않을 권리
② 연구에 대해 무엇이든 알 권리
③ 스스로 결정할 권리
④ 프라이버시, 익명, 비밀보장의 권리

11 다음 중 뉘른베르크 강령에 포함되지 않는 것은?

① 반드시 인체실험대상자의 자발적 동의를 얻어야 한다.
② 자격을 갖춘 사람만이 실험을 수행해야 한다.
③ 연구대상자에게 실험이 끝난 후 보상을 해야 한다.
④ 손상이나 장애, 사망 등의 문제가 발생할 확률이 아무리 낮아도 피험자를 보호하기 위해 적절한 준비와 적합한 설비를 갖추어야 한다.

12 다음 중 가설을 설정하지 않았을 때 발생할 수 있는 문제점이라 할 수 있는 것은?

① 연구결과를 이론화할 수 없다.
② 이론적 기틀을 설정할 수 없다.
③ 변인 설정에 어려움이 따른다.
④ 연구자의 상식과 선입견이 개입되기 쉽다.

13 유용한 가설의 요건에 포함되지 않는 것은?

① 검증가능성
② 기대되는 관계 진술
③ 예측성
④ 정당성

14 선행연구의 결과에서 도출되거나 이론에서 연역되어야 하는 것은 가설의 어떤 특성을 뜻하는가?

① 기대되는 관계 진술
② 검증가능성
③ 정당성
④ 논리성

15 **변인 간의 관계를 고찰할 때 변인 간 관계검증이 필요한 이유로 적합한 것은?**

① 변인 간의 인과관계를 파악하기 위해서
② 독립변인과 종속변인으로 변인관계를 단순화하기 위해서
③ 연구결과에 영향을 미치는 요인들을 파악하기 위해서
④ 연구결과를 미리 예측하기 위해서

16 **다음 중 문헌연구의 기능에 해당되지 않는 것은?**

① 비평 및 제언
② 사례연구방법
③ 인과관계의 증명
④ 현재 상태의 파악 및 해석

17 **조사연구에서 가장 많이 사용되는 자료수집방법은?**

① 관찰법
② 심층면담
③ 자기보고식 질문지
④ 생리적 측정법

18 **다음 중 논문을 쓸 때 자신의 의견이 아닌 다른 출처로부터 나온 문헌을 반드시 밝혀야 하는 이유로 옳지 않은 것은?**

① 원작자의 사상이나 가치관이 자신과 부합한다는 것을 알리기 위함이다.
② 다른 사람의 의견이나 주장을 연구자 자신의 것과 구별하기 위함이다.
③ 독자들로 하여금 직접 원자료를 보고 정확성 여부를 검토할 수 있게 하기 위함이다.
④ 인용한 문헌의 원작자의 공을 인정해 주어야 하기 때문이다.

19 **연구자가 흡연자를 대상으로 흡연이 폐암 발생률에 어떤 영향을 미치는지 알아보기 위해 연구 시작 시기에 자료수집을 시행한 후 5년 뒤에 다시 자료수집을 시행하려고 한다. 이 연구의 설계방법은?**

① 전향적 연구
② 전수조사연구
③ 서술조사연구
④ 후향적 연구

20 **사례연구의 가장 큰 장점은?**

① 새로운 도구의 개발
② 결과의 일반화 가능성이 높다.
③ 자료의 깊이
④ 인과관계의 확실한 규명

21 질적 연구 수행 시 가장 많이 사용되는 자료수집방법은?

① 면담 ② 참여관찰
③ 질문지법 ④ 생리적 측정

22 정부나 기업체 등의 조직에서 하는 프로젝트에 많은 조사연구는?

① 비교조사연구 ② 평가조사연구
③ 상관성 조사연구 ④ 서술조사연구

23 다음 〈보기〉에 제시된 내용에서 표적 모집단은?

| 보기 |

방사선 치료를 받는 유방암 환자의 피로를 조사하고자 서울시 소재 대학병원에서 방사선 치료를 받는 유방암 환자 1,200명 중 250명을 임의표집했다.

① 서울시 대학병원 유방암 환자 1,200명
② 서울시 소재 병원 유방암 환자
③ 서울시 소재 대학병원에서 방사선 치료를 받는 유방암 환자
④ 임의표집한 대상자 250명

24 확률표집 중 모집단의 구성요소가 일정한 순서 없이 배열되었다는 전제로 일정 간격을 두고 표본을 추출하는 방법은?

① 단순무작위표집 ② 계통표집
③ 층화무작위표집 ④ 집락표집

25 연구자가 대학생 500명을 대상으로 흡연 유무 관련연구를 진행할 때 여학생 200명, 남학생 300명임을 확인하고 비율에 따라 남학생 30명, 여학생 20명을 표본으로 선정했다. 이러한 표집방법은?

① 계통표집 ② 집락표집
③ 비례층화표집 ④ 비비례층화표집

주관식

01 실험연구설계에서 인과관계가 성립하기 위해서는 처치와 결과 사이의 어떤 조건이 전제되어야 하는가?

02 실험연구설계의 조건을 쓰시오.

03 측정의 일반적인 절차를 쓰시오.

04 한국인의 암 환자에 대한 삶의 질을 측정할 수 있는 도구를 개발하였다. 개발한 도구가 타당한지 기존에 외국에서 개발된 암환자의 삶의 질 측정도구와 비교하여 타당도를 비교하였다면 이때 사용한 타당도는 무엇인가?

05 측정도구를 선정할 때의 기준에 대해 나열하시오.

3회 합격 TEST

01 연구자가 임의대로 가장 쉽고 편리하게 접근할 수 있는 사람이나 사물을 연구대상으로 이용하는 방법은?

① 임의표집 ② 계통표집
③ 눈덩이표집 ④ 의도표집

02 특정 모집단의 구성원을 찾기 어려울 때 사용하는 표집방법으로 발견대상이 다른 대상을 추천함으로써 이루어지는 표집방법은?

① 계통표집 ② 할당표집
③ 임의표집 ④ 눈덩이표집

03 다음 중 생리적 측정법에 관한 설명이 아닌 것은?

① 직접 또는 간접으로 측정할 수 있다.
② 연구변수를 중재할 때 더 철저히 외생변수를 통제할 수 있다.
③ 측정기구가 민감하고 타당하며 신뢰성이 있어야 한다.
④ 생리적 변수를 사용한 연구의 결과보고는 측정상의 기술과 방법을 상세히 기술해야 한다.

04 다음 중 생리적 측정법의 장점이 아닌 것은?

① 관찰이나 자가보고에 의한 방법보다 훨씬 객관적이다.
② 사회심리적 측정방법보다 신뢰도가 높다.
③ 다른 사회심리적 측정방법보다 타당도가 높다.
④ 측정과정에서 측정하려는 변수에 영향을 미치지 않는다.

05 '중환자실 간호사의 언어폭력 경험'에 대한 질적 연구를 할 때 사용하는 자료수집방법은?

① 질문지법 ② 생리적 측정법
③ Q기법 ④ 비구조적 면담

06 일직선을 동일한 간격으로 끊어 놓고, 그 밑에 지시문을 써주어 해당되는 것을 표시하는 척도는?

① 어의구별척도
② 도표평정척도
③ 서술평정척도
④ 총화평정척도

07 여러 개의 문항과 답으로 구성되며, 3~7점을 만점으로 하는 각 문항의 점수를 더하여 총점을 내서 한 개인의 특성을 제시하는 척도법은 무엇인가?

① 도표평정척도
② Likert 척도
③ Guttman 척도
④ Thurstone 척도

08 측정도구에 따른 측정결과와 외적 준거의 관계를 평가하는 것으로 이들 사이에 상관관계가 높으면 타당도가 높다고 평가하는 것은?

① 내용타당도
② 표준타당도
③ 구성 타당도
④ 동시타당도

09 경험적 세계와 추상적 관념의 세계를 연결하는 수단으로 규칙에 따라 사물이나 사건에 숫자를 부여하는 것은?

① 가설
② 측정
③ 자료분석
④ 표본추출

10 척도를 구성하는 문항들이 서로 연결되어 있으며, 문항 간의 강도의 차이에 따라 일관성 있게 서열을 나타내는 척도법은?

① Guttman 척도
② Thurstone 척도
③ 어의구별척도
④ 총화평정척도

11 태도 측정을 위해 개발된 척도로 단일차원의 문항에 대해 응답자가 반응하도록 구성된 누적척도는?

① 총화평정척도
② Thurstone 척도
③ 거트만(Guttman) 척도
④ 어의구별척도

12 모집단의 특성을 수치로 나타낸 것을 무엇이라 하는가?

① 표준편차
② 통계량
③ 표본
④ 모수

13 인구집단 내에 발생하는 생리적 상태 및 건강문제의 규모와 분포를 기술하는 역학적 연구 방법은?

① 기술 역학연구
② 분석 역학연구
③ 종단 역학연구
④ 코호트 역학연구

14 수량화가 가능하긴 하지만 절대 '0'을 가지고 있지 않은 척도로서 대부분의 복잡한 통계기법을 이용할 수 있는 척도는?

① 등간척도
② 서열척도
③ 비율척도
④ 명목척도

15 다음은 측정수준에 관한 설명들이다. 옳은 것은?

① 서열척도는 등급 간의 간격이 동일하며 상대적 등위를 매길 수 있다.
② 높은 측정수준으로 측정한 자료는 낮은 수준으로 바꾸는 것이 불가능하다.
③ 낮은 수준의 척도는 높은 수준으로 측정한 것보다 더 많은 정보를 얻을 수 있다.
④ 자료수집 시 가능하면 등간척도나 비율척도로 측정하는 것이 바람직하다.

16 정규분포의 모양을 결정짓는 것은 무엇인가?

① 중앙값과 표준편차
② 중앙값과 사분위편차
③ 산술평균과 표준편차
④ 중앙값과 산술평균

17 정규분포를 보이는 자료의 최빈값, 중앙값, 평균의 관계에 대한 설명으로 옳은 것은?

① 최빈값, 중앙값, 평균이 모두 일치한다.
② 최빈값이 가장 낮고 중앙값이 중앙, 평균값이 가장 높다.
③ 최빈값이 가장 높고 중앙값이 중앙, 평균값이 가장 높다.
④ 최빈값이 가장 높고 중앙값이 중앙, 평균값이 가장 낮다.

18 **한 모집단에서 뽑은 각 표본의 평균치가 서로 다른 것은?**

① 분산
② 표집오차
③ 표준편차
④ 표준오차

19 **두 변수 모두 등간척도 이상일 경우 두 변수 간의 관계의 강도를 알아보기 위해 사용하는 통계방법은?**

① 피어슨 상관계수
② chi-square 분석
③ t-검정
④ 분산분석

20 **다음 중 결론에 포함되어야 할 내용이 아닌 것은?**

① 연구문제는 무엇인가?
② 해답을 얻은 질문과 해답을 얻지 못한 질문은 무엇인가?
③ 자료수집은 어떤 방법을 이용하는가?
④ 결과를 일반화할 수 없는 이유가 있는가?

21 **다음 중 영상자료를 활용할 때의 유의점으로 옳지 않은 것은?**

① 자료를 만드는 데 충분한 시간을 가져라.
② 청중들이 그것을 이해할 수 있을 것인지를 확인하라.
③ 단순화시켜라.
④ 가급적 많은 자료를 준비하라.

22 **다음 중 학술 발표 시 만족시켜야 할 요인이 아닌 것은?**

① 연구대상자에 대한 정보의 전달
② 연구자의 연구경력과 연구비용에 대한 소개
③ 연구결과 해석의 제한점에 대한 소개
④ 표집과정에 대한 충분한 설명

23 다음 중 분석된 자료를 연구주제와 연관하여 그 의미를 부여하는 과정을 무엇이라 하는가?

① 연구성적 ② 논의 혹은 고찰

③ 연구절차 ④ 요약 및 결론

24 연구보고서 작성 시 연구 소비자들에게 연구할 가치가 얼마나 되는지 논리적으로 설명하는 부분은?

① 서론 ② 연구방법

③ 문헌고찰 ④ 논의

25 논문의 도표와 그림을 준비할 때 옳지 않은 설명은?

① 모든 도표는 맨 위에다 명료하고 설명적인 제목과 번호를 표기한다.

② 도표는 추가설명을 꼭 해야 한다.

③ 지나치게 복잡해서는 안 되며, 독자가 쉽게 이해할 수 있어야 한다.

④ 도표는 논문의 문장 안에서 도표의 번호로 인용되어야 한다.

주관식

01 간호학에서는 대상자의 지식 정도를 확인하는 측정도구로 정답과 오답이 있을 때 사용할 수 있는 신뢰도 방법은?

02 아래 순서대로 나열했을 때 평균이 8.8이었다. 중앙값과 최빈값을 구하시오.

2, 4, 5, 5, 8, 9, 10, 13, 15, 17

03 산포도의 지표 중 가장 광범위하게 사용되는 것은?

04 어떤 주어진 점수들의 상대적 위치를 나타내는 가장 대표적인 방법은?

05 외적 타당도의 중요한 요소는 무엇인가?

정답 및 해설

합격테스트 제1회

정답

01 ②	02 ①	03 ①	04 ②	05 ③
06 ①, ②	07 ④	08 ④	09 ③	10 ①
11 ④	12 ①	13 ④	14 ④	15 ①
16 ③	17 ②	18 ①	19 ④	20 ③
21 ①	22 ②	23 ②	24 ②	25 ②

01 정답 ②

간호연구와 과학과의 관계
- 간호연구를 통하여 얻어진 과학적 지식과 이론은 간호실무를 계획하고 예측하고 통제할 수 있는 과학적 근거를 제공한다.
- 연구결과로 제공되는 지식은 간호사의 과학적 의사결정 능력을 높여 간호실무의 과학화를 이룰 수 있다.
- 궁극적으로는 전문직의 자율성과 책임감을 신장시킬 수 있게 된다.
- 이론을 기초로 연구가 수행되고 연구를 통하여 이론이 개발, 검정 및 수정되어 발전한다.
- 연구결과들이 간호실무의 기반이 되고 과학적인 근거를 제공함으로써 간호전문직이 발전해나가는 상호 순환관계로서 연구와 실무와 이론은 모두 중요한 간호전문직의 발전 요소이다.

02 정답 ①

체계성
- 연구의 과학적 방법은 문제해결을 통하여 지식을 확대하기 위한 체계적인 접근법이다.
- 체계성은 연구자가 미리 설정된 계획에 따라 일련의 단계를 밟으면서 연구를 진행하는 것을 의미한다.
- 간호연구를 수행함에 있어 관심 있는 연구 현상에 대하여 문제를 규명하고 그 문제에 관한 정의를 내리고, 필요한 자료를 수집하여 분석을 통하여 결과를 도출하는 일련의 체계적인 과정에 따른다.

03 정답 ①

서술연구는 관심 있는 현상을 정확하게 관찰하고 특정 현상을 명확하게 파악하여 서술하는 것으로 지식체 개발의 기초가 된다.

04 정답 ②

보기의 내용은 연구 가능한 주제가 되기 위해서 나열된 요소이다.

05 정답 ③

문헌고찰은 연구주제와 직접 관련된 문헌뿐만 아니라 간접적인 관계를 가진 타 분야의 문헌들도 광범위하게 고찰해야 한다.

06 정답 ①, ②

종설
- 종설은 이차 문헌으로써 저자의 경험이나 임상적 견해를 제시한 것으로 연구문제를 광범위하게 이해하는 데 도움을 주기 때문에 연구자가 자신의 연구문제나 이론적 기틀이 불명확할 때 큰 도움이 된다.
- 저자의 주관적인 의견을 반영하고 있으므로 자신의 연구에 직접 인용하기에는 제한점이 있다.
- 이차 문헌인 종설에만 의존하는 것은 위험하고 학술지에 게재된 1차 문헌을 직접 고찰해야 한다.

07 정답 ④

독립변수
- 독립변수와 종속변수와의 관계를 설명하는 과정에서 독립변수는 종속변수의 원인적 요인인 선행요인으로 예측변수라고도 한다.
- 조작화할 수 있는 변수이지만 조작이 불가능한 경우도 있다.

08 정답 ④

외생변수는 독립변수와 종속변수 사이에는 어떤 인과적 관련성이나 내재적 관련성이 존재하지 않는 반면에 매개변수는 관련성이 존재한다.

09 정답 ③

가설은 비교급의 표현을 이용하여 두 변수 간의 관계를 진술하고 있지만 주관적인 판단을 전제로 할 경우 과학적인 방법에 의해 검정될 수 없다.

10 정답 ①

내적 타당도

- 종속변수의 변화가 순전히 독립변수에 의해서만 영향을 받았는지 여부의 정도를 말한다.
- 원래 연구설계에서 연구자가 의도한 대로 내부적으로 연구가 얼마나 잘 수행되었는가를 나타낸다.
- 의도하지 않은 외생변수가 개입되면 종속변수 변화의 내적인 타당성 정도는 낮아진다.

11 정답 ④

통계적 회귀

- 실험대상으로 선정된 집단이 잘못 선정되어 측정하고자 하는 결과변수의 수준이 아주 낮거나 아주 높은 상태에 있다면, 실험변수를 가한 후에 측정결과가 실험변수의 영향을 정확히 반영하지 못하는 경우가 나타날 수 있다.
- 사전측정에서 극단적인 점수를 얻는 경우에 사후측정에서 실험변수의 효과에 관계없이 평균치로 값이 근접하려는 경향으로 측정치의 값들이 평균치로 회귀하려는 특성을 통계적 회귀라고 한다.

12 정답 ①

전수조사(census)

모집단 전체에 대해 조사를 실시하는 것으로, 현재 우리나라에서 매 10년마다 조사하고 있는 인구조사(인구센서스)가 그 예이다.

13 정답 ④

고정집단 연구(패널)

- 연구자로 하여금 관심이 되고 있는 변수의 변화의 양상과 이유를 설명할 수 있도록 경향연구에 비해 더 많은 정보를 제공해준다.
- 패널이란 용어는 서베이 리서치인 경우 특정 응답자에 대한 종단적인 연구에서 흔히 사용되는 것으로 연구에 포함된 특정 대상자 표본을 말한다.
- 같은 대상자를 두 시점 이상에서 만나기 때문에 연구자는 변화를 보인 대상자와 변화를 보이지 않은 대상자를 확인할 수 있으며 그에 따라 변화가 일어난 하위집단의 특성을 분리해낼 수 있다.
- 그러나 문제는 상당히 긴 시간을 두고 연구자가 지속적으로 필요한 정보를 얻어내는 조사방법이므로 패널을 관리하기가 매우 힘들고 비용이 많이 들며 시점이 달라지면서 대상자를 잃어버리는 것이다.

14 정답 ④

조사연구의 장점

- 수집된 정보는 많은 목적에 이용될 수 있는 융통성이 있고, 많은 모집단에 일반화하여 적용할 수 있고, 광범위한 주제에 초점을 맞출 수 있는 광범위함이 있다.
- 조사과정에서 얻어진 정보의 양을 생각할 때 시간과 비용이 적게 들면서 많은 대상으로부터 정보를 수집할 수 있어 경제적이다.
- 현존하는 표준화된 척도와 질문지를 이용할 수 있다.
- 컴퓨터에 의해 다량의 자료 분석이 가능하다.
- **단점** : 다른 연구방법과 비교할 때 상대적으로 피상적인 자료를 얻을 가능성이 있다.

15 정답 ①

표적 모집단은 연구자가 연구결과를 일반화하여 적용시킬 대상의 총 집합체로서 표본 선정기준을 충족시키는 개인 또는 요소의 전체 집합을 말한다.

16 정답 ③

대표성은 연구변수에 흔히 영향을 미치는 연령, 성별, 인종, 수입, 교육 수준과 같은 인구학적 특징에서도 대표성을 지닐 필요가 있다.

17 정답 ②

확률표집

- 모집단에 속한 모든 요소가 표출됨에 있어서 0이 아닌 확률을 가진다는 것을 전제로 한다.
- 표출될 확률이 알려져 있고 무작위적으로 추출하는 경우이다.
- 먼저 표본을 추출하기 전에 표본틀 내에 속해 있는 연구대상에 대한 정보가 있어야 한다.
- ①, ③, ④는 비확률표집이다.

18 정답 ①

➲ 층화표집법

- 표적 모집단을 결정하고 상호배타적이고 포괄적인 타당한 계층들로 나눈다.
- 각 계층에서 얻을 표본의 비율을 정하여 각 계층별로 표본의 수를 결정한다.
- 각 계층별로 단순무작위표집법을 사용하여 명단을 작성하고, 표본을 추출한다.

19 정답 ④

유의수준이 엄중할수록 필요한 표본크기는 커진다.

20 정답 ③

➲ 명목척도

- 단지 대상의 구분을 목적으로 사용되는 척도로 측정 대상을 속성에 따라 포괄적이고 상호배타적인 범주로 구분하고 이 범주에 숫자를 배정한다.
- 포괄적이고 상호배타적인 분류란 명목척도를 이용하여 모든 측정대상을 어느 한 집단으로 분류할 수 있어야 하며, 동일한 집단에 속해 있는 대상은 동일한 척도값을 가지고, 또한 하나의 대상이 두 개의 척도값을 가질 수 없다는 뜻이다.

21 정답 ①

➲ 반분신뢰도(split-half reliability)

- 측정 도구의 동질성 결정을 위한 대표적인 방법이다.
- 도구의 전체 문항을 반으로 나누어 두 부분 문항 간의 상관절차를 수행한다.
- 대개 전체 문항을 홀수–짝수 문항으로 나누기는 하나 문항들을 어떻게 나누는지에 따라 다른 신뢰계수를 얻을 수 있다.
- 연구자는 만족스럽게 높은 계수를 얻을 때까지 다양한 방법으로 문항 나누기를 계속하게 된다.

22 정답 ②

아주 복잡한 표본설계를 요하는 조사는 전수조사보다 시간이 더 걸리고 오차도 많고 부정확한 결과를 가져올 가능성이 크다.

23 정답 ②

➲ 관찰법의 장점

- 관찰자가 직접 피관찰자의 행동을 현장에서 즉시 포착하여 기록할 수 있기 때문에 정보의 깊이와 폭이 다양하다.
- 대상자가 언어에 의한 구사력이 부족할 때 더욱 유용하다. 영유아, 실어증 환자, 무의식 환자, 정신병 환자, 청각장애자, 시각장애자 혹은 동물인 경우에는 다른 어떤 자료수집방법보다도 관찰법이 우월하다.
- 피관찰자가 자신의 행동을 인식하거나 보고하기 어려울 때, 즉 적개심이나 공격심의 발로 또는 불안이 심한 상태에 있을 때에는 자가보고법보다 관찰법이 더 유용하다.
- 피관찰자가 연구에 참여하기를 꺼려하는 상황에서도 관찰에 의해 자료수집이 가능하다.
- 관찰법의 최대 단점은 관찰자의 주관이 많이 개입되기 때문에 자료의 신뢰도와 타당도에 위험을 줄 가능성이 있다는 것이다. 관찰자는 사전훈련을 통하여 관찰기술을 미리 습득하고 늘 신중하고 세밀하게 관찰하는 습관을 들이고 자신이 객관적인 입장에 있음을 수시로 확인해야 한다.

24 정답 ②

가설에 사용된 용어가 경험적 수준이어서 관찰가능하고 측정 가능해야 한다.

25 정답 ②

간호사는 질적 간호를 위해 판단을 많이 하기 때문에 대상자의 사정과 간호진단, 간호문제 해결을 위한 간호중재 계획, 간호중재의 효율성, 결과 평가 등을 판단해야 한다. 이러한 각각의 간호중재 단계에서 간호사의 의사결정 과정을 돕는 것은 간호연구의 결과이다. 그러므로 간호사는 과학적 지식에 근거한 행동과 결정을 내리기 위해 과학적 문헌을 연구해야 한다.

주관식 정답

01
- 연구의 목적
- 연구대상자의 참여기간, 절차 및 방법
- 연구대상자에게 예상되는 위험 및 이득
- 개인정보 보호에 관한 사항
- 연구 참여에 따른 손실에 대한 보상
- 개인정보 제공에 관한 사항
- 동의의 철회에 관한 사항
- 그 밖에 기관위원회가 필요하다고 인정하는 사항

02
대조군을 두어 실험군의 결과가 실험처치, 즉 독립변수로 인한 결과라는 것을 증명하는 것

03
무작위화는 무작위 배정(random assignment) 또는 무작위 할당(random allocation)이라고도 한다. 무작위화는 연구대상자를 대조군과 실험군에 무작위로 배정하여 각 집단에 할당될 확률(기회)을 균등하게 하는 것이다. 무작위화를 통해 연구자는 외생변수를 가장 효과적으로 통제할 수 있으며 연구의 내적 타당도를 높일 수 있다.

04
- 무작위 할당이 이루어지지 않았기 때문에 사전조사에서 발견하지 못하였던 두 집단 간의 차이가 사후조사 결과에 영향을 미칠 수 있다.
- 통계적 회귀가 발생할 가능성이 있다.

05
- 예상된 연구가 나타날 때까지 기다려야 하는 긴 조사시간이 소요된다.
- 경비가 많이 들며, 장기간의 자료수집으로 과정에서 탈락하는 대상자가 발생한다.
- 제3의 변수의 개입, 시험효과 등 타당도를 위협할 수 있다.
- 실험연구에 비해 신뢰도가 낮다.

합격테스트 제2회

정답

01 ②	02 ④	03 ②	04 ③	05 ④
06 ③	07 ①	08 ①	09 ②	10 ①
11 ③	12 ④	13 ③	14 ③	15 ③
16 ③	17 ③	18 ①	19 ①	20 ③
21 ①	22 ②	23 ③	24 ②	25 ③

01 정답 ②
1950년대에는 많은 요인들이 결합하여 간호연구의 발전을 가속화시켰다. 고등교육 학위를 받은 간호사들의 수적인 증가, 정부에 의한 간호연구센터의 설립, 정부와 사설재단으로부터 제공된 기금의 이용가능성 증가, 연구잡지인 'Nursing Research'의 출간 등은 이 시기 동안에 이루어졌으며, 간호연구의 흐름에 박차를 가하게 하였다.

02 정답 ④
과학적 지식은 간주관적이어야 한다. 즉, 동일한 현상을 연구하는 과학자들은 궁극적으로 같은 결론에 도달할 수 있어야 한다는 의미다.

03 정답 ②
예측
설명의 목표가 과학적 탐구의 특성과 본질을 요약하는 것이라 할지라도 현재의 지식과 기술로는 많은 문제를 완전히 이해하는 것이 불가능하다. 그러나 완전한 이해가 되지 않는 상태에서도 과학적인 접근방법을 이용하면 믿을 만한 예견을 하고 통제기전을 개발하는 것이 가능하다. 적절한 교육을 통해 35세가 지난 산모는 양수검사를 하도록 가르칠 수 있다. 왜 이런 현상이 일어나는지에 대한 과학자의 완전한 설명이 없이도 예견하고 통제할 수 있다는 것을 알아야 한다. 예측과 통제가 주요 목적인 연구는 의학 및 간호연구에서 많이 찾아볼 수 있다.

04 정답 ③
조작적 정의
- 조작적 정의는 변수의 존재 또는 존재 정도를 나타내는 감각적 효과(청각, 시각, 촉각 효과)를 얻기 위해

연구자가 수행하는 일련의 활동 또는 절차로부터 도출된다.
- 조작적 정의는 시간 및 세팅에 독립적이어서 조작적 정의를 서로 다른 장소와 시간에서도 변수를 조사할 수 있어야 한다.
- 조작적 정의는 변수를 측정할 수 있게 또는 구체적 상황에서 조작할 수 있게 개발된다. 변수를 연구함으로써 얻은 지식은 변수가 표현하는 이론적 개념의 이해를 증가시킬 것이다.
- 조작적 정의는 이론적 개념과 실증적인 자료 사이의 연결고리의 역할을 한다.

05 정답 ④

비실험연구

연구자가 새로운 치료나 변화를 시도하고자 노력하지 않고 자료를 수집하는 과정에 있어서 있는 그대로의 상태 조건, 행동, 특성(질병, 교육, 연령 등)에 대해 관찰 또는 측정을 한다. 이 두 가지 광범위한 범주 안에서도 서로 다른 많은 연구접근방법들이 이용되고 있다.

06 정답 ③

연구문제의 의문문 진술

- 의문문의 예 : "신장이식 환자의 의존도와 그들의 회복률 사이에 어떤 관계가 있는가?"
- 의문문의 형태는 단순하고 직접적이라는 장점이 있다.
- 질문은 해답을 요구하는 동시에 연구자의 관심이 그 대답을 얻기 위해 수집해야 하는 자료에 집중되도록 심리적으로 도움을 준다.

07 정답 ①

연구문제의 표현방법

- 연구의 초기에 정해지는 연구제목은 후에 수정될 가능성이 많으므로 잠정적인 성격을 가지게 된다.
- 연구제목은 연구내용을 충분하게 나타낼 수 있도록 구체적으로 표현되어야 한다.
- 연구제목은 명확하고 간결하게 표현되어야 한다.
- 연구제목이 길어지는 것을 피하기 위하여 '…에 관한 연구'나 '…에 관한 조사'와 같은 용어를 반드시 붙이지 않는다.

08 정답 ①

연구경험이 없는 사람이 처음 연구계획을 할 때 가장 고려해야 할 것
- 모든 문제가 과학적 탐구를 통해 연구될 수 있는 것은 아니다. 도덕적이거나 윤리적인 성질의 문제는 그 것이 관심을 유발시키는 것이라 할지라도 연구되어 질 수가 없다.
- 연구경험이 없는 연구자가 선택한 주제가 아무리 중요하고 독창적이라 해도 연구자의 연구능력이 부족하면 실패할 수밖에 없다.
- 가장 중요한 것은 연구의 가능성이다.

09 정답 ②

색인

- 주제별로 또는 저자별로 연구제목을 정리한 목록으로서 보건의료분야의 색인집들이 출간되어 있다.
- 간호학 문헌의 색인으로는 International Nursing Index, Annual Review of Nursing Index, Nursing Research Index 등이 있다.

10 정답 ①

손상받지 않을 권리

- 연구자는 대상자가 육체적 또는 정신적으로 손상받지 않도록 모든 주의를 기울여야 한다.
- 심한 또는 영구적인 손상을 초래하는 경험에 참여자가 노출되는 것은 용납될 수 없다.
- 어떤 대상자가 개인적인 견해나 자신의 약점, 공포에 대해 질문을 받았을 경우 그러한 질문은 대답하기 싫거나 잊기를 원하는 내용일 수 있다. 연구자는 절대로 질문에 대답하기를 강요해서는 안 되며 질문의 성질이 대상자의 심리에 미치는 영향을 충분히 고려해야 한다.

11 정답 ③

뉘른베르크 강령 내용

- 자의적인 연구 참여에 대한 동의가 필요함
- 연구결과는 사회적으로 유익해야 함
- 인간에게 실험하기 전 동물을 대상으로 실시해야 함
- 불필요한 고통이나 손상을 회피해야 함
- 대상자의 죽음이나 불구를 야기할 수 있는 연구를 행하지 말아야 함

- 위험과 이익의 비율을 고려하여 가능한 위험에서 연구대상자를 보호해야 함
- 연구는 충분한 자격을 갖춘 연구자가 실시해야 함
- 연구대상자는 어느 때이든 연구 참여를 취소할 수 있음
- 연구대상자가 손상, 불구 또는 사망하면 연구를 즉시 중단해야 함

12 정답 ④

가설이 없이 어떤 현상을 관찰해서 주어진 연구주제에 대한 해답이나 판단을 내리게 되면 연구자의 상식과 선입견이 개입되기 쉽다.

13 정답 ③

유용한 가설의 요건

- **검증가능성** : 변수 사이의 예측된 관계를 진술하지 못한 가설은 대체로 검증할 수 없다. 가설을 검증하기 위해선 변수가 조작적으로 정의되어야만 한다. 즉, 연구자는 변수를 측정하거나 수량화할 수 있는 절차를 개발할 필요가 있다.
- **기대되는 관계 진술** : 둘 또는 그 이상의 변수 사이 관계의 성질을 예측하는 것이다.
- **정당성** : 가설은 정당한 이론적 근거에 기반을 둔 것이어야 한다. 이상적인 가설은 선행연구 결과로부터 나오거나 이론에서 연역된 것이다. 그러므로 새로운 영역을 조사하고자 할 때 연구자는 예측을 정당화하기 위해 논리적 추리나 개인적 경험을 잘 이용해야 한다.

14 정답 ③

정당성

- 이상적인 가설은 선행연구 결과로부터 나오거나 이론에서 연역된 것이다.
- 정당성의 기준은 좋은 가설은 현재 있는 연구결과와 일관성이 있어야 함을 의미한다. 그러나 연구문헌에서 서로 엇갈리는 결과를 발견하는 것은 흔히 있는 일이기 때문에 이 요구를 만족시키기는 어렵다.
- 이와 같이 선행연구 결과가 일치하지 않을 때 모든 결과에 일치되는 가설을 설정하는 것은 불가능하다.

15 정답 ③

변인 간의 관계를 고찰할 때 변인 간 관계검증이 필요한 이유는 연구결과에 영향을 미치는 요인들을 파악하기 위해서이다.

16 정답 ③

문헌연구의 기능

- 현재의 상태를 있는 그대로 파악해서 해석하는 것이다.
- 현재의 상태를 파악한 후 그 현 상태를 과거와 비교하려고 할 때 유용하다.
- 비평과 제언

17 정답 ③

조사연구는 표본대상자에게 자기보고식 질문지를 통하여 자료를 수집한다. 자기보고식 질문지는 다른 연구에서도 사용되나 조사연구에서 가장 많이 사용된다.

18 정답 ①

논문을 쓸 때의 유의점

논문을 쓸 때의 유의점은 원문에 대한 출처를 밝히는 작업이다. 자신의 의견이 아닌 다른 출처로부터 나온 문헌을 반드시 밝혀야 하는 이유는, 첫째 인용한 문헌의 원작자의 공(功, credit)을 인정해 주어야 하기 때문이며, 둘째는 독자들로 하여금 직접 원자료를 보고 정확성 여부를 검토할 수 있게 하기 위함이고, 셋째는 다른 사람의 의견이나 주장을 연구자 자신의 것과 구별하기 위함이다.

19 정답 ①

전향적 연구는 인과관계에 초점을 둔 비실험연구로 가정된 원인조사로 시작하여 가정된 결과를 보는 쪽으로 진행한다.

20 정답 ③

사례연구의 장점 중 하나가 자료의 깊이로, 대상자의 상태나 사고, 느낌, 행동에 익숙하게 되고 이를 바탕으로 자료를 수집하므로 대상자가 제한적이어도 자료는 피상적이지 않다.

21 정답 ①

면담은 질적 연구에서 가장 흔하게 사용하는 자료수집 방법으로 면담 시 참여자의 인격과 삶을 존중하는 마음을 가져야 한다.

22 정답 ②

➋ 평가를 위한 조사연구

정부나 기업체 등의 조직에서 하는 프로젝트에 많은데, 보통 제도의 개선을 위한 연구, 총평을 위한 연구, 효과의 평가를 위한 연구, 과정의 검토를 위한 연구, 단기적 평가와 장기적 평가의 연구 등으로 분류될 수 있다.

23 정답 ③

표적 모집단은 연구자가 얻은 결과를 적용시키고자 하는 범위의 대상자들이기 때문에 위의 사례에서는 방사선 치료를 받는 유방암 환자이다.

24 정답 ②

계통표집은 단순무작위표집의 방법으로 매 K번째 사례를 연구대상으로 선정하는 방법이다.

25 정답 ③

➋ 비례층화표집방법

- 표적 모집단을 결정하고 모집단 내의 타당한 계층을 찾아낸다.
- 각 계층에서 비율을 파악한다.
- 각 계층별 명단을 작성한다.
- 각 계층별로 무작위 표출한다.

주관식 정답

01

시간적 순서, 연관성, 비허위성

02

실험환경을 엄격하게 통제, 변수의 조작, 외생변수의 통제, 실험대상을 무작위로 배정하는 것

03

- 첫째, 무엇을 측정할 것인지를 결정한다.
- 둘째, 어떤 방법으로 측정할 것인지를 결정한다.
- 셋째, 어떻게 수를 부여할 것인지를 결정한다.

04

준거타당도

05

상호배타성과 포괄성, 단일차원성 확보, 포괄성, 타당도와 신뢰도 확보

합격테스트 제3회

정답

01 ①	02 ④	03 ②	04 ④	05 ④
06 ②	07 ②	08 ④	09 ②	10 ①
11 ③	12 ④	13 ①	14 ①	15 ④
16 ③	17 ①	18 ②	19 ①	20 ③
21 ④	22 ②	23 ②	24 ①	25 ②

01 정답 ①

임의표집

임의표집은 편의표집이라고도 하며, 가장 쉽고 편리하게 접근할 수 있는 사람이나 사물을 연구대상으로 이용하는 방법이다.

02 정답 ④

눈덩이표집

눈덩이표집은 사회적인 지지망을 활용하여 일단 연구대상자 한두 명만 파악하면 그 다음부터는 대상자들에게서 동료나 친구 가운데 같은 문제가 있는 대상자를 소개받아 연구대상자를 구하는 방법이다.

03 정답 ②

생리적 변수의 측정

직접 또는 간접으로 측정할 수 있으며 한 가지 방법으로 정확히 측정하지 못할 경우에 복합적인 방법으로 측정해야 한다. 측정될 변수의 변화를 정확하게 파악하기 위해서는 측정기구가 민감해야 할 뿐 아니라 타당하고 신뢰성이 있어야 한다. 또한 대상자로부터의 동의서를 받아야 하며 생리적 변수를 사용한 연구의 결과보고는 측정상의 기술과 방법을 상세히 기술해야 한다.

04 정답 ④

생리적 측정법의 장점

- 관찰이나 자가보고에 의한 방법보다 훨씬 객관적이다.
- 다른 사회심리적 측정방법보다 신뢰도와 타당도가 높다.

05 정답 ④

비구조적 면담

관심 있는 주제를 가지고 연구자가 질문의 내용이나 순서를 미리 정하지 않고 면담상황에 따라 시행하는 것이다. 이 방법은 면담자에게 광범위한 질문을 하고 대상자가 주제에 관해 계속 이야기하도록 격려하여 정확한 답변을 끌어낼 수 있고 새로운 사실을 발견할 가능성이 있는 반면 질문과 답변의 범위가 넓어 면담 결과 비교나 통계분석이 어렵다는 단점이 있다.

06 정답 ②

도표평정척도는 평정(평가)의 정도를 일직선상에 표시하게 하는 것으로 일직선을 동일한 간격으로 끊어 놓고 그 밑에 지문을 써주어 해당되는 것에 표시하게 한다.

07 정답 ②

Likert 척도

여러 개의 문항과 답으로 구성되며, 3~7점을 만점으로 하는 각 문항의 점수를 더하여 총점을 내서 한 개인의 특성을 제시하는 척도법이다. 총화평정척도라고도 한다.

08 정답 ④

준거타당도는 측정도구에 따른 측정결과와 외적 준거의 관계를 평가하는 것으로, 이들 사이에 상관관계가 높으면 타당도가 높다고 평가한다. 준거타당도에는 예측타당도와 동시타당도가 있다.

09 정답 ②

측정이란 경험적 세계와 추상적 관념의 세계를 연결하는 수단으로 이론을 구성하는 개념들을 현실세계에서 관찰 가능한 자료와 연결하는 과정이다.

10 정답 ①

거트만 척도는 누적척도라고도 하며 문항 간의 강도의 차이를 고려한 척도법이다. 조사자가 일련의 문항 간에 순서가 존재하는지의 여부를 검사할 수 있는 절차를 제공하고 척도를 구성하는 문항들이 내용의 강도에 따라 일관성 있게 서열을 이루게 한다.

11 정답 ③

거트만(Guttman) 척도

거트만(Louis Guttman)이 태도 측정을 위해 개발한 척도로 단일차원의 문항에 대해 응답자가 반응하도록 구성된 누적척도이다. 이 척도는 단계가 있어서 높은 단계의 문항에 응답한 사람은 낮은 단계의 문항에는 당연히 응답한 것으로 간주되는 척도이다.

12 정답 ④

통계적으로 조사를 할 때 모집단 전부를 대상으로 하여 모집단의 어떤 특성을 수치로 알아보는 경우도 있고, 모집단을 전부 조사하기 어려울 때에는 표본을 뽑아서 그 특성을 수치로 나타내기도 한다. 여기에서 모집단의 특성을 수치로 나타낸 것을 모수라 하고, 표본의 특성을 수치로 나타낸 것을 통계량이라고 한다.

13 정답 ①

기술 역학연구는 인구집단 내에 발생하는 생리적 상태 및 건강문제(상병, 질병, 사망 모두 포함)의 규모와 분포를 기술하는 역학적 연구방법이다.

14 정답 ①

등간척도

수량화가 가능하긴 하지만 등간척도에서는 절대적인 '0'을 가지고 있지 않다. 등간척도의 사용은 통계분석의 폭을 확대시키며, 대부분의 복잡한 통계기법을 이용할 수 있는 척도이다.

15 정답 ④

측정수준

높은 수준으로 측정된 정보를 낮은 수준으로 전환시키는 것이 가능하기는 하지만 정보의 손실이 따른다는 것을 주목해야 한다. 명목척도로 측정하였을 경우, 5분 걸린 학생, 8분 걸린 학생, 10분 걸린 학생들이 모두 같은 유목으로 배정되어 학생들 개개인이 걸린 시간에 대한 정보는 소실되어 버리고 만다. 따라서 처음부터 낮은 수준의 측정도구로 측정된 자료를 높은 수준으로 전환시키는 것은 불가능하다. 즉, 처음에 명목척도나 서열척도로 자료를 수집하면 그 후 실제 걸린 시간을 알고자 할 때 다시 자료를 수집해야 한다. 그러므로 연구자는 가능한 측정수준이 높은 측정도구를 사용하여 측정하도록 노력해야 한다.

16 정답 ③

정규분포는 표본을 통한 통계적 추정 및 가설검정 이론의 기본이 되며 우리가 실제로 사회적·자연적 현상에 접하는 여러 자료들의 분포도 정규분포와 비슷한 형태를 띠게 되는 것이 보통이다. 정규분포는 평균과 표준편차에 의해 모양이 결정되는 분포이다.

17 정답 ①

정규분포를 보이는 자료는 최빈값, 중앙값, 평균이 모두 일치하는 특성이 있다.

18 정답 ②

표집오차란 한 모집단에서 뽑은 각 표본의 평균치가 서로 다른 것으로, 추출통계는 표본이 모집단에서 무작위표집된 것이라는 가정이 있다.

19 정답 ①

피어슨 상관계수

두 변수 모두 등간척도(구간척도) 이상일 경우 두 변수 간의 관계의 강도를 알아보기 위해 사용하는 통계법이다.

20 정답 ③

결론에 포함되어야 할 내용

- 연구문제는 무엇인가?
- 해답을 얻은 질문과 해답을 얻지 못한 질문은 무엇인가?
- 결과를 일반화할 수 없는 이유가 있는가?
- 주어진 연구문제의 해답을 얻기 위해 다른 방법으로 할 수 있는 또는 해야 할 것은 무엇인가?
- 연구결과를 간호실무에 직접 적용할 수 없는 또는 적용할 수 있는 이유가 있는가?

21 정답 ④

영상자료를 활용할 때의 유의점

- 자료를 만드는 데 충분한 시간을 가져라.
- 청중들의 이해 여부를 확인하라.
- 단순화시켜라.

22 정답 ②

학술 발표 시 만족시켜야 할 요인

- 청중들이 연구결과의 일반화 가능성을 알 수 있도록 표집과정과 연구결과를 상세하게 설명한다.

- 연구설계가 복잡하면 연구대상에 대한 할당법을 충분히 소개한다.
- 연구결과의 바탕이 되는 자료의 양과 다양성에 대해 밝힌다.
- 통계적 분석방법을 이용했을 경우 검정방법과 유의수준을 설명한다.
- 연구결과에 대한 해석과 관련이 있는 제한점과 가정을 밝힌다.

23 정답 ②

논의 혹은 고찰

수집된 원자료를 정리한 것이 연구성적이며, 연구성적에 의미를 부여하는 과정이 논의 혹은 고찰이다. 요약이나 결론은 연구성적에서 도출된다.

24 정답 ①

서론

서론은 왜 연구를 하게 되었는지, 연구할 가치가 얼마나 되는지를 논리적으로 설명하고, 또한 시행한 연구가 간호의 이론적인 면과 간호실무면에서 유용하다는 정당성을 설명하는 부분이다.

25 정답 ②

도표와 그림 준비하기

- 모든 도표는 맨 위에다 명료하고 설명적인 제목과 번호를 표기한다.
- 도표는 추가설명 없이, 즉 그 자체로 이해될 수 있어야 한다.
- 지나치게 복잡해서는 안 되며, 독자가 쉽게 이해할 수 있어야 한다.
- 도표는 논문의 문장 안에서 도표의 번호로 인용되어야 한다.

주관식 정답

01

Kuder–Richardson 20/21

02

중앙값 : 8.5, 최빈값 : 5

03

표준편차

04

표준점수(Z–score)로 환산하여 비교해 보는 것

05

표본선택과 연구환경의 대표성

최강적중 예상문제 + 합격 TEST 3회

간호 과정론

독학사

4 단계

독학사

간호학과

합격문제집

4 단계

인터넷 강의 | 신지원에듀
www.sinjiwonedu.co.kr

최강적중 예상문제

CHAPTER 1

간호과정의 개요

01 간호과정의 발전 역사에 대한 설명으로 적절하지 않은 것은?

① 북미간호진단협회는 매 2년마다 간호진단분류를 평가하였다.

② Orlando 및 Wiedenbach가 일련의 단계들로 구성된 간호의 과정을 간호과정이란 용어로 설명하였다.

③ 1967년도에 유라와 왈시가 간호사의 활동 내용인 5가지 요소로 기술하였다.

④ 1981년부터 시행된 병원표준화 심사 중 간호부문 심사기준에 간호과정의 적용부분이 삽입되었다.

해설 Knowles(1967)는 오늘날의 간호과정의 단계들과는 다르지만 간호의 성패를 좌우하는 간호사의 활동 내용인 5가지 요소, 즉 정보발견, 정밀한 검사, 간호활동에 대한 계획결정, 계획수행 및 간호활동에 대한 대상자 반응을 식별하는 단계들로 간호과정을 기술하였다.

02 간호과정의 정의로 가장 옳은 것은?

① 행위자 중심이고 일방향적이다.

② 간호과정의 각 단계는 독립되어 있다.

③ 간호는 간호사의 독자적인 판단에 의해 이루어져야 한다.

④ 간호과정은 간호를 계획하고 제공하기 위한 객관적이고 과학적인 접근 방법이다.

해설 간호과정

- 정의 : 간호를 계획하고 제공하기 위한 객관적이고 과학적인 접근 방법
- 목적
  - 간호사로 하여금 대상자의 건강요구를 충족시키도록 돕는 기본 틀 제공
  - 효과적이고 개별화된 간호를 계획, 수행, 평가하기 위한 방향 제시
  - 대상자 중심이다.
  - 간호과정은 역동적이고 순환적이다.
  - 간호과정은 융통적으로 다양한 대상자, 다양한 환경에서 적용 가능하다.

정답 01 ③ 02 ④

03 간호과정의 특징으로 옳은 것은?

① 폐쇄성
② 일방향성
③ 치료중심
④ 목표 지향적

해설 간호과정의 특징
- 역동적이고 순환적
- 대상자 중심
- 목표 지향적
- 융통성
- 문제 중심
- 인지적 과정
- 행위 중심, 활동 지향적
- 체계적

04 다음 중 간호과정에 관한 설명으로 가장 옳은 것은?

① 목표 지향적이며 우선순위가 있다.
② 대상자 역시 수동적으로 참여한다.
③ 직관적이고 조직적이며 체계적이다.
④ 간호사 입장으로 대상자의 문제를 중요시한다.

해설 간호과정
- **정의** : 간호를 계획하고 제공하기 위한 객관적이고 과학적인 접근방법
- **목적**
  - 간호사로 하여금 대상자의 건강 요구를 충족시키도록 돕는 기본 틀 제공
  - 효과적이고 개별화된 간호를 계획, 수행, 평가하기 위한 방향 제시
- **특성** : 역동적, 순환적, 대상자 중심, 목표 지향적, 융통성, 문제 중심, 인지적 과정, 행위 중심, 활동 지향적, 체계적
- **순서** : 사정, 간호진단, 계획 수행, 평가의 순서로 순환적인 과정

05 간호과정의 각 단계에서 적절한 간호활동으로 가장 올바르게 짝지어진 것은?

① 사정 : 대상자의 강점과 건강문제 확인
② 수행 : 기초자료를 완성, 자료의 의사소통
③ 계획 : 간호를 수행하고 그에 따른 사항을 기록
④ 평가 : 목표의 달성 정도 확인, 재사정 또는 진단의 계획을 수정

정답 03 ④ 04 ① 05 ④

해설 간호과정의 순서
- **사정** : 기초자료 완성, 계속적인 자료수집, 자료의 의사소통
- **진단** : 자료 분석(건강문제, 위험요인, 강점・단점 확인), 간호진단 작성
- **계획** : 우선순위 결정, 목표 및 기대되는 결과 설정, 간호중재 결정, 평가 전략 개발
- **수행** : 간호계획 수행, 간호계획의 재검토와 수정, 간호활동 기록
- **평가** : 성취된 간호 목표의 정도 측정, 필요시 재조정

06 간호과정의 목적으로 옳은 것은?

① 간호사에 대한 기초자료 수집

② 실제적인 건강문제만 파악

③ 일반화된 간호

④ 간호의 자율성 확보

해설 간호과정의 목적
- 대상자에 대한 기초자료 수집
- 실제적, 잠재적 건강문제 파악
- 개별화된 간호
- 간호활동을 위한 다양한 방법들의 개발
- 간호의 우선순위 설정
- 제공할 간호에 대해 대상자와 의사소통
- 간호에 대한 책임소재 확인
- 간호의 자율성 확보
- 간호의 책임감 조장

07 간호과정은 모든 연령층이나 질환 그리고 안녕 – 질병 상태의 어느 시점에 있는 모든 대상자에게 사용될 수 있다. 이 내용은 간호과정의 특성 중 어느 것인가?

① 보편적으로 적용 가능함

② 대상자 중심

③ 융통성

④ 인지사고 과정

해설 간호과정은 보편적으로 적용 가능하다. 즉, 모든 연령층이나 질환 그리고 안녕 – 질병 상태의 어느 시점에 있는 모든 대상자에게 사용될 수 있으며 어떤 환경(학교, 병원, 의원, 가정간호, 산업장)이나 전문분야(호스피스 간호, 모성간호, 수술 시 간호)에서도 사용될 수 있다.

정답 06 ④ 07 ①

08 보기에서 제시된 상황을 간호과정의 특성과 연관시킨다면 어떤 부분을 설명하는가?

| 보기 |

'강씨는 15분 동안 의자에 앉아 있을 것이다'라는 간호계획이 침대에 누워있는 동안 계획되었는데 그는 침상에서 일어나자마자 창백해지고 현기증이 발생했다. 이때 간호사는 강씨가 의자에 앉는 대신에 침대에 눕도록 도와 주었다.

① 대상자 중심이다.
② 융통성이 있다.
③ 결과 지향적이다.
④ 보편적으로 적용가능하다.

해설 간호과정은 간호문제 해결 시 조직적인 간호접근법을 제공하지만 고정된 단계형식으로 진행되지는 않는다. 간호사는 계획에 따른 간호를 제공하며, 계획은 실제로 대상자의 상황변화에 따라 지속적으로 변화된다. 이 부분은 간호과정의 융통성을 설명한 부분이다.

09 대상자의 현 건강상태에 관한 자료를 수집, 조직, 확인 및 기록하는 과정을 거치는 단계는?

① 간호사정 ② 간호진단
③ 간호계획 ④ 간호수행

해설 간호사정
- 이 단계에서는 대상자의 현 건강상태에 관한 자료를 수집하고 조직, 확인 및 기록하는 과정을 거친다.
- 간호사는 대상자의 현 질병과 관련된 신체적, 정신적, 사회・문화적, 영적인 자료를 모두 수집해야 하므로 대상자를 검진하고, 대상자와 가족들과 대화를 하며, 차트를 읽음으로써 자료를 얻게 된다.

10 간호평가단계에 속하지 않는 것은?

① 필요하면 간호계획을 다시 수정한다.
② 모든 단계를 계속적으로 재검토한다.
③ 표준화된 간호진단분류체계를 사용해서 건강문제를 진술한다.
④ 기대되는 결과로 설정한 것과 대상자의 현 상태를 비교한다.

해설 표준화된 간호진단분류체계를 사용해서 대상자의 건강문제를 진술하는 부분은 간호진단 부분이다.

정답 08 ② 09 ① 10 ③

주관식

01 간호과정의 유익성을 3가지 이상 쓰시오.

02 간호사는 간호과정을 적용할 때 왜 비판적 사고를 가져야 하는가? 이유를 간단히 쓰시오.

정답

01 협동 조장, 비용 효율적, 실무표준에 포함, 대상자의 참여와 자율성 증진, 개별화된 간호 증진, 효율성 증진, 간호의 일관성과 연속성 증진, 직업적 만족도 향상

02 비판적 사고는 안전하고 능숙하고 정확한 간호실무를 하는 데 있어서 필수적이며, 간호지식을 간호실무에 옮길 때 간호사는 비판적 사고를 사용해서 임상적 추론을 하게 되므로 문제해결과정에 필요한 핵심적인 사고과정인 동시에 문제해결 능력향상을 위한 필수적인 선행요인이 된다.

CHAPTER

2 간호사정

01 **다음 자료의 수집 중 1차적 자료에 해당하는 것은?**

① 가족의 정보제공　　② 신체검진 보고서

③ 과거 병력 기록지　　④ 대상자의 활력징후

해설 자료의 수집
- 1차적 자료 : 대상자로부터 수집
- 2차적 자료 : 대상자 이외의 수집

02 **간호과정의 사정단계에서의 자료수집에 대한 설명 중 가장 옳은 것은?**

① 폐쇄 질문은 관심과 신뢰의 전달에 적합하다.

② 폐쇄 질문은 면담의 시작이나 주제의 변화 시에 유용하다.

③ 대상자 이외의 사람에게서 얻어진 자료를 주관적 자료라고 한다.

④ 주관적 자료는 대상자에 의해서만 기술될 수 있는 것으로 고통, 걱정, 느낌 등이 해당된다.

해설 자료수집

①, ② 개방 질문에 관한 설명이다.

③ 대상자 이외의 사람에게서 얻어진 자료는 2차적이다.

03 **다음 중 주관적 자료로 가장 옳은 것은?**

① 발적　　② 불안

③ 체온　　④ 부종

해설 자료의 유형 – 주관적 자료

오직 대상자가 느끼고 기술할 수 있는 정보

예 불안, 오심, 오한, 통증, 심계항진 등

정답 01 ④ 02 ④ 03 ②

04 **다음 중 객관적인 자료로 가장 옳은 것은?**

① 오심 ② 소양감
③ 하지부종 ④ 심계항진

해설 자료의 유형 – 객관적 자료
관찰 가능하고 측정 가능한 사실
예 소변량, Hb수치, 발적, 부종, 기관지 협착음 등
①, ②, ④는 주관적 자료이다.

05 **간호사가 자료 사정 시 대상자의 객관적 자료(Objective Data)에 해당하는 것은?**

① 두통 ② 오심
③ 불안감 ④ 축축한 피부

해설 자료의 유형 – 객관적 자료
관찰 가능하고 측정 가능한 사실
예 소변량, Hb수치, 발적, 부종, 기관지 협착음 등
①, ②, ③은 주관적 자료이다.

06 **다음 중 자아존중감이 낮은 환자에게 "평소에 자기가 느끼는 스스로에 대한 감정을 말해 보세요."라고 하는 것은 어떤 의사소통 전략인가?**

① 칭찬 ② 반영
③ 수용 ④ 긍정적 자아회환

해설 치료적 의사소통 방법
긍정적 자아회환 : 대상자의 반응을 수용하고 이해함으로써 대상자가 지닌 요소를 지지하고 격려함

정답 04 ③ 05 ④ 06 ④

07 자료수집 방법 중 대상자와의 의사소통에 대한 설명으로 옳은 것은?

① 따뜻하고 수용적인 태도를 지닌다.
② 의사소통은 간호사가 이끌어 가는 것이 좋다.
③ 주제를 자주 변경하여 대상자의 사고에 자율성을 부여한다.
④ "곧 좋아질 것입니다", "걱정하지 마세요." 등과 같은 말로 환자를 안심시킨다.

해설 치료적 의사소통 방법
② 간호사가 효과적인 의사소통 기술을 사용하여 대상자가 생각하고 느끼는 것을 이야기할 수 있도록 하여야 하므로 간호사가 아닌 대상자가 이끌어가는 것이 좋다.
③ 주제의 부적절한 변경은 대상자의 사고와 자율성을 방해하고 혼란스럽게 만든다.
④ 허위로 안심시키는 말은 비효과적인 의사소통 기술이며 대상자로 하여금 면담자가 형식적으로 대한다는 느낌을 갖게 할 수 있다.

08 다음 중 효과적인 의사소통기법은 무엇인가?

① "왜" 혹은 "어떻게"를 사용하여 질문한다.
② "제가 당신이라면" 등 개인적인 예를 들어 이야기한다.
③ 효과적인 정보 수집을 위해 한 번에 여러 개의 질문을 한다.
④ 대상자의 말이 혼란스럽거나 복잡한 경우, 질문하여 명료하게 한다.

해설 치료적 의사소통 방법
① "왜"나 "어떻게"를 강조해 질문하는 것은 환자에게 위협적으로 느껴질 수 있음
② "내가 당신이었다면" 등의 자기 대입적 표현은 하지 않도록 함
③ 일관적인 정보 수집과 혼돈 방지를 위해 한 번에 한 가지 질문만 함
④ 이해하지 못한 점을 확인하기 위해 대상자가 이해하기 쉬운 표현을 사용하여 내용을 명확하게 파악하여야 함(명료화)

09 간호사는 환자와 대화함으로써 환자의 영적 요구를 충족시켜 줄 수 있다. 가장 바람직한 대화 방법은?

① 환자의 감정을 최대한 자제하도록 한다.
② 의사소통 시 언어적, 비언어적 활동을 모두 포함한다.
③ 환자의 종교적인 사상에 대해 침묵을 유지하지 않도록 최대한 격려한다.
④ 환자가 자신의 믿음에 대해 이야기할 때, 들으면서 기록을 동시에 수행한다.

정답 07 ① 08 ④ 09 ②

해설 면담 – 면담자의 태도
- 주의 깊게 듣고 천천히 명확하게 말하기
- 대상자가 이해할 수 있는 언어를 사용하고 이해하지 못한 점을 확인함
- 논리적으로 질문을 계획
- 한 번에 한 가지 질문만 함
- 간호사 자신의 가치관을 대상자에게 강요하지 않도록 함
- 개인적인 예를 들어 “만약 내가 XX씨라면” 등의 표현은 하지 않음
- 비언어적으로 존경, 관심, 흥미, 수용 등을 전달함
- 대상자가 더 많은 생각을 정리할 수 있도록 침묵을 허용함
- 간결하고 간단하게 질문함

10 자료 수집 시 면담의 목적을 가장 바르게 설명한 것은?

① 간호사의 가치관을 환자와 공유하기 위해
② 언어적으로 존경과 관심을 전달하기 위해
③ 간호사와 환자의 긍정적이고 제한적인 관계를 확립하기 위해
④ 환자로부터 자료 수집을 하는 동시에 환자의 행위와 태도를 관찰하기 위해

해설 면담 – 면담의 목적
- **일차적 목적** : 주관적 자료 수집
- 환자의 행위와 태도 관찰, 긍정적・개방적 관계 확립 위함
- 입원에 필요한 정보 제공, 적응을 위한 예비 교육

11 폐 청진음 중 정상음인 것은?

① 천명음 ② 협착음
③ 수포음 ④ 폐포성음

해설 폐포성음이란 정상 폐조직의 공기 움직임을 말한다.

12 폐 타진 시 가장 넓은 부위에서 들을 수 있는 정상 소리는?

① 편평음 ② 둔탁음
③ 공명음 ④ 고창음

해설 정상 폐에서는 흉부 전역에서 공명음이 타진된다. 혈흉, 무기폐인 경우는 탁음을, 기흉이나 폐기종인 경우는 과공명음을 들을 수 있다.

정답 10 ④ 11 ④ 12 ③

13 다음 중 폐 타진 시 과공명음이 들린다면 대상자에게 가장 의심되는 문제는?

① 기흉 ② 혈흉

③ 폐암 ④ 폐수종

해설 과공명음은 낮은 음조로 매우 크게 울리는 음으로, 기흉이나 폐기종 등의 폐 손상시에 타진된다. 혈흉이나 폐수종, 폐암 등이 발생하면 공명음이 아닌 둔탁음이 들린다.

14 만성 기관지염으로 인해 좁아진 기도 안에서 나는 높은 음을 무엇이라고 하는가?

① 수포음 ② 염발음

③ 천명음 ④ 고창음

해설 비정상적 호흡음

- **수포음** : 좁아진 기관지로 공기가 흐르는 소리, 낮은 코를 고는 듯한 소리
- **늑막 마찰음** : 늑막 염증으로 마찰 시 삐걱거리는 소리
- **고창음** : 공기가 찬 위 등을 타진 시 북차는 소리

15 귀에 관한 검진 중 가장 옳은 것은?

① 성인의 귀 검진은 귀를 후하방으로 당긴다.

② 전정기능 검사를 통한 평형 감각 이상은 제9번 뇌신경 손상을 의미한다.

③ weber 검사 정상의 경우, 공기전도 된 음이 골전도 된 음보다 2배 정도 길게 느낀다.

④ Rinne 검사는 음차를 진동시킨 뒤 대상자의 유양돌기에 놓고 대상자가 더 이상 음을 들을 수 없을 때 음차를 제거하여 같은 쪽 귀 앞에 놓는 것이다.

해설 귀 검진

- 귀 검진 시 성인은 이개를 후상방으로, 아동은 후하방으로 당긴다.
- 전정 기능 검사를 통한 평형 감각은 제8뇌신경과 관련 있다.
- weber 검사는 음차를 부드럽게 쳐서 이마의 앞 중앙에 놓아 골전도를 사정하는 것으로 정상인 경우 양쪽 귀로 음이 귀로 고루 전달된다.
- Rinne 검사 정상의 경우 공기전도된 음이 골전도된 음보다 2배 정도 길게 느낀다.

정답 13 ① 14 ③ 15 ④

16 대뇌 기능 평가 중 기억력을 사정하는 방법은?

① 24시간 내 식사를 회상해 보도록 한다.
② 속담을 제시해주고, 그 의미를 설명하도록 한다.
③ 현재 면담이 이루어지고 있는 장소와 시간을 물어본다.
④ 관련된 개념을 주고, 개념 간의 연관성을 규명하도록 한다.

해설 신경계 검진 – 기억력

- **최근 기억** : 24시간 동안의 기억에 대한 면담으로 전후 관계를 사정한다. 검진자는 확증할 수 있는 질문을 통해 기억상실을 채우기 위해 만들어내는 작화증을 식별해야 한다.
- **먼 기억** : 확실히 아는 사건에 대한 면담으로서 전후 관계를 파악한다. 즉 과거력, 첫 직업, 생일, 기념일에 대해 질문한다.
- ②와 ④는 추상적 추론에 해당하고 ③은 지남력 사정에 해당한다.

17 성인의 신체검사 중 정상 반응으로 옳은 것은?

① 각막 반사 있음
② 동공 반사 없음
③ 무릎 반사 없음
④ 삼두근 반사 없음

해설 신경계 검진 – 반사

- **각막 반사** : 각막을 자극하면 눈을 감는 정상 반사 현상으로 눈을 보호하는 역할을 한다.
- **동공 반사** : 눈에 들어가는 빛의 양을 조절하기 위해서 동공이 커지거나 작아지는 것을 말한다.
- **무릎 반사** : 대상자의 슬개건을 가볍게 두드리면 대퇴사두근은 수축하고 무릎은 신전한다.
- **삼두근 반사** : 팔꿈치 2~5cm 위에 있는 삼두근을 해머로 때리면 삼두근은 수축하고 팔꿈치는 신전한다.

18 제5뇌신경을 사정하기 위한 방법은?

① 동공에 빛을 비춘다.
② 눈썹 올리기, 웃어보기를 시켜본다.
③ 혀를 내밀고 양쪽으로 움직이도록 한다.
④ 대상자의 저작근, 측두근을 만지면서 힘주라고 한다.

해설 신경계 검진 – 제5뇌신경

- **운동신경** : 이를 꽉 다물게 하고 측두근과 저작근을 촉진
- **감각신경** : 대상자의 눈을 감도록 하고 이마, 뺨, 턱의 통각 검사를 실시
- **각막반사** : 대상자는 위를 보도록 하고 옆쪽에서 시작하여 각막에 솜털을 대어 눈이 깜박이고 눈물이 흐르는지 검사
- ①은 제3뇌신경, ②는 제7뇌신경, ③은 제12뇌신경이다.

정답 16 ① 17 ① 18 ④

19 신경계 사정 방법으로 옳지 않은 것은?

① 활차신경(제4번 뇌신경)을 검진하기 위해서 6개 방향의 눈의 움직임을 검사한다.
② 설인신경(제9번 뇌신경)을 사정하기 위하여 혀 뒤쪽의 1/3 지점의 미각을 검사한다.
③ 안면신경(제7번 뇌신경)을 검진하기 위해서는 대상자에게 눈썹을 올리거나 찡그리기, 미소 짓기 등을 하도록 지시한다.
④ 소뇌 기능을 평가하기 위한 Romberg 검사는 대상자의 코와 검진자의 손가락 사이를 집게손가락으로 빨리 왔다 갔다 하도록 지시하는 것이다.

해설 신경계 검진
Romberg 검사는 대상자가 두 발을 모아 서 있게 하고 눈을 뜨고 서 있을 수 있는지 확인한 후 눈을 감고 똑바로 서 있게 해보는 것이다.

20 사시를 진단할 수 있는 검사는?

① 각막 반사
② 차폐 검사
③ Rinne 검사
④ 시신경 검사

해설 눈 검진
- **사시를 알 수 있는 검사** : 외안근 검사, 차폐 검사
- **차폐 검사** : 검진자가 대상자의 33~50cm 앞에 서서 비추는 불빛을 대상자로 하여금 집중해서 보도록 한 후 대상자의 한쪽 눈을 손이나 가리개로 가리고, 가리지 않은 눈이 초점을 맞출 때까지 기다렸다가 가리개를 제거하면서 가리지 않은 눈의 움직임을 관찰하는 것이다.

21 충수염이 의심되는 환자의 복부검진 시 가장 적절한 검진 방법은?

① 복근이 이완되도록 측위를 취하도록 한다.
② 시진 → 촉진 → 타진 → 청진의 순서로 검진한다.
③ 압통 부위에 천천히 압력을 가했다가 빨리 떼었을 때 통증을 느끼는지 검진한다.
④ 검진 전에는 수분을 섭취하고 화장실에 가는 것을 제한하여 방광을 채우도록 한다.

해설 복부 검진
- **반동 압통(rebound tenderness)** : 압통 부위에 천천히 압력을 가했다가 빨리 떼었을 때 통증을 느끼는 것으로 양성인 경우 충수염이 복막염으로 진행함을 의미한다.
- 체위는 앙와위이며 복근이 이완되도록 무릎을 약간 구부리고 작은 베개로 무릎을 받친다.
- 시진 → 청진 → 타진 → 촉진의 순서로 검진한다. 촉진과 타진이 장음을 변화시킬 수 있기 때문이다.
- 검진 전 방광을 비우도록 한다.
- 충수염이 의심되는 경우 배꼽과 우상전장골극을 연결하는 선상으로 외측 1/3지점 또는 허리뼈로부터 5cm 안쪽의 점을 손가락으로 압박해 본다. 통증을 호소하면 충수염을 의심해야 한다.

정답 19 ④ 20 ② 21 ③

22 다음은 신체검진 후 얻은 소견이다. 정상인 것은?

① 흉부는 타원형이며 전후 경선이 좌우경선보다 길다.
② 동공에 손전등을 비췄을 때 한쪽 동공만 빠르게 작아진다.
③ Rovsing sign : 우측 압박 시 우측 하복부(RLQ)의 통증이 나타나면 충수염을 의미한다.
④ Weber Test : 음차를 부드럽게 쳐서 이마의 앞 중앙에 놓아 골전도를 사정하면 양쪽 귀로 음이 골고루 퍼진다.

해설 신체부위별 검진
- 흉부는 좌우경선이 전후경선보다 긴 것이 정상이다.
- 동공 반사 시 손전등을 비추면 동공이 좌우 대칭적으로 빠르게 작아지는 것이 정상이다.
- Rovsing sign : 좌측 하복부 압박 시 우측 하복부의 통증이 나타나면 충수염을 의미한다.

23 복부 검진 시 취해야 하는 사항으로 옳지 않은 것은?

① 검사 전 방광을 비우도록 한다.
② 장음 청진 시 청진기의 판형으로 청진한다.
③ 대상자가 불편을 느끼는 부위부터 시행한다.
④ 심부 촉진법은 복부 장기나 덩어리의 윤곽을 파악하는 데 사용된다.

해설 복부 검진 – 검사 전 준비
검사 전 방광을 비우도록 하고 체위는 앙와위로 무릎을 약간 구부리고 작은 베개로 무릎 밑을 받친 뒤 팔은 가슴 위나 양옆에 위치, 검진자의 손은 따뜻하고 손톱은 짧아야 하며 청진기도 따뜻하게 해야 한다. 통증이 유발되는 부위는 마지막에 검진한다.

24 복부 검진의 순서로 옳은 것은?

① 타진 – 청진 – 시진 – 촉진
② 청진 – 타진 – 촉진 – 시진
③ 시진 – 타진 – 촉진 – 청진
④ 시진 – 청진 – 타진 – 촉진

해설 복부 검진의 순서는 시진 – 청진 – 타진 – 촉진 순서로 한다. 이유는 촉진과 타진이 장음을 변화시킬 수 있기 때문이다.

정답 22 ④ 23 ③ 24 ④

25 복부 타진 시 감지된 탁음이 체위에 따라 이동될 때 의심할 수 있는 것은?

① 임신　　② 복수
③ 복막염　　④ 장내 가스

해설 복부 검진 – 타진
- **복수가 없는 사람** : 고창음과 둔탁음 사이의 경계가 거의 없음
- **복수가 있는 사람** : 복수는 중력에 의해 낮은 쪽인 옆구리 쪽에 가라앉아 있어 둔탁음은 더 아래쪽으로 이동하고, 공기가 차 있는 장은 위쪽으로 뜨기 때문에 고창음은 윗부분으로 이동한다.

26 다음 중 타진에 관한 설명으로 가장 옳은 것은?

① 두 손을 포개어 피부에서 4cm 깊이로 누른다.
② 유방이나 뼈 돌출 부위는 더욱 강하게 타진한다.
③ 아래에서 위쪽으로 타진해가면서 양쪽 소리를 비교한다.
④ 좌측 가운데 손가락을 과도 신전시켜 타진 부위에 대고 오른쪽 중지로 두드린다.

해설 신체검진 – 타진
- ①은 심부촉진법에 대한 설명이다.
- 유방이나 뼈 돌출 부위는 타진하지 않는다.
- 위에서 아래쪽으로 타진해가면서 양쪽의 소리를 비교한다.

27 신체검진에 대한 서술 중 가장 옳은 것은?

① 질경 검진은 가장 나중에 시행한다.
② 복부 촉진 시 반동 압통이 있는 경우 복수를 의심한다.
③ 복부검진의 일반적인 순서는 시진 – 촉진 – 타진 – 청진이다.
④ 촉진 시 통증이나 복부 불편감을 호소할 경우 해당부위를 타진해 본다.

해설 신체검진 방법
- 대상자가 불편을 느낄 수 있는 검사는 가장 나중에 하는 것이 좋다.
- 검진 시 반동압통이 있을 경우 복막염을 의심한다.
- 보통 시진 – 촉진 – 타진 – 청진으로 하지만 복부는 예외로 시진 – 청진 – 타진 – 촉진의 순서로 한다.
- 통증이나 불편감을 호소할 경우 촉진을 중단한다.

정답 25 ② 26 ④ 27 ①

28 여성 생식기 질경 검사에 대한 방법 중 가장 옳은 것은?

① 질경에 윤활제를 바르도록 한다.
② 검사 전 준비로 대상자에게 방광을 채우도록 말한다.
③ 도말검사를 할 경우 24시간 전에 질 세척을 시행한다.
④ 질경을 삽입하여 자궁경부를 관찰하는 단계에서 Pap smear와 임질 배양검사를 한다.

해설 생식기 검진 – 여성 생식기 검진 방법

- 검사 전 방광을 비움, 질 세척이나 윤활제 사용 금지
- 검진자의 둘째, 셋째 손가락을 질구에 넣고 가볍게 회음부 쪽으로 눌러서 벌림
- 적절한 크기의 질경을 선택하여 따뜻한 물에 데워 두 손가락을 질구 바로 안에 넣고 질 후벽에 압력을 가하면서 45도 각도로 삽입하여 고정시키고 자궁경부의 색, 위치, 표면, 분비물 등을 관찰, 이때 Pap smear와 임질 배양검사를 함
- 질경을 서서히 빼면서 질의 색, 경도, 표면, 분비물 여부 시진

29 유방자가검진 시 가장 유의해야 할 사항은?

① 유방을 반시계방향으로 촉진한다.
② 유방과 유두 부위만 자가검진 한다.
③ 자가검진은 생리기간에 검진하는 것이 좋다.
④ 유방조직의 탄력성 정도와 양측 대칭성 결절이 있는지를 확인한다.

해설 유방과 액와 검진 – 유방자가검진

- 유방을 시계방향으로 촉진
- 액와, 쇄골 상부, 쇄골 하부에 결절이 촉진되는지도 확인
- 매월 월경이 끝난 직후 3~5일 사이가 가장 적절함(이때 유방이 가장 부드러움)
- 손가락의 편평한 부위를 이용한다.
- 유방 부위를 중심으로 탄력성을 확인하고 유두를 눌러보아 분비물이 나오는지 살펴본다.

30 직장 검진 시 대상자가 변의가 느껴진다고 할 때 검진자가 취해야 할 태도로 가장 옳은 것은 무엇인가?

① 검진을 중단한다.
② valsalva manuever를 적용한다.
③ 배에 따뜻한 물주머니를 대준다.
④ 숨 크게 들이마시고 내쉬기를 격려하면서 깊이 숨 쉬게 한다.

해설 직장과 항문 검진

직장검진 시 대상자가 변의를 호소하면 숨을 크게 들이마시고 내쉬기를 격려하면서 깊이 숨 쉬게 한다.

정답 28 ④ 29 ④ 30 ④

31 12뇌신경을 검진하기 위한 방법으로 옳은 것은?

① 동공에 빛을 비춘다.
② 눈썹 올리기, 웃어보기를 시켜본다.
③ 혀를 내밀어 보고 양쪽으로 움직이도록 한다.
④ 대상자의 저작근, 측두근을 만지면서 힘주라고 한다.

해설 제12뇌신경(설하신경)은 혀의 운동을 담당한다. 운동기능을 평가하기 위해 말을 하게 하거나 혀를 내밀거나 움직이게 하고 대칭성을 확인한다.

32 호흡기계 문제가 있는 대상자를 사정하기 위한 내용으로 타당하지 않은 것은?

① 호르몬의 변화
② 대상자의 연령
③ 의식수준의 변화
④ 심혈관계 질환의 과거력

해설 산소화의 사정
- 호르몬의 변화와는 직접적 관계가 없다.
- 고령은 호흡기계 기능을 악화시킨다.
- 충분한 산소가 공급되지 않으면 의식수준의 변화를 초래한다.
- 호흡기계나 심혈관 질환의 과거력은 호흡 문제의 위험을 초래한다.

33 간호사가 20대 남성에게 "남성으로서 자신의 성을 어떻게 생각하나요?"라고 질문했을 때 사정하고자 하는 내용은?

① 성 기능
② 성 역할
③ 성 정체성
④ 생물학적 성

해설 성의 구성요소
성 정체성(gender identity)이란 사람이 자신의 남성다움 또는 여성다움에 대해 지각하는 성이다.

34 성인에게 나타나는 반사 중 정상인 것은?

① 각막반사 양성
② 대광반사 음성
③ kernig's sign 양성
④ 바빈스키 반사 양성

해설 대광반사 양성, kernig's sign 음성, 바빈스키 반사 음성이 나와야 한다.

정답 31 ③ 32 ① 33 ③ 34 ①

35 수면특성을 사정하기 위한 자료로 적절하지 않은 것은?

① 수면일기 ② 수면력

③ 근전도검사 ④ 수면다원검사

해설 수면특성을 파악하기 위한 자료로 수면력, 수면일지, 신체검진, 수면다원검사 및 여러 진단적 검사 자료 이용이 가능하다.

36 다음은 간호사가 환자를 사정한 내용이다. 주관적 자료로 옳은 것은?

> 환자가 복통을 호소하며 응급실을 내원하였다. 얼굴이 빨갛게 상기된 채 울고 있었으며, 호흡 18회/분, 맥박 80회/분, 체온 37.5℃ 혈압 120/80mmHg로 나타났다.

① 혈압 ② 울고 있음

③ 체온 37.5℃ ④ 복통을 호소

해설 간호사정 – 자료의 유형
- **객관적 자료** : 관찰 가능하고 측정 가능한 사실(예 소변량, Hb 수치, 발적, 부종, 기관지 협착증 등)
- **주관적 자료** : 오직 대상자가 느끼고 기술할 수 있는 정보(예 소양감, 고통, 걱정, 대상자의 감정, 느낌, 가치관, 믿음, 태도, 오심, 오한, 심계항진, 복부통증 등)

37 섭취량과 배설량을 측정할 때 섭취량에 해당하는 것은?

① 소변량 ② 구토량

③ 출혈량 ④ 위관영양 주입량

해설 섭취량 측정
- 구강으로 섭취된 모든 액체
- 비위관, 공장루, feeding tube를 통해 주입된 수분
- 비경구적인 수액/수분 섭취, 수혈 및 복막 주입액 포함
- 얼음은 물 섭취량의 1/2로 측정

38 다음의 신체계측 방법 중 골격근의 근육량을 추정하고자 할 때 사용할 수 있는 방법은 무엇인가?

① 체중 ② 체질량 지수

③ 중간 상박 둘레 측정 ④ 삼두근 피부 두께 측정

정답 35 ③ 36 ④ 37 ④ 38 ③

해설 신체계측자료 – 중간 상박 둘레
- 골격근의 근육 양을 추정할 수 있는 측정법
- 측정 시 주로 사용하지 않는 팔을 측정
- 어깨와 팔꿈치 사이의 상박의 중간 부위를 찾아서 중간 위치 표시

39 **피부주름 두께 측정기(caliper)로 상완삼두근을 이용하여 피부주름 두께를 측정하였다. 측정치가 의미하는 것은?**

① 지방축적 정도 ② 부종 정도
③ 피부긴장도 ④ 신체질량지수

해설 신체계측자료 – 삼두근 피부두께 측정
- 피하지방 저장량 추정
- 삼두근 혹은 견갑골하 부위의 피부 두께 측정

40 **75세 노인이 손잡이 없는 계단을 오르다가 발을 헛디뎌 넘어져 오른쪽 고관절과 뒤꿈치에 통증을 호소하였다. 신체검진 결과 오른쪽 고관절의 운동 장애, 내전, 내회전이 확인되었으며 우측 다리길이가 약간 짧아져 있었다. 외상 중증도를 판단하기 위해 추가 사정해야 할 내용은?**

① 오른쪽 고관절의 굴곡 각도 ② 오른쪽 종아리의 압통유무
③ 오른쪽 다리의 맥박 소실유무 ④ 양쪽 고관절의 굴곡 상태 비교

해설 탈구가 되면 뼈가 관절의 정상 위치에서 이탈되면서 혈액 공급이 차단되고 신경이 손상되기도 한다. 특히 혈관 손상은 무혈관성 골괴사와 같은 심각한 합병증을 초래하므로 탈구 외상 환자에게서 혈액순환상태 사정은 필수적이다.

41 **고혈압 환자에게 간호력 사정과 신체검진을 하는 일차적 목적은?**

① 치료의 방향설정을 하기 위함이다.
② 가족력이 있는지 알기 위험이다.
③ 당면한 건강문제를 파악하기 위함이다.
④ 환자의 생활패턴을 파악하기 위함이다.

해설 환자의 질병 진행 정도에 따라 치료가 결정되므로 자료수집을 하는 가장 중요한 목적은 치료의 방향을 설정하기 위함이다. 다른 이유들은 2차적인 목적이 된다.

정답 39 ① 40 ③ 41 ①

주관식

01 대상자의 반응 변화를 지속적으로 평가하여 이전 단계가 끊임없이 검토되어야 한다는 것은 간호과정의 특징 중 어느 것을 말하는가?

02 간호수행단계에서 주로 하는 행위는?

03 사정의 유형 중 특별하고 확인된 문제에 초점을 두는 것으로, 매 근무 혹은 그 이상 자주 반복되는 유형은?

정답

01 역동적이고 순환적

02 간호처방 수행하기, 간호대상자의 반응 기록하기

03 핵심사정

CHAPTER

3 간호진단

01 108개의 진단목록으로 국내에 번역된 분류체계로 알맞은 것은?

① OMAHA Intervention Scheme

② NANDA 진단목록

③ NIC 분류

④ Benner의 분류영역

해설 대한간호협회에서는 1993년 간호정보체계의 구축을 위한 간호용어 표준안 작성을 위한 소위원회가 구성되어, 1995년 '간호진단과 중재'라는 간호용어 표준 보고서를 발간하였다. NANDA(1997)의 간호진단 108개에 대한 한글명을 통일하여 각 병원체 및 학교에 간호진단 목록을 배포하였으며, 이를 기초로 하여 기록체계에까지 적용할 수 있도록 간호진단 전산프로그램을 개발하여 간호진단의 실무적용을 위한 연구와 노력을 하고 있다.

02 간호진단의 장점과 거리가 먼 것은?

① 전산화 작업을 느리게 한다.

② 간호영역을 정의한다.

③ 전문직 간의 의사소통을 향상시킨다.

④ 환자의 개별간호를 촉진시킨다.

해설 간호진단의 장점

- 환자의 개별간호를 촉진시킨다.
- 전문직 간의 의사소통을 향상시킨다.
- 간호의 자율성과 책임을 증진시킨다.
- 간호영역을 정의한다.
- 간호계획 과정을 용이하게 한다.
- 전산화를 촉진시킨다.

03 간호진단의 과정 중 임상적 판단과정에 해당되는 것은?

① 자료의 분류

② 연관되는 자료의 재분류

③ 적합한 기준의 설정과 비교

④ 추론

정답 01 ② 02 ① 03 ④

해설 임상적 판단과정으로서 자료를 해석하고 판단하며, 대상자의 건강상태나 상황을 '추론'하는 것이다. 즉, 기준과 비교하였을 때 적절 혹은 부적절한 상태를 판단한다. 간호진단의 도출과정에서 간호사의 판단력이 가장 중요한 단계이다.

04 간호진단의 중요성에 대해 가장 옳게 설명한 것은?

① 간호의 독립성을 용이하게 한다.
② 일률적인 간호를 용이하게 한다.
③ 총체화된 간호를 용이하게 한다.
④ 간호사들 간의 의사소통할 수 있는 효과적인 수단을 제공한다.

해설 간호진단의 중요성
- 간호활동의 독자적인 영역을 정의하고 서술함으로써 전문적인 책임감과 자율성을 증진
- 간호사들 간에 의사소통할 수 있는 효과적인 수단을 제공함
- 개별화된 간호를 용이하게 함
- 질적인 간호 제공을 용이하게 함
- 간호의 연속성을 용이하게 함
- 연구를 위한 틀을 제공함

05 와상 환자의 발뒤꿈치에 발적이 나타났을 때, 알맞은 간호진단으로 가장 적합한 것은?

① 와상과 관련된 기동성 장애
② 와상과 관련된 감염 위험성
③ 부동과 관련된 피부손상 장애
④ 침상안정과 관련된 활동 지속성 장애

해설 간호진단의 범주
- 실제적 진단 : 현재 존재하는 문제
- 와상 환자이므로 부동 상태이며 순환부족과 관련하여 발적이 발견되었다. 이를 기반으로 현존하는 환자의 문제에 대한 실제적인 진단을 내릴 수 있다.

06 교통사고로 척추가 손상되어 응급실에 내원한 환자가 있다. 환자의 키는 160cm이며 몸무게가 80kg으로 간호사가 체위 변경을 실시하고 피부 순환을 확인하였다. 이 환자의 간호진단으로 가장 적절한 것은?

① 부동과 관련된 감염 위험성
② 부동과 관련된 피부손상 위험성
③ 교통사고와 관련된 수분 전해질 장애
④ 척수 손상과 관련된 운동 지속성 장애

정답 04 ④ 05 ③ 06 ②

해설 간호진단
환자는 척추가 손상되어 부동 상태이며 더불어 비만이라는 객관적 자료가 확인되었다. 이는 피부 순환 상태에 대한 위험요인이므로 간호사는 체위 변경을 실시하고 피부 순환을 확인하였다.

07 성인 남성으로 175cm, 55kg, Hb 8.5g/dL, BMI = 18의 결과가 나타났다. 이 환자에게 내릴 수 있는 간호진단으로 옳은 것은?

① 체액부족 ② 영양과다
③ 영양부족 ④ 감염위험

해설 간호진단
키에 비해 비만도가 저체중인 남성으로 영양과다로 볼 수 없고, 체액의 부족에 대한 검사는 없다. 또한, 출혈이나 감염의 징후를 나타내는 증상 역시 없다. 따라서 가장 가까운 간호진단으로는 영양부족이다.

08 응급실에 내원한 환자가 체온이 39℃이고 요비중이 1.035이며, 맥박이 100회/분, 피부 탄력성이 저하된 상태였다. 이 환자의 간호진단으로 가장 적절한 것은?

① 고열과 관련된 체액부족
② 고열과 관련된 전해질 불균형
③ 탈수와 관련된 피부통합성 장애
④ 수분 섭취 부족과 관련된 체액부족

해설 간호진단
- **실제적 진단** : 현재 존재하는 문제
- 고열로 인해 요비중과 맥박이 증가하였으며(객관적 자료) 피부의 탄력성이 저하된 상태이다. 이는 체액 부족의 증상으로서 이를 기반으로 현존하는 대상자의 문제에 대한 실제적 진단을 내릴 수 있다.

④ 체액 부족이 수분 섭취 부족으로 인한 것인지는 알 수 없다.

09 Maslow 욕구 이론에 근거할 때 우선순위가 가장 높은 것은?

① 불확실성과 관련된 신체상 장애
② 하지절단과 관련된 신체상 장애
③ 기동성 장애와 관련된 피부손상 위험성
④ 기초대사율 저하와 관련된 체온조절 장애

해설 간호진단 – 우선순위
Maslow의 욕구 단계를 적용하면 생리적 욕구가 가장 우선시 되어야 한다.

정답 07 ③ 08 ① 09 ④

10 3일 동안 지속적인 구토를 하는 사람이 있다. 가장 적합한 간호진단은?

① 3일간 지속된 구토와 관련된 구토유발 가능성
② 3일간 지속된 구토와 관련된 영양불균형 위험성
③ 구토에 의한 과다한 수분손실과 관련된 체액부족
④ 구토에 의한 불충분한 음식섭취와 관련된 영양부족

해설 간호진단의 범주
- **잠재적 진단** : 간호사가 예방하기 위한 중재를 하지 않을 경우 실제 문제로 발전될 수 있는 것
- 지속적인 구토는 영양과 수분의 손실을 초래할 수 있다. 대상자는 아직까지 직접적으로 구토로 인한 신체적 변화가 등장하지 않았으므로, 이와 관련된 간호진단을 내리는 것이 적합하다.

③ 체액 부족의 경우 정확한 객관적 자료가 있어야 진단 가능하다.

11 다음 간호진단의 범주로 바르게 연결된 것은?

① 가능한 진단 : 통증과 관련된 신체활동장애
② 잠재적 진단 : 이혼과 관련된 부모 역할 갈등
③ 안녕 진단 : 강간에 의한 정신적 외상 증후군
④ 잠재적 진단 : 지속적인 구토와 관련된 수분 부족의 위험성

해설 간호진단의 범주
- **실제적 진단** : 현재 존재하는 문제
- **잠재적 진단** : 간호사가 예방하기 위한 중재를 하지 않을 경우 실제 문제로 발전될 수 있는 것
- **가능한 진단** : 간호진단이 존재하는 것은 의심되는데 확증할 충분한 자료가 없을 때
- **증후군 진단** : 특수한 사건이나 상황과 관련하여 예견된 실제적 혹은 고위험 간호진단
- **안녕 진단** : 보다 높은 건강상태로 이행할 때 개인, 집단, 지역사회에 대한 판단

12 고혈압과 퇴행성관절염을 앓고 있는 67세 노인 환자가 3개월 전부터 무릎관절의 통증이 급격히 심해져 인공관절치환수술을 받기 위해 입원을 했다. 이 환자에게 내려진 간호진단 중 우선순위가 가장 높은 것은?

① 무릎의 통증과 관련된 수면장애
② 질병 상태와 관련된 무릎의 통증
③ 만성 통증과 관련된 비효율적 대응
④ 학습준비 결여와 관련된 혈압관리 지식부족

정답 10 ② 11 ④ 12 ②

해설 간호진단 – 우선순위
간호진단의 우선순위를 정할 수 있는 방법은 Maslow의 욕구 계층 이론을 이용한 방법과, 생명에 위협이 되는 높은 우선순위, 건강을 위협하는 문제인 중간 우선순위, 정상적 발달 요구로부터 파생되는 문제나 단지 최소한의 간호지지만 필요한 문제인 낮은 우선순위로 나누는 방법이다. 통증은 Maslow의 가장 기본적인 생리적 욕구에 속하고, 생명에 위험을 줄 수도 있으므로 가장 높은 우선순위이다.

13 간호진단에 대한 설명으로 가장 맞는 것은?

① 결과는 대상자와 간호사의 공동 책임이다.
② 질병에 대한 병리적 과정에 대한 진단이다.
③ 한 환자당 우선순위가 높은 하나의 진단을 가진다.
④ 간호사에게 개별화된 간호와 질적인 간호 제공을 용이하게 한다.

해설 간호진단의 정의 및 특성
- 건강과 관련된 문제를 알아내는 것
- 수집된 자료의 분석과 수집된 자료가 정상 혹은 비정상인지에 대한 결정의 결과물
- 배타적인 간호의무로 질적인 간호 제공을 용이하게 함
- 실제적이거나 잠재적인 건강문제의 반응에 대한 임상적인 판단
- 한 환자가 여러 개의 진단을 가질 수 있음
- 자주 변하고 수정될 수 있음
- 결과는 간호사의 책임

14 간호진단의 특성을 기술한 내용이다. 옳지 않은 것은?

① 대상자의 건강과 관련된 문제를 알아내는 것이다.
② 대상자의 질병과 규명, 치료 및 완치에 초점을 둔다.
③ 대상자의 실제적, 잠재적 건강문제를 확인하는 것이다.
④ 간호진단은 배타적인 간호의무로 질적인 간호 제공을 용이하게 한다.

해설 간호진단의 정의 및 특성
간호진단은 의학적인 질병 자체의 치료나 완치보다는 현재 환자에게 필요한 간호 요구에 대해 초점을 둔다.

15 자료수집 내용을 분석하여 문제를 확인하는 간호과정의 단계는?

① 간호사정 ② 간호진단
③ 간호계획 ④ 간호중재

정답 13 ④ 14 ② 15 ②

해설 간호진단의 정의 및 특성

- 건강과 관련된 문제를 알아내는 것
- 수집된 자료의 분석과 수집된 자료가 정상 혹은 비정상인지에 대한 결정의 결과물
- 배타적인 간호의무로 질적인 간호 제공을 용이하게 함
- 실제적이거나 잠재적인 건강문제의 반응에 대한 임상적인 판단
- 한 환자가 여러 개의 진단을 가질 수 있음
- 자주 변하고 수정될 수 있음
- 결과는 간호사의 책임

16 **김 씨는 67세 남자로 겨울마다 URI 증상을 동반한 호흡곤란이 있었으며 10일 전부터 객담의 양이 많아지면서 열과 두통이 동반되고 금일 증상이 심해져 외래를 경유하여 CT를 찍고 입원하였다. 진단은 chronic bronchitis를 동반한 COPD에 pneumonia를 의심하고 있다. 입원 후 김 씨에게 행해져야 할 진단검사 중 가장 우선적으로 행해져야 하는 것은?**

① 감염 여부를 알아보기 위한 백혈구 검사
② 혈액의 산소운반능력을 알아보기 위한 헤모글로빈 검사
③ 질환의 진행을 알아보기 위한 추후 반복적 방사선 촬영
④ 병원체를 확인하고 항생제를 처방하기 위한 객담 배양 검사

해설 진단적 검사 – 객담 검사
병원체를 확인하고 항생제를 처방하기 위한 객담 배양 검사가 현재 폐렴을 의심하고 있는 김 씨에게 가장 우선적으로 행해져야 할 진단검사이다.

17 **분만한 지 며칠 되지 않은 산모가 요의가 자주 느껴지고 소변보고도 시원하지 않음을 호소한다. 적절한 간호진단명은?**

① 복압성 요실금
② 불안과 관련된 배설장애
③ 배뇨근 약화로 인한 요정체
④ 방광점막자극으로 인한 긴박성 배뇨장애

해설 요실금 – 복압성(스트레스성) 요실금

- 요도괄약근 허약이 원인
- 복압 상승시 실금(기침, 재채기, 웃음, 코풀기, 운동 등)
- 대개 여성에서 나타남(폐경 후, 다산부)

정답 16 ④ 17 ①

18 **65세 여성 환자가 현재 방광염 및 배뇨곤란과 열을 호소로 내원하여 입원 중이며, 체온 38.7℃, 호흡 14회, WBC 11,000/mm^3, 요비중 1.035, 구강점막 건조를 보이고 있다. 평상시 물 냄새가 싫어 잘 마시지 않는 습관이 있다고 한다. 위 환자에게 적절한 간호진단은?**

① 방광염과 관련된 고열
② 방광염과 관련된 요실금
③ 고열과 관련된 체액부족
④ 수분섭취 부족과 관련된 고열

해설 대상자의 요비중은 정상치보다 높고, 구강점막 건조를 보이고 있으므로 체액부족으로 진단할 수 있다. 의학진단명을 원인 요인으로 사용할 수 없다.

19 **다음 환자에게 우선시되는 간호진단으로 옳은 것은?**

> 골다공증을 진단받은 75세 노인으로 이전에 낙상경험이 있다. 노인이 "넘어질까봐 나가기가 두려워요." "눈이 침침해요."라고 말한다.

① 낙상 위험성
② 출혈 위험성
③ 감염 위험성
④ 신체 기동성 장애

해설 낙상
대상자는 골다공증, 65세 이상, 낙상력, 시력 손상 등으로 낙상의 위험요인을 다수 가지고 있으므로 낙상 위험성으로 진단할 수 있다.

20 **50세 김 씨는 체중이 79kg, 신장이 160cm로, 교통사고로 인해 하지마비 진단을 받았다. 적절한 간호진단은?**

① 부동과 관련된 피부손상 위험성
② 욕창과 관련된 피부손상 위험성
③ 교통사고와 관련된 피부손상 위험성
④ 장기간 치상안정과 관련된 피부손상 위험성

해설 하지마비가 있으므로 부동과 관련된 피부손상 위험성이 있다.

정답 18 ③ 19 ① 20 ①

21 **배뇨장애라는 간호진단을 내리기 위한 올바른 자료는?**

① 단백뇨 ② 호흡곤란
③ 하지부종 ④ 혈압감소

해설 '배뇨장애'라는 간호진단의 관련요인으로는 얼굴부종, 다리의 함몰부종, 임상 검사상 전해질 불균형, 단백뇨, 요소질소의 변화 등이 있다.

22 **면담의 초기단계(도입단계)에서 필요한 간호사의 역할은?**

① 면담 동안 토의된 가장 중요한 요점 요약
② 면담의 목표가 성취되었는지 검토 후 수정
③ 대상자의 주된 문제에 대한 구체적인 질문 시행
④ 자신을 소개하고 면담의 목적과 내용을 알리며 관계를 형성

해설 자신을 소개하고 면담의 목적과 내용을 알리며 관계 형성을 하는 것은 초기단계의 역할이다. 요약과 수정은 종료단계, 구체적인 질문 시행은 중간단계, 목적이나 업무에 초점은 준비기이다.

23 **65세 여성 최 씨는 퇴행성 관절염 수술을 위해 병원에 왔다. 심한 무릎 통증을 호소하며 과거력에 당뇨병도 있다. 다음 간호진단 중 가장 순위가 높은 것은?**

① 질병상태와 관련된 무릎 통증
② 무릎의 통증과 관련된 수면장애
③ 만성통증과 관련된 비효율적 대응
④ 수술 전 상태와 관련된 감염위험성

해설 간호진단 우선 순위 고려시, 호흡이나 심장기능의 소실 등 건강문제의 긴급한 정도, 매슬로우의 욕구계층이론, 대상자의 건강에 대한 가치관과 신념 및 대상자의 우선순위, 시간적・인적・물적으로 활용가능한 자원, 다른 건강전문직의 치료와 과학적 원리와 실무 원칙을 고려하여 결정한다.

24 **간호진단 진술방법으로 옳은 것은?**

① 당뇨와 관련된 고혈당
② 피부손상과 관련된 부동
③ 뇌졸중과 관련된 자가간호결핍
④ 통증과 관련된 과도한 육체적 노력

해설 뇌졸중이나 당뇨는 의학적 진단으로 간호진단에 포함되는 것이 적절하지 않다. 또한 관련요인과 적절하게 간호진단을 진술해야 한다.

정답 21 ① 22 ④ 23 ① 24 ④

25 **임산부인 30세 김 씨는 임신오조증, 두통, 어지러움, 체중감소를 호소하였다. 적절한 간호진단은?**

① 고혈압과 관련된 어지러움
② 식욕부진과 관련된 영양부족
③ 어지러움과 관련된 영양부족
④ 두통과 관련된 피부손상위험성

해설 의학적 진단이 간호진단에 포함되는 것은 적절하지 않으므로 ②가 답이다.

26 **다양한 환경에서 광범위한 연구와 검증과정을 거쳐 지역사회 간호사들이 대상자의 실제 자료를 이용하여 개발한 것은?**

① NANDA의 분류체계
② 오마하 분류체계
③ 가정간호 진단분류체계
④ Gordon의 기능적 건강양상 분류체계

해설 오마하 분류체계
- 오마하 분류체계는 문제분류체계(Problem Classification Scheme), 중재체계(Intervention Scheme), 결과에 대한 문제등급 척도(Problem Rating Scale for Outcomes)의 3가지 체계로 구성되며, 구조적이고 포괄적인 실무, 기록, 정보관리에 대한 접근방법을 제시하고 있다.
- 미국뿐만 아니라 국제적으로 널리 활용되고 있으며 가정간호, 공중보건, 학교보건, 임상, 외래 등 여러 분야에서 사용되어 왔다.
- 오마하 체계는 다양한 환경에서 광범위한 연구와 검증과정을 거쳐 지역사회 간호사들이 대상자의 실제 자료를 이용하여 개발한 것으로, 대상자를 설명하기 위해 일관된 언어를 제공하는 대상자의 문제나 간호진단 목록이다.

27 **Gordon의 기능적 건강양상에 대한 설명이다. 옳지 않은 것은?**

① 모든 연령의 대상자들과 모든 분야에서 사용될 수 있다.
② 기능적 건강양상에 11개의 사정자료 범주를 규명하였다.
③ 대상자의 정상적 기능을 중심으로 초점을 둔다.
④ 모든 인간이 그들의 건강, 삶의 질, 잠재력을 성취시킬 수 있는 특정한 기능적 양상을 가지고 있다고 보았다.

해설 기능적 건강의 사정은 대상자의 정상 기능, 비정상적 기능 및 비정상적 기능의 위험성에 초점을 둔다.

정답 25 ② 26 ② 27 ③

28 간호진단과정에서 자료의 분석과 해석에 포함되는 내용이 아닌 것은?

① 중요한 단서들을 확인한다.

② 단서들을 묶고 자료의 결함을 확인한다.

③ 대상자의 현 건강상태에 대한 결론을 내린다.

④ 간호진단 진술문을 작성한다.

해설 자료의 분석과 해석
- 중요한 단서들을 확인한다.
- 단서들을 묶고 자료의 결함을 확인한다.
- 대상자의 현 건강상태에 대한 결론을 내린다.
- 문제들의 원인들을 결정하고 문제들을 분류한다.

29 진술된 간호진단을 평가하려고 한다. 평가기준과 맞지 않는 것은?

① 진단진술이 장황한가?

② 정확하고 타당한가?

③ 서술적이고 구체적인가?

④ 대상자 상황을 분명하게 묘사하고 있는가?

해설 진단진술은 간결해야 한다. 장황하고 산만한 진술은 명확하지 않으므로 NANDA 진단명을 이용하면 문제를 간결하게 진술하는 데 도움이 된다.

30 진단적 오류를 방지하기 위해 옳은 간호사의 태도는?

① 과거의 경험에 의존한다.

② 상황에 근거해서 조속한 결론을 내린다.

③ 자료가 불충분할 때는 판단을 보류해야 한다.

④ 타인이 하는 말에 근거해서 판단을 내린다.

해설 진단적 오류 방지
- 극소수의 단서들을 기반으로 해서 단숨에 결론을 내려서는 안 되며, 자료가 불충분할 때는 판단을 보류해야 한다.
- 풍부한 지식기반을 구축하고 임상경험을 습득해야 한다. 다른 학문들의 원리는 간호사가 대상자의 자료를 이해하는 데 도움이 되므로 진단의 정확성을 높이게 된다.
- 간호사 자신의 신념과 가치관을 점검한다. 신념은 항상 합리적으로 습득되지 않으며 잘못된 것일 수도 있다.
- 자료 묶음에 대한 모든 가능한 해석들을 수용할 자세를 지녀야 한다.
- 상황에 근거해서 조속한 결론을 내리지 말아야 한다.
- 과거의 경험에 너무 의존하지 말아야 하고 직관에 의존하지 말아야 한다.

정답 28 ④ 29 ① 30 ③

31 간경변으로 치료받은 대상자의 퇴원교육 중 부인이 "저 양반은 내 말을 전혀 듣지 않으니까 간호사가 말 좀 잘해줘요"라고 호소하였다. 적합한 간호진단은?

① 부부갈등
② 치료지시 불이행
③ 부적절한 의사소통
④ 만성질환에 대한 가족의 비효율적 대처

해설 만성질환에 대해서는 가족의 지지가 매우 중요하다. 하지만 가족이 환자의 성격, 생활습관 등에 적극적으로 반응하고 대처하지 못하면 질환의 경과에 긍정적인 영향을 미칠 수 없다. 따라서 부부 간의 의사소통 혹은 부부 간의 치료에 대한 관여 등이 잘 이루어지지 않는 경우에 '비효율적인 가족대처'라고 진단할 수 있다.

32 B형 간염으로 입원한 대상자가 공막과 피부에 황달이 심하고 거울을 자주 보며, 방문객을 만나고 싶어 하지 않는다. 적합한 간호진단은?

① 만성질환과 관련된 불안
② 소양증과 관련된 피부손상
③ 황달의 원인과 관련된 지식부족
④ 신체상의 변화와 관련된 자아개념 장애

해설 황달로 인한 신체상의 변화로 자아개념의 장애가 올 수 있다.

33 간암 진단을 받은 환자가 지남력이 상실되고 호흡 시 아세톤과 비슷한 달콤한 냄새가 났으며 불안정한 상태였다. 적합한 간호진단은?

① 영양부족
② 사고과정 장애
③ 자아개념 장애
④ 조직관류의 변화

해설 간 기능 장애 대상자는 단백질 대사 장애로 암모니아가 요소로 전환되지 않아 혈중 암모니아 수치가 증가되어 독성이 중추신경계 장애를 가져올 수 있다.

34 식욕부진과 황달을 주호소로 입원한 대상자가 전신 소양증으로 피부를 긁고 있으며, 환의를 벗고 싶어 할 경우 가장 적합한 간호진단은?

① 가려움으로 인한 불안
② 불안과 관련한 수면장애
③ 가려움으로 인한 불편감
④ 가려움과 관련한 피부손상가능성

정답 31 ④ 32 ④ 33 ② 34 ④

해설 황달이 가려움을 유발하고 가려움은 피부건조증을 유발할 뿐 아니라 가려움에 대해서 자주 피부를 자극함으로써 피부손상의 위험성이 있게 된다. 이 문제에서는 가장 분명하게는 가려움과 관련된 피부손상 가능성이라고 할 수 있다.

35 **간 질환 진단을 위해 간생검을 실시한 대상자에게 적용되는 간호중재 중 우선적인 것은?**

① 통증을 조절한다.
② 휴식을 증가시킨다.
③ 수분섭취를 증가시킨다.
④ 출혈을 예방하고 조절한다.

해설 간생검의 가장 큰 위험성은 출혈의 경향이다. 따라서 간호중재의 우선순위는 출혈의 예방과 조절에 있다. 그 외에도 영양섭취, 감염의 예방, 수분섭취의 유지, 통증조절 등이 있다.

36 **간염 진단을 받은 48세 남자 환자가 1주일 이상 계속되는 오심, 구토와 식욕부진으로 인하여 최근 체중이 2kg 감소하였다. 피부는 노랗고 환자는 늘 피로감을 호소하고 있다. 이 환자에게 내릴 수 있는 간호진단과 거리가 먼 것은?**

① 영양부족
② 체액부족
③ 급성통증
④ 활동 지속성 장애

해설 간염환자의 주관적, 객관적 자료를 사정하여 가능한 간호진단을 수립함으로써 간호과정을 적용할 수 있도록 한다.

37 **만성신부전증 환자가 체중이 감소되고 허약해지며 피부색에 변화가 있어 다른 사람과의 접촉을 꺼리며 고통받고 있다. 간호진단으로 옳은 것은?**

① 심리적인 압박감과 관련된 불안
② 생활양식의 변화와 관련된 역할 장애
③ 외모의 변화와 관련된 자아존중감 저하
④ 경제적인 어려움과 관련된 비효율적인 가족대처

해설 신체적인 외모 변화로 인해 타인과의 접촉을 꺼릴 경우 외모의 변화와 관련된 자아존중감 저하가 가장 적절하다.

정답 35 ④ 36 ③ 37 ③

38 슬관절치환술을 받기 위해 입원한 골관절염 여성 환자가 양쪽 손가락과 오른쪽 무릎의 통증과 운동제한을 호소하며 활동 시에 통증이 더 심해진다고 침대에서 움직이려 하지 않고 손가락의 결절과 무릎관절 주위 근육의 위축이 있을 때 간호진단은?

① 관절부종과 관련된 통증
② 침상휴식과 관련된 자가간호 결핍
③ 관절퇴행과 관련된 근육위축의 위험성
④ 통증과 제한된 관절운동과 관련된 신체활동장애

해설 통증을 호소하면서 활동 시에 통증이 더 심해진다고 할 경우에 가장 적합한 간호진단은 통증과 제한된 관절운동과 관련된 신체활동장애이다.

39 무릎관절이 아프고 뻣뻣하여 보행이 어려운 골관절염 환자에게 가장 적절한 간호진단은?

① 통증과 관련된 낙상 위험성
② 관절염 악화와 관련된 활동장애
③ 급성기 이후의 치료지시 불이행
④ 통증 및 강직과 관련된 신체 기동성 장애

해설 신체 기동성 장애의 정의적 특성은 침대에서의 이동, 침대 밖으로의 이동, 보행을 포함한 물리적 환경에서의 목적 있는 움직임이 불가능한 것이다. 골관절염은 만성질환이며 통증과 강직을 동반하므로 의학적 치료는 물론 계속적인 자기관리가 필요한 병이다.

40 골종양으로 왼쪽 대퇴부 절단 수술을 받은 60세 남자 환자가 화학요법을 받은 후 탈모 증상이 있고 기능상실이 초래되었다. 이와 관련된 간호진단으로 옳은 것은?

① 운동장애 – 통증
② 신체상 장애 – 불안
③ 역할수행장애 – 운동장애
④ 신체상 장애 – 감염위험성

해설 신체상 장애는 종양의 외과적 절단 또는 화학요법 후 탈모증상과 관련되어 나타나며 명확한 특징으로는 신체부분의 상실과 기능장애, 외과적 절단으로 인한 기동성 장애, 상해 위험 등이 나타날 수 있다.

정답 38 ④ 39 ④ 40 ③

41 **기관지염 환자가 기침을 하면서 다량의 객담을 뱉어내고 호흡곤란을 호소하며 호흡 시 천명음이 들렸다. 이 환자의 간호진단은?**

① 숨 막힘과 관련된 대화곤란
② 호흡곤란과 관련된 수면장애
③ 객담배출과 관련된 영양결핍
④ 객담배출과 관련된 비효율적 기도청결

해설 기관지염의 간호진단으로는 과잉 객담으로 인한 부적절한 기도유지, 폐산화와 환기부족으로 인한 가스교환 장애, 계속되는 기침으로 인한 안위의 변화, 과잉 객담과 관련된 비효율적 기도청결 등이다.

42 **동기부족이나 잘못된 인식 등의 원인으로 고혈압 환자가 자신의 기존 생활양식, 식이, 활동제한, 투약방식을 고수한다면 관련된 간호진단은?**

① 성기능 장애
② 의사소통 장애
③ 건강유지능력 변화
④ 치료요법의 비효율적 이행

해설 치료요법 중인 고혈압 환자에게서 흔히 동기부족과 인식부족 때문에 치료에 대한 비효율적 이행이 발생하며 간혹 이것은 심각한 문제를 유발하게 된다.

정답 41 ④ 42 ④

주관식

01 NANDA 간호진단의 구성요소를 쓰시오.

02 가정간호 과정에서 제공된 모든 간호중재를 수집해서 지역사회 가정간호사들이 활용할 수 있도록 전신 데이터베이스로 그룹짓는 작업을 한 분류체계는?

03 강직성 척추염을 가진 환자가 장기적으로 질병을 극복하는 과정에서 나타나는 문제에 관한 3개 간호진단을 쓰시오.

정답

01 진단명, 정의, 특성 정의, 관련 요인

02 가정간호중재 분류체계

03 역할수행 장애, 신체상 장애, 활동의 지속성 장애

CHAPTER

4 간호계획

01 간호계획 시 가장 우선적으로 고려해야 할 문제는?

① 직계가족의 유전이나 전염병에 관한 문제
② 만성적인 질환으로 발전할 가능성이 있는 문제
③ 생명을 위협하며 즉각적이고 전문적인 주의를 요하는 문제
④ 생명에 직접적인 위협은 없으나 불건강하며 파괴적인 변화를 초래하는 문제

해설 간호계획 과정 – 우선순위 정하기
- 즉각적인 관심을 필요로 하는 문제 결정
- Maslow의 욕구 단계 이론 이용
- 실제적 진단 → 잠재적 진단 → 가능한 진단 → 증후군 진단 → 안녕 진단
- 생명을 위협하는 즉각적이고 전문적인 주의를 요하는 문제(예 심혈관계 질환, 호흡곤란 등)

02 "환자는 3개월 안에 오른쪽 상완의 움직임이 정상 범위를 유지할 것이다."라고 하였을 때 간호과정 중 어디에 속하는가?

① 사정 ② 진단 ③ 계획 ④ 수행

해설 간호계획 과정
- 간호계획 기술 중 목표 설정에 해당된다.
- 우선순위 정하기 – 목표 설정 – 간호수행 계획 기술

03 간호목표를 설정할 때 주의할 점은?

① 대상자 중심으로 작성한다.
② 목표는 추상적인 것이 좋다.
③ 목표가 달성되어야 하는 최종 기일은 정해두지 않는다.
④ 여러 개의 간호진단으로부터 통합적인 목표가 설정되도록 한다.

해설 간호계획 과정 – 목표 설정
- 대상자 중심
- 단일 목표나 기대되는 결과 진술
- 관찰, 측정 가능
- 시간 제한적
- **상호적** : 간호사와 대상자 간의 동의가 이루어진 목표
- **현실적** : 대상자의 능력, 주어진 시간, 한계 등에 맞게 설정

④ 통합적인 목표가 아니라 단일 목표이다.

정답 01 ③ 02 ③ 03 ①

04 임상적 판단과 지식을 바탕으로 수행해야 할 간호를 지시하는 단계는?

① 사정　　② 진단
③ 계획　　④ 수행

해설 간호계획의 개념
- **정의** : 간호진단(임상적 판단 + 지식)을 기반으로 수행해야 하는 간호사의 행동을 위한 지침
- **목적** : 임상간호의 방향 제시, 간호의 연속성 증대

05 다음 간호지시 중 옳지 않은 것은?

① 금연을 하게 한다.
② 2시간마다 활력징후를 측정한다.
③ 1시간마다 흉부 물리요법을 시행한다.
④ 매일 목욕 후 발에 미네랄 오일을 바른다.

해설 간호계획 과정 – 간호수행 계획 기술
③ 간호지시서
- 간호 목표 달성을 위한 간호중재를 실시하기 위해 서면화된 내용
- 환자 간호의 구체적인 방향, 일관성 있고 개별화된 간호 접근을 제공
- **기록 요소** : 날짜, 활동, 시간 요소(언제, 기간, 간격 등), 서면

① 구체적인 시행 지시나 시간 제한이 나타나 있지 않다.

06 다음 중 간호계획에 대한 정의 중 옳지 않은 것은?

① 단기 목표는 의도된 결과로서의 특정행위를 서술하는 것이다.
② 장기 목표는 대상자의 결과를 반영하는 광범위한 상태를 기술하는 것이다.
③ 생명에 위협을 주는 건강문제나 급박한 응급 요구 등은 우선순위에 해당한다.
④ 가스교환장애, 신체손상 위험성의 두 가지 간호진단이 설정되었을 경우 우선순위에 두어야 할 것은 신체손상 위험성이다.

해설 간호계획 과정
우선되어야 할 진단은 가스교환장애이다. 잠재적 진단보다는 현존하는 문제인 실제적 진단이 우선되어야 한다.

정답 04 ③ 05 ① 06 ④

07 **다음 중 가장 올바른 간호목표라고 할 수 있는 것은?**

① 처방된 식이를 제공한다.
② 정상적인 폐 기능을 갖는다.
③ 대상자는 인슐린 주사 이유에 대하여 안다.
④ 환자에게 1주일 이내에 당뇨식이의 중요성을 설명한다.

해설 간호계획 – 목표설정
- 대상자 중심
- 단일 목표나 기대되는 결과 진술
- 관찰, 측정 가능
- 시간 제한적
- 대상자와 가족이 적극적으로 참여하도록 격려
- 상호적, 현실적

① 간호사 대상이 아니라 대상자 중심으로 작성해야 한다.
② '정상 폐 기능'이라는 모호한 표현 대신 측정 가능한 목표를 사용한다.
③ 기간이 없으며, '안다'라는 표현은 측정하기에 모호한 개념이다.

08 **고관절 치환술을 위해 입원한 환자에 대한 간호계획을 수립하고자 한다. 다음 중 올바른 것은?**

① 목표 기술은 간호사 중심으로 작성한다.
② 단기 목표는 광범위하고 추상적으로 기술한다.
③ 현실적으로 달성하기 어렵더라도 목표는 높게 설정하는 것이 좋다.
④ Maslow 욕구 단계 이론 중 하위욕구에서 상위욕구 순서로 우선순위를 결정한다.

해설 간호계획
① 목표 기술은 환자 중심으로 작성한다.
② 단기 목표는 관찰 가능하고 측정 가능하게 구체적으로 서술한다.
③ 목표는 현실적으로 대상자의 능력, 주어진 시간, 한계 등에 맞게 설정한다.

09 **간호중재와 환자결과의 연계성을 보장하기 위한 도구의 하나로 간호자료의 수집을 표준화하기 위한 방법으로 일정한 정의들로 이루어진 정보의 구성항목들로 이루어져 있고, 이러한 범주는 많은 자료 이용자들의 요구를 만족시키기 위해 수집되어 다른 간호전달체계 안에서 간호사들이 사용할 수 있는 의사소통의 도구가 될 뿐 아니라 다른 보건전문인들과 연구자들과의 의사소통에도 유용한 방법은?**

① NIC ② NOC
③ NMDS ④ NANDA

정답 07 ④ 08 ④ 09 ②

해설 NOC는 최소간호자료세트로 간호서비스에 대한 비용과 분배, 다른 간호중재에 따른 이익효과의 비교연구들이 가능하도록 하였다.

10 **연구에 기초한 분류체계로 모든 간호환경 내에서 간호사가 제공한 간호중재에 대해 표준화된 용어로 이루어지고, 투약관리, 출산, 신체적 안위 증진 등 30여 가지의 간호영역으로 구분하여 간호사들이 적절한 영역을 선택하여 수많은 중재 가운데 개별적인 간호를 증진시키는 중재 선택이 가능하도록 한 것은?**

① NIC
② NOC
③ NMDS
④ NANDA

해설 간호중재분류인 NIC에 대한 설명이다.

11 **전염력이 있는 B형 간염 대상자에게 간염 전파를 예방하기 위한 간호계획은?**

① 성관계시 콘돔을 사용한다.
② 대상자와 방을 격리하여 사용한다.
③ 대상자가 사용한 식기는 따로 수거하여 삶도록 한다.
④ 면도기, 칫솔, 목욕수건, 담배 등은 분리하지 않고 공유해서 사용한다.

해설 B형 간염의 전파경로는 일차적으로 혈액을 통해서이다. 그 외 혈액이나 체액 접촉시, 성 접촉시, 질 분비물을 통해 전염된다.

12 **복강 수술 받은 환자가 수술 후 5일째까지 가스 배출을 못하고 복부팽만, 통증과 구토를 호소하였으며 소변양도 감소하였다. 외과병동 간호사로서 해야 하는 가장 우선적인 간호계획은?**

① 진정제 투여
② L－tube 삽입
③ 정맥으로 수액공급
④ 배액량 관찰

해설 장폐색증을 초래하였으며, 구토, 소변양 감소로 보아 탈수가 의심되는 환자이므로 정맥으로 수액공급을 하는 것이 우선순위가 된다.

정답 10 ① 11 ① 12 ③

13 **크론병 대상자에게 발생할 수 있는 가장 우선적인 간호진단은?**

① 장염증과 관련된 급성통증
② 장루관리와 관련된 지식부족
③ 부종과 관련된 피부통합성 장애
④ 피로와 관련된 활동 지속성 장애

해설 크론병은 복부통증이 심하며, 특히 쥐어짜는 행태(cramping)의 통증이 나타난다. 통증은 지속되거나 간헐적이며 오른쪽, 혹은 왼쪽 아래 사분면 또는 아래복부 전체에 국소화되어 나타나고 관절통도 나타난다.

14 **완전비경구영양을 받는 환자가 두통을 호소한다. 또한 소변량이 증가하였고 피부의 탄력성이 감소하였고 완전비경구영양 용액이 계획보다 빠르게 주입된 것을 간호사가 발견하였다. 이 환자에게 내릴 수 있는 간호진단으로 우선순위가 높은 것은?**

① 영양부족　② 체액부족
③ 지식부족　④ 배뇨장애

해설 고삼투로 인하여 다뇨가 일어나고 이것이 적절하게 관리되지 않아서 나타난 체액부족의 증상과 징후에 해당한다.

15 **78세 남성이 교통사고로 3~5번째 요추 손상으로 1주일째 입원치료 중이다. 하지마비로 대부분 침상에 누워 있으며 스스로 방광 및 장조절이 어려운 상황이다. 가장 우선적으로 고려해야 할 간호진단은?**

① 질병예후와 관련된 불안
② 외상과 관련된 만성혼돈
③ 교통사고와 관련된 외상증후군의 위험
④ 기동성 장애와 관련된 자가간호 결핍

해설 주어진 정보에서 유추할 수 있는 가장 우선적인 간호진단은 기동성 장애와 그로 인한 자가간호 결핍이다.

정답 13 ① 14 ② 15 ④

16 **신우조영술을 시행한 환자가 손바닥의 가려움증, 입술과 눈의 부종, 입과 혀의 저림, 인후의 조임, 천명음을 호소한다. 가장 우선적인 간호진단은?**

① 신체상 장애 ② 심박출량 감소
③ 감각지각 변화 ④ 비효율적 호흡양상

해설 위 상황은 조영제에 대한 아나필락시스 반응을 보이고 있다. 생명을 위협하는 정도의 증상은 기도손상과 관계가 있으며, 호흡중재가 간호의 우선순위가 된다.

17 **흉부 손상으로 정맥주입을 받고 있는 환자가 갑자기 안절부절 못하고 창백하며 가벼운 기침에 묽은 거품의 분홍색 객담을 보이고 청진 시 수포음이 들리는 경우에 우선적인 간호진단은?**

① 불안 ② 체액과다
③ 영양부족 ④ 가스교환장애

해설 폐부종 환자의 임상증상은 심한 호흡곤란, 빈호흡, 빈맥, 고혈압, 기좌호흡, 호흡보조 근육 사용, 잦은 기침, 묽고 거품이 있는 분홍색 객담, 불안, 청진 시 악설음, 수포음, 천명음이 나타난다.

18 **후두암 환자가 전체 후두절제술을 실시한 후 1일이 지났다. 나타날 수 있는 가장 우선순위의 간호진단은?**

① 호흡부전과 관련된 대화곤란
② 성대제거와 관련된 식욕상실
③ 수술과 관련된 부적절한 기도유지
④ 자가간호요구와 관련된 지식부족

해설 수술 후 나타날 수 있는 간호문제는 수술과 관련된 부적절한 기도유지, 호흡양상의 변화와 관련된 호흡부전, 대화 곤란 등이 있지만 수술 후 1일은 봉합주위의 부종 등이 심하기 때문에 가장 중요한 간호는 기도유지이다.

정답 16 ④ 17 ② 18 ③

19 **남자 고등학생이 수업 중 호흡곤란이 발생하여 병원 방문 후, 의사로부터 자연기흉으로 진단받고 흉부외과 병동에 입원하였다. 이 대상자의 현재 간호진단으로 우선순위가 가장 높은 것은?**

① 호흡곤란과 관련된 불안

② 혈액상실과 관련된 체액부족

③ 저항력 저하와 관련된 감염 위험성

④ 부적절한 흉곽확장과 관련된 비효과적 호흡양상

해설 자연기흉은 외상 이외의 다른 원인으로 흉막강으로 공기가 누출되어 축적되는 상태로 폐가 허탈된다. 증상으로는 급작스럽고 날카로운 통증, 기침, 힘이 많이 드는 가쁜 숨, 혈압 하강, 약하고 빠른 맥박, 흉부의 과공명음, 불안, 초조, 불안정, 발한, 창백함, 호흡음 감소, 흉부의 움직임 소실 등이 있다. 매슬로우의 욕구 단계에 따라 가장 우선순위가 높은 것은 비효과적 호흡양상이 가장 적절한 답이 될 수 있다.

20 **알츠하이머 환자에 대한 간호진단명 '뉴런의 점진적 손상과 관련된 사고과정 장애 위험성'의 간호계획으로 옳은 것은?**

① 창문이 없는 방을 배정한다.

② 자주 반복하여 정보를 제공한다.

③ 시계나 달력은 가능한 비치하지 않는다.

④ 과거보다는 최근의 사건을 회상하도록 권장한다.

해설 모든 단계의 알츠하이머 환자에게는 기억 장애가 있으므로 간호사는 지속적으로 기억을 증진시키는 간호중재를 적용해야 한다. 창문이 없는 방의 배정은 피하고, 자주 반복하여 정보를 제공한다. 또한 달력이나 시계를 눈에 띄는 장소에 배치하여 환자의 지남력을 유지하도록 노력해야 한다. 환자의 장기기억은 단기기억에 비하여 오래 유지되므로 간호사는 환자가 과거를 회상하게 해준다.

21 **두개내압이 상승한 환자를 위한 간호계획으로 옳은 것은?**

① 침상머리를 15~30도로 상승시킨다.

② 충분한 수분과 수액을 제공하도록 한다.

③ 변비를 예방하기 위해 관장을 시행한다.

④ 분비물 배출을 돕기 위해 기침과 심호흡을 시킨다.

해설 두개내압 상승의 간호계획

- 침상 머리를 15~30도 상승시킨다.
- 일시적으로 두개내압을 상승시킬 수 있는 변비를 완화하기 위해 변완화제를 투여한다.
- 기침도 두개내압 상승을 유발할 수 있으므로 피한다.

정답 19 ④ 20 ② 21 ①

22 50세 여성 환자는 평소 건강하게 생활하다가 이틀 전 피로와 두통을 호소하며 의식을 잃었다. 응급실 통해 입원하였고 지주막하 혈종으로 진단받고 아직 의식이 없는 상태이다. 이 환자에게 가장 우선적으로 고려해야 하는 잠재적 손상위험 문제는?

① 부동으로 인한 욕창 발생
② 구강섭취 장애로 인한 영양 장애
③ 의식혼미로 인한 의사소통 장애
④ 두개내압 상승으로 인한 영구적 뇌손상

해설 장기적으로는 위의 모든 보기가 잠재적 손상을 가져올 수 있지만 뇌출혈 이틀째인 현재로서는 뇌손상이 더 심해지지 않도록 두개내압이 상승되지 않도록 하는 것이 중요하다.

23 뇌파검사를 받을 간질 환자의 간호계획으로 옳지 않은 것은?

① 검사 전 머리를 감도록 한다.
② 검사 전날 카페인이 포함된 음료수나 술, 담배를 금하도록 한다.
③ 음식물 섭취는 뇌파를 자극할 수 있으므로 검사 전 24~48시간 동안 금하도록 한다.
④ 항경련제, 안정제와 같은 약물은 검사 전 24~48시간 동안 금하도록 한다.

해설 검사 전 금식은 저혈당을 초래하여 뇌파를 변화시킬 수 있으므로 검사 전에는 금식시키지 않는다.

24 위암이 의심되어 추적검사를 위해 입원한 50세의 남자가 잠을 이루지 못하고 식사를 잘 하지 못하고 있다. 이 환자의 심리문제를 완화시키기 위한 간호 계획으로 적절한 것은?

① 목사나 성직자를 소개해 준다.
② 걱정이나 불안에 대해 이야기할 수 있도록 격려하고 함께 있어준다.
③ 정신과에 의뢰하여 심리치료를 받도록 한다.
④ 암이 아닐 수도 있다고 안심시킨다.

해설 심리문제 완화계획
- 두려움과 걱정을 적극적으로 경청한다.
- 환자가 경험하게 될 것에 대하여 현실적인 기대를 설정하고, 정확한 암과 암에 대한 치료와 관련된 필수적인 정보를 제공해야 한다.
- 신뢰와 확신을 기반으로 한 관계를 유지한다.
- 환자가 평상시의 생활방식을 유지하도록 돕는다.

정답 22 ④ 23 ③ 24 ②

25 **심장판막 수술 후 coumadin을 복용해야 하는 대상자에게 포함되어야 할 퇴원 간호계획으로 옳지 않은 것은?**

① 투약의 목적
② 정확한 용량
③ 정확한 시간
④ 비출혈시 즉시 중단할 것

해설 투약의 목적과 정확한 시간에 정확한 용량을 복용하는 것, 알코올과 지방음식 등은 약물의 신체 반응을 변화시키므로 피하도록 하고 특히 비타민 K가 풍부한 음식은 제한하고 피부에 상처가 나지 않도록 전기면도기 사용을 교육한다. 투여약물의 용량을 결정하기 위해 주기적인 혈액검사를 실시해야 하는 것을 설명해야 하며, 의사나 간호사의 지시가 없는 한 복용을 중단하지 않도록 한다.

26 **심근경색증 발생 4일 때 증상이 호전되어 CCU에서 병실로 옮겨온 환자의 간호계획은?**

① 절대 안정의 중요성을 강조한다.
② 침상 옆 변기를 이용하도록 한다.
③ 수동적 관절범위 운동을 수행한다.
④ 복도에서 짧은 시간 걷도록 격려하고 감독한다.

해설 환자가 CCU에서 병실로 옮겨지면 활동 지속성을 위해 거리를 점차 늘여가면서 걷도록 격려하고 감독한다. 합병증이 없는 경우에는 발생 첫 24시간만 절대 안정이 요구되며, 그 후 증상이 안정되면 수동적 ROM 그리고 16~20분 정도 침상에서 나올 수 있도록 하고, 병실에 옮겨진 후에는 간호사의 감독 하에 능동적 ROM 자가간호, 짧은 기간 걷기 등을 하도록 한다.

27 **급성 심근경색증 환자의 경색 6개월 후 재활교육으로 옳은 것은?**

① 장시간 더운물 목욕을 자주 한다.
② 담배는 허용할 수 있으나, 술은 절대 금한다.
③ 땀이 나지 않는 범위 내에서 운동을 매일 한다.
④ 고섬유소 식이를 권장한다.

해설 장시간의 더운물 목욕은 지나친 혈관 확장으로 저혈압이 초래될 수 있으나 1시간 정도의 목욕은 권장된다. 땀이 날 정도의 운동을 준비운동, 본운동, 정리운동으로 매일하면 좋고 담배는 혈관을 수축시킴으로써 해로우나 술은 대상자가 원할 경우 식사 때의 30~60cc 소주 한 잔 정도로 절제할 경우 혈액순환에 도움이 된다. 섬유소는 콜레스테롤의 배설을 촉진시키고 당분 섭취를 억제시켜 지방산의 합성을 떨어뜨리므로 비만에 따른 고지혈증을 감소시키므로 고섬유소 식이가 바람직하다.

정답 25 ④ 26 ④ 27 ④

28 19세 여자는 대학수학능력시험 도중에 실신하여 응급실로 왔다. 심박동수는 150회/분, 혈압은 80/50mmHg였으며 동공반사는 있고 의식은 혼미하였으며 심전도상에는 정상적인 파형을 보이면서 빈도가 빨라져 있었다. 이때 우선되는 간호진단은?

① 심장정지와 관련된 공포
② 심계항진과 관련된 안위 변화
③ 부정맥 관리와 관련된 지식부족
④ 심박출량 감소와 관련된 조직관류의 저하

해설 혈압은 떨어지고 맥박수 증가, 의식 혼미는 심박출량 감소와 관련된 조직관류의 저하이다.

29 골반의 분쇄골절로 입원한 대상자의 외상 후 8시간 이내의 간호진단으로 가장 먼저 고려해야 할 것은?

① 자가간호결핍
② 감염의 위험성
③ 자아정체성 장애
④ 불용증후군 위험성

해설 골반의 분쇄골절의 경우 외상 후 8시간 이내의 내출혈이 있을 수 있다. 이는 골반 내의 내부 장기, 자궁, 방광 내의 내출혈로 인한 쇼크를 유발할 수 있으므로 이를 가장 먼저 고려해야 한다.

30 50세 이 씨는 최근 고혈압으로 진단받고 항고혈압 약물치료를 시작하기로 하였다. 간호사가 대상자에게 실시하는 교육내용으로 옳은 것은?

① 수분섭취를 제한한다.
② 자세를 변경할 때는 서서히 하도록 한다.
③ 항고혈압 약물복용 후 바로 운동을 해도 된다.
④ 항고혈압 약물복용을 시작하면 운동은 중단한다.

해설 급성 저혈압 위기는 약물 복용 후 26시간 이내에 발생한다. 의사와 상담 전에는 약물 복용을 중단하지 않으며 일부 항고혈압제는 반동적인 약효가 있으므로 복용 후 갑자기 중단하면 혈압은 급속히 상승한다. 약물 복용 중에 운동은 중단할 필요가 없다.

31 고혈압 환자의 간호교육 내용으로 옳은 것은?

① 규칙적인 운동을 할 경우 항고혈압 복용을 중단한다.
② 과일과 야채, 불포화 지방이 많은 생선과 지방이 많은 유제품 섭취를 권장한다.
③ 처방된 항고혈압제 복용이 시작되면 염분섭취 제한, 알코올 섭취 제한 등 비약물 요법을 중단한다.
④ 바나나, 오렌지 등 칼륨이 많은 야채나 과일의 충분한 섭취는 고혈압 조절에 도움이 된다.

정답 28 ④ 29 ④ 30 ② 31 ④

해설 고혈압 환자에게 적절한 식이요법은 저염식이(일일 소금 6g 이하), 칼로리 제한, 저지방 식이, 저콜레스테롤 식이로서 균형잡힌 식사를 섭취하는 것이다. 처방된 항고혈압제 복용이 우선이며 체중조절, 염분 섭취 제한, 알코올 섭취 제한 등 비약물요법이 우선 시행되어야 한다. 칼륨을 충분히 섭취하면 고혈압을 예방하고, 혈압을 낮출 수 있다. 즉 칼륨은 나트륨을 몸 바깥으로 배설시킴으로써 과잉의 염분 섭취로 인한 혈압 상승을 억제할 수 있다.

32 **고혈압 진단 후 항고혈압제를 복용해오던 70세 김 씨의 최근 측정 혈압이 160/95mmHg 이상 체크되어 새로운 항고혈압제가 추가 처방되었다. 이때 간호계획 내용으로 옳은 것은?**

① 피로감을 느끼면 뜨거운 물로 목욕 후 휴식을 취한다.
② 일어나거나 앉을 때 체위변경을 서서히 하도록 교육한다.
③ 일반적인 부작용으로 고혈압이 지속될 수 있음을 알려준다.
④ 환자가 복용하는 다른 약물과 상호작용이 없다는 것을 강조한다.

해설 고혈압 환자가 혈압 강하제를 복용할 경우 말초정맥 확장과 어지러움을 방지하기 위해 한 곳에 오래 서 있거나 뜨거운 목욕은 피한다.

33 **심부정맥 혈전증 진단을 받고 입원한 73세 환자가 갑작스러운 흉통, 호흡곤란, 수면장애, 피로, 다리통증을 호소하였다. 이 상황에서 도출될 수 있는 간호문제 중 우선순위가 높은 것은?**

① 흉통　② 수면장애
③ 영양장애　④ 가스교환장애

해설 심부정맥 혈전증은 폐색전이 치명적인 합병증이므로 호흡양상과 관련한 가스교환장애를 우선적으로 해결해야 한다.

34 **초음파 검사를 통해 3cm 정도 크기의 무증상성 복부 대동맥류가 발견된 환자의 간호계획은?**

① 동맥류 제거를 위한 수술 전 준비를 실시한다.
② 심실부정맥 예방을 위해 리도카인을 투여한다.
③ 고혈압 상승이 예상되므로 응급 혈압 강하제를 투여한다.
④ 동맥류의 크기가 더 이상 진행되지 않도록 일일 콜레스테롤 섭취를 제한한다.

해설 복부 대동맥류인 경우 5cm 이하인 경우 6개월마다 초음파 검사를 하여 크기에 변화가 있는지 확인하고, 동맥류 크기가 진행되지 않도록 콜레스테롤 섭취를 1일 300mg 이하로 유지하도록 한다. 5cm 이상의 복부 대동맥류인 경우 수술을 고려한다.

정답 32 ② 33 ④ 34 ④

35 선천성 용혈성 빈혈을 진단받은 환자의 간호계획으로 옳은 것은?

① 급성 감염을 예방한다.
② 수혈은 금기사항임을 교육한다.
③ 파괴된 혈구의 배설을 위해 섭취량보다 배설량이 많게 한다.
④ 헤모글로빈의 축적으로 췌장궤사가 발생할 수 있음을 알린다.

해설 용혈성 빈혈 환자는 용혈 악화의 원인이 되는 급성 감염을 예방하고, 급성기에 안정을 취하면서 수분과 전해질의 균형, 영양보충, 급성 신부전을 예방하기 위한 신장기능 유지, 주의 깊은 수혈 등을 간호계획에 포함하여야 한다.

36 60세 여성 환자가 인후통과 발열감을 호소하며 병원을 방문하였다. 체온은 38.2℃이고 혈액 검사상 호중구 수치가 700개로 감소한 상태이다. 이 상황에서 우선적인 간호계획은?

① 항생제를 투여한다.
② 해열제를 투여한다.
③ 구강간호를 실시한다.
④ 체온의 변화를 관찰한다.

해설 호중구 감소증 환자에게 발열은 감염을 의미한다. 따라서 체온변화에 대한 사정이 우선적으로 중요하다.

37 식도열공 탈장 환자의 간호계획으로 옳은 것은?

① 앙와위로 수면을 취한다.
② 식후 바로 제산제를 복용한다.
③ 무거운 물건을 들지 않도록 한다.
④ 식사는 정상적으로 하루 세 번 섭취한다.

해설 식도열공 탈장 촉진 요인이 되는 횡격막 근육허약과 복강 내 압력의 증가를 예방하는 것이다. 복강 내 압력은 비만, 임신, 복수와 무거운 물건을 들어 올리는 것과 같은 행동에 의해서 증가할 수 있다.

정답 35 ① 36 ④ 37 ③

주관식

01 국제간호 실무분류체계에서 1단계와 2단계를 쓰시오.

02 간호지시를 사용하는 목적을 쓰시오.

03 궤양성 대장염으로 혈액 및 점액이 섞인 설사 증상이 있을 때의 우선적인 간호진단은?

정답

01 간호현상, 간호활동

02 간호지시는 대상자 간호에 대한 구체적인 방향을 제시해주고, 일관성 있고 개별화된 접근법을 제공해준다.

03 설사와 관련된 수분전해질 불균형

CHAPTER

5 간호수행

01 다음 중 간호수행의 활동으로 가장 알맞은 것은?

① 간호 지시 작성
② 간호 목표 설정
③ 간호계획의 수정
④ 간호에 대한 환자의 반응 확인

해설 간호수행
①, ②, ③은 간호계획 활동에 대한 기술이다.

02 다음 중 독자적 간호중재로 옳은 것은?

① 발 마사지, 수혈
② 체위 변경, 위생간호
③ 투약과 심호흡 교육
④ 침상 목욕, 억제대 사용

해설 간호중재의 종류 – 독자적 중재
- 간호사의 지식과 기술에 근거하여 허용된 간호활동으로 간호사가 처방하고 실시하고 위임할 수 있는 것
- 예 신체적 간호(체위 변경, 위생간호), 정서적 지지, 교육, 상담, 환경 관리, 다른 건강전문가에게 의뢰 등

① 수혈, ③ 투약, ④ 억제대 사용은 의존적 중재의 예이다.

03 다음 간호수행 기술에 대한 설명 중 옳지 않은 것은?

① 기능적 기술은 손을 사용하여 간호활동을 수행할 때 이용되는 기술이다.
② 인지적 기술은 문제 해결, 의사결정, 비판적 사고, 창조적 사고가 포함되어야 한다.
③ 대인관계 기술로 환자의 정상과 비정상적인 생리적, 심리적, 사회적 반응을 인지해야 한다.
④ 대인관계 기술은 다른 사람과 직접 의사소통을 할 때 사용하는 언어적, 비언어적 활동을 포함한다.

해설 간호수행 기술
- 인지적 기술
  - 문제 해결, 의사결정, 비판적 사고, 창조적 사고가 포함
  - 간호사는 중재에 대한 이론적 근거를 알아야 하고, 정상과 비정상적인 생리적, 심리적, 사회적 반응을 인지해야 함
- 대인관계 기술
  - 언어적, 비언어적 활동을 모두 포함
  - 간호활동의 긍정적인 효과는 간호사의 의사소통 능력에 많이 의존
  - 간호사는 먼저 자기 인식을 필요로 하며 이를 바탕으로 타인에 대한 감성을 지녀야 함

정답 01 ④ 02 ② 03 ③

- 대상자의 문화나 가치 심리상태를 등을 인식하고 한 개인으로서의 대상자를 인정하는 마음 자세를 지녀야 함
- 돌보기, 위로하기, 질문하기, 상담하기, 지지하기 등

• **기능적 기술** : 지식과 능숙한 수기를 필요

③ 인지적 기술에 대한 설명이다.

04 간호중재에 대한 설명으로 가장 옳은 것은?

① 간호중재는 독자적 중재, 의존적 중재, 상호의존적 중재로 분류된다.

② 대상자를 질병 위주로 보고 신체적인 장애에 초점을 두어 간호활동을 수행하여야 한다.

③ 간호중재는 간호전략과 간호지시 및 그에 따른 간호수행의 효과를 책임 있게 판단하는 것이다.

④ 독자적 간호중재에는 '운동장애'의 문제를 해결하기 위해 대상자의 운동량을 증진시키는 것이 해당된다.

해설 간호수행

② 대상자를 총체적으로 보고 존중하면서 간호활동을 수행하여야 한다.

③ 간호전략과 간호지시 및 그에 따른 간호수행의 효과를 책임 있게 판단하는 단계는 간호평가 단계이다.

④ '운동장애'의 문제를 해결하기 위하여 물리치료사와 협력하여 대상자의 운동량을 증진시키는 것은 상호의존적 중재이다.

05 20세 여자환자 송 씨는 교통사고로 오른쪽 대퇴부 골절상을 입고 입원 중이다. 밤번 간호사가 송 씨의 병실을 방문하였을 때 송 씨는 "잠이 오지 않고 이유 없이 눈물이 나와요." 라고 말한다. 이때 가장 적절한 간호사의 태도는?

① 수면제를 처방받아 투여한다.

② 환자 보호자에게 알리고 위로해 주라고 한다.

③ 손을 잡아주며 재미있는 이야기로 분위기를 밝게 한다.

④ 함께 있어주며 우는 이유를 알아보기 위해 송 씨의 말을 경청한다.

해설 간호수행 기술 - 대인관계 기술

• 언어적, 비언어적 활동을 모두 포함
• 간호활동의 긍정적인 효과는 간호사의 의사소통 능력에 많이 의존
• 간호사는 먼저 자기 인식을 필요로 하며 이를 바탕으로 타인에 대한 민감성을 지녀야 함
• 대상자의 문화나 가치, 심리상태 등을 인식하고 한 개인으로서의 대상자를 인정하는 자세를 지녀야 함
• 돌보기, 위로하기, 질문하기, 상담하기, 지지하기 등

③ 적절한 상황에 유머는 치료적 의사소통에 해당되나, 환자가 우울해할 경우 비치료적 의사소통이 된다.

정답 04 ① 05 ④

06 다음 중 간호수행단계에서 해야 할 활동으로 가장 알맞은 것은?

① 간호활동을 기록한다.

② 건강과 관련된 문제를 알아낸다.

③ 기대되는 결과에 대한 기준을 기술한다.

④ 즉각적인 관심을 필요로 하는 문제를 결정한다.

해설 간호수행 과정
- 대상자 재사정과 우선순위 검토
- 기존 간호계획의 검토와 수정
- 필요한 자원의 준비
- 간호중재 수행
- 위임한 간호 감독
- 간호활동 기록

②, ④ 간호진단에 관한 설명
③ 목표 설정

07 다음 중 간호중재와 간호 기능의 연결로 가장 옳은 것은?

① 등 마사지 – 독자적 기능

② 침상 목욕 – 의존적 기능

③ 필요시 투약 – 독자적 기능

④ 약물 투여 – 상호의존적 기능

해설 간호중재의 종류
- 독자적 중재
  - 간호사의 지식과 기술에 근거하여 허용된 간호활동
  - 간호사가 처방하고 실시하고 위임할 수 있는 것
  - 신체적 간호, 정서적 지지, 교육, 상담, 환경 관리, 다른 건강전문가에게 의뢰 등
- 의존적 중재
  - 의사의 지시나 처방을 기초로 수행하는 활동
  - 약물 투여, 진단검사, 치료, 식이 등
- 상호 의존적 중재
  - 다른 건강전문가와 협력하여 간호사에 의해 수행되는 활동
  - 건강관리팀의 판단과 논의를 통해 상호 협력하여 대상자의 문제해결

② 독자적 중재이다.
③, ④ 의존적 중재이다.

정답 06 ① 07 ①

08 동맥혈 내 산소포화도, 산·염기 불균형을 확인하기 위해 동맥혈 가스 분석(ABGA)검사를 한 결과가 다음과 같다. 해당 환자에게 우선적으로 제공해야 할 중재로 올바른 것은?

- pH : 7.5
- PO_2 : 85mmHg
- PCO_2 : 30mmHg
- HCO_3^- : 24mEq/L

① 수분을 공급한다.
② 이뇨제를 투약한다.
③ 중탄산 이온을 투여한다.
④ 종이봉투를 사용하여 호기된 공기를 다시 호흡하게 한다.

해설 호흡성 알칼리성 중재
- 과환기 중지는 위험 → 산소화 증진
- 호기된 공기는 다시 호흡하도록 함(종이봉투를 사용하면 혈중 PCO_2 증가)
- 경련예방을 위한 안전대책 강구

09 다음은 이뇨제를 투여 중인 70세 입원환자에게 동맥혈 가스 분석(ABGA)검사를 시행한 결과이다. 해당 환자에게 제공해야 할 간호로 가장 올바른 것은?

- pH : 7.5
- PO_2 : 85mmHg
- PCO_2 : 40mmHg
- HCO_3^- : 28mEq/L

① 수분 섭취를 제한한다.
② 기관지 확장제를 투여한다.
③ 인공호흡기를 우선적으로 적용한다.
④ 칼륨수치를 확인한 후 필요시 칼륨을 보충한다.

해설 대사성 알칼리증 중재
- 의식수준에 적합한 안전대책
- 제산제의 적절한 사용 교육
- 산소화 증진
- 전해질 결핍 보충
- 적절한 수분 섭취
- 이뇨제

정답 08 ④ 09 ④

10 성인의 심폐소생술의 시행방법에 대한 설명으로 적절한 것은?

① 인공호흡과 심장마사지의 비율은 2 : 15이다.
② 심폐소생술의 순서는 가슴 압박 - 맥박 확인 - 인공호흡 순이다.
③ 심폐소생술 시행 시 가장 먼저 해야 할 사항은 도움 요청이다.
④ 적절한 심장 압박 위치는 유두를 가상으로 이은 선과 흉골이 만나는 곳이다.

해설 심폐소생술 중재
- 인공호흡과 심장마사지의 비율은 2 : 30이다.
- 심폐소생술은 가슴압박 - 기도개방 - 인공호흡 순서대로 실시한다.
- 의식 확인이 가장 먼저 시행되어야 한다.
- 압박 위치는 흉골 중앙선과 유두 연결선이 만나는 지점이다.
- 심장과 뇌를 비롯한 조직에 4~6분 동안 산소공급이 중단되면 영구적인 뇌손상이 오므로 초기에 CPR을 하는 것이 중요하다.

11 간호사는 다음과 같은 상황에서 이 대상자에게 처방에 따라 벤츄리 마스크(venturi mask)로 산소 2L/min를 주입하였다. 그러나 대상자가 숨이 차다고 호소할 경우 간호사의 간호중재와 근거로 옳은 것은?

10년 전부터 만성 폐쇄성 폐질환을 앓고 있는 70세 남자 노인이 5일 전부터 기침, 가래, 호흡곤란이 있어 응급실로 내원하였다. 대상자는 불안해 보이며 다음과 같은 ABGA 검사결과를 보였다.

pH : 7.30	PO_2 : 80mmHg
PCO_2 : 50mmHg	SpO_2 : 92%
HCO_3^- : 23mEq/L	

① 산소를 10L/min으로 올려준다. - 저산소증을 완화한다.
② 침상머리를 낮추어 준다. - 횡경막의 압력을 감소시킨다.
③ 비재호흡 마스크로 교체한다. - 고농도의 산소를 제공한다.
④ 입술 오므리기 호흡을 격려한다. - 호기를 지연시켜 폐포허탈을 예방한다.

해설 산소화 증진
- ①과 ③ : 고농도의 산소를 주입할 시 호흡 중추에 문제가 생겨 호흡이 저하될 수 있으므로 피한다.
- 폐 확장을 위해 Fowler's position을 취하는 것이 좋다.
- 입술 오므리기 호흡은 호기를 지연시키고 기도를 열어주는 효과가 있어 COPD 환자에게 좋은 호흡운동법이다.

정답 10 ④ 11 ④

12 **폐 수술 후 폐의 환기력을 증가시키는 방법으로 옳은 것은?**

① 조기이상을 실시한다.
② 가능하면 앙와위를 취하게 한다.
③ 입을 크게 벌리고 호흡하도록 한다.
④ 기침을 하게 되면 수술 부위에 무리가 가해지므로 참도록 한다.

해설 산소화 증진
- 파울러씨 체위 혹은 반좌위는 복부 장기들을 횡경막 아래로 내려가게 하여 호흡하기 용이하다.
- 입으로 호기할 때 입을 오므리고 하면 좀 더 도움이 된다.
- 기침은 분비물의 배출을 용이하게 한다.

13 **만성폐쇄성폐질환 환자의 호기를 연장하고 기도 허탈을 최소화하기 위한 간호중재는?**

① 분무 요법
② 고농도 산소요법
③ 체위 배액
④ 입술 오므리기 호흡

해설 입술 오므리기 호흡은 COPD 환자의 호기를 연장하고 기도의 허탈을 최소화시켜 준다.

14 **복부 수술 후 심호흡을 돕는 간호중재는?**

① 복대를 절대 대지 않는다.
② 입으로 흡기하고 코로 호기한다.
③ 입을 크게 열고 흡기를 길게 한다.
④ 많은 공기를 들이마시게 한 후, 잠시 숨을 멈춘 후 천천히 내뱉도록 한다.

해설 심호흡과 기침
- 복대를 대어주면 수술 상처를 지지하여 호흡을 용이하게 할 수 있다.
- 코로 흡기하고 입으로 호기한다.
- 입으로 호기할 때 입을 오므리고 하면 좀 더 도움이 된다.

정답 12 ① 13 ④ 14 ④

15 아래 사례에서 흡인 시의 간호로 옳은 것은?

67세 남자 박 씨는 6개월 전부터 가래를 동반하는 기침이 계속되어 내원하였다. 가래의 색이 흰색에서 회색으로 바뀌었으며, 가래로 인한 호흡곤란을 호소하고 있다. 계단을 올라갈 때 호흡곤란이 심해지며, 아버지가 COPD, 어머니가 폐렴으로 돌아가셨다고 한다. 흡연력은 42갑·년이다. 암과 같은 심각한 병일까 봐 걱정하고 있다.

① 흡인 전·후로 100% 산소를 공급한다.
② 성인의 흡인 압력은 90~110mmHg이다.
③ 총 흡인 시간은 15분을 초과하지 않도록 한다.
④ 구강인두 및 기관은 흡인 시 무균법을 수행하지 않아도 지장이 없다.

해설 흡인
- 흡인 전·후로 100% 산소를 공급한다.
- 흡인의 압력이 성인 기준 110~150mmHg이다.
- 총 흡인 시간이 5분을 초과하지 않도록 한다.
- 구강인두 및 기관은 흡인 시 무균법을 수행하여 미생물의 침입을 차단시킨다.

16 입을 오므리고 내쉬기(Pursed-lip)로 얻을 수 있는 효과는?

① 세기관지 허탈 예방
② 흡기 연장
③ 일호흡환기량 증가
④ 분비물 배출 촉진

해설 Pursed-lip
- 호기를 의식적으로 길게 하는 호흡법
- 폐로부터 공기의 흐름에 대한 저항을 만듦으로써 기관지 내 압력을 증가시키고 세기관지의 허탈을 막을 수 있고 평상 시 이산화탄소의 양보다 더 많은 양을 제거한다.
- 과탄산혈증을 특징으로 하는 만성폐쇄성 호흡기 질환자에게 유용하다.

17 흉부 타진법을 올바르게 수행한 것은?

① 손을 컵 모양으로 오므려서 흉벽을 두드린다.
② 피부에 직접 적용한다.
③ 골다공증 환자에게 적용한다.
④ 늑골 아래를 두드린다.

해설 흉부 물리요법
- 피부가 직접적인 압통을 받지 않도록 대상자는 가운이나 내복을 입도록 한다.
- 출혈성 장애, 골다공증 또는 늑골 골절 환자에게는 시행하지 않는다.
- 유방, 흉골, 척추, 신장은 조직손상 위험으로 인해 두드리지 않는다.

정답 15 ① 16 ① 17 ①

18 **객담이 끈끈하여 배출되지 않는 폐렴환자에게 흉부 물리요법으로 진동을 적용하고자 한다. 올바른 방법은?**

① 식사 직후에 적용한다.
② 흡기 시에는 진동을 멈춘다.
③ 대상자의 흉골 부위를 진동시킨다.
④ 객담 배출이 저하된 영아나 소아에게도 진동을 실시할 수 있다.

해설 진동요법
- 대상자의 흉벽에 손을 펴서 강한 떨림을 만드는 것으로, 타진 후 사용
- 진동은 영아나 소아에게는 실시하지 않는다.
- 흡기하는 동안은 진동을 멈춤
- 타진 및 진동이 끝난 후 대상자에게 기침하여 분비물을 뱉어내도록 함
- 대상자의 척추, 흉골, 유방, 늑골연 부위는 진동시키지 않음

19 **지속적 침상안정 중인 83세 남자의 영양 공급을 위해 gastrostomy 시술을 하였다. 환자에게 제공할 수 있는 간호중재로 적절한 것은?**

① 영양액은 뜨겁게 데워서 제공한다.
② 영양 공급 후 편평하게 누워 있도록 한다.
③ 시술 부위가 회복될 때까지 금식을 유지한다.
④ 음식물 주입 전후에 물을 튜브로 통과시킨다.

해설 위루술 간호중재
- 위루술을 한 경우에 영양액은 실온 혹은 미지근하게 데워야 하며, 영양공급 후 30도 정도 머리부분을 높여 두어야 흡인을 예방할 수 있다.
- 시술 당일 혹은 다음날 음식을 주입할 수 있으며, 튜브는 배에 고정시킨다.
- 관이 막히는 것을 예방하기 위해 음식물 주입 전후에 물을 통과시킨다.

20 **요실금으로 인공도뇨관을 삽입한 대상자에게 '인공도뇨로 인한 감염 위험성'이라는 간호진단이 내려졌다. 이때 간호사가 제공할 수 있는 가장 우선적인 간호중재는?**

① 밀폐배액유지
② 도뇨관 삽입시 소독술 적용
③ 소변색 관찰
④ 회음부 간호

해설 인공도뇨 시의 요로감염율은 35~95%에 이르고 있고 세균뇨의 번식은 도뇨관이 삽입되어 있는 기관과 관계가 깊으므로 밀폐배액 기능유지가 가장 우선적인 중재이다.

정답 18 ② 19 ④ 20 ①

21 **류마티스 관절염으로 오랫동안 치료받아 왔으나 증상이 호전되지 않고 오히려 심해지자 치료 받기를 거부하는 환자에 관한 간호중재로서 옳은 것은?**

① 통증 사정도구로 정확한 통증 수준을 사정한다.

② 류마티스 관절염에 대한 전반적인 이해를 돕는다.

③ 류마티스 관절염의 예방을 위한 식이 교육을 시행한다.

④ 관절염협회와 같은 관절염 지지집단이나 자조모임 등에 관한 정보를 제공한다.

해설 같은 문제를 가지고 있거나 가졌던 환자들의 경험이 도움을 줄 수 있다. 환자를 이해하고 있음을 알려주어 지지를 도모해야 한다.

22 **응급실에 내원한 환자가 폐색전증을 진단받고 streptokinase가 처방되었다. 약물투여와 함께 이 환자에게 제공되는 간호중재로 옳은 것은?**

① 하지를 상승시킨다.

② 모든 약물은 동맥으로 투여한다.

③ 환자에게 탄력스타킹을 적용한다.

④ 매 30분마다 동맥혈 가스분석을 실시한다.

해설 탄력스타킹은 표재정맥을 압박하여 혈류가 심부정맥으로 흐르게 함으로써 정맥혈류 속도를 증가시키는 효과가 있다. 정맥정체를 예방하기 위해 기동, 능동적 및 수동적 다리운동을 격려한다.

23 **허약한 노인 환자의 보행을 지지하던 중, 환자가 쓰러지려는 상황에 처했다. 우선적으로 제공해주어야 하는 간호 중재는 무엇인가?**

① 환자의 상태를 사정한다.

② 환자를 부축해 병실로 들어가도록 한다.

③ 빨리 다른 간호사를 불러 도움을 청한다.

④ 환자의 체중을 지지해주면서 앉거나 눕게 한다.

해설 대상자가 실신하거나 쓰러질 경우 다리를 넓게 벌리고 대상자를 옆에서 바라보면서 골반을 잡는다. 팔을 대상자의 겨드랑이 밑에 넣어 대상자를 감싼 채로 바닥에 내려 놓는다.

정답 21 ④ 22 ③ 23 ④

24 **70세 남성이 기침과 심한 객담으로 잠을 제대로 자지 못하여 수면 시간이 줄어들었고, 낮 시간에 조는 모습이 관찰되었다 이 환자의 간호문제로 옳은 것은?**

① 피로
② 불면증
③ 수면박탈
④ 수면 무호흡

해설 수면의 양과 질이 충분하지 않은 상태로 낮에 피곤하거나 몽롱하면 불면증으로 본다.

25 **간호 기록의 방법과 그 설명으로 가장 옳은 것은?**

① APIE는 정보 중심 기록 방법이다.
② 임상경로는 대상자 증상에 대한 간호 방법이다.
③ 주관적 자료에 초점을 맞춘 기록 방법으로 SOAP, PIE, PIER 등이 있다.
④ 초점 기록(DAR)은 D(Data : 자료), A(Action : 간호활동), R(Response : 진료와 간호에 의한 환자 반응) 중심으로 기록한다.

해설 간호기록의 유형
- 서술식 기록
- 정보 중심 기록
  - 간호력
  - 상례 기록지(Flow sheets)
  - 간호 기록지
  - 의사 처방 기록지, 병력 기록지, 신체 검진 기록지, 경과 기록지, 기타 기록지
- 문제 기록지
  - SOAP 형식
  - SOAPIER 형식
  - APIE 형식
- 초점 기록(DAR)
  D(Data : 자료), A(Action : 간호활동), R(Response : 진료와 간호에 의한 환자 반응)

26 **13세의 임 양은 고도비만으로 비인슐린성 당뇨병이 의심된다. 임 양이 매일 당뇨 검사를 할 경우 결과를 어디에 기록하는가?**

① 카덱스
② 상례기록
③ 퇴원기록
④ 간호기록

해설 간호기록의 유형 – 상례기록지
- 빈번하게 반복적으로 수행되는 사정자료의 기록 양식
- 경과의 변화가 많은 정보들을 서술적으로 기록하므로 도표나 그래프 등을 이용
  예 활력징후, 섭취량과 배설량, 투약, 혈당수치

정답 24 ② 25 ④ 26 ②

27 간호기록지에 기록해야 하는 사항은?

① 생년월일
② 질병 경과와 예후
③ 입원시간과 진단명
④ 체온, 혈압, 호흡에 관한 사항

해설 간호기록의 유형 – 간호기록지
- 간호수행의 진술
- 대상자가 받은 교육, 간호, 대상자의 반응
- 의사 처방, 검사 결과, 환자사정 결과
- 여러 의료요원들과 의사소통
- 투약 관련, 처치에 관한 사항, V/S, I/O

①, ③ 간호력에 관한 내용이다.
② 경과 기록지에 기록한다.

28 간호력에 대한 설명으로 옳은 것은?

① 전체 입원기간 동안 환자의 상태를 파악하는 데 이용된다.
② 비정상적인 욕구 충족과정에 대한 강점에 장애를 확인한다.
③ 대상자의 입원 시 기본욕구 충족방법에 대한 정보를 수집한다.
④ 간호진단을 내리고 계획을 세우는 데 기준이 되는 정보는 아니다.

해설 간호기록의 유형 – 간호력
- 대상자의 건강수준과 생활양식의 변화, 사회・문화적 역할, 질병에 대한 반응 확인
- 전체 입원기간 동안 환자의 상태를 파악하는 데 이용
- 대상자의 평상시 기본욕구 충족방법에 대한 정보를 수집
- 정상적인 욕구 충족과정에 대한 강점과 장애를 확인하는 것

29 서면화된 간호기록에 대한 설명으로 맞는 것은?

① 목표와 기대되는 결과를 확인한다.
② 법적 소송의 증거로는 충분하지 못하다.
③ 건강전문가마다 표현이 다르므로 의사소통 수단으로서 적합하지 않다.
④ 간호사가 교대로 대상자를 담당하기 때문에 대상자가 받은 간호의 질을 평가할 수 없다.

해설 간호기록의 목적
- **의사소통** : 건강관리요원 간의 의사소통 수단
- **처방**
- **자료의 출처** : 간호계획 시 자료로 활용
- **평가** : 대상자가 받은 간호의 질과 간호사의 능력을 평가할 수 있는 근거
- **법적 문서** : 법적 소송에 증거로 제출

정답 27 ④ 28 ① 29 ①

- **의사결정** : 간호전략 수립 시 필요한 정보 제공
- **연구** : 연구를 위한 자료의 출처, 통계자료로 활용
- **교육** : 대상자 기록을 통해 건강문제의 증상, 치료, 목표 달성에 미치는 영향 요인 파악
- 치료비용 상황 근거
- **통계** : 통계자료를 얻어 미래의 예측이나 정책 수립에 이용

30 간호사가 병동에서 환자 임 씨가 안절부절못하고 불안한 것을 관찰하였다. 기록해야 하는 때는 언제인가?

① 임 씨를 관찰하고 난 직후
② 간호사의 근무가 끝나기 전에
③ 수간호사에게 보고하고 난 후
④ 임 씨의 행동이 문제를 일으켰을 때

해설 간호기록의 일반적인 지침
간호기록은 간호수행 후 즉시 기록한다.

31 환자기록에 대한 일반적인 지침으로 가장 옳은 것은?

① 서명은 성과 이름을 모두 포함한다.
② 기록은 검정색 또는 파란색 펜으로 한다.
③ 환자를 지칭하는 말로 대상자라는 말을 사용한다.
④ 기록 시 사용하지 않은 공간은 빈칸으로 남겨둔다.

해설 간호기록의 일반적인 지침
② 기록은 검정색 펜으로만 작성한다.
③ 기록에는 대상자라는 말은 생략한다.
④ 기록 시 빈칸을 남기지 않아야 한다(기록할 사항이 없을 경우 줄을 긋는다).

32 가족력을 조사하는 이유 중 가장 적절한 것은?

① 가족 대상의 보건교육을 계획하기 위함이다.
② 가족 수와 가족의 경제적 상황을 파악하기 위함이다.
③ 가족의 유전 및 전염병에 대한 정보를 얻기 위함이다.
④ 생활주기에 따른 가족의 발달단계를 파악하기 위함이다.

해설 간호기록의 유형 – 간호력
가족력 조사를 통해 대상자의 건강상태에 영향을 미치는 유전 및 전염병 등에 대한 정보를 얻을 수 있다.

정답 30 ① 31 ① 32 ③

33 간호력의 구성요소로 가장 올바른 것은?

① 의사 처방
② 의료진의 인적사항
③ 가족 진단검사 결과
④ 대상자의 정상 건강습관과 간호요구

해설 간호기록의 유형 – 간호력
구성요소 : 인적사항, 건강관리시설을 찾게 된 이유, 대상자의 정상 건강습관과 간호요구, 현재력과 과거력, 건강과 질병에 대한 대상자의 태도와 반응, 적응 유형, 대상자의 성장력, 가족력(유전 및 전염병의 질병 정보를 얻기 위해), 대상자와 가족의 건강관리 제공자에 대한 기대, 대상자와 가족의 간호계획에 참여하려는 의지와 능력, 대상자의 건강관련 자원

34 다음은 간호기록 방법 중 SOAP를 사용한 기록이다. 다음 상황에서 A에 해당하는 것으로 가장 알맞은 것은?

> 60세 노인환자가 "숨이 차고 힘들어요."라고 호소하고 있다. 활력징후를 측정하였더니 혈압 : 140/90, 호흡 : 30회/분, 맥박 : 120회/분, 체온 : 37.5℃였다. 비효율적 호흡 양상이라는 간호진단을 내리고 환자에게 반좌위를 취해주고 6L/min으로 산소를 공급하였다.

① 혈압 140/90
② 호흡수 30회
③ 비효율적 호흡 양상
④ "숨이 차고 힘들어요"

해설 문제 중심 기록 – SOAP 형식
- S(Subjective data) : 주관적 자료로서 대상자의 말을 그대로 기록
- O(Objective data) : 객관적 자료로서 간호사가 관찰한 내용을 기록
- A(Assessment) : 사정으로, 주관적 자료와 객관적 자료를 분석한 후에 진단을 내리거나 대상자의 문제를 나타내는 것
- P(Planning) : 계획으로, 사정에서 제시된 진단이나 문제를 해결하기 위한 간호중재로 기록하는 것

①, ② 객관적 자료(O)에 해당한다.
④ 주관적 자료(S)에 해당한다.

정답 33 ④ 34 ③

35 호스피스 간호대상자의 간호진단으로 '영적 고통'이 내려졌을 때의 간호중재로 옳은 것은?

① 자신의 존재의미를 찾도록 돕는다.
② 용서하지 못한 사람들을 용서하도록 설득한다.
③ 간호사의 종교적 신념대로 죽음을 받아들이도록 지도한다.
④ 기도 및 종교생활을 계획대로 반드시 실천하도록 한다.

해설 임종 대상자의 영적 고통은 영적 요구를 가지고 있기 때문에 발생한다. 4가지 영적 요구는 의미 추구의 요구, 용서에 대한 요구, 사랑에 대한 요구, 희망에 대한 요구이다. 자신의 존재의미를 찾도록 돕고, 자신과 타인을 용서하려는 마음을 갖도록 도우며, 사랑하는 이들과 가까이 할 수 있도록 도와준다.

36 세균성 심내막염 대상자의 간호중재로 옳지 않은 것은?

① 판막손상과 색전으로 인한 증상을 사정한다.
② 심박출량의 지표를 사정한다.
③ 페니실린과 같은 항생제를 투여한다.
④ 통증 시 모르핀과 같은 진통제를 투여한다.

해설 세균성 심내막염 환자의 유지를 위하여 혈압, 맥박, 시간당 소변량 등을 측정하고 심장을 청진하여 심잡음의 변화를 관찰한다. 증상으로는 염증반응으로 인한 증상, 판막손상으로 인한 증상, 색전으로 인한 증상이 있다. 치료를 위해 항생제 요법을 적용하고 통증이 있는 경우 진통제를 투여하며, 질병에 대해 충분한 설명을 통해 불안을 완화시킨다.

37 심도자술 검사 시 간호중재로 옳은 것은?

① 검사 전 24시간 동안 금식시킨다.
② 검사 후 4시간 동안 수액섭취를 제한한다.
③ 검사 후 1시간 간격으로 소변량을 측정한다.
④ 관 삽입 부위를 정하고 국소마취가 시행될 것임을 설명한다.

해설 심도자술 검사 시 간호중재

- 이 검사를 위해 사전동의서를 받아야 한다.
- 시술 시 환자가 경험할지도 모르는 감각에 대해 설명한다.
- 도관 삽입 부위를 정하고 국소마취가 시행될 것임을 설명한다.
- 검사 도중 구토와 토물 흡인 방지를 위해서 검사 전 6~8시간 동안 금식시킨다.
- 환자에게 조영제 알레르기가 있는지 확인한다.
- 도관이 통과되었던 사지는 똑바로 유지하고 심도자 후 출혈과 불편감 방지를 위해 몇 시간 동안 부동을 유지해야 한다.
- 부정맥과 저혈압 사정을 위해 환자와 활력징후를 잦은 간격으로 측정해야 한다.
- 검사 이후 조영제 배설을 돕도록 수액 섭취를 권장한다.

정답 35 ① 36 ② 37 ④

38 73세 남자가 5년 전 울혈성 심부전을 진단받고 수차례의 입원 치료와 외래 진료를 받고 있다. 이 환자는 호흡곤란을 호소하며, 양쪽 다리의 의존성 부종과 복수가 관찰되며, 일주일 전부터 매일 0.3~0.5kg 정도의 체중 증가가 있었다고 한다. 이 환자에게 적용하여야 할 간호중재로 가장 적합한 것은?

① 수분과 염분 섭취를 제한한다.
② 낙상을 예방하기 위해 억제대를 사용한다.
③ 불안을 감소시키기 위해 최면제를 투약한다.
④ 심장의 부담을 줄이기 위해 절대 안정을 하도록 한다.

해설 심부전 환자에게 최면제 투여시 혼돈과 불안증세가 악화되며 억제대 사용 시 저항으로 인해 심부담이 증가하므로 억제대 사용은 피해야 한다. 또한, 절대안정을 하게 되면 혈류의 저하와 혈전 형성, 근육과 뼈의 허약, 소변정체로 인한 신석증의 위험, 욕창 및 우울 등 합병증의 위험이 크므로 적절한 신체활동이 필요하며 에너지 회복을 위해 낮잠을 자도 된다.

39 40세 남성 임 씨는 지난 5년간 지속적으로 흡연하였으며, 최근부터 손발이 차고 쉬고 있을 때 통증이 없으나 일정거리 이상 걷게 되면 다리 근육에 통증이 발생하며 휴식을 취한 경우 통증이 사라지지만 다시 걷게 되면 통증이 자꾸 재발하는 보행장애를 경험하고 있다. 이 환자를 위해 우선적으로 제공해야 할 간호중재는?

① 반드시 금연하도록 한다.
② 따뜻한 물로 사지를 마사지하여 혈액순환을 촉진한다.
③ 혈관확장을 위해 국소적인 교감신경절제술을 즉시 시행한다.
④ 통증 완화를 위해 morphine 등 마약성 진통제를 투여한다.

해설 버거씨병은 주로 하지에 발생한 혈관염증으로써 혈전 형성이 특징적이다. 순환의 손상으로 인해 화끈거리는 통증과 간헐성 파행증이 온다. 버거씨병의 유일하고 가장 확실한 예방법은 금연이며, 흡연은 혈관을 수축시키므로 반드시 금연을 해야 한다. 혈관확장을 위해 교감신경절제술을 한다. 통증조절을 위해 적절한 진통제와 혈관확장제로 통증을 조절하고, 보존적 치료가 실패하고 손가락 및 발가락 괴저가 나타나면 사지절단을 시행하는 경우도 있다.

40 위 절제술을 받은 대상자가 비위관을 삽입하고 병실로 돌아왔다. 이때 제공해야 하는 간호중재로 적절한 것은?

① 비위관 주변의 드레싱 상태를 잘 확인한다.
② 배액의 양과 색깔을 관찰하고 기록한다.
③ 비위관 튜브의 위치를 자주 바꾸어준다.
④ 비위관은 매 1시간마다 세척을 실시한다.

정답 38 ① 39 ① 40 ②

해설 비위관은 주변의 드레싱 상태를 관찰하기보다는 비위관과 접촉하는 피부상태를 확인하고 배액관은 삽입 후 위치가 바뀌어서는 안 되며, 특별한 처방이 있을 때만 부드럽게 세척해야 한다. 또한 비위관은 직접 배액을 하거나 간헐적인 낮은 압력의 흡인기에 연결하여 배액한다.

41 **갑작스런 경련성 복통 및 검은색의 변 냄새가 나는 내용물을 토하고 복부 팽만이 있는 대상자의 검사결과 탈수 및 저칼륨혈증과 저나트륨혈증, 대사성 알칼로시스가 나타났다. 적절한 간호중재가 아닌 것은?**

① 위 감압을 위해 비위관을 삽입한다.
② 복통감소를 위해 진통제를 투여한다.
③ 장내 및 세균성장을 억제하기 위해 항생제를 투여한다.
④ 침상 머리 부분을 올려주고 체위변경을 시킨다.

해설 장의 압력을 감압시키고 폐색을 완화하기 위해 장 튜브를 삽입하여 장내 세균의 성장을 억제하기 위해 항생제를 투여한다. 복부 압박감을 경감하기 위해 침상 머리 부분을 올려주고 자주 체위변경을 시켜주며 확진을 할 때까지 진통제 사용을 자제한다.

42 **간암진단을 받은 대상자에게 지남력 상실과 호흡 시 간성 구취가 심하게 나타났다. 간호중재로 옳은 것은?**

① 진정제를 투여한다.
② 수분섭취를 제한한다.
③ lasix를 경구 투여한다.
④ lactulose 관장을 시행한다.

해설 이뇨제 사용으로 인한 저칼륨혈증은 신장에서 암모니아 생성을 증가시켜 간성 뇌병증을 악화시킨다. 간성 혼수가 의심되는 간질환자는 진정제를 엄격히 제한해야 하며 암모니아 수준을 감소하기 위하여 저단백 식이를 제공해야 한다. Lactulose는 장내로 암모니아 이온을 끌어들여 혈중 암모니아 수치를 감소시킨다.

43 **50세의 박 씨는 심한 복통과 복부팽만, 오심, 구토가 있어 응급실로 입원하였다. 간호사가 신체사정에서 복부 근육이 판자처럼 단단해져 있고 반동성 압통을 호소하였다. 가장 우선적인 간호중재는?**

① 전해질 교정
② 앙와위에서 절대안정
③ 균배양 검사 후 항생제 선정
④ 위장관 튜브를 삽입하여 감압 실시

해설 복막염 환자는 오심, 구토가 있으므로 음식을 섭취하지 말고 정맥주입이 필요하며 비위관 튜브를 통해 감압시키는 것이 우선적으로 필요하다.

정답 41 ② 42 ④ 43 ④

44 **수년간 게실염을 앓아 온 대상자가 좌측 하복부 통증과 열을 호소하는 급성 게실염의 증상을 보이고 있다. 급성기의 간호중재로 옳은 것은?**

① 수분을 제한한다.
② 고섬유질 식이를 권장한다.
③ 몸을 굽히는 운동을 금하도록 한다.
④ 구강으로 유동식을 소량 자주 공급한다.

해설 급성 게실염 환자는 통증이나 염증이 감소하고 열이 내려갈 때까지는 금식시키며 비위관을 삽입하고 정맥으로 수분을 공급한다. 급성 증상들이 완화되기 시작하면 구강으로 유동식을 먹을 수 있으며 점차적으로 일반식사를 하도록 한다. 환자에게 몸을 굽히거나, 무거운 것을 들어 올리는 것, 몸을 웅크리거나 기침과 구토 등 복부 내압을 증가시키는 활동은 금하도록 한다.

45 **장루수술을 받고 퇴원한 68세 여자 환자에게 추후관리를 위해 간호사가 전화했을 때, 환자는 냄새와 가스배출 때문에 외출을 삼가고 있다고 하였다. 이 상황에서 간호사의 교육내용으로 적절하지 않은 것은?**

① 껌을 씹거나 탄산음료수를 피한다.
② 냄새가 새지 않는 주머니를 소개한다.
③ 숯, 탈취제 등의 방향제를 사용토록 한다.
④ 오이, 무, 풋고추, 양배추를 먹도록 권장한다.

해설 가스와 냄새제거를 위해서는 식이조절 습관이 중요하다. 가스형성 음식과 가스를 형성하는 행위는 피하도록 교육하며 오이, 무, 풋고추, 양배추는 가스형성 음식이다.

46 **65세 환자는 최근 정기검진에서 갑상선 암 진단을 받고 일주일 전 갑상선 절제술 후 퇴원하였다. 이틀 전부터 손이 저리고 얼굴이 실룩거리며 피부에 점상출혈이 생겨 내원하였다. 이 환자에게 적절한 간호중재는?**

① 수혈제제를 투여한다.
② 포도당 용액에 인슐린을 희석하여 투여한다.
③ Kayexalate를 투여한다.
④ Calcium gluconate를 희석하여 투입한다.

해설 갑상선 절제술이나 부갑상선 손상이나 국소부종으로 부갑상선의 기능이 억압되어 저칼슘혈증이 올 수 있음을 예상하며, 제시된 사정결과를 바탕으로 저칼슘혈증을 파악한 후 칼슘제제를 투여하도록 한다.
②, ③은 고칼륨혈증에 대한 중재이다.

정답 44 ③ 45 ④ 46 ④

47 **30세 남자는 2주전 편도선염을 동반한 감기를 심하게 앓은 후 갑자기 소변량이 감소하고, 심한 전신부종과 고혈압의 증상으로 병동에 입원하였다. 담당 간호사로서 가장 우선적인 중재는?**

① 침상안정
② 매일 체중측정
③ 면역억제제 투여
④ 수분과 단백질 제한

해설 급성사구체신염은 갑자기 요량이 감소하고 단백뇨와 부종을 초래하며 심하면 전신부종, 고혈압 등의 증상이 동반된다. 이때 가장 우선적인 중재는 침상안정이 중요하다.

48 **고관절 성형술 후 대상자의 간호중재로 옳은 것은?**

① 화장실 변기는 가능한 한 낮은 것으로 사용하게 한다.
② 수술 후 일주일간 앙와위로 절대 안정을 유지해야 한다.
③ 근육강화를 위해 대둔근의 등척성 굴곡운동을 교육한다.
④ 침대에서 휠체어로 이동 시 고관절은 최대한 신전시킨다.

해설 수술 후 1~2일 절대안정을 취하고 그 뒤로 점차적으로 보행보조기의 도움을 받아 무게를 신도록 하며 수술 후 2~3일 후에는 침대 기상이 가능하다.

정답 47 ① 48 ④

주관식

01 간호수행 시 필요한 간호사의 수행기술은 무엇인지 쓰시오.

02 발목골절로 단하지 석고붕대(short leg cast)를 적용한 환자에게 신경혈관계 손상을 예방하기 위한 간호중재를 쓰시오.

정답

01 지적 기술, 대인적 기술, 전문적 기술

02
- 사지의 손톱이나 발톱을 눌러 모세혈관충만을 확인한다.
- 감각 상태를 확인한다.
- 첫 24~48시간 동안은 석고붕대 부위를 심장보다 높게 한다.
- 석고붕대 말단 부위의 통증 유무와 통증 강도의 변화를 사정한다.

CHAPTER 6

간호평가

01 간호과정의 평가단계에서 가장 우선적으로 해야 할 내용은?

① 회환 여부에 대한 결정
② 간호의 질에 대한 평가
③ 단계별 재검토 및 수정
④ 간호목표에 도달한 정도 평가

해설 간호평가의 정의
- 이전에 세워진 평가 기준과 비교하여 판단을 내리는 구체적이고 체계적인 과정
- 먼저 수립한 목표에 얼마나 도달하였는지 양적인 평가를 한 후 질적인 평가나 재검토가 이루어진다.

02 다음 중 대상자의 간호목표가 달성되지 못한 이유를 파악하기 위해 간호사가 할 일로 가장 적절하지 않은 것은?

① 자료를 수집한다.
② 대상자를 면담한다.
③ 결과와 목표를 비교한다.
④ 간호사의 업무 능력을 평가한다.

해설 간호평가 단계의 과정
- 대상자의 목표와 기대 결과 확인
- 대상자의 목표와 기대 결과와 관련된 자료수집
- 대상자의 목표와 기대 결과 비교
- 제공된 간호와 대상자 결과와의 관계(연계성) 파악
- 문제 상태에 대한 결론 도출
- 간호계획을 지속, 수정, 종료

03 간호과정의 평가단계에서 이루어지는 활동이 아닌 것은?

① 해결된 문제의 종결
② 필요 시 간호계획 수정
③ 간호의 효율성을 결정하는 데 도움을 줌
④ 원인의 제거에 목적을 두어 간호지시서 작성

정답 01 ④ 02 ④ 03 ④

해설 간호평가
- 정의 : 목표가 달성되었는지 결정하는 과정
- 목적
  - 대상자의 반응을 분석함
  - 간호의 효율성을 결정하는 데 도움을 줌
  - 목표를 달성할 수 있도록 대상자 경과의 진행 수준을 정하는 것
  - 간호전략과 간호지시 및 그에 따른 간호 수행의 효과를 책임 있게 판단
  - 해결된 문제의 종결

04 **'자가간호에 대한 지식부족'이라는 간호진단이 내려진 간염 대상자가 식이요법을 이해했다고 평가할 수 있는 내용은?**

① 고지방, 고칼로리, 고비타민 식이를 섭취하겠다고 말한다.
② 저단백, 고칼로리, 고비타민 식이를 섭취하겠다고 말한다.
③ 저단백, 저지방, 저비타민 식이를 섭취하겠다고 말한다.
④ 고지방, 고단백, 고비타민 식이를 섭취하겠다고 말한다.

해설 간염환자는 소모성 질환이므로 고지방, 고단백, 고비타민 식이를 해야 한다.

05 **왼쪽 폐에 건성 흉막염이 있는 환자의 통증이 완화되고 폐 내 환기가 잘 이루어지고 있음을 알 수 있는 지표는?**

① 왼쪽으로 주로 눕는다.
② 체위변경을 하지 않으려고 한다.
③ 기침과 심호흡을 능동적으로 한다.
④ 진통제를 4시간 간격으로 요구한다.

해설 간호평가지표
- 흉막염 환자는 호흡 시 벽측 흉막과 장측 흉막 간의 마찰로 인해서 찌르는 듯한 통증을 호소하고 그것 때문에 체위변경, 기침 및 심호흡 등을 하지 않으려 하고 얕고 빠른 호흡을 한다.
- 이로 인해 폐 내의 환기 능력의 저하가 동반된다. 환측 폐쪽으로 눕게 하고 환측 폐를 지지하면서 심호흡과 기침 등이 간호중재로 적용된다.
- 따라서 통증과 폐 내 환기능력의 증진에 대한 지표는 환자가 기침과 심호흡을 능동적으로 하는 것을 통하여 알 수 있다.

정답 04 ④ 05 ③

06 **결핵으로 진단 받은 대상자에게 담당 간호사가 퇴원 교육을 하였다. 다음 진술 중 대상자가 교육내용을 잘 이해하고 있다고 판단할 수 있는 것은?**

① "2달 동안 약물을 꾸준히 복용해야 한다."
② "다음 6개월 동안 쇼핑을 할 수 없을 것이다."
③ "감자와 고구마 같은 식품을 많이 먹는 것이 좋다."
④ "다음 방문 시 객담 배양이 음성이면 직장으로 복귀할 수 있을 것이다."

해설 결핵 약물치료는 6개월 이상 꾸준히 지속한다. 대상자는 일반적으로 2~3주 동안의 약물 치료 후에는 전염성이 없는 것으로 판단한다. 환자의 객담검사는 매주 실시하고 세 번 반복해서 시행한 객담 배양에서 음성이 나오면 직장에 복귀할 수 있다.

07 **평가결과에 따라 적절한 단계로 회환(feedback)한 것은?**

① 대상자의 목표/기대결과 달성이 어려우면 간호계획 포기
② 대상자의 목표/기대결과 달성이 어려우면 다시 간호진단 수립
③ 대상자의 목표/기대결과가 달성되지 않았더라도 간호계획 종결
④ 대상자의 목표/기대결과가 달성되지 않았다면 이유를 파악하여 수정함

해설 평가결과에 따라 적절한 단계로 회환하는 것
- 대상자의 목표/기대결과가 달성되었으면 간호계획을 종결
- 대상자의 목표/기대결과 달성이 어려우면 간호계획을 수정
- 대상자의 목표/기대결과 달성에 시간이 더 필요하면 간호계획을 지속
- 대상자의 목표/기대결과가 달성되지 않았다면 이유를 파악하여 수정함

08 **적정수준 간호 정도의 결과달성 정도를 나타내는 것은?**

① 질　　② 기준
③ 지침　　④ 효율성

해설 질은 일정기준을 설정하여 그 기준에 도달하는 것으로 정의할 수 있으며 이는 적정수준 간호의 달성정도를 나타낸다.

09 **의료의 질을 구성하는 요소 중에서 '의료서비스는 환자가 필요할 때 쉽게 이용할 수 있어야 한다는 것'을 의미하는 것은?**

① 적절성(optimality)　　② 효율성(efficiency)
③ 가용성(availability)　　④ 접근성(accessibility)

해설 접근성이란 시간 혹은 거리 등의 요인에 의하여 의료서비스 비용에 제한을 받는 정도를 말한다.

정답 06 ④ 07 ④ 08 ① 09 ④

10 **표준의 달성 정도를 측정 또는 관찰하여 지표를 평가할 수 있도록 서비스의 수준을 세분하여 명확하게 기술한 것을 무엇이라 하는가?**

① 질 ② 표준
③ 지표 ④ 기준

해설 기준을 설명하고 있으며 이는 지표의 형태로 구체화된다.

11 **의료행위 수행 중에 일어날 수 있는 위험상황이나 의료분쟁과 같은 사고로 인해 초래되는 경제적 손실을 줄이기 위한 프로그램은?**

① COPQ ② 임상경로
③ 위험관리 ④ 6 시그마

해설 질 통제를 통한 위험관리는 안전사고나 의료분쟁과 같은 경제적 손실을 줄이기 위한 효과적인 프로그램이다.

12 **질 보장과 비교하여 총체적 질 관리의 특징으로 옳은 것은?**

① 모든 사람이 고객이고 대상이 된다.
② 임상 의료의 과정과 결과에 초점을 둔다.
③ 의료서비스 평가위원회 위원들이 참석한다.
④ 의료를 향상시키기 위해 우수한 표준을 설정한다.

해설 총체적 질 관리는 환자를 포함한 모든 고객의 서비스와 질 향상이 목표이고 지속적인 질 향상을 위해 특별한 원인보다 일상적인 원인에 더 주의를 기울인다.

13 **TQM의 필수 요소가 아닌 것은?**

① 리더쉽 ② 직원들의 교육
③ 고객중심 서비스 ④ 경쟁병원의 존재

해설 고객에 초점을 맞춘 개선철학, 분석적 지식과 기술을 활용한 의사결정, 지속적인 교육과 훈련을 통한 대인관계기술, 폭넓은 질 개선 노력을 이루기 위한 지원구조와 조직, 모든 조직의 내부 및 외부의 환경과 문화에 영향, 조직문화의 변화과정을 유도하는 리더십 등이 필수요소이다.

정답 10 ④ 11 ③ 12 ① 13 ④

14 **구조적 평가에 대한 설명은?**

① 간호의 질 관련 지표로 보기 어려운 단점이 있다.
② 구조적 표준으로 환자교육, 의사소통 등이 활용된다.
③ 시간이 많이 걸리므로 측정시기의 적정기준이 어렵다.
④ 환자의 간호계획과 활동지침서 또는 간호지침서 내에 문서화될 수 있다.

해설 구조적 평가는 간호가 수행되는 구조, 환경, 전달체계를 평가하는 것으로 물리적 시설, 직원의 자격, 정책, 절차, 인력개발 프로그램 등이 해당된다.

15 **간호의 질 평가에서 과정적 평가에 관한 사항은?**

① 환자가 만족하는가?
② 병원의 면허 간호사가 몇 명인가?
③ 환자에게 흡인을 잘 시행하고 있는가?
④ 환자의 자가간호 수준이 향상되었는가?

해설 과정적 평가란 간호과정의 운영을 측정하는 기준을 설정하여 그에 대한 평가 결과를 반영하는 것으로 간호업무 수행, 환자교육, 의사소통이 해당된다.

16 **결과적 접근방법으로 간호업무의 질을 평가할 때 적절한 기준은?**

① 병상회전율
② 환자간호계획
③ 간호과정 적용
④ 환자안전간호정책

해설 ②, ③은 과정적 평가, ④는 구조적 평가이다.

17 **입원 중인 환자에게 간호의 질, 만족도 등을 평가하게 하는 것은?**

① 구조평가
② 영향평가
③ 결과평가
④ 동시평가

해설 입원 중인 환자에게 평가를 하는 것은 평가시기에 따른 간호의 질 평가방법 중의 하나인 동시평가이다.

정답 14 ① 15 ③ 16 ① 17 ④

18 간호사의 투약행위에 대한 동시평가는?

① 간호사를 면담한다.
② 환자 투약 후 관찰한다.
③ 간호사의 투약을 관찰한다.
④ 투약 받는 환자와 면담한다.

해설 동시평가는 간호행위 중의 평가이므로 간호사의 투약행위 시에 관찰한다.

19 간호행위가 끝난 이후에 평가하는 방법으로 수행된 간호에서 결점을 발견하여 다음 간호계획이나 교육 시에 시정함으로써 간호의 질을 향상시키는 방법은?

① 구조평가 ② 과정평가
③ 표준평가 ④ 소급평가

해설 소급평가에 대한 설명으로 해당 환자에게는 수정의 여지가 없다는 단점이 있다.

20 총체적 질 관리에 대한 내용으로 올바르지 않은 것은?

① 전체 구조조직에 적용시킨다.
② 모든 사람의 업무수행개선에 초점을 둔다.
③ 비용효과와 고객기대에 질 향상을 추구한다.
④ 수직적 관리에 미달된 인재는 표준화에 의해 교육시킨다.

해설 고객의 요구에 부응하기 위하여 특정원인과 과정을 향상시키기 위한 예방과 기획, 전체조직 차원에서 체계적이고 지속적인 상품이나 서비스의 꾸준한 질 향상 노력의 체계적 과정으로 병원조직 내의 모든 구성원이 참여하며 고정된 표준은 없다.

21 질 향상 방법 중에서 계획, 실행, 점검, 개선의 네 단계를 반복하여 업무를 지속적으로 개선해 나가는 방법으로 1990년대 이후 자기개발이나 학습방법 등 거의 모든 분야에서 폭넓게 사용되는 경영기법은?

① RCA ② PDCA
③ PERT ④ 임상경로

해설 Deming cycle이라고도 하는 PDCA에 대한 설명이다.

정답 18 ④ 19 ④ 20 ④ 21 ②

22 **다음 내용과 관련 있는 질 향상 활동방법은?**

> 의료기간에서 의료인의 특정 진단, 의료행위 절차를 가장 적합하게 순서화하는 시간계획표를 작성하는 기법으로 세로축에 환자상태평가, 환자의 활동, 식이, 검사, 투약, 처치, 환자교육 등의 환자진료의 구성요소들을 나열하고, 가로축에 이를 시간적 순서에 따라 정리한 시간·업무 교차표의 형태를 하고 있는 것으로, 진료의 지연과 자원소모량의 최소화, 의료의 질 향상을 목적으로 한다.

① RCA
② PDCA
③ PERT
④ 임상경로

해설 일종의 표준화된 자료활동 지침서인 임상경로(critical pathway)에 대한 설명이다.

23 **프로젝트를 단기간 내에 완성하기 위한 하나의 시간을 추정하는 방법으로 소요시간이 확실한 경우에 최우선 작업과 전체 프로젝트의 최단 소요시간을 추정함으로써 원가절감을 주목적으로 하는 통제방법은?**

① PERT
② Pareto 도표
③ 주경로기법(CPM)
④ Gantt chart(흐름도)

해설 주경로기법은 반복사업이나 경험이 있는 사업에 주로 사용되는 방법으로 가장 빠른 시간 내에 프로젝트의 완성을 위해 꼭 필요한 반응을 보여준다.

24 **불확실한 상황에서 간호사업을 할 때 각 부문별로 활동을 나누고, 각 하위 작업을 달성하는데 소요되는 시간을 세 가지로 추정하여 사업의 순서를 정함으로써 기간단축을 주목적으로 하는 통제방법은?**

① PERT
② 사례관리
③ 주경로기법
④ 기획예산제도

해설 PERT는 하나의 프로젝트를 완성하기 위해 각 부문별로 활동을 나누고, 순서를 정한 다음 각 활동의 시작시간, 종료시간, 각 활동 간의 일정을 나타냄으로써 전체 프로젝트의 일정표를 작성하는 방법으로 신규사업이나, 비반복사업, 경험없는 사업과 같이 대체로 소요시간이 불확실한 경우에 사업의 순서를 정하기 위해 사용된다.

정답 22 ④ 23 ③ 24 ①

25 A 병원에서 입원이 지연되는 것을 개선하기 위하여 질 관리 활동을 하고 있다. 브레인스토밍 방법을 활용하여 세부 원인을 도출하고, 결과에 대해 어떤 요인이 어떤 관계로 영향을 미치고 있는지를 연결하여 팀원들이 문제의 근본원인을 더 자세하게 파악할 수 있도록 해주는 질 관리 분석도구는?

① 흐름도 ② 런 차트
③ 히스토그램 ④ 물고기 등뼈 그림

해설 물고기 등뼈의 모양을 한 인과관계도이다.

26 질 관리 분석도구 중에서 원인 간의 상대적 비중을 퍼센트로 나타낸 특별한 형태로 의료의 질에 영향을 미치는 주요원인을 규명할 때 사용할 수 있는 것은?

① 흐름도 ② 런 차트
③ 히스토그램 ④ 파레토 차트

해설 파레토 차트는 개선 가능성이 높은 문제에 노력의 초점을 맞추도록 하는 데 목적이 있다.

27 특정업무과정에 필요한 모든 단계를 도표로 표시한 것으로 업무과정을 분석하거나 개선하고자 할 때 유용한 질 관리 자료분석 도구는?

① 흐름도 ② 런 차트
③ 히스토그램 ④ 파레토 차트

해설 특정업무과정에 필요한 모든 단계를 도표로 표시한 것이 flow chart인 흐름도이다.

28 특정한 측정 빈도와 비율 등을 막대그래프로 나타낸 도구로 자료의 분포양상을 명확하게 제시하는 데 쓰이는 질 관리 자료분석 도구는?

① 흐름도 ② 런 차트
③ 히스토그램 ④ 파레토 차트

해설 히스토그램에 대한 설명이다.

정답 25 ④ 26 ④ 27 ① 28 ③

29 **일정 기간 동안 업무과정의 성과를 측정한 관찰치를 통하여 업무 흐름이나 경향을 조사할 목적으로 사용되는 질 관리 자료분석 도구는?**

① 흐름도

② 런 차트

③ 히스토그램

④ 파레토 차트

해설 업무흐름이나 경향을 조사할 목적으로 사용되는 것은 run chart이다.

30 **동시평가에 대한 내용으로 옳지 않은 것은?**

① 간호행위 중에 평가하는 방법이다.

② 환자 만족도와 간호의 질을 높인다.

③ 환자면담 및 관찰방법을 이용할 수 있다.

④ 동시평가는 평가를 위한 인력이 따로 요구된다.

해설 동시평가는 평가를 위한 인력이 따로 요구되지 않는다.

합격 TEST

1회 합격 TEST

01 대상자로부터 수집한 객관적 자료로 적절한 것은?

① 대상자가 지각하는 정보
② 대상자와의 면담을 통해서 얻은 정보
③ 대상자의 건강상태에 대한 개인적 지각
④ 타인의 관찰을 통해 얻은 측정 가능한 정보

02 다음 중 독자적 간호중재에 해당하는 것은?

① 위임
② 마사지
③ 약물관장
④ 재활치료

03 38세의 임부가 분만 후 8시간 동안 배뇨를 하지 못해 간호중재를 계획하고자 할 때 효율적이고 안전한 간호중재 수행을 위해 고려해야 할 요인은?

① 배우자의 협조
② 간호사의 의지
③ 대상자의 전문지식 수준
④ 화장실 등 환경적인 요인

04 간호계획 시 우선순위가 높은 경우는?

① 자아존중감의 감소
② 인체의 저항력 감소
③ 청력에 영향을 주는 문제
④ 폐나 심장의 심각한 외상

05 간호과정의 특성으로 옳지 않은 것은?

① 대상자 중심이다.
② 역동적이고 순환적이다.
③ 집단의 대상자에게 적절하다.
④ 어떤 상황에서나 적용 가능하다.

06 다음 중 간호력에 포함되지 않는 내용은?

① 통증
② 과거병력
③ 배변습관
④ 임상검사결과

07 50세 김 씨는 객담을 동반한 기침으로 내원하였다. 확인해야 할 건강력은?

① 흡연력
② 배변습관
③ 체중변화
④ 구강위생

08 다음 중 장기목표로 올바르게 설정된 것은?

① 대상자는 일주일 이내에 침대에서 낙상하지 않는다.
② 대상자는 일주일 이내에 정상적인 폐음을 회복한다.
③ 대상자의 피부는 일주일 이내에지 따뜻하고 건조할 것이다.
④ 대상자는 금요일까지 오른쪽 팔을 어깨 높이까지 든다.

09 다음 중 문제중심 기록의 장점은?

① 누적식 기록
② 의사소통 용이
③ 모든 의료기관에서 동일
④ 건강관리요원들의 편의 증대

10 일반적으로 인정된 좋은 실무에 대한 현행 표준과 예상되는 결과 달성에 부합되는 정도를 나타내는 것은?

① 질　　② 기준
③ 표준　　④ 지표

11 간호평가를 위한 표준설정 시 유의할 사항으로 옳지 않은 것은?

① 기준은 긍정적인 형태로 기술한다.
② 기대하는 내용을 구체적으로 열거한다.
③ 한 가지 기준에는 한 가지 행위만 서술한다.
④ 비슷한 문제보다 독특한 문제를 가진 대상자들에게 적용할 수 있어야 한다.

12 질 보장(QA)과 비교하여 볼 때 총체적 질 관리(TQM)에 대한 옳은 설명은?

① 환자 진료의 질 향상
② 지속적인 질 관리 유지
③ 과정향상을 위한 결과지향
④ 일상적 원인에 주의를 기울임

13 다음 중 언어적 의사소통 능력의 장애가 초래될 수 있는 경우는?

① 소아　　② 호흡곤란
③ 피하출혈　　④ 알레르기성 비염

14 경장영양 중인 환자가 장 경련을 호소할 때 가장 우선해야 할 간호중재는?

① 연하능력을 확인한다.
② 영양액의 온도를 확인한다.
③ 튜브를 통해 위액을 흡인한다.
④ 복부를 청진해 위관의 위치를 확인한다.

15 직장경 검사 시 간호중재로 가장 옳은 것은?

① 검사 중에는 복위를 한다.
② 검사 당일 아침에는 관장을 하지 않는다.
③ 출혈이나 설사가 심한 경우 배출관장을 한다.
④ 검사 시 체위나 내시경에 삽입에 따른 불편감을 설명한다.

16 좌측 편마비 환자를 침대에서 휠체어로 이동시키기 위한 간호중재로 옳은 것은?

① 간호사는 환자의 무릎을 지지하면서 환자를 바닥에 세운다.
② 휠체어를 환자 안쪽에 놓는다.
③ 간호사는 허리를 굽히면서 환자를 휠체어에 앉힌다.
④ 간호사는 보폭을 좁혀 환자와 마주 선다.

17 70세 이 씨는 췌장암으로 진단받고 입원 중이다. NRS 8점의 복부통증을 호소하고 있다. 가장 적절한 간호중재는?

① NSAID를 투여한다.
② 더운물 주머니를 제공한다.
③ 점진적 이완요법을 교육한다.
④ 비마약성 진통제와 마약성 진통제를 투여한다.

18 위루술을 받은 후 대상자가 위루술과 관련된 대화를 회피하며, 드레싱 시 시술 부위에 대한 아무런 관심도 표현하지 않는 등의 무관심한 태도를 보이고 있다. 간호사가 고려해야 할 간호문제는?

① 불안
② 스트레스
③ 지식부족
④ 부정적 신체상

19 식도폐색으로 음식물을 삼킬 수 없는 식도암 대상자의 가장 우선적인 간호진단은?

① 식도협착과 관련된 만성 통증
② 연하곤란으로 인한 영양 불균형
③ 식도 기능장애와 관련된 기도 흡인 위험성
④ 암으로 인한 좋지 않은 예후와 관련된 슬픔

20 수혈 중에 고열과 두통, 호흡곤란 등의 부작용 발생 시 간호중재로 옳은 것은?

① 진정제를 투여한다.
② 주입 속도를 서서히 늦춘다.
③ 환자의 소변 검사물을 폐기처분한다.
④ 즉시 수혈을 중단하고 의사에게 보고한다.

21 고관절 치환술을 앞둔 환자가 수술에 대한 두려움을 호소하고 있다. 환자에게 심리적 지지를 제공하기 위한 간호중재로 옳은 것은?

① 필요한 교육은 수술 후로 미룬다.
② 수술 절차와 수술 후 상황에 대해 설명해준다.
③ 수술에 대해 걱정할 필요가 없다고 안심시킨다.
④ 두려움과 근심은 마음속으로 생각하도록 교육한다.

22 비판적 사고는 사고를 신중히 하기 위하여 정보를 수집하고 조직하고 인지과정을 거치는 것이다. 간호사정 때 비판적 사고를 하는 이유는?

① 다른 의료진의 관련 사정자료를 검토하기 위하여
② 간호제공을 결정하기 위하여
③ 간호에 따른 예견되는 대상자의 반응을 구체화하기 위하여
④ 의미와 목적의식을 가지고 사정을 하는 것이다.

23 간호사정 자료는 서술되고 압축되고 완성되어야 한다. 간호사정 시에 포함되지 않는 것은?

① 증명되지 않은 자료에 대해 추론하고 해석한다.
② 상세하게 신체검진을 한다.
③ 상호작용과 인지기술을 활용한다.
④ 주관적 자료는 대상자에게 나온다.

24 **자료수집은 대상자로부터 또는 대상자와 관련된 주관적 자료와 객관적 자료를 수집하는 것이다. 주관적 자료를 잘 설명한 것은?**

① 자료 수집자에 의하여 관찰
② 다른 기관에서 보고된 기록
③ 자신의 건강문제에 대한 대상자의 인지
④ 건강력과 신체사정에 의해 얻은 기록

25 **자료를 분류하는 동안 간호사가 해야 할 것은?**

① 간호과정을 수행한다.
② 간호와 관련된 서류를 제공한다.
③ 자료를 조직하고 대상자의 기능에 초점을 맞춘다.
④ 다른 건강관리 제공 자료를 검토한다.

주관식

01 아래의 간호진단을 읽고 문제, 원인(관련요인), 증상 및 징후를 쓰시오.

> ✔ 간호진단
> 소변을 보고 싶다는 욕구를 느끼자마자 급작스럽게 배뇨를 하는 것으로 나타나 많은 양의 소변을 보유할 수 없음과 관련된 절박성 요실금

02 다음에 제시된 자료들을 읽고 간호진단을 기술하시오.

> - 주관적 자료 : 분비물을 깨끗하게 해 달라고 한다. 기도흡인의 도움으로 기도를 청결하게 할 수 있다고 말한다.
> - 객관적 자료 : 기관절개관에서 많은 양의 분비물이 나옴

03 간호의 질 향상 사업 추진 시 가장 먼저 설정되어야 할 부분은?

04 다음 내용에 해당하는 간호중재의 유형은?

> "복부 수술 전 대상자에게 수술 후 심호흡, 기침 방법을 시범 보이고 잘 따라하는지 확인하였다."

05 간호학 및 관련 과목으로부터의 지식과 간호사의 종합적인 문제해결 능력을 이용하여 대상자를 교육하거나 위임된 간호활동이 정확하게 수행되도록 위임한 활동을 관리하는 능력을 간호수행에 적용하는 기술은?

2회 합격 TEST

01 '복통호소' 대상자에게 치료적 의사소통으로 옳은 것은?

① 폭넓고 개방적인 질문을 한다.
② "왜" 혹은 "어떻게" 아픈지 문진한다.
③ "밤에 잘 주무셨어요?"라고 안심시킨다.
④ 대상자의 신체적 통증에 초점을 두고 의사소통한다.

02 간호과정의 평가단계에서 이루어지는 활동으로 옳은 것은?

① 필요시 간호진단 수정
② 목표와 평가전략 개발
③ 간호진단의 적절성 평가
④ 목표달성에 영향을 미치는 요인 확인

03 간호과정의 평가단계에서 이루어지는 활동으로 옳은 것은?

① 필요시 간호진단 수정
② 목표와 평가전략 개발
③ 간호계획의 타당성 측정
④ 목표달성에 영향을 미치는 요인 확인

04 통증에 대한 자료를 수집할 때 포함해야 하는 내용으로 옳지 않은 것은?

① 양상
② 강도
③ 지속시간
④ 심리상태

05 **대광반사 시행 시 정상적인 소견은?**

① 빛에 노출된 쪽 동공이 이완된다.
② 양측 동공에 안구진탕이 발생한다.
③ 빛에 노출된 쪽 동공만 서서히 수축한다.
④ 빛에 노출된 쪽과 노출되지 않은 쪽 동공이 동시에 수축한다.

06 **통증을 호소하고 있는 대상자에게 간호사가 초기 사정해야 하는 것이 아닌 것은?**

① 활력징후 측정
② 통증의 의미 파악
③ 통증과 수반된 증상 관찰
④ 최근의 수면제 복용 여부

07 **수면을 돕는 간호중재로 옳은 것은?**

① 저녁 시간에 이뇨제를 복용한다.
② 따뜻한 우유를 아침 식후에 섭취하도록 한다.
③ 통증이 있는 경우 수면 30분 전에 진통제를 투여한다.
④ 근육의 피로 감소를 위해 취침 바로 전에 운동을 한다.

08 **간호과정 적용의 이점이 아닌 것은?**

① 간호 전문성 향상
② 간호 연속성 유지
③ 다른 간호사와의 협력 증진
④ 모든 대상자에게 동일한 간호적용 가능

09 **다음 중 SOAP 형식의 기록 중 "O"에 해당하지 않는 것은?**

① 혈압
② 불안
③ 맥박
④ 걸음걸리

10 **다음 중 간호평가 단계에서 가장 우선적으로 해야 할 일은?**

① 간호 질 평가
② 목표달성 정도
③ 환자의 만족도 평가
④ 단계별 재검토 및 수정

11 65세 이 씨는 폐엽절제술을 하였다. 오랜 흡연력과 호흡기 감염의 과거력이 있다. 통증 조절을 위해 모르핀을 맞고 통증은 완화되었으나, 움직이려 하지 않고 기침과 심호흡도 수행하지 않는다. 이 대상자에게 내릴 수 있는 간호진단의 유형은?

① 안녕 간호진단
② 가능한 간호진단
③ 증후군 간호진단
④ 고위험(잠재적) 간호진단

12 맥박수에 관한 설명으로 옳은 것은?

① 체온 상승 시 맥박수 감소
② 정서적인 흥분 시 맥박수가 감소
③ 운동선수는 정상인보다 맥박수가 빠름
④ 저혈량 쇼크 시 맥박수 증가하거나 변화

13 제7뇌신경의 적절한 신체검진방법은?

① 안구운동 사정을 하도록 한다.
② 어금니를 꽉 물어보도록 한다.
③ 웃는 표정을 지어보도록 한다.
④ 각막에 솜털을 대어 반응을 본다.

14 69세 여성 폐렴 환자에게 비강을 통해 기관흡인 수행 시 갑작스런 구역질을 시작했다. 이때 간호사의 우선적인 간호중재는?

① 반좌위를 취한다.
② 산소포화도를 확인한다.
③ 흡인카테터를 제거한다.
④ 저농도의 산소를 공급한다.

15 55세의 김 씨 부인은 폐경 후 크게 웃거나 재채기, 운동을 하면 속옷에 소변을 흘리는 일이 잦아진 것을 주호소로 입원하였다. 적절한 간호진단은?

① 복압상승과 관련된 긴장성 요실금
② 배뇨근 약화와 관련된 반사성 요실금
③ 방광의 과팽만과 관련된 긴박성 요실금
④ 감각, 인지장애와 관련된 기능성 요실금

16 변비가 있는 대상자의 간호계획으로 적절한 것은?

① 수분섭취를 가능한 제한한다.
② 신선한 과일, 채소, 곡류의 섭취를 감소시킨다.
③ 배변 시 가능한 참다가 급할 때 화장실에 가도록 한다.
④ 배변 시 복부근육을 최대한 사용하는 웅크린 자세가 바람직하다.

17 김 씨는 6주간 장기 침상안정을 한 후 처음 보행하게 되어 간호사는 '신체손상 위험성'이라는 진단을 내렸다. 적절한 관련요인은?

① 피부 압박
② 체위성 저혈압
③ 폐 확장의 제한
④ 폐 분비물의 정체

18 25세 유 씨는 운동 중 미끄러져 발목에 염좌가 발생하였다. 이때 부종예방과 통증을 완화하기 위한 적절한 간호중재는?

① 바인더 적용
② 열습포 적용
③ 얼음주머니 적용
④ 적외선램프 적용

19 침상안정으로 인해 부동인 환자의 천골에 발적이 나타났을 때, 적절한 간호진단은?

① 부동과 관련된 기동성 장애
② 부동과 관련된 피부손상장애
③ 침상안정과 관련된 감염위험성
④ 침상안정과 관련된 활동 지속성 장애

20 성 문제가 있는 대상자에 대한 간호중재로 가장 적절한 것은?

① 피임방법을 교육한다.
② 기능부전의 원인이 되는 스트레스를 규명한다.
③ 타인의 성문제에 대해 예를 들어 알려주면 도움이 된다.
④ 성행위 양상의 변화에 대한 표현을 자제하는 것을 교육한다.

21 **흉부 물리요법 중 진동법에 대한 설명으로 옳은 것은?**

① 영아나 소아에게 주로 적용한다.
② 손으로 컵 모양을 하여 적용한다.
③ 척추, 유방, 흉골, 늑골연 부위에 적용한다.
④ 팔을 곧게 펴고 두 손을 펴서 포갠 자세로 적용한다.

22 **검체물을 수집하는 방법으로 옳은 것은?**

① 대변 : 멸균한 용기에 담는다.
② 객담 : 이른 아침 식후에 채취한다.
③ 일반소변 : 자기 전에 배뇨된 소변을 수집한다.
④ 24시간 소변 : 처음 채취한 것부터 놓치지 않고 모은다.

23 **의치를 가지고 있는 환자의 간호중재로 옳은 것은?**

① 뜨거운 물로 의치를 세척한다.
② 구강을 헹군 후 의치를 삽입한다.
③ 잠잘 때에도 의치를 빼지 않도록 한다.
④ 연마제가 많이 함유된 치약으로 의치를 세척한다.

24 **류마티스 관절염으로 무릎에 통증을 호소하는 60세 여성에게 가열램프를 적용하고자 한다. 적절한 간호중재는?**

① 치료는 30분 이상 적용 시 효과가 있다.
② 가열램프 적용은 전신 순환을 촉진시키는 기능을 한다.
③ 치료받는 부위와 램프 간에 45~60cm 정도의 간격을 유지한다.
④ 치료받는 부위 외에도 가능한 넓은 부위를 노출시켜 순환을 촉진한다.

25 **왼쪽 대퇴관절에 견인 장치를 한 환자의 왼쪽 다리에 근육의 힘과 긴장도를 유지시키기 위한 간호중재는?**

① 유산소 운동
② 등장성 운동
③ 등척성 운동
④ 능동성 ROM

주관식

01 다음에 제시된 내용에 가장 적합한 간호진단은?

- 정의 : 건강 유지상의 필요한 도움을 확인하고 관리하거나 찾을 능력이 없는 상태
- 특성 정의 : 건강행위를 증진시키려는 관심을 표현하는 것이 부족함
- 관련 요인 : 인지적 손상, 복합적인 슬픔반응, 개인의 비효과적인 대응
- 인간이 전반적인 삶을 지배하고 생물학적, 심리사회적 속성을 통합·초월하는 삶의 원칙이 붕괴되는 상태

02 기능적 요실금의 관련요인을 3가지 이상 쓰시오.

03 오락이나 여가활동에서 자극이(또는 오락이나 여가활동에 대한 관심과 참여가) 감소된 상태가 정의이며 관련요인으로는 환경적으로 다양한 활동이 결여되고 있다. 적절한 NANDA의 간호진단은?

04 제한된 시간에 외적 요인으로 인해 수면의 양과 질이 중단된 상태이다. 적절한 NANDA의 간호진단은?

05 건강과 안녕에 대하여 사회적 기준을 유지하지 못하는 한 개 또는 그 이상의 자가간호 활동을 포함한 문화적으로 형성된 행위들과 관련된 적절한 NANDA의 간호진단은?

3회 합격 TEST

01 요정체가 있는 대상자에게 수집해야 할 간호사정 자료가 아닌 것은?

① 배뇨 변화의 양상
② 배뇨 시 불편감
③ 진통제 복용여부
④ 배변 횟수와 시간

02 간호중재에 대한 올바른 정의는?

① 간호계획의 효과를 결정하는 것
② 간호활동에 대한 대상자의 반응을 모니터링 하는 것
③ 간호사와 대상자가 협력하여 간호계획을 수행하는 것
④ 간호진단에서 확인된 간호문제를 해결하기 위한 계획이다.

03 40세 남 씨는 어지러움을 호소하며, 얼굴이 창백하고 기운이 없어 보인다. 수집해야 할 자료가 아닌 것은?

① 맥박
② 피부색
③ 수면양상
④ 간기능 수치

04 40세 여성 남 씨는 배변 시 출혈과 통증을 호소한다. 항문과 직장검진방법으로 옳은 것은?

① 방광을 비우게 한 뒤 앙와위를 취함
② 회음부를 노출시킨 후 절석위를 취함
③ 무릎을 세우게 하여 배횡와위를 취함
④ 항문부위만 노출시킨 후 심스체위를 취함

05 심첨맥박이 좌하방으로 이동되고, 2cm 이상 확장된 영역으로 촉진된다. 예측되는 상태는?

① 방실블록
② 심근경색증
③ 좌심실 비대
④ 대동맥협착증

06 박 씨는 항암 치료 후 오심과 구토 증상을 호소하였다. 간호사가 "오심, 구토와 관련된 영양부족 위험성"이라는 간호진단을 내리고 시행해야 할 적절한 간호중재는?

① 더운 음식을 제공한다.
② 가능한 휴식을 권장한다.
③ 음식을 빨리 삼키도록 한다.
④ 탄수화물을 소량씩 자주 먹도록 한다.

07 70세 이 씨는 뇌졸중으로 인한 연하곤란을 호소하고 있다. 적절한 간호중재는?

① 반드시 비위관을 통해 영양을 공급한다.
② 흡인성 폐렴 예방을 위해 고형음식을 제공한다.
③ 식사 전에 구강간호를 실시하여 식욕을 증가시킨다.
④ 흡인위험을 감소시키기 위해 식사 시 좌위나 반좌위를 취하도록 한다.

08 60세 김 씨는 지난 3일간 복통을 동반한 설사를 10회 이상 하였다. 약하고 불규칙한 맥박, 혈중 칼륨은 3mEq/L, 피로와 허약감, 집중력 감퇴 등을 호소하였다. 적절한 간호중재는?

① 식사 회수를 늘린다.
② 수분과 전해질을 보충한다.
③ 처방받은 지사제를 투여한다.
④ 복부에 더운 물 주머니를 대준다.

09 46세의 서 씨는 위암수술 후 유치도뇨관을 유지하고 있다. 비뇨기계 감염 예방을 위한 간호중재로 옳은 것은?

① 매일 1,000~2,000mL의 수분을 섭취한다.
② 방광 높이 위로 배액주머니를 위치하도록 한다.
③ 이동 시 배액주머니를 침대 위로 안전하게 올린 후 이동한다.
④ 운동 전에는 배액관에 있는 소변을 배액주머니로 이동시킨다.

10 장기간 누워 있는 무의식 대상자의 체위로 인한 기형방지를 위한 간호중재가 아닌 것은?

① 발 받침대를 적용한다.
② 손 두루마리를 쥐어준다.
③ 하루 2회 이상 관절범위 운동을 시킨다.
④ 가능한 좌위의 신체선열을 유지하도록 한다.

11 기계적 방법을 이용하여 불수의적 자율신경계 반응을 호전하여 통증조절을 하는 간호중재는 무엇인가?

① 명상
② 요가
③ 근육이완
④ 바이오피드백

12 60세 정 씨에게 폐렴으로 인한 고열이 나타났다. 발열단계 간호중재로 옳지 않은 것은?

① 구강간호 수행
② 신체적 활동 제한
③ 미온수 스펀지 목욕 수행
④ 하루의 수분 공급을 500mL로 제한

13 임종이 임박한 환자를 간호하던 중 심폐를 유지하는 모든 기구를 제거해 달라는 사전유서(living will)가 발견되었을 때 간호중재로 옳은 것은?

① 환자만의 의견이므로 무시한다.
② 가족, 의사, 법률가 등과 의논한다.
③ 환자의 진료거부권으로 인정해준다.
④ 법적 문서로 인정되므로 그대로 시행한다.

14 억제대를 사용할 때 대상자가 느낄 수 있는 모욕감과 분노를 예방하기 위한 간호중재로 적절한 것은?

① 치료적 접촉을 한다.
② 억제대 사용 전에 진정제를 투여한다.
③ 대상자의 움직임을 가능한 적게 제한한다.
④ 억제대 사용목적을 설명하여 이해하도록 한다.

15 75세 이 씨는 오랫동안 신부전증을 앓아왔다. 최근 항고혈압제와 수면제를 복용하고 있고, 누웠다가 일어나면 어지러움을 호소한다. 이 씨에게 낙상예방을 위한 적절한 간호중재는?

① 반드시 억제대를 적용한다.
② 신기 용이하도록 슬리퍼를 권장한다.
③ 간호사 호출기를 손 가까이에 설치한다.
④ 휠체어 사용 시 바퀴의 잠금장치를 푼다.

16 혈액과 체액을 매개로 한 감염예방 중재로 적절한 것은?

① 손 씻기 대신 장갑을 이용할 수 있다.
② 대상자를 만지기 전에만 꼭 손을 씻는다.
③ 감염환자에게 사용한 바늘은 캡을 씌워 버린다.
④ 혈액, 체액, 분비물을 만질 때는 장갑을 착용한다.

17 50세 김 씨 부인에게 질 좌약 삽입을 하려고 한다. 간호중재로 옳은 것은?

① 대상자는 배횡와위를 취해준다.
② 좌약을 질 내로 4cm 정도 밀어 넣는다.
③ 대상자는 투약 후 반드시 소변을 보게 한다.
④ 좌약 삽입 후 15~30분간 좌위를 유지한다.

18 강 씨는 수혈 중 고열, 두통, 호흡곤란 등의 부작용을 호소하였다. 간호중재로 옳은 것은?

① 활력징후 측정하고 수혈 중단함
② 수혈 속도 감소 후 의사에게 보고
③ 환자의 혈액 검사물과 수혈 중인 남은 혈액을 검사실로 보냄
④ 주입속도를 천천히 늦추면서 환자의 반응을 관찰하며 계속 주입

19 응전력에 의한 등 부위에 욕창발생을 예방하는 간호중재로 적절한 것은?

① 등 마사지를 해준다.
② 둔부에 파우더를 바른다.
③ 10도 이상 체위상승을 피한다.
④ 젖은 홑이불을 자주 교환해준다.

20 위식도 역류 증상을 가진 환자의 간호교육으로 옳은 것은?

① 식사 시에는 수분섭취를 금한다.
② 무거운 물건을 드는 것을 피한다.
③ 초콜릿, 감귤주스, 지방식이를 권장한다.
④ 탄산음료는 반드시 빨대를 이용하여 마시도록 한다.

21 부분 위절제술을 받은 환자에게서 식후 30분에 어지러움, 발한, 복부경련, 설사 증상이 나타났다. 이 증상을 완화시키기 위한 교육내용으로 적절한 것은?

① 식후에 좌위를 취하게 한다.
② 저지방 식이를 먹도록 한다.
③ 물은 식후에 마시도록 한다.
④ 국물과 함께 밥을 먹지 않도록 한다.

22 경장 및 경관영양을 하고 있는 환자에게 내린 '흡인 위험성' 간호진단에 관한 간호로 옳은 것은?

① 위 잔류량을 12시간마다 측정한다.
② 영양공급을 하는 동안 침상 머리를 똑바로 한다.
③ 영양공급 후 30분~1시간 동안 바로 누워 있는다.
④ 위 잔류량이 200mL 이상인 경우에 경장영양을 중단한다.

23 회장루술 환자의 간호교육 내용을 옳지 않은 것은?

① 냄새를 유발하거나 가스형성 음식은 피하도록 한다.
② 고단백, 고탄수화물, 고칼로리, 저잔유 식이를 권장한다.
③ 회장루로 배출되는 대변이 묽으므로 수분섭취를 제한한다.
④ 시금치, 요구르트 등은 대변의 냄새를 감소시킬 수 있음을 설명한다.

24 **인공항문이 있는 대상자가 이 사실을 받아들이기 힘들어할 때 적절하지 않은 간호중재는?**

① 가족의 지지를 위해 협조를 요청한다.
② 인공항문에 대한 감정을 표현하도록 격려한다.
③ 성공적으로 인공항문에 적응한 환자를 소개해준다.
④ 환자가 받아들일 때까지 가족이 인공항문 간호를 하도록 한다.

25 **급성 담낭염 환자의 통증 조절을 위해 모르핀이 처방되었을 때 간호사가 우선적으로 해야 할 간호중재는?**

① 약물을 투여하기 전 호흡수를 확인한다.
② 약물을 투여하기 전 통증정도를 사정한다.
③ 처방된 용량을 확인한 후 정확한 경로로 투약한다.
④ 약물 투여하기 전, 약이 올바르게 처방되었는지 의사에게 확인한다.

주관식

01 48세 강 씨는 5번 분만을 하였는데, 소변이 시원하지 않고 자주 마렵다고 한다. 적절한 간호진단을 쓰시오.

02 42개월 된 어린이가 입원 후 소변을 가리지 못하고 유뇨증을 보이는 경우 예상되는 간호진단을 쓰시오.

03 50세 강 씨는 식욕감소, 오심, 구토, 두통, 열감, 맥박과 호흡수 증가, 팔의 새로운 상처 등을 호소한다. 이 자료로 내릴 수 있는 간호진단을 쓰시오.

04 식도암 환자가 식도폐색으로 음식물을 삼키는 데 어려움을 겪는다면 가장 우선적으로 고려해야 할 간호진단을 쓰시오.

05 신장내과 병동에 입원한 53세 김 씨에게 '소변량의 변화와 관련된 배뇨양상의 변화'라는 간호진단이 내려졌다. 이에 대한 사정자료를 쓰시오.

간호과정론

정답 및 해설

합격테스트 제1회

정답

01 ④	02 ②	03 ④	04 ④	05 ③
06 ④	07 ①	08 ④	09 ②	10 ①
11 ④	12 ④	13 ②	14 ②	15 ④
16 ①	17 ④	18 ④	19 ③	20 ④
21 ②	22 ④	23 ①	24 ③	25 ③

01 정답 ④
객관적 자료는 타인도 관찰하거나 확인가능하며 환자에 대한 관찰, 신체검진 또는 임상진단검사를 이용하여 수집된다.

02 정답 ②
간호활동의 종류는 독자적 간호활동, 상호의존적 간호활동, 의존적 간호활동이며 독자적 간호중재에는 이완요법과 마사지가 있다.

03 정답 ④
간호중재를 수행하는 데 영향을 미치는 주요 변수는 간호사, 대상자, 자원, 환경, 실무에 대한 윤리적, 법적 지침 등이다.

04 정답 ④
간호계획 고려 시 가장 순위가 높은 것은 호흡이나 심장기능의 소실 등 건강문제의 긴급한 정도이다.

05 정답 ③
업무 중심이 아니라 대상자 중심이며 개인의 특성이 반영된 장점이 있으며, 집단의 대상자에게 적절한 것이 아니다.

06 정답 ④
임상검사결과는 간호력에 포함되지 않는다.

07 정답 ①
객담을 동반한 기침 시 흡연력 등의 생활습관을 확인해야 한다.

08 정답 ④
간호계획의 장기목표는 목표달성 기간이 일주일이나 한 달 이상 걸리는 것으로, 대상자가 주어로 들어가고 대상자가 수행해야 할 행동을 동사로 표시하며, 행동이 수행되어야 할 '무엇, 언제, 어떻게'의 기준이나 표준이 제시되어야 한다.

09 정답 ②
문제중심기록의 장점은 모든 건강관리팀이 대상자의 문제점을 파악하는 데 같이 노력하고 처치계획에 대해 협력해서 기여하는 것이다.

10 정답 ①
의료의 질이란 특정 서비스나 절차, 진단 혹은 일상적 문제에 있어 일반적으로 인정된 좋은 실무에 대한 현행표준과 예상되는 결과 달성에 부합되는 정도, 일정 기준을 설정하여 그 기준에 도달하는 것이다.

11 정답 ④
간호평가를 위한 표준설정 시 유의할 사항은 그 외에도 기대하는 행위를 측정 가능한 용어로 표현하고 기준설정은 관련 내용만 간략하게 서술하고 기준은 통용되는 약자만을 쓴다. 또한 독특한 경우보다 비슷한 문제를 가진 많은 대상자들에게 적용할 수 있어야 한다.

12 정답 ④

총체적 질 관리

- 환자를 포함한 모든 고객의 서비스와 질 향상이 목표
- 고객의 서비스와 질 향상이 목표
- 지속적인 질 향상을 위해 특별한 원인보다 일상적 원인에 더 주의를 기울임
- 과정을 향상시키기 위한 예방과 계획을 통해 과정과 결과를 모두 중시하며 모든 사람의 업무수행개선에 초점을 둠

13 정답 ②

언어적 의사소통 능력의 장애는 구개파열, 뇌손상, 기관지절개술과 같은 신체적 요인으로 인한 장애, 정신증, 우울증과 같은 정서적 요인으로 인한 장애, 발달단계나 나이와 관련된 장애, 문화적인 차이 등의 요인에 의해 나타날 수 있다.

14 정답 ②

영양액의 온도가 너무 높거나 낮으면 오한, 경련 등의 증상이 나타날 수 있으므로 영양액은 방안 온도와 비슷하게 만든다.

15 정답 ④

직장경 검사

- 대상자에게 검사, 목적, 식이와 장 준비 등을 설명
- **체위** : 슬흉위, 좌측위, 불필요한 노출을 피하기 위해 소독한 천으로 덮음
- 검사 기구가 지나갈 때 심호흡을 하게 하여 이완

16 정답 ①

휠체어를 이용한 보행방법

- 휠체어에 앉거나 내릴 때는 바퀴를 고정하여 움직이지 않게 함
- 발 받침을 디딘 후에 이동함
- 휠체어는 환자가 이동하기 좋은 쪽으로 놓아야 함 → 편마비 환자의 경우 건강한 쪽
- 휠체어에서 균형 잡기, 양팔로 상체 밀어올리기, 침대에서 휠체어 이동하기 등을 훈련해야 함

17 정답 ④

암성통증은 마약성 진통제와 비마약성 진통제 및 진통보조제를 필요시 추가로 권하고 있다.

18 정답 ④

위루술에 대한 대화를 회피하고 위루술과 관련하여 관심을 보이지 않는 것 등은 위루술로 인한 신체기능변화로 형성된 부정적 신체상에 대한 건강문제를 먼저 고려해야 한다.

19 정답 ③

식도암이 상부식도부위에 잘 생기고 기관식도누공 때문에 음식물이 누공을 통해 기관 내로 들어가 폐렴을 일으키기 쉽다. 그러므로 차가운 물을 마시면 자주 숨이 막히는 증상을 보이게 된다. 식도폐색으로 음식물을 삼킬 수 없다면 환자는 침과 점액 분비에 의해 쉽게 질식될 수 있다.

20 정답 ④

수혈부작용과 간호중재

- 급속히 나타나므로 수혈 후 첫 15분 동안 환자를 자세히 관찰하고 반응이 나타나면 즉시 수혈을 중단한다.
- 식염수로 정맥주입을 유지한다.
- 의사와 혈액은행에 알린다.
- 검사표본과 소변을 채취한다.

21 정답 ②

수술 전 간호중재 – 심리적 지지

수술 절차, 시간, 수술실 환경, 수술 후 상황 등을 설명해주면 수술로 인한 불안을 감소시킬 수 있다.

22 정답 ④

비판적 사고는 간호사가 의미 있는 방법과 목적을 가지고 사정하도록 도와준다.

23 정답 ①

증명되지 않은 자료는 다시 한번 확인해야 한다. 완전한 자료를 가지고 추론하고 해석한다.

24 정답 ③

주관적 자료는 직접 관찰할 수 없으며 질문을 통해서만 발견될 수 있다.

25 정답 ③

수집된 정보들을 체계적인 방법으로 조직하고 기록하며, 비슷한 종류끼리 분류한다.

주관식 정답

01

1) **문제** : 절박성 요실금
2) **원인** : 많은 양의 소변을 보유하는 능력이 없음
3) **증상과 징후** : 배뇨의 필요를 인식하고 즉시 배뇨함

02

간호진단 : 다량의 분비물과 관련된 비효과적 기도청결

03

간호업무의 표준

04

독자적 간호중재

05

인지적 기술

합격테스트 제2회

정답

01 ④	02 ④	03 ④	04 ④	05 ④
06 ④	07 ③	08 ④	09 ②	10 ②
11 ④	12 ④	13 ③	14 ③	15 ①
16 ④	17 ②	18 ③	19 ②	20 ②
21 ④	22 ①	23 ②	24 ③	25 ③

01 정답 ④

치료적인 의사소통은 대상자에게 관심을 집중하고 경청, 침묵, 접촉, 유머 등을 이용한다.

02 정답 ④

간호평가단계에서는 결과와 관련된 자료수집 결과와 자료 비교, 간호활동과 대상자의 목표와 결과 연관시키기, 간호계획을 지속, 수정, 종료하기가 수행된다.

03 정답 ④

간호평가단계에서는 결과와 관련된 자료수집, 결과와 자료 비교, 간호활동과 대상자의 목표와 결과 연관시키기, 문제상태에 따른 결론내리기, 간호계획을 지속, 수정, 종료하기가 수행된다.

04 정답 ④

통증의 사정방법 PQRST를 기억한다.

PQRST	예시
P(position) : 통증 부위	우하복부(RLQ), 명치부(epigastric area), 흉부(chest), 왼쪽 팔(left arm)
Q(quality) : 통증 특성	예리한 통증, 둔한 통증, 쥐어짜는 통증, 쿡쿡 쑤시는 통증
R(relieving or aggravating factor) : 완화 요인, 악화 요인	다리를 폈을 때 또는 굽혔을 때 통증이 완화되는지, 우유를 마시면 통증이 완화되는지, 식전 또는 식후에 더 아픈지
S(severity) : 통증 강도	약한 통증, 중등도 통증, 심한 통증
T(timing) : 통증의 시간적 양상	통증 시작 시간, 지속 시간, 통증 빈도

05 정답 ④
대광반사는 동공수축이 즉시 발생하고 교감반사에 의해 반대쪽 동공수축이 발생하는 것이다.

06 정답 ④
간호사는 통증 사정 초기에 먼저 활력징후를 측정하여 생리적 반응을 객관적으로 파악하는 것이 중요하다.

07 정답 ③
수면을 위한 간호중재
- 저녁시간에 과식, 이뇨제 복용, 알코올이나 카페인이 든 음식을 피한다.
- 따뜻한 우유를 저녁에 섭취하도록 한다.
- 취침 전 운동은 바람직하지 않다.

08 정답 ④
간호과정의 장점
- 간호 전문성 향상
- 업무 만족도 및 효율성 향상
- 다른 의료진과의 의사소통 향상 및 협력 증진

09 정답 ②
간호사정 자료 중 객관적 자료는 활력징후, 걸음걸이 등이며, 주관적인 자료는 다리의 통증, 불안이다.

10 정답 ②
간호평가 실행 시에는 가장 먼저 목표의 성취 정도를 평가해야 한다.

11 정답 ④
간호진단의 유형
- **안녕간호진단** : 건강을 보다 높은 수준으로 변화되게 하려는 임상적 판단이다.
- **실제적 간호진단** : 대상자가 경험하고 있는 문제로 수집한 자료로부터 확인 가능한 관련 증상과 징후 발현에 기초를 둔 현재 문제
- **잠재적 간호진단** : 현재는 문제로 나타나지 않았으나 대상자가 위험인자를 가지고 있어 간호중재가 없으면 발현될 수 있는 문제들에 관한 임상적 판단
- **증후군 간호진단** : 특수상황이나 사건과 관련하여 존재하는 실제적 간호문제로 여러 가지 다른 실제적 또는 위험 간호진단의 집단과 연관을 가짐

12 정답 ④
체온 상승 시 맥박수는 증가하고, 저혈량 쇼크 시 맥박수는 증가하거나 변화되고, 정서적인 흥분 시 맥박수는 증가한다.

13 정답 ③
제5뇌신경 검사는 저작운동으로 판별하고, 제6뇌신경은 눈동자를 외측으로 돌리도록 하고, 안구운동은 제3, 4, 6뇌신경의 기능을 판정하는 검사이다.

14 정답 ③
카테터가 기도로 들어가면 기침을 하고, 식도로 들어가면 구토나 구역질을 한다. 그러므로 즉시 흡인카테터를 제거해야 한다.

15 정답 ①
긴장성 요실금은 기침이나 재채기, 웃음, 물건을 들어 올리거나 운동 등 육체적인 활동에 의해 복압이 증가하면서 소변을 무의식 중에 실금하는 것이다.

16 정답 ④
변비가 있는 경우 충분한 수분섭취와 신선한 과일, 채소, 곡류의 섭취를 증가시키고, 프라이버시의 존중, 충분한 운동과 활동은 근육긴장을 증가시켜 장활동을 증가시킨다.

17 정답 ②
신체손상 위험성과 관련된 요인은 체위성 저혈압이다.

18 정답 ③
냉(얼음) 적용 중재
- 얼음 주머니는 급성의 국소염증이나 부종을 완화하고 출혈을 저하시키거나 예방하고, 근육의 통증과 경련을 감소하고, 혈관확장으로 인한 두통을 완화하기 위한 목적으로 사용된다.
- 냉요법은 혈관을 수축시키고 모세혈관의 투과성을 감소시켜 부종을 예방하고 출혈 감소에 도움이 된다. 혈액흐름의 감소와 점도 증가로 혈액응고를 촉진한다.

19 정답 ②

발적은 욕창 1단계의 증상으로 부동과 관련된 피부손상장애라는 간호진단을 내릴 수 있다.

20 정답 ②

대상자의 성 요구에 대한 간호중재로 스트레스를 규명해야 한다.

21 정답 ④

흉부 물리요법 – 진동

- 대상자의 흉벽 위에 두 손을 펴서 겹친 후 강한 떨림을 만드는 것이다.
- 진동은 영아나 소아에게는 실시하지 않는다.
- ②는 흉부 물리요법 타진에 대한 설명이다.
- ③은 척추, 흉골, 유방, 늑골연 부위는 진동시키지 않는다.
- 호기하는 동안 200회/분의 속도로 적용한다.

22 정답 ①

소변검체물 수집

- **자연배뇨 검체물** : 아침에 일어나 가장 먼저 배뇨한 소변 수집함. 수집된 소변은 바로 검사실로 보내며, 1시간 이내에 검사실로 보낼 수 없으면 냉장보관함
- **청결수집 검체물**(중간소변) : 요도구 및 주변 조직 소독 후 중간뇨 수집합
- **도뇨관을 이용한 소변수집** : 단순도뇨관(멸균뇨 수집, 잔뇨량 측정), 유치도뇨관
- **24시간 소변수집** : 첫 소변은 버리고, 24시간 지난 후 마지막 소변까지 화학 보존제가 들어있는 용기에 수집함

23 정답 ②

구강위생 – 의치간호

- 의치전용 세정제로 세척하고 미온수로 헹군다. 연마제가 함유된 치약은 의치를 손상시킬 수 있으므로 주의한다.
- 취침 전에는 반드시 의치를 제거한다.
- 의치를 끼지 않을 때는 찬물이 담긴 용기에 보관한다.

24 정답 ③

온요법 – 가열램프

- **목적** : 압박 궤양 등 국소부위의 순환증진
- **방법** : 치료받는 부위만 노출시키며, 불필요하게 신체가 노출되지 않도록 함. 타월로 신체를 닦아 습기를 없앨 것(피부의 습기는 쉽게 화상을 입힘). 치료받는 부위와 램프간에 45~60cm 간격을 유지하여 화상을 입지 않도록 함. 치료는 15~20분간 적용하고 불편감, 과도한 발적 등이 관찰될 경우 즉시 램프를 끔

25 정답 ③

근육수축에 따른 분류 – 등척성 운동

- 근육의 길이는 변화 없이 근육긴장이 증가하는 운동
- 부동 대상자(견인 환자)의 근력 유지
- 무산소 운동, 무게운동(물구나무서기, 벽 밀기)

주관식 정답

01

영적 고뇌

02

인지손상, 시력손상, 신경근육의 한계, 환경적 요인의 변화, 심리적 요인, 약화된 지지 골반 구조

03

여가활동부족

04

수면양상장애

05

자기 태만

합격테스트 제3회

정답

01 ③	02 ③	03 ③	04 ④	05 ③
06 ④	07 ④	08 ②	09 ④	10 ④
11 ④	12 ④	13 ②	14 ④	15 ③
16 ④	17 ①	18 ①	19 ①	20 ②
21 ④	22 ④	23 ③	24 ④	25 ④

01 정답 ③

요정체로 인한 방광 팽창 사정 시 배뇨시간과 양 기록, 불편감 사정, 치골결합 부위의 촉진과 타진, 필요시 처방에 따른 배뇨 직후 잔뇨량 측정 등이 요구된다.

02 정답 ③

간호중재의 정의는 간호사와 대상자가 협력하여 간호계획을 수행하는 것이다.

03 정답 ③

대상자의 증상이 순환계 이상으로 추정되므로 수면양상은 관련이 없는 자료이다.

04 정답 ④

항문과 직장검진 시 심스체위를 취하고 항문주위의 피부 및 병변을 시진하고 장갑을 끼고 항문에 손가락을 삽입하거나 항문경을 이용하여 항문팽륜, 소결절, 치질, 치열 등을 사정한다.

05 정답 ③

심첨맥박 촉진 부위의 이동은 심장이 비대해짐을 의미한다.

06 정답 ④

오심, 구토를 줄이기 위해서 탄수화물을 소량씩 자주 먹고 얼음조각을 물거나 구강위생을 청결히 함으로써 구토를 감소시키고, 더운 음식보다는 실온 또는 약간 찬 음식을 제공한다.

07 정답 ④

연하곤란 시 구강식이가 불가능한 경우 비위관영양을 실시하고, 머리를 전방으로 45도 정도 숙이면 식도가 열린 상태로 유지되어 삼키기 쉬워진다.

08 정답 ②

설사로 인한 수분 전해질 불균형 증상이므로 먼저 보충해야 한다.

09 정답 ④

비뇨기계 감염을 예방하기 위해 하루 2,000~3,000cc의 수분섭취를 격려하고, 소변의 역류를 예방하기 위해 방광 아래로 배액주머니를 위치하고, 위로 옮길 경우 배액관을 잠그고, 소변을 산성화시킬 수 있는 비타민 C, 크랜베리 주스, 자두, 포도 등을 섭취하도록 교육한다.

10 정답 ④

누워 있는 대상자의 올바른 신체선열 유지방법은 앙와위에서는 대퇴 외회전과 손목, 발목의 굴곡을 주의하고, 측위 시 머리, 팔, 다리에 베개를 지지하여 어깨와 둔부의 긴장을 감소시킨다. 복위 시에는 고개를 옆으로 하고 발목에 베개를 받쳐서 족저굴곡을 예방한다.

11 정답 ④

경피전기자극법은 기계를 이용하여 불수의적 자율신경계 반응을 호전시켜 통증을 조절한다.

12 정답 ④

➋ 발열단계의 간호중재

- 미온수 스펀지 목욕
- 신체적 활동의 제한
- 구강간호 자주 수행
- 공기순환 증가
- 수분섭취 권장

13 정답 ②

임종이 임박한 환자를 간호하던 중 심폐를 유지하는 모든 기구를 제거해 달라는 사전유서가 발견되었을 때 가족, 의사, 법률가 등과 의논해야 한다.

14 정답 ④

억제대 사용 시 대상자가 가족으로부터 동의서를 받거

나 억제대 사용이 불가피함을 설명하고 협조를 구해야 한다. 또한 대화나 접촉을 통해 정서적으로 지지를 해 주어야 한다. 억제대는 대상자에게 공포, 분노, 불안, 모욕감을 줄 수 있다. 이를 예방하기 위해 사용목적을 분명히 설명하여 이해하고 협조하도록 하며, 대상자의 독립심과 자존감을 지켜주는 여러 활동을 해야 한다.

15 정답 ③

낙상예방 중재로는 반드시 침상난간을 올리고, 간호사 호출기를 손 가까이에 설치해주고 휠체어 사용 시에는 바퀴의 잠금장치를 해주고, 신발은 미끄럽지 않은 신발을 권장한다.

16 정답 ④

혈액과 체액을 매개로 한 감염예방 중재는 대상자를 만지기 전후로 손을 씻고 사용한 바늘은 뚜껑과 분리하여 버리고, 손 씻기는 장갑을 대신할 수 없다.

17 정답 ①

질 좌약 삽입 시 투여 전 반드시 배뇨를 시킨다. 그리고 배횡와위 무릎을 구부린 측위를 취하고 가능한 회음부만 노출시키고 수용성 윤활제를 바른 후 장갑을 낀 상태로 질강 8~10cm 깊숙이 삽입한다. 삽입 후 5~10분 동안 앙와위 상태를 계속 유지한다.

18 정답 ①

수혈 중 고열, 두통, 호흡곤란 등의 부작용은 발열 반응으로 간호사는 즉시 활력징후를 측정하고 수혈 중단 후 의사에게 보고한다. 환자의 소변 검사물과 수혈 중인 남은 혈액은 검사실로 보낸다.

19 정답 ①

욕창을 예방하는 간호중재

- 압박을 경감한다.
- 기구나 패드를 사용하거나 위생과 피부를 관리한다.
- 영양관리 및 탈수를 방지한다.
- 마사지를 통해 순환을 증진하고 매일 대상자의 피부를 사정한다.
- 응전력은 압력과 마찰이 합쳐진 물리적인 힘으로 조직의 한 층이 다른 층 위로 미끄러질 때 발생하므로 머리를 30도 이상 체위를 상승하지 않아야 한다.

20 정답 ②

위식도 역류증상 시 조금씩 자주 음식을 섭취하고 식사 시 음식물이 잘 넘어가도록 적당한 수분을 섭취한다. 탄산음료나 빨대로 섭취하는 것을 금지하며, 수면 시 머리를 높이는 자세를 취한다. 양념이 강한 음식이나 초콜릿, 술, 커피, 감귤주스 등은 피한다. 무거운 물건 들기, 꽉 조이는 옷 착용을 금지한다.

21 정답 ④

급속 이동증후군은 Billroth II 시술 후 가장 흔하게 나타난다. 증상을 완화시키기 위해 음식물의 양을 줄이고 고단백, 고지방, 저탄수화물의 건조한 식이 섭취 유지, 기대거나 반기대는 자세로 먹고 식후에 누워서 쉬고 식전 1시간에서 식후 2시간 동안 수분을 제한하여 위가 빨리 비워지는 것을 지연시킨다.

22 정답 ④

위 배출 확인을 위해 24시간 동안 4~6시간 마다 지속적 주입을 하는 동안은 8시간 마다 잔류량을 측정한다. 위 잔류량이 200mL 이상 혹은 시간당 투여량의 110~120% 이상이라면 경장영양을 중단한다. 영양 공급하는 동안 흡인을 예방하기 위해 침상머리를 30~45도로 상승시킨다. 환자가 head-down 체위를 취하기 전 흡인을 예방하기 위해 30~60분 동안 영양을 중단한다.

23 정답 ③

회장루 환자들은 탈수되기 쉬우므로 하루 1,200~1,500mL 정도의 수분을 섭취해야 한다.

24 정답 ④

간호사는 대상자의 느낌과 행동을 관찰하며, 대상자가 잘 표현하도록 도와주고 적극적으로 경청하며, 변화된 신체성과 기능에 대처할 수 있도록 돕는다. 또한 성공적으로 인공항문에 적응한 환자를 소개하고, 가족의 지지를 위하여 협조를 구한다.

25 정답 ④

모르핀은 오디괄약근의 경련을 유발시켜 통증을 더욱 심하게 하므로 투여하지 않고, 의사에게 약이 잘못 처방된 것이 아닌지 확인해야 한다.

주관식 정답

01

방광근육 약화와 관련된 소변정체

02

기능성 요실금

03

감염 위험성

04

식도기능장애와 관련된 기도흡인 위험성

05

무뇨, 핍뇨, 다뇨

최강적중 예상문제 ⊕ 합격 TEST 3회

간호 지도자론

독학사

4 단계

독학사

간호학과

합격문제집

4 단계

인터넷 강의 | 신지원에듀
www.sinjiwonedu.co.kr

최강적중 예상문제

PART 1 간호관리의 이해

01 조직의 목표를 효과적으로 수행하고 달성하기 위해 조직원들에게 관심을 가지고 영향을 주는 과정은?

① 관리 ② 결과
③ 정보 ④ 과정

해설 관리
조직의 목표를 효과적으로 수행하고 달성하기 위해 조직원들에게 특별한 관심을 가지고 영향을 주는 과정으로 기획, 조직, 인사, 지휘, 통제의 과정이 있다.

02 생산성을 설명한 것 중 옳은 것은?

① 투입된 생산 요소의 양에 대한 산출물의 산출량 비율이다.
② 효과성만을 내포한다.
③ 효율성만을 내포한다.
④ 인력, 자재, 시설을 최대로 활용해야 한다.

해설 생산성
- 관리의 목표는 조직이 가용한 자원 중에서 최소의 투입으로 최대의 목표를 달성할 수 있도록 하는 것, 생산성=산출/투입
- 투입된 여러 생산 요소의 양에 대한 산출물의 산출량 비율
- 인력, 자재, 시설, 경영자원의 합리적인 이용
- 동일한 투입량으로 최대 성과를 올려 생산비용의 절감과 생산수준의 향상을 꾀하는 것
- 업무 성과측정에 있어 효과성(effectiveness)과 효율성(efficiency)을 내포하고 있음

03 관리의 목표 중 효과성과 관련된 설명은?

① 조직의 목적달성 정도를 말한다.
② 자원을 최소로 활용하는 것이다.
③ 능률성을 나타내는 것이다.
④ 투입과 산출의 개념이다.

해설 효과성
목적이 적합했는지 조직의 목적을 어느 정도 달성했는지를 의미하며 주요 결과영역에서의 목표 달성의 정도를 나타낸다.

정답 01 ① 02 ① 03 ①

04 목적을 달성하기 위해 자원을 생산적으로 잘 사용했는가를 측정하는 것으로 투입과 산출에 대한 관계를 나타내는 것은?

① 효과성
② 효율성
③ 생산성
④ 결과성

해설 효율성
목적을 달성하기 위해 자원을 생산적으로 잘 사용했는가를 측정하는 것으로 투입과 산출에 대한 관계

05 관리와 행정을 비교한 것 중 옳은 것은?

① 관리는 정치권력을 포함한다.
② 행정은 경쟁성이 높으며 능률성을 추구한다.
③ 관리는 법적인 제약을 적게 받는다.
④ 행정의 목표는 분명하고 단일 목표이다.

해설 행정은 정치권력을 포함하며, 관리는 경쟁성이 높으며 능률성을 추구하고 법적인 제약을 적게 받는다.

06 길리스의 간호관리체계 모형을 설명한 것 중 옳은 것은?

① 투입에는 자료, 인력, 공급품 등이 속한다.
② 과정에는 생산결과, 간호직원의 만족도 등이 속한다.
③ 산출에는 의사결정, 의사소통이 속한다.
④ 환류는 투입이 과정으로 가는 것이다.

해설 간호관리체계 모형(길리스)

1. 투입
   - 인적자원, 물자, 자금, 건물설계, 정보, 공급품, 시간 등의 자원
   - 간호인력의 기술, 경험, 태도, 교육 및 훈련, 환자의 간호강도지표, 환자중증도가 포함됨
2. 전환과정
   - **관리과정** : 기획, 조직, 인사, 지휘 및 통제
   - **관리지원기능** : 의사결정, 의사소통, 동기부여 및 갈등관리 관리과정(기획, 조직, 인사, 지휘, 통제)
3. 산출물
   과정에 의해 투입이 변형된 것, 간호의 질 평가, 간호시간, 이직률, 재원일수, 환자만족 및 간호직원의 만족도, 간호연구
4. 피드백
   재정보고서, 인준 보고서, 산출이 투입으로 가는 과정

정답 04 ② 05 ③ 06 ①

07 과학적 관리론을 설명한 것 중 옳은 것은?

① 성과에 따른 차별 성과급제
② 근로자의 인간성 중시
③ 경영과학
④ 호손연구

해설 과학적 관리론의 특징
- 분업 및 전문화의 원리에 입각한 직무 설계
- 시간, 동작 연구를 통한 직무의 표준화
- 직무에 적합한 적정인의 선발과 훈련
- 성과에 따른 차별 성과급제
- **간호에의 적용** : 간호업무표준, 간호시간 측정, 활동 분석

08 시간연구, 동작연구를 통해 직무를 표준화하고 성과에 따른 차등지급을 하는 관리 이론은?

① 인간관계론 ② 체계이론
③ 과학적 관리론 ④ 행정관리론

해설 과학적 관리론
- 테일러에 의해 발전됨
- 시간연구와 동작연구로 직무의 효율성과 생산성을 향상시킴

09 간호조직을 관료제적 성격으로 볼 경우 옳은 설명은?

① 합법적 권한에 기초를 두고 있다.
② 비공식 조직을 활성화한다.
③ 수평적 조직이다.
④ 공식조직과는 거리가 멀다.

해설 관료제의 특징
- 능력과 규칙을 중요시 함
- 합법적 권한에 기초를 둠
- 업무수행 규칙 공식화
- 계층에 따른 분업화
- 계층에 따른 책임과 권한의 규정
- 의사결정의 공식화, 문서화, 권위의 구조 강조

정답 07 ① 08 ③ 09 ①

10 관료제의 장점은?

① 자원의 효율적 배분
② 관리의 주관성 확보
③ 과업의 비공식화
④ 인간적인 요인 초점

해설 관료제 이론의 장·단점

1. 장점
   - 자원의 효율적 배분
   - 공정한 대우로 관리의 객관성 확보
   - 조직에 수행되는 모든 과업을 분업화하고 전문화하여 업무의 능률을 극대화함
2. 단점
   - 관료적 원리와 전문적 원리를 구분하지 못함
   - 인간적인 요인과 비공식적 요인의 중요성 간과함

11 호손효과에 관한 설명 중 옳은 것은?

① 생산 능률은 조직구성원의 태도나 감정에 의존하지 않는다.
② 근로자의 태도 또는 감정은 그들이 소속되어 있는 직장 내 분위기와 관련이 없다.
③ 비공식적인 조직이 조직의 성과에 영향을 미친다.
④ 합리적인 경제 인간관을 심어주었다.

해설 호손효과(인간관계론)

- 메이요 교수가 호손 공장에서 실시한 실험연구
- 근로자들에게 휴식, 짧은 작업시간, 감독 등의 물리적이며 금전적 요인보다는 배려나 관심 등의 사회적 요소가 충족되었을 경우 공장의 생산성이 향상됨
- 인간을 합리적, 경제적인 존재보다는 사회·심리적 존재로 보게 됨
- 비공식적인 조직이 조직의 성과에 영향을 미침
- 자생 집단의 중요성을 인식시킴
- 민주적 리더십이 중요함을 부각시킴
- 조직없는 인간이라는 비판을 받음

12 조직의 생산성을 높이기 위해 인간의 정서적인 요인과 감정적인 요인도 능률을 향상시키는 데 큰 영향을 미친다는 구성원 중심의 관리이론은?

① 체계이론
② 과학적 관리이론
③ 행정관리론
④ 인간관계론

해설 인간관계론은 조직의 생산성을 높이기 위해 인간의 정서적인 요인과 감정적인 요인도 능률을 향상시키는 데 큰 영향을 미친다는 구성원 중심의 관리이론을 말한다.

정답 10 ① 11 ③ 12 ④

13 **인간관계론을 간호관리에 도입할 경우 적용할 수 있는 방법은?**

① 간호표준업무 ② 간호시간분석
③ 활동 분석 ④ 인사상담제도

해설 인간관계론을 간호관리에 적용할 수 있는 예
- 인사상담제도
- 고충처리제도
- 제안제도

14 **조직의 외부 환경이 조직과 하위 시스템에 미치는 영향을 연구한 관리이론은?**

① 체계이론 ② 과학적 관리이론
③ 행정관리론 ④ 상황이론

해설 상황이론의 특성
- **조직** : 하위체계들로 구성된 하나의 개방체계
- 조직의 외부 환경이 조직과 하위 시스템에 미치는 영향을 연구한 이론(조직의 환경과 특성이 업무에 영향을 미친다는 이론)
- 조직을 관리하는 데 가장 이상적이고 유일한 방법이 없다는 이론(전제 : 모든 상황에서 모든 조직에 유효성을 낳게 하는 유일한 조직이론은 없음)
- 상황에 따라 관리 기법이 변해야 함
- 상황에 따라 적절한 일을, 적절한 시간에, 적절한 방법으로 수행하기 위한 틀을 제공
- 상황이론의 고유변수에는 상황변수(환경, 규모, 기술), 조직특성 변수(조직구조, 관리체계, 관리과정), 조직성과 변수(효율성, 능률성) 등이 있음

15 **다음에서 설명하는 간호관리자 역할(민츠버그가 제시)은?**

> • 병동 내에서 일어나는 크고 작은 간호사고에 대해 조사하고 확인함
> • 그 문제에 대해 새로운 해결방안을 마련하고 시행함
> • 이후 수간호사 미팅에서 보고하고 발표함

① 대인관계 역할 ② 대표자 역할
③ 지도자 역할 ④ 정보적 역할

해설 정보적 역할(informational role)
- 소비자의 욕구와 시장 환경이 급속히 변하는 시기에는 정보적 역할이 중요함
- **모니터(감독자) 역할** : 정보의 탐지, 수집 및 선별, 조직에 영향을 미치는 환경 탐지
- **전달자 역할** : 조직의 통합성 유지, 하급자의 의견을 수렴하여 상부에 보고, 상부의 지시를 하급자에게 전달하는 매개자 역할
- **대변자 역할** : 외부 사람들에게 조직의 입장을 전달

정답 13 ④ 14 ④ 15 ④

16 최고 관리자에게 가장 많이 요구되는 간호 기술은?

① 실무적 기술
② 개념적 기술
③ 인간적 기술
④ 기술적 기술

해설 개념적 기술
- 전체적으로 조직의 복합성을 이해하는 능력
- 조직 전체를 이해하고 조직 내에서 구성원들의 활동을 조직
- 전체 상황에 맞도록 진행해 나가는 분석적 사고 능력
- 비정형적 의사결정이 중심적 역할인 최고 관리자에게 가장 필요한 부분
- 개념적 기술은 높은 계층으로 갈수록 더 요구되고, 낮은 계층으로 갈수록 덜 요구됨

17 간호관리 과정 중 기획의 특징은?

① 기획은 다른 모든 관리활동 중 나중에 활동한다.
② 최대의 비용으로 최대의 생산성을 내야 한다.
③ 최고관리자만 기획을 수행한다.
④ 목적이나 목표달성을 지향하는 통합된 활동을 유도한다.

해설 기획은 다른 모든 관리활동 등에 앞서서 선행하며 한정된 자원과 비용으로 최대의 생산성을 내야 하며 한 번 설정된 기획이라도 추후에 변경할 수 있어야 한다.

18 간호조직이 존재하는 이유를 명시하고 있는 기획은?

① 목적
② 철학
③ 목표
④ 정책

해설 간호조직이 존재하는 이유를 명시하고 있는 기획은 목적이다.

목적, 사명	간호조직에서의 목적은 간호조직이 존재하는 이유를 명시하고 있음
철학	• 목적이나 사명의 진술로 조직의 목적 달성을 위한 가치 또는 신념 • 간호조직 철학 : 인간으로서 대상자, 간호업무, 조직구성원 가치 등을 진술
목표	• 목적에 대한 기대효과를 구체적인 수치로 표현한 것 • 목표 설정 시 이점 : 조직업무 수행의 지침, 업무 의욕 고취, 조직 방향의 제시, 조직 성과를 판단하고 통제하는 기준이 됨
정책과 절차	• 정책, 절차, 규칙, 규정은 간호조직의 상용 계획 • 정책 : 목표 달성을 위한 지침과 수단, 목적 성취를 위해 직원들의 행동 범위와 경로를 파악하고 명시하는 지침 • 절차 : 업무수행 방법이나 간호활동의 지침 제공
규칙과 규정	특정 상황에서 행해야 하는 것과 금지해야 하는 것을 알려주는 지침
계획안	조직의 목표와 방침에 근거하여 업무의 과정과 수단을 구체화하는 것

정답 16 ② 17 ④ 18 ①

19 **목적 성취를 위해 직원들의 행동 범위와 경로를 파악하고 그에 따르는 행동방침을 정하도록 하는 것은?**

① 철학 ② 사명
③ 정책 ④ 절차

해설 정책
목표 달성을 위한 지침과 수단, 목적 성취를 위해 직원들의 행동 범위와 경로를 파악하고 명시하는 지침

20 **전략적 기획의 특성으로 옳은 것은?**

① 확실한 환경 아래서 기획한다.
② 최고관리자가 주관한다.
③ 사업수준이나 부서별 계획을 수행한다.
④ 단기적인 목표를 수행한다.

해설 전략적 기획의 특성
- 조직이 지향하는 미래의 분명한 목표와 방향을 제시함
- 환경과 조건을 분석, 평가하여 이익을 증대시키고 이익 감소의 위험을 파악
- 조직의 최고관리자에 의해 수행
- 대부분이 장기 계획이며 포괄적이고 일반적인 용어로 표현됨
- 모든 계획의 기본 틀을 제공하고 조직의 행동 및 의사결정에 일관성을 유지시켜 줌
- 미래에 이용 가능한 자원을 결정하여 이익의 가능성을 한정하여 예측할 수 있음
- 조직의 미래 사업 활동의 범위를 결정하여 조직의 사회, 경제적 사명을 명확히 규정지어줌
- 전반적인 경영관리의 방향과 노선을 명확히 할 수 있음
- 조직이 지향하는 미래의 분명한 목표와 방향을 제시
- 급변하는 환경에 대해 미래의 문제와 기회를 예측하는 방법
- 조직의 내외적 환경에 대한 기회와 이익을 조직의 자원과 기능에 맞추는 데 초점을 둠

21 **목표관리에서 목표가 갖추어야 할 조건으로 옳은 것은?**

① 목표는 함축적이어야 한다.
② 목표는 측정가능하고 계량적이어야 한다.
③ 목표는 미래지향적이어야 한다.
④ 목표는 비공식화되어야 한다.

해설 목표관리 이론에서 목표의 특성
- 목표는 구체적이어야 함
- 목표는 현실적이고 달성 가능하여야 함
- 목표관리는 측정가능하고 계량적이어야 함

정답 19 ③ 20 ② 21 ②

• 목표는 기대되는 결과를 확인할 수 있어야 함
• 목표는 목표 수행에 참여하는 자들에 의해 공식화되어야 함
• 목표는 각 관리자 혹은 조직단위의 능력 범위에 있어야 함
• 목표는 그 달성에 필요한 시간의 제한을 명확히 나타내야 함
• 목표는 정규적인 모임을 통해 관리자와 다른 참여자 간에 구두나 문서형식으로 검토되어야 함

22 목표관리 이론에 근거하여 직원들이 목표에 잘 참여할 수 있도록 목표를 설정하는 방법은?

① 최고 관리자가 설정한다.
② 관리자가 직원들과 협의하여 함께 결정한다.
③ 외부 전문기관에 의뢰한다.
④ 보상내용은 관리자가 결정한다.

해설 목표관리의 구성요소
• **목표설정** : 가장 중요한 것은 명확한 목표의 설정
• **구성원들의 참여** : 하부계층의 구성원들과 관리자들이 함께 참여하여 목표를 설정함
• **피드백** : 목표를 수행하는 과정에서 또 수행이 끝난 후에는 그 수행 결과에 대해 구성원들에게 반드시 적절한 피드백이 제공되어야 함

23 32병동의 수간호사(파트장)는 민주적이고 개방적인 의사소통으로 간호사들의 적극적인 참여를 유도하고, 사회적 · 심리적 요구를 충족시키려고 노력하고 있다. 이때 적용한 관리이론은?

① 상황이론　② 체계이론
③ 인간관계론　④ 행정관리론

해설 인간관계론(호손연구)은 인간을 사회인으로 보고 인간의 감정을 중요시하는 감정의 논리를 주요 논리로 하고 있다. 또한 물리적 환경은 생산성에 크게 영향을 미치지 못하며 대신 인간의 사회적 · 심리적 욕구 충족이 생산성 향상에 크게 기여한다는 이론이다.

24 경기도 소재 대학병원에서는 예기치 않은 입원 환자의 상태 악화를 예방하기 위해 전자의무기록과 연계한 원격 모니터링 시스템을 도입하려고 한다. 이는 간호관리 체계모형 중 어떤 요소인가?

① 산출　② 투입
③ 피드백　④ 변환과정

해설 투입은 인력, 물자, 자금, 건물설계, 정보, 시간 등의 자원을 포함한다. 그중에서 물자는 주로 장비, 공급품, 테크놀로지 등이다.

정답 22 ② 23 ③ 24 ②

25 **수술실 수간호사는 로봇수술기법이 수술에 도입됨에 따라 간호사들의 역량을 강화하기 위해 3개월 교육프로그램을 기획하였다. 수간호사가 이때 사용한 기획의 유형은?**

① 운영적 기획
② 장기적 기획
③ 전략적 기획
④ 전술적 기획

해설 운영적 기획의 특성
- 하위조직 단위의 활동을 기획
- 확실성이 높은 환경하의 기획
- 실무관리자, 일반구성원이 주관함
- 단기기획과 관련(1년 이내)
- 중기적인 목적의 수행과 관련됨

26 **낙상발생률 감소를 위해 목표관리법을 적용하고자 할 때 간호사가 첫 번째로 해야 할 것은?**

① 목표달성 정도를 평가한다.
② 낙상발생률 감소 활동 성과보고서를 작성하여 보고한다.
③ 낙상사정도구를 이용하여 낙상위험도를 사정하고 기록한다.
④ '6개월 내 낙상발생률 전년 대비 5% 감소'로 목표를 설정한다.

해설 목표관리의 과정
- 목표의 설정(직무의 책임, 우선순위, 목표 및 이정표의 결정)
- 수행 및 검토(목표의 추구 및 업적의 체계적인 검토)
- 업적평가(직무업적과 목표달성도를 관리자의 구성원이 평가)

27 **테일러(F. W. Talyor)의 과학적 관리법에 관한 설명으로 옳지 않은 것은?**

① 시간 및 동작 연구
② 기능적 직장(職長) 제도
③ 집단중심의 보상
④ 과업에 적합한 종업원 선발과 훈련 강조

해설 ① 시간-동작 연구는 근로자의 업무수행에 걸리는 시간, 업무를 보다 쉽게 수행할 수 있는 방법, 적은 시간을 사용하여 더 많은 일을 수행할 수 있는 방법 등에 관한 연구이다. 과학적 관리론에서 핵심적인 특징이다.
② 기능적 직장(職長) 제도는 사업장이나 공장에서 종업원을 직접 감독하는 현장관리자로 공장장을 일컫는다. 과학적 관리론은 사업장이나 공장에서의 과학적 관리를 이들 "기능적 직장(職長, foreman)"에게 맡겼다.
③ 개인별로 생산율에 따라 차별적 성과급을 지급하므로, 이는 개인중심의 보상에 해당한다.
④ "근로자를 뽑을 때 직무에 적합한 능력과 기술을 가진 근로자를 선발하고, 설정된 규칙과 절차에 따라 과업을 수행하도록 근로자를 훈련시킨다."는 과학적 관리론의 4원칙 중 하나이다.

정답 25 ① 26 ④ 27 ③

28 인간관계론에 근거하여 조직구성원을 관리하고자 할 때 적합한 활동은?

① 간호조직의 팀워크를 향상시키기 위해 동아리 지원 제도를 도입한다.
② 간호사의 급여체계에 차별적 성과급제를 도입하여 인센티브를 제공한다.
③ 일반병동에 서브스테이션(substation)을 설치하여 물리적 환경을 개선한다.
④ 다빈도 간호행위에 대하여 병원간호실무 표준을 설정한다.

해설 전체 지문 구성을 보면, 인간관계론과 과학적 관리론을 비교하는 문제이다.
① 동아리 지원 제도는 인간관계론, ② 차별적 성과급제, 인센티브 제공은 과학적 관리론, ③ 서브스테이션 설치, 물리적 환경 개선은 과학적 관리론, ④ 병원간호실무 표준 설정은 과학적 관리론이다.

29 호손(Hawthorne)실험과 관련된 설명으로 옳은 것은?

① 작업자는 임금 등 경제적 요인에 의해서 동기화된다.
② 작업자의 생산성은 작업환경 및 작업시간과 밀접한 연관이 있다.
③ 명확한 업무설계와 조직설계가 생산성 향상의 주요 요인이다.
④ 작업자는 단지 관심을 기울여주기만 해도 성과가 개선된다.

해설 ④ 호손실험의 결과, 근로자에게 관심이 제공될 때 생산량이 증가한다는 사실을 발견하였다.
①, ②, ③ 호손실험의 결과, 직원의 근로의욕은 경제성의 논리로만 행동하는 것이 아니고, 물리적 환경보다 인간의 사회적·심리적 요인이 크게 작용하고 생산성 향상에 크게 기여한다는 사실을 발견하였다. 따라서 작업자가 임금 등 경제적 요인에 의해 동기화된다거나 작업자의 생산성이 작업환경 및 작업시간과 밀접한 연관이 있다는 것은 옳지 않다. ③ 또한 호손실험 결과와는 관련이 없다.

30 간호관리자의 역할 중 의사결정자의 역할을 서술한 것이 아닌 것은?

① 변화를 위한 사업을 추진한다.
② 조직의 모든 자원을 할당한다.
③ 중요한 협상에서 조직을 대표했다.
④ 직원의 동기를 유발하고 직원의 채용과 훈련을 담당한다.

해설 ④ 대인관계 역할 중 지도자의 역할이다.
① 기업가 역할, ② 자원분배자 역할, ③ 협상자 역할

정답 28 ① 29 ④ 30 ④

주관식

01 과학적 관리론의 4가지 원칙을 쓰시오.

02 올해 간호부는 '최상의 간호를 실현하는 인간중심, 고객중심의 간호부'라는 비전을 선포하였다. 이 간호부가 수행한 의사결정의 유형은?

03 간호관리의 체계모형에서 생산자 투입요소에 해당하는 것을 쓰시오.

정답

01 ① **원칙** 1 – 근로자가 업무를 수행하는 방법을 연구하고, 근로자가 갖고 있는 직무지식에 대한 정보를 수집하며 과업수행을 향상시키는 방법에 관해 실험한다.
② **원칙** 2 – 과업을 수행하는 새로운 방법을 문서화된 규칙과 절차에 따라 과업을 수행하도록 근로자를 훈련시킨다.
③ **원칙** 3 – 근로자를 뽑을 때 업무에 맞는 능력과 기술을 지닌 사람을 뽑고 설정된 규칙과 절차에 따라 과업을 수행하도록 근로자를 훈련시킨다.
④ **원칙** 4 – 공정하고 수용할 만한 업무평가를 설정하고 받아들일 만한 수준 이상의 월급체계를 개발한다.

02 간호부 조직 전체에 영향을 미치는 비전 선포는 전략적 의사결정에 해당한다. 전략적 의사결정이란 주로 상층관리자가 수행하는 조직 전체에 영향을 미치는 장기적인 의사결정으로서 목표달성을 위해 최대의 능력을 발휘할 수 있도록 자원을 배분하는 것이며, 대부분 비정형적이고 비구조적인 의사결정이 여기에 속한다.

03 인력, 물자, 자금, 정보시간, 건물설계 등이 투입요소이다.

04 간호관리의 체계모형에서 산출요소에 해당하는 것을 쓰시오.

05 카츠의 간호관리자에게 요구되는 기술 중에서 모든 계층의 관리자에게 비슷한 비중을 차지하는 기술은?

정 답

04 간호서비스의 양과 질, 이직률, 비용편익

05 인간적 기술이며 인간적 기술은 성공적으로 상호작용하고 의사소통할 수 있는 능력으로 다른 사람들과 함께 일할 수 있는 능력이며 모든 계층의 관리자에게 비슷한 비중을 차지한다.

PART 2 리더십

01 **리더십 특성이론을 설명한 것이다. 옳지 않은 것은?**

① 리더의 특성이 리더십 유효성에 관련된다는 관점을 갖고 있다.
② 소수의 사람들이 위대해질 수 있는 특성을 가지고 태어난다는 위인이론(great man theory)에 초점을 두고 있다.
③ 리더십이란 선천적으로 타고난 것이다.
④ 리더십은 개발될 수 있다.

해설 특성이론
- 리더의 특성이 리더십 유효성에 관련된다는 관점을 갖고 있다.
- 소수의 사람들이 위대해질 수 있는 특성을 가지고 태어난다는 위인이론(great man theory)에 초점을 두고 있다.
- 리더십이란 선천적으로 타고난 것이다.
- 특성에는 신체적, 골격적 특성, 능력 또는 기술 특성, 성격적 특성 등이 있다.
- 리더십은 개발될 수 있는 것이 아니다.

02 **병동에서 김 간호사는 능력이 부족하고 일에 대한 흥미를 느끼지 못하고 있다. 이때 간호관리자에게 필요한 리더십은?(허시와 블랜차드(Hersey & Blanchard)의 상황적 리더십을 근거로)**

① 지시적 리더십 ② 지원적 리더십
③ 참여적 리더십 ④ 위임적 리더십

해설 상황변수 : 구성원들의 성숙도(maturity) 단계
- M 1 : 구성원들의 능력이 부족하고 동기나 자신감도 부족한 단계(지시적 리더십 발휘)
- M 2 : 구성원들의 능력이 부족하지만 어느 정도의 자신감과 동기를 갖고 있는 상태(설득적 리더십 발휘)
- M 3 : 구성원들이 능력은 갖추었으나 동기가 낮은 상태(참여적 리더십 발휘)
- M 4 : 구성원들이 능력과 동기가 모두 성숙된 상태(위임적 리더십 발휘)

03 **허시와 블랜차드(Hersey & Blanchard)의 상황적 리더십 이론 중 리더가 업무를 지시하기보다는 구성원들 간의 아이디어 공유를 지원하고 관계를 중시하는 리더십 유형은?**

① 민주형 리더 ② 설득형 리더
③ 성취형 리더 ④ 참여형 리더

정답 01 ④ 02 ① 03 ④

해설 참여형 리더는 아이디어를 부하와 함께 공유하고 의사결정 과정을 촉진하며 부하들과의 인간관계를 중시하며 부하들을 의사결정에 많이 참여하게 하는 유형이다.

04 변혁적 리더십에 대한 설명으로 옳은 것은?

① 부하에게 지적 자극을 주어 창의와 혁신적 태도를 고취한다.
② 일상적이며 표준화된 과업을 수행하는 데 장점이 있고, 단순구조나 임시체계보다 전문적 관료제에 더 적합하다.
③ 리더는 성과와 보상을 연계하며, 부하가 목표 기준에 미달하는 경우에만 사후적으로 개입한다.
④ 부하의 성숙도를 넷으로 분류하고, 각 성숙도에 상응하는 네 가지 리더 유형을 제시한다.

해설 ① 변혁적 리더십은 카리스마, 영감적 동기부여, 지적 자극, 개별적 배려를 특징으로 한다. 여러 연구에 의하면 부하가 관리자의 변혁적 리더십의 발휘를 높게 인식할수록 부하의 직무만족, 조직에의 몰입, 업무성과 등이 높게 나타나며 더욱 창의적이고, 자율적이며 혁신적인 태도로 일하는 것으로 나타났다.
② 변혁적 리더십은 변동과 적응, 융통성을 중시하는 조직일수록 효율성이 높기 때문에 단순구조나 임시체계 등 유기적 구조나 탈관료제 조직에 적합하다.
③ 리더는 성과와 보상을 연계하며, 부하가 목표 기준에 미달하는 경우에만 사후적으로 개입한다. → 거래적 리더십
④ 부하의 성숙도를 넷으로 분류하고, 각 성숙도에 상응하는 네 가지 리더 유형을 제시한다. → 허시와 블랜차드의 상황대응 리더십이론

05 다음 중 리더십에 대한 설명으로 옳지 않은 것은?

① 행태론적 접근법은 효과적인 리더의 행동은 상황에 따라 다르다는 사실을 간과한다.
② 특성론적 접근법은 성공적인 리더는 그들만의 공통적인 특성이나 자질을 가지고 있다고 전제한다.
③ 상황론적 접근법은 리더의 어떠한 행동이 리더십 효과성과 관계가 있는가를 파악하고자 하는 접근법이다.
④ 거래적 리더십은 합리적 과정이나 교환 과정의 중요성을 강조한다.

해설 리더의 어떠한 행동이 리더십 효과성과 관계가 있는가를 파악하고자 하는 접근법은 행태론적 접근법이다.

정답 04 ① 05 ③

06 **허시와 블랜차드(Hersey & Blacnchard)의 리더십 유형 중 낮은 지시행동과 낮은 지원 행동을 보이는 유형은?**

① 지시형 리더
② 지도형 리더
③ 지원형 리더
④ 위임형 리더

해설 S4 - 낮은 지시행동(과업행동), 낮은 지원행동(관계행동) → 위임형 리더

07 **블레이크와 모튼(R. Blake and J. Mouton)의 관리격자 리더십 이론 중 〈보기〉에 해당하는 리더십 유형으로 가장 옳은 것은?**

| 보기 |

인간과 생산성에 관한 관심이 모두 높으며, 구성원들에게 공동목표와 상호의존관계를 강조하고 상호신뢰와 상호존중의 관계 속에서 구성원들의 몰입을 통하여 과업을 달성한다.

① 팀형
② 타협형
③ 과업형
④ 인기형

해설 팀형(팀경영형, 이상형)
리더는 인간과 생산에 대한 관심이 모두 높다. 리더는 구성원과 조직의 공동목표 및 상호의존관계를 강조하고, 상호 신뢰적이고 존경적인 관계와 구성원의 몰입을 통하여 과업을 달성한다. 가장 이상적인 리더십 유형이다.

08 **다음 글에서 설명하는 리더십 이론은?**

- 소수의 사람은 위대해질 수 있는 자질을 가지고 태어난다는 이론
- 리더십이란 타고난 것이지 개발될 수 없는 것으로 간주하는 이론

① 행동이론
② 특성이론
③ 상황이론
④ 거래적 리더십 이론

해설 특성이론
- 성공적인 리더들이 갖고 있는 일련의 공통적인 특성을 규명하려는 이론이다.
- 지도자가 갖추어야 할 자격이나 능력, 속성에 연구의 초점을 맞추고 있는 접근방법이다.
- 특정 자질을 지녔기 때문에 항상 리더가 될 수 있다고 생각하는 관점이다.
- 리더의 자질은 선천적으로 타고나는 것이라는 입장이다.
- 소수의 사람들만이 위대해질 수 있는 특성을 가지고 태어난다는 위인이론이다.

정답 06 ④ 07 ① 08 ②

09 **피들러의 상황적합이론에서 리더십의 유효성을 결정하는 상황 조절 변수에 해당하지 않는 것은?**

① 부하의 능력과 의지 정도
② 리더에게 부여된 공식적인 영향력 정도
③ 구성원들이 리더를 신뢰하고 존경하는 정도
④ 과업의 목표가 분명하고 달성 수단이 명백한 정도

해설 상황변수의 분류
- **리더와 구성원 간의 관계** : 집단의 분위기를 의미하는 요소로서 리더와 부하사이의 신뢰성, 친밀감, 신용과 존경 등을 포함한다.
- **과업의 구조화** : 과업의 일상성 또는 복잡성을 뜻하며, 과업목표의 명백성, 목표달성 과정의 복잡성, 의사결정의 변동성, 의사결정의 구체성에 따라 리더십 상황이 결정된다.
- **리더의 직위권력** : 리더가 구성원에게 명령을 받아들이게끔 구성원 행동에 영향을 줄 수 있는 영향력으로서 공식적 · 합법적 · 강압적 권력 등을 포함한다.

10 **리더십 이론에 대한 설명들 중 시기적으로 가장 최근에 등장한 이론에 대한 설명으로 가장 옳은 것은?**

① 모든 상황에 적합한 유일한 리더십 유형은 없다.
② 효과적인 리더는 그렇지 못한 리더와는 다른 일련의 특성을 지닌다.
③ 리더의 행동 유형을 기준으로 리더십을 3가지 유형으로 구분하였다.
④ 구조화와 배려라는 리더십의 개념을 기초로 리더의 행동 유형을 더욱 구체화되었다.

해설 ①은 상황이론(상황론적 접근), ②는 특성이론(특성론적 접근), ③은 행동이론(행태론적 접근) 중 아이오와 대학의 연구, ④는 행동이론(행태론적 접근) 중 오하이오 주립대학의 연구에 해당한다.

11 **간호관리자가 스스로가 셀프 리더(self-leader)의 역할 모델이 되어 구성원들이 셀프 리더가 되도록 동기부여하는 리더는?**

① 거래적 리더　　② 강자형 리더
③ 슈퍼 리더　　④ 섬기는 리더

해설 슈퍼 리더가 되는 단계
① 우선 셀프 리더가 된다. → ② 셀프 리더십의 모범을 보인다. → ③ 스스로 목표를 설정하도록 격려한다. → ④ 긍정적인 사고패턴을 창안한다. → ⑤ 보상과 건설적 비판을 통하여 셀프 리더를 육성한다. → ⑥ 팀워크를 통하여 셀프 리더십을 개발한다. → ⑦ 셀프 리더십 문화를 조성한다.

정답 09 ① 10 ① 11 ③

12 **만츠와 심스(Manz & Sims)의 셀프 리더십을 훈련하기 위한 인지전략은?**

① 자기 스스로 목표를 설정하고 우선순위를 결정하여 실행한다.
② 바람직한 행동을 하도록 업무 환경에 단서(Cues)를 배치한다.
③ 어려운 상황을 장애물이 아닌 기회로 인식하는 건설적 사고 습관을 갖는다.
④ 과업을 성공적으로 수행했을 때 자신이 가치 있게 여기는 보상을 스스로 제공한다.

해설 셀프 리더십은 자율적 리더십 또는 자기 리더십이라고도 하며, 자기 스스로가 자신을 이끄는 리더십을 의미한다. 우리가 흔히 생각하는 리더십, 본인을 따르는 사람을 통제하거나 지시, 의사결정을 하고 리드하는 능력을 촉진하도록 지원하는 과정이 슈퍼 리더십이라면, 따르는 사람의 입장에서는 타인이 리더가 아니라 자기 자신 스스로가 자신의 리더가 되어 스스로 통제하고 행동하는 것을 셀프 리더십이라 말한다. 셀프 리더십을 이루는 네 가지 구성요소는 자기이해, 자기통제능력, 자기주도능력, 자신감이 있다.

13 **거래적 리더십을 발휘하는 리더의 특성으로 옳은 것은?**

① 주변 사람의 의견에 귀를 기울이고 새로운 업무에 도전하여 배움의 기회로 활용한다.
② 구성원의 욕구나 능력 수준에 따라 개별적으로 배려하여 높은 차원의 욕구를 갖도록 자극한다.
③ 구성원이 목표를 달성하면 원하는 보상을 얻는다는 확신을 갖게 함으로써 동기를 부여한다.
④ 구성원에게 자율과 책임을 부여하여 스스로 책임지고 행동하게 한다.

해설 ②는 변혁적 리더십, ③은 거래적 리더십, ④는 슈퍼 리더십에 해당한다.

14 **다음 글의 내용과 같이 간호관리자를 선발할 때 적용한 리더십이론은?**

> 1단계 : 관리자들의 리더십 유형을 파악한다.
> 2단계 : 간호업무의 구조화 정도, 관리자 – 간호사 관계, 관리자의 직위 권한을 기준으로 간호조직의 상황 호의성을 파악한다.
> 3단계 : 상황 호의성에 효과적인 리더십을 가진 관리자를 선발・배치한다.

① 블레이크와 머튼의 관리격자이론(Managerial grid)
② 하우스의 경로 – 목표이론(Path-goal theory)
③ 허시와 블랜차드의 상황적 리더십이론(Situational leadership theory)
④ 피들러의 상황적합성이론(Contingency model of leadership)

정답 12 ③ 13 ③ 14 ④

해설 피들러의 상황적합성이론
피들러의 상황적합성이론은 집단의 성과가 리더의 유형과 리더에 대한 상황의 호의 정도에 따라 달라진다는 것을 보여준다. 따라서 이 모형은 리더의 특성과 상황의 양 측면을 통합한 이론이다. 결국, 피들러는 리더가 처한 상황의 호의성을 높일 수 있을 때 리더십도 촉진된다고 하였다.

15 **A 대학병원에 노인 병동을 신축 증설함에 따라 신규 간호사들이 많이 근무하게 되었다. 노인 병동에서 일하게 된 간호사들은 노인 간호 경험이 없어 힘들어하지만 발전하는 병원에 근무한다는 자부심으로 열심히 일하고 있다. 다음 중 허시와 블랜차드 리더십 관점에서, 현재 노인 병동을 이끌어가는 데 가장 적합한 리더 유형은?**

① 의사결정과 과업수행에 대한 책임을 부하에게 위임하여 부하들이 스스로 자율적 행동과 자기통제하에 과업을 수행하도록 하는 리더
② 결정사항을 부하에게 설명하고 부하가 의견을 제시할 기회를 제공하는 쌍방적 의사소통과 집단적 의사결정을 지향하는 리더
③ 아이디어를 부하와 함께 공유하고 의사결정 과정을 촉진하며 부하들과의 인간관계를 중시하여 의사결정에 많이 참여하게 하는 리더
④ 부하에게 기준을 제시해 주고 가까이서 지도하며 일방적인 의사소통과 리더 중심의 의사결정을 하는 리더

해설 구성원(부하)의 성숙도를 보면, 신규 간호사들이 많아 직무수행능력은 낮고, 그 대신 자부심으로 열심히 일한다고 했으므로 직무수행의지는 높다. 이것은 성숙도2(M2)에 해당하므로 설득형 리더십이 적절하다. ①은 위임형 리더십(M4), ②는 설득형 리더십(M2), ③은 참여형 리더십(M3), ④는 지시형 리더십(M1)이다.

16 **거래수단을 사용하여 리더십의 유효성을 제고한 전통적 리더십과 달리 현대의 리더십은 구성원을 변화시키는 리더십을 요구한다. 현대의 리더십 이론으로 옳은 것은?**

① 변혁적 리더십은 구성원의 가치와 신념을 바꾸어 조직의 근본적인 변화를 이끈다.
② 슈퍼 리더십은 기존의 리더십보다 더욱 강력하게 조직 전체를 이끄는 영향력을 갖는다.
③ 교환적 리더십은 리더와 부하 사이의 교환 관계로 인하여 부하들이 리더의 영향력을 받아들인다.
④ 셀프 리더십은 리더 자신을 스스로 리드하고 부하직원을 셀프 리더로 만들어 조직 전체를 자유경영체제로 만들어가는 리더이다.

정답 15 ② 16 ①

해설 현대의 리더십 이론
① 변혁적 리더십은 구성원의 가치, 신념, 욕구체계를 변화시켜 조직의 성과를 제고하므로 옳은 설명이다.
②는 슈퍼 리더십과 전혀 관련이 없는 내용으로 틀린 설명이다.
④ 슈퍼 리더십은 리더 자신을 스스로 리드하고 부하직원을 셀프 리더로 만들어 조직 전체를 자율경영체계로 만들어가는 리더이다. 즉, 슈퍼 리더십은 리더 자신이 먼저 셀프 리더가 된 후, 부하직원들을 셀프 리더로 이끄는 리더십을 말한다.

17 환자가 응급실에 정신없이 실려 와서 심장마비로 위급한 상황이다. 이때 필요한 리더십은?

① 전제형 ② 위임형
③ 민주형 ④ 자유방임형

해설 심장마비와 같은 위급한 상황에 처했거나 시간에 쫓기는 업무를 기한 내에 완수해야 할 경우 유용한 리더십 유형은 전제형이다.

18 허시와 블랜차드(Hersey & Blanchard)의 상황대응 리더십이론으로 옳지 않은 것은?

① 권력의 평등과 사회전반적인 커뮤니케이션이 전제되어야 한다.
② 상황변수로서 특히 부하직원들의 성숙도를 강조하는 리더십의 상황모형이다.
③ 아지리스의 성숙－미성숙 이론과 맥클리랜드의 성취동기이론을 토대로 발전된 이론이다.
④ 부하직원의 성숙도가 낮으면 위임적 리더십이 효과적인데 비해, 부하직원의 성숙도가 높으면 지시적 리더십이 효과적이라고 보았다.

해설 허시(P. Hersey)와 블랜차드(K. H. Blanchard)의 상황적 리더십이론(상황대응적 리더십이론)에서는 부하직원의 성숙도가 낮으면 지시적 리더십이 효과적인데 비해, 부하직원의 성숙도가 높으면 위임적 리더십이 효과적이다.

19 리더십의 특성과 상황적 변수를 연계시킨 피들러(F. Fiedler)의 상황적합성이론(Contingency Model)에서 제시된 상황 요소로 옳지 않은 것은?

① 과업구조 ② 리더와 구성원의 관계
③ 구성원의 성숙도 ④ 리더의 직위권력

해설 구성원의 성숙도는 허시와 블랜차드의 상황대응 리더십이론에서의 변수이다. 피들러의 상황적합성이론에서의 3가지 상황변수는 과업구조, 리더와 구성원의 관계, 리더의 직위권력이다.

정답 17 ① 18 ④ 19 ③

20 간호관리 기능 중 지휘 기능에 대한 설명으로 옳지 않은 것은?

① 업무를 구체적으로 지시하고 방향을 제시하는 기능이다.
② 조직의 목적을 달성하기 위해 지도하고 조정하는 관리활동이다.
③ 목표를 달성하기 위해 과업을 적극적으로 수행하도록 이끄는 관리기능이다.
④ 생산성 향상을 위해 획일적으로 조직을 이끌어 갈 수 있는 기능이다.

해설 지휘 기능의 내용

- 지휘는 "일정한 목적을 보다 효과적으로 실현하기 위하여 집단행동의 전체를 통솔하는 것"을 말한다.
- 지휘 기능에는 리더십, 커뮤니케이션, 동기부여 기능이 포함된다.
- 지휘자와 조직구성원 사이의 접촉을 통해서 이루어지는 실제적인 행위로서 권력과 권한에 의해 이루어진다.
- 간호관리의 과정에서 지휘는 간호부서의 목표를 달성하기 위해서 활동을 수행하도록 간호직원들에게 동기를 부여하고 지도하는 관리기능이다.

21 블레이크와 머튼의 관리그리드 이론 중 인간에 대한 관심과 생산에 대한 관심이 모두 높고, 구성원들에게 공동 목표와 상호 의존관계를 강조하고 상호 신뢰를 중시하는 리더십 유형은?

① 인기형
② 팀형
③ 타협형
④ 무관심형

해설 팀형(9.9형)

인간과 과업(생산) 모두에 대한 관심이 매우 높다. 리더는 구성원과 조직의 공동목표 및 상호의존 관계를 강조한다. 상호 신뢰적이고 존경적인 관계와 구성원의 몰입을 통하여 과업을 달성한다. 가장 이상적인 지도성 유형이다(팀 경영형).

22 구성원의 임파워먼트(Empowerment)에 대한 설명으로 옳은 것은?

① 제로섬(Zero-sum) 관점에서 권력을 분배하는 것이다.
② 직위에 임명됨으로써 공식적으로 권력을 부여받는 것이다.
③ 개인의 역량을 향상시키고, 맡은 일에 대한 통제감을 높여준다.
④ 변혁적 리더십보다 거래적 리더십이 임파워링(Empowering)에 효과적이다.

해설 임파워먼트(Empowerment)

- 임파워먼트는 비제로섬(Non zero-sum)의 관점이다.
- 공식적으로 권력을 부여받는 것이 아니라 권력을 하급자에게 이양하는 것이다.
- 거래적 리더십보다 변혁적 리더십이 임파워링(Empowering)에 효과적이다.

정답 20 ④ 21 ② 22 ③

23 **오하이오 주립대학 연구에서 리더십의 이차원 요인으로 옳게 묶인 것은?**

① 배려와 구조화
② 전제형과 민주형 리더십
③ 관리자와 리더
④ 동기–위생 이론

해설 오하이오 주립대학 연구
배려와 구조 주도라는 이차원으로 요인이 분리된 1800개의 리더십 행동목록을 완성한 이론
① 배려
- 친숙하고 지지적인 방법으로 행동하는 것을 의미
- 타인의 복지를 추구하고, 중요한 일에 대해 다른 사람들의 의견에 귀를 기울이고, 그들의 제안을 기꺼이 받아들이는 것으로 구성

② 구조주도
- 목적 달성을 위해 지도자가 역할을 구조하는 방법을 의미
- 과업의 할당, 절차 규명, 하한선 결정, 표준 유지, 새로운 접근 제안, 활동 조정 등을 나타냄. 배려와 구조주도가 모두 높은 리더십 유형이 효과적인 리더십 유형

24 **리더십에서 관리격자 이론은 누가 제시한 것인가?**

① Blake & Mouton
② Good & Blegan
③ Rowland & Rowland
④ Koontz & O'Donnell

해설 관리격자 이론(관리그리드)
- Blake & Mouton(1978)에 의해 오하이오 주립대학의 연구를 기초로 리더의 행동유형을 더욱 구체화하고 효과적인 리더십 행동을 배양하기 위해 개발
- 수평축의 생산에 대한 관심과 수직축의 인간에 대한 관심의 두 영역으로 나누어 격자로 계량화

25 **리더가 구성원들에게 목표를 인지하도록 돕고 목표를 스스로 개발하도록 하게 한다. 목표를 달성하기 위한 경로를 찾는데 영향을 미치는 것에 중점을 두는 이론은?**

① 상황적합성 이론
② 경로–목표 이론
③ 상황대응 리더십이론
④ 3차원 관리유형 이론

해설 House의 경로–목표 이론
- Evans(1970)에 의해 창안되었고, House(1971)가 상황변수를 추가하여, 리더의 행동에 영향을 끼치는 상황적 변수에 대한 실제적인 실험을 토대로 하여 개발한 이론
- 동기이론인 기대이론에 근거하여 작성된 이론
- 리더의 행동이 조직구성원들의 동기부여, 만족 및 직무수행능력 등에 어떤 영향을 끼치는가를 밝히고자 하는 것

정답 23 ① 24 ① 25 ②

26 리더십 유형 중 3차원 관리유형 이론에서 효과적인 리더십 유형이 아닌 것은?

① 개발형　　② 관리자형
③ 관료형　　④ 선교형

해설 3차원 관리유형 이론
- Reddin(1970)은 관리격자의 개념을 이용, 유효성의 차원을 추가시킴으로써 과업, 관계, 유효성의 3차원 관리유형 이론을 제시한다.
- 리더의 행동이 상황과의 관련하에서 적절한 경우에는 상대적으로 효과적인 리더십이 발휘된다.

※ 리더십 유형
- **효과적** : 개발형, 관료형, 관리자형, 은혜적 전시형

27 다음의 유형을 가지는 리더는?

- 구성원의 개인의 능력을 중시해 인재를 영입하고 육성하는 조직문화를 만든다.
- 진정한 리더십은 구성원의 지각에서 비롯된다.
- 그 때문에 구성원의 자제력을 발현할 수 있게 하는 것이 리더의 역할이라고 생각한다.

① 강자형 리더　　② 거래적 리더
③ 비전제시적 리더　　④ 슈퍼 리더

해설 새로운 리더십 유형

① 강자형
- 미개한 사회일수록 잘 적용되는 유형
- 리더는 지시, 명령, 성과와 무관한 질책
- 부하는 공포에 의한 복종

② 거래적
- 리더는 목표를 설정하고, 목표 달성을 위해 유인을 제공
- 부하는 기여를 제공함으로써 거래 관계가 존재
- 조건적 보상과 예외에 의한 관리로 리더십을 행사

③ 비전 제시
- 리더는 미래에 대한 비전을 제시, 그 비전에 몰입시킴으로써 조직의 목적을 달성

④ 슈퍼 리더
- 리더는 스스로의 목표설정과 보상 등의 행동을 부하에게 보임
- 부하는 주인 의식에 근거한 몰입

※ 섬기는 리더십
- 추종자의 성장을 도우며, 팀워크와 공동체를 형성하는 리더십을 의미
- Greenleaf(1970)가 학문적으로 정립

정답 26 ④ 27 ③

28 **다음 중 섬기는 리더십의 내용(5-point star 모형)으로 옳지 않은 것은?**

① 보상 ② 훈련
③ 인정 ④ 통합

해설 5-point star model의 내용은 영감, 지원, 훈련, 인정, 보상이다.
- **영감(Inspire)** : 다른 사람에게 영감과 감화를 제공
- **지원(Support)** : 정서적, 물리적, 정신적 지원
- **훈련(Train)** : 앞선 기술, 핵심능력, 최선의 업무수행방법, 질적 서비스, 대상자 중심의 훈련
- **인정(Acknowledge)** : 개인과 팀의 노력과 결과를 인정
- **보상(Reward)** : 유형의 보상과 기쁨, 자긍심, 팀 정신 같은 무형의 보상

29 **다음은 리더십 영향력의 종류를 나열한 것이다. 옳은 것은?**

① 추켜세우기 - 자기의 생각을 상대편에게 맞추는 것
② 인가 - 임금인상, 승진과 같은 부가 이득을 약속하는 것
③ 차단 - 자신이나 다른 사람의 권리를 침해하지 않으면서 메시지를 전달하는 것
④ 영합 - 다른 사람에게 보이도록 공식적, 비공식적으로 받는 것

해설 영향력의 종류
(1) **자기표현** : 자신이나 다른 사람의 권리를 침해하지 않으면서 메시지를 다른 사람에게 전달하는 것
(2) **영합(adulation)** : 요청하기 전에 공손하고 친근하게 확인하는 것으로 자기의 생각을 상대편에게 맞추는 것
(3) **합리성** : 세부적인 계획, 충분한 지지 자료, 이성, 논리로 누군가를 설득하는 것을 의미
(4) **인가** : 임금 인상, 승진과 같은 부가 이득을 약속하는 것을 의미
(5) **교환** : 호의 표명, 과거의 호의에 대한 감사 표현, 지지해주기, 개인적 희생을 감수하는 것을 의미
(6) **추켜세우기** : 다른 사람에게 보이도록 공식적, 비공식적으로 받는 것
(7) **차단** : 상대방이 요청에 응할 때까지 위협적인 태도로 승진 기회에 장애가 가도록 한다거나, 일을 원하는 사람과 같이 못하게 한다거나, 친근함을 보이지 않는 것을 의미
(8) **협상** : 협조자를 얻는 것을 의미

30 **변혁적 리더십의 구성요소 중 리더는 구성원들이 상황을 분석하는 데 있어 기존의 합리적 틀을 뛰어넘어 보다 창의적인 관점을 개발하도록 격려하는 것은?**

① 카리스마 ② 개별적 관심
③ 지적 자극 ④ 성과와 연계된 보상

해설 지적 자극은 변혁적 리더십의 구성요소 중 리더는 구성원들이 상황을 분석하는 데 있어 기존의 합리적 틀을 뛰어넘어 보다 창의적인 관점을 개발하도록 격려하는 것을 말한다.

정답 28 ④ 29 ② 30 ③

주관식

01 간호관리의 지원기능을 쓰시오.

02 임파워먼트의 효과를 쓰시오.

03 구성원들이 조직을 위해 중요한 일을 할 수 있는 힘이나 능력이 있다는 확신을 심어주는 과정으로 업무를 스스로 계획하고 통제할 수 있도록 하는 것을 무엇이라고 하는가?

정답

01 간호관리 지원기능 중 간호지휘의 지원기능에는 리더십, 동기부여, 주장행동, 의사소통, 갈등관리, 스트레스 관리 등이 있다.

02 직무몰입의 극대화, 구성원의 잠재능력 발휘, 실무자들의 신속한 대응, 품질과 서비스 수준 제고

03 임파워먼트

04 변혁적 리더십의 기본책략을 쓰시오.

05 거래적 리더십에 대해 쓰시오.

정답

04 변혁적 리더십은 거래적 리더십을 넘어 직원들에게 영감을 주고 동기화시키는 것으로 비전 공유, 과정에 대한 도전, 행동하는 것, 방법을 모형화하고 마음 북돋우기가 기본책략이다.

05 거래적 리더십이란 개인들이 사회적 상호작용을 할 때 사회, 정치, 심리적인 보상이나 이익을 기대함을 전제로 하는 사회교환이론에 근거하는 것으로 상황적 보상과 예외적 관리를 구성요소로 한다.

PART 3 동기부여

01 다음 중 위생요인으로 구성된 것은?

① 감독, 급여, 인정감
② 감독, 승진, 책임감
③ 급여, 작업조건, 정책
④ 성취감, 인정감, 책임감

해설 • 위생요인 : 급여, 감독, 작업조건, 대인관계, 정책, 지위, 책임
• 동기요인 : 성취감, 안정감, 능력신장, 승진

02 욕구를 충족하기 위한 개인의 행동을 이끄는 내부적인 과정을 무엇이라고 하는가?

① 요구 ② 성취감
③ 동기부여 ④ 리더십

해설 동기부여의 정의
• 욕구를 충족하기 위한 개인의 행동을 이끄는 내부적인 과정
• 인간은 끊임없이 욕구를 지니며 어느 정도 항상 동기화
• 지도자는 인간의 잠재력의 개발을 극대화할 수 있는 환경을 조성
• 지도자의 역할은 조직뿐만 아니라 개인의 욕구를 충족시킬 수 있는 환경을 조성

03 다음은 매슬로우의 욕구단계이론의 순서이다. 이에 맞게 작성된 것은?

① 생리적 욕구 → 안정에 대한 욕구 → 존경의 욕구 → 소속감과 애정의 욕구 → 자아실현의 욕구
② 생리적 욕구 → 안전에 대한 욕구 → 존경의 욕구 → 소속감과 애정의 욕구 → 자아실현의 욕구
③ 생리적 욕구 → 안정에 대한 욕구 → 소속감과 애정의 욕구 → 존경의 욕구 → 자아실현의 욕구
④ 생리적 욕구 → 안전에 대한 욕구 → 소속감과 애정의 욕구 → 존경의 욕구 → 자아실현의 욕구

정답 01 ③ 02 ③ 03 ④

해설 매슬로우의 이론
- 매슬로우의 이론은 인간의 내부에는 5가지 욕구가 단계적으로 존재하고 있다고 주장
- 이러한 욕구를 만족시키기 위해 동기가 부여된다고 주장하는 이론으로 관리자로 하여금 인간의 욕구에 대한 체계적 인식을 최초로 갖게 한 의미가 있는 이론
- 종업원의 하위욕구를 충족시켜준 후에 동기부여 효과를 지속적으로 얻기 위해서는 상위욕구를 충족시켜 줄 수 있는 조직분위기 조성의 중요성을 강조한 이론

04 다음은 ERG 이론에 대한 설명이다. 이에 맞지 않게 기술한 것은?

① 1972년 심리학자 Alderfer가 인간의 욕구에 대해 Maslow의 욕구계층 이론의 후속작으로 내놓은 이론
② ERG 이론은 욕구계층 이론과는 구별되는 새로운 형태를 제시한 이론
③ 존재욕구, 관계욕구, 성장욕구로 구성
④ 고차원적 욕구가 행동에 영향력을 행사하기 전에 반드시 하위욕구가 충족되어야 한다는 점을 배제

해설 ERG 이론의 3가지 욕구
① **존재욕구(E)** : 모든 형태의 생리적, 물질적 욕망
② **관계욕구(R)** : 조직에서 타인과의 대인관계와 관련된 모든 것
③ **성장욕구(G)** : 창조적·개인적 성장을 위한 개인의 노력과 관련된 모든 욕구
※ ERG 이론의 3가지 특징
① 좌절 – 퇴행요소가 가미된 것
② 고차원 욕구가 만족되지 않을 때, 좌절될 때 그보다 낮은 하위욕구의 중요성이 커지는 상황
③ 고차원적 욕구가 행동에 영향력을 행사하기 전에 반드시 하위욕구가 충족되어야 한다는 점을 배제해야 함

05 Herzberg의 2요인 이론의 위생요인에 대한 설명이 아닌 것은?

① 불쾌한 것을 회피하려는 욕구
② 존재하지 않으면 불만이 발생하고, 존재한다고 해도 조직구성원들을 동기부여 시키지 못한다는 이론
③ 계속적인 정신적 성장을 통해서 자신의 잠재력을 현실화하고자 하는 욕구
④ 급여, 복지시설, 감독, 작업조건, 대인관계, 정책, 지위

해설 동기부여요인(Motivator)
① 계속적인 정신적 성장을 통해서 자신의 잠재력을 현실화하고자 하는 욕구
② 충족되면 만족감이 부여되고, 충족되지 않으면 만족을 느끼지 못하나 불만이 발생하지는 않음
③ 작업환경의 속성에 대해 관리자들에게 상식적인 차원의 매력을 주고 있다는 이론
④ 업무에 관한 동기부여에 응용할 수 있게 하고 이전에 무시되고 있던 직무 내용적인 요소에 관심
⑤ 성취감, 안정감, 직무자세, 책임, 능력신장, 승진

정답 04 ② 05 ③

06 McGregor(맥그리거)의 X이론에 대한 설명이다. 맞는 것은?

① 인간은 부지런하고 책임과 자율성 및 창의성을 발휘하는 존재
② 조직목적에 적극참여, 자아실현을 추구, 자기 자신을 통제할 수 있는 능력을 가진 존재
③ 조직관리자들이 강압적, 권위적인 관리전략을 채택하는 존재
④ 민주적인 관리전략을 채택, 인간의 잠재능력 개발, 능력을 최대로 발휘하도록 동기 부여되는 존재

해설 McGregor의 X이론
① 인간의 본성은 게으르고 일하기를 싫어하는 존재
② 무책임, 변동을 싫어하는 존재
③ 이기적, 조직의 목적에 무관심, 안정과 경제적 만족을 추구하는 존재
④ 조직관리자들이 강압적, 권위적인 관리전략을 채택하는 존재

07 McClelland(맥클리랜드)의 성취동기 이론의 내용이 아닌 것은?

① 만족욕구 ② 성취욕
③ 권력욕 ④ 친교욕구

해설 McClelland의 성취동기 이론
① **성취욕** : 표준을 달성하고 표준을 능가하려는 욕구, 공헌하고자 하는 욕구를 포함
② **권력욕** : 권력에 대한 욕구가 강한 자는 다른 사람을 통제하고 영향을 미침
③ **친교욕구** : 친교욕구가 강한 자는 인간적 환경에서 일하고 의미 있는 우정을 발견, 조직구성원의 선발에 있어 이러한 욕구들을 신중하게 고려

08 동기부여 이론의 XY이론에서 X이론의 내용이 아닌 것은?

① 민주적인 관리전략을 채택 ② 사람들은 원래 일하기 싫어함
③ 사람들은 야망이 없음 ④ 사람은 엄격히 통제되어야 함

해설 McGregor의 X이론－Y이론
① X이론
- 인간의 본성은 게으르고 일하기를 싫어하고, 무책임, 변동을 싫어하고 이기적, 조직의 목적에 무관심, 안정과 경제적 만족을 추구한다.
- 조직관리자들이 강압적, 권위적인 관리전략을 채택한다.

② Y이론
- 인간은 부지런하고 책임과 자율성 및 창의성을 발휘, 조직목적에 적극참여, 자아실현을 추구, 자기 자신을 통제할 수 있는 능력을 가지고 있다.
- 민주적인 관리전략을 채택, 인간의 잠재능력 개발, 능력을 최대로 발휘하도록 동기부여한다.

정답 06 ③ 07 ① 08 ①

09 **Argyris의 성숙-미성숙 이론을 설명한 것이다. 맞지 않게 연결된 것은?**

① 종속적 지위에 만족(미성숙) → 대등 내지 우월한 지위에 만족(성숙)
② 장기적 전망(미성숙) → 단기적 전망(성숙)
③ 단순한 행동(미성숙) → 다양한 행동(성숙)
④ 의존적(미성숙) → 독립적(성숙)

해설 Argyris의 성숙-미성숙 이론
각기 다른 개인과 조직의 욕구가 공존할 때 개인은 그들 자신의 욕구를 충족시키는 데 우선권을 주므로 개인과 조직욕구 사이의 불일치가 클수록 긴장, 갈등, 불만족이 크다고 가정하는 이론

10 **과정이론에 해당하지 않는 것은?**

① 성취동기이론　　② 기대이론
③ 공정성 이론　　④ 강화이론

해설 **과정이론** : 동기부여과정에 초점을 두고 그 과정에서 변수와 변수간의 상호연관성 검토
(1) Vroom의 **기대이론** : 원하는 정도와 성취해낼 수 있는 가능성의 정도로, 동기 행동의 중요한 요인
- 기대 : 특정 활동을 통해 어떤 것을 얻을 수 있는 확률
- 유인가 : 어떤 일의 결과를 선호하는 정도
- 결과 또는 보상 : 행동의 산물
- 수단성 : 개인이 지각하는 1차적 결과와 2차적 결과와의 상관관계
- 행동선택 : 개인은 행동대안과 기대되는 결과 및 그 중요성을 모두 비교평가 후 자신의 행동을 취함

(2) Adams의 **공정성 이론**
① 공정성과 불공정성의 지각에 대한 연구를 통해 종업원들이 자신들의 투자와 심리・사회・경제적 보상을 다른 사람들과 비교함으로써 공정성을 사정
② 관리자는 조직에서의 사회적 비교 과정에 주의
③ 동기부여에 있어서 지각의 중요성을 인식
④ 공정성 또는 불공정성에 관한 결정은 조직내외의 다른 작업자와의 비교가 포함

(3) **목표설정이론**(Lock)
① 행위는 가치와 의도(기대)에 의해 결정
② 목표설정은 업무수행 목표들을 세움으로써 구성원들의 역할 지각을 분명히 하여 동기부여 시키는 과정
③ 효과적 목표설정이 중요
- 구체적 명확한 목표
- 다소 어려운 목표
- 부하직원이 수락한 목표
- 결과지향 목표
- 목표설정에의 참여

(4) **강화이론**(Skinner)
① 동기행동의 강화작용은 개인으로 하여금 자신의 행동에 대한 기대감을 갖게 하고 이에 따라 자신의 행동방향과 목적 지향성을 결정함으로써 동기행동 형성에 결정적 역할
② 강화는 행위자의 일정 행위반응을 얻기 위해 보상을 제공하여 인간행위에 동기를 부여

정답 09 ② 10 ①

③ 바람직한 행위를 하고 난 후에 칭찬, 금전 등 보상을 제공하여 긍정적 강화
④ 환경 내에서 해가 되는 것이나 바람직하지 않은 것을 피하거나 제거해 줌으로써 보상해 주는 부정적 강화

11 Vroom의 기대이론 중 개인이 지각하는 1차적 결과와 2차적 결과와의 상관관계를 말하는 개념은 무엇이라고 하는가?

① 기대
② 유인가
③ 보상
④ 수단성

해설 Vroom의 기대이론
① 동기란 사람들이 어떤 일을 원하는 정도와 그 일을 성취해낼 수 있는 가능성의 정도
② 동기 행동의 중요한 요인
- 기대 : 특정 활동을 통해 어떤 것을 얻을 수 있는 확률
- 유인가 : 어떤 일의 결과를 선호하는 정도
- 결과 또는 보상 : 행동의 산물
- 수단성 : 개인이 지각하는 1차적 결과와 2차적 결과와의 상관관계
- 행동선택 : 개인은 행동대안과 기대되는 결과 및 그 중요성을 모두 비교평가 후 자신의 행동을 취함

12 동기부여의 관리이론 중 공정성 이론을 개발한 사람은?

① Vroom
② Adams
③ Lewin
④ Porter

해설 Adams의 공정성 이론
① 공정성과 불공정성의 지각에 대한 연구를 통해 종업원들이 자신들의 투자와 심리・사회・경제적 보상을 다른 사람들과 비교함으로써 공정성을 사정
② 관리자는 조직에서의 사회적 비교 과정에 주의
③ 동기부여에 있어서 지각의 중요성을 인식
④ 공정성 또는 불공정성에 관한 결정은 조직내외의 다른 작업자와의 비교가 포함

13 동기부여 분위기 조성을 위한 관리자의 역할에 대한 설명이다. 맞지 않는 것은?

① 적절한 의사결정방법을 사용하는 확고한 의사결정자가 되어야 한다.
② 구성원들로 하여금 자신들의 작업환경에 대해 가능한 많은 통제를 하지 않도록 한다.
③ 모든 구성원들을 공평하고, 일관성 있게 다룬다.
④ 모든 의사결정에 구성원들의 참여를 독려한다.

정답 11 ④ 12 ② 13 ②

해설 관리자의 역할
① 구성원들에 대한 기대를 분명히 하고 이러한 기대를 효과적으로 의사소통을 해야 한다.
② 모든 구성원들을 공평하고, 일관성 있게 다룬다.
③ 적절한 의사결정방법을 사용하는 확고한 의사결정자가 되어야 한다.
④ 팀워크의 개념을 개발해야 한다.
⑤ 구성원들의 욕구와 조직의 목적을 통합해야 한다.
⑥ 각 구성원의 개별성을 인정하고, 그들의 고유성을 이해하고 있음을 알린다.
⑦ 구성원과 행해야 할 작업 간에 경험과 성장의 기회를 제공한다.
⑧ 모든 의사결정에 구성원들의 참여를 독려한다.
⑨ 구성원들에게 어떤 결정이나 행동의 이유를 이해한다.
⑩ 구성원들로 하여금 가능한 자주 개인적 판단을 하는 연습을 한다.
⑪ 구성원들과의 관계에서 신뢰적, 협조적인 분위기를 만든다.
⑫ 구성원들로 하여금 자신들의 작업환경에 대해 가능한 많은 통제를 하는 연습을 하도록 한다.
⑬ 구성원들의 역할 모델이 된다.

14 다음은 동기부여 과정이론 중 목표설정 이론의 설명으로 옳지 않은 것은?

① Lock에 의해 발전된 이론이다.
② 목표설정은 업무수행 목표를 세움으로써 구성원들의 역할 지각을 분명히 하여 동기부여 시키는 과정이다.
③ 목표를 어떻게 세우는가에 따라 동기부여 정도가 달라질 수 있기 때문에 효과적 목표설정이 아주 중요하다.
④ 기획이 지향하는 도달점을 개념적으로 표현한 것이 목표이므로 목표설정의 달성도는 적기에 평가되어야 한다.

해설 기획이 지향하는 도달점을 개념적으로 표현한 것은 목적이며, 이 목적을 기대효과의 구체적 수치로 표현한 것이 목표이다.
※ 목표설정 이론(Lock)
① 행위는 가치와 의도(기대)에 의해 결정된다.
② 목표설정은 업무수행 목표들을 세움으로써 구성원들의 역할 지각을 분명히 하여 동기부여 시키는 과정이다.
③ 효과적 목표설정이 중요하다.
- 구체적 명확한 목표
- 다소 어려운 목표
- 부하직원이 수락한 목표
- 결과지향 목표
- 목표설정에의 참여

정답 14 ④

15 **동기부여 이론을 적용한 관리자의 수행으로 가장 옳은 것은?**

① 맥그리거(McGregor)의 XY이론에 따라 X이론 관점을 가진 관리자가 구성원들에게 성장과 발전의 기회로 자율성을 확대하였다.
② 매슬로우(Maslow)의 욕구단계이론에 따라 구성원의 '안정과 안전욕구' 충족을 위해 '사회적 욕구'를 먼저 충족시켜 주었다.
③ 허츠버그(Herzberg)의 동기 – 위생이론에 따라 구성원의 동기요인을 충족시키기 위해 작업조건을 향상시켜 주었다.
④ 아담스(Adams)의 공정성 이론에 따라 구성원의 조직몰입을 위해 업무성과에 대한 평가를 객관화하고, 성과와 보상을 합치시키려고 노력하였다.

해설 동기부여 이론
① 맥그리거(McGregor)의 XY이론에 따라 Y이론 관점을 가진 관리자가 구성원들에게 성장과 발전의 기회로 자율성을 확대하였다.
② 매슬로우(Maslow)의 욕구단계이론에 따라 구성원의 '사회적 욕구' 충족을 위해 '안정과 안전욕구'를 먼저 충족시켜 주었다.
③ 허즈버그(Herzberg)의 동기 – 위생이론에 따라 구성원의 위생요인을 충족시키기 위해 작업조건을 향상시켜 주었다.

16 **A 간호부장은 '임상간호사들이 간호하기 위하여 투입하는 노력에 비하여 급여와 근무조건이 비임상영역보다 나빠서 이직하겠다.'는 이야기를 많이 듣고 있다. A 간호부장이 임상간호사들의 동기와 행동을 예측하는 데 가장 도움이 되는 동기부여 이론은?**

① 공정성 이론
② 욕구단계이론
③ 기대이론
④ 성취동기이론

해설 공정성 이론은 직원 자신의 투입 대 산출(보상)의 비율을 동일한 작업상황에 있는 다른 사람의 투입 대 산출(보상)의 비율과 비교하여 그것이 같을 때는 공정성을 느끼지만, 상대적 비율이 크거나 작을 때는 불공정성을 느낀다는 것이다.

17 **동기부여 이론에 따른 관리 전략의 설명으로 옳은 것은?**

① 동기・위생 이론 – 조직의 정책, 복리후생제도, 작업조건을 개선함으로써 구성원의 동기를 부여한다.
② 기대이론 – 구성원이 기대하는 명확하고, 구체적인 목표를 설정하게 하고, 직무 수행에 대해 즉각적인 피드백을 제공한다.

정답 15 ④ 16 ① 17 ③

③ 공정성 이론 – 구성원이 공정하다고 인식할 수 있는 직무수행평가 과정과 보상 체계를 마련한다.

④ 성취동기 이론 – 친화 욕구가 가장 높은 구성원에게 대규모 프로젝트의 리더 역할을 부여한다.

해설 동기부여 이론에 따른 관리 전략

① 동기·위생 이론에서 조직의 정책, 복리후생제도, 작업조건은 위생요인에 해당하므로 위생요인의 개선으로는 구성원의 동기를 부여할 수 없다. 성취감, 안정감, 도전감, 책임감과 같은 동기요인을 개선함으로써 구성원의 동기를 부여하여야 한다.

② 기대이론이 아니라 목표설정 이론에 따른 동기부여 전략이다.

④ 성취동기 이론에서는 권력 욕구가 가장 높은 구성원에게 대규모 프로젝트의 리더 역할을 부여한다.

18 동기부여 이론에 대한 설명으로 옳은 것은?

① 허즈버그(Herzberg)의 2요인 이론 : 직무만족과 불만족은 각각 독립된 차원으로 존재하며, 각 차원에 영향을 미치는 주요 요인이 다르다.

② 브룸(Vroom)의 기대이론 : 자신이 타인과 동등하게 대우받을 것으로 예상할 때 동기부여된다.

③ 맥클리랜드(McClelland)의 성취동기이론 : 성취 욕구가 강한 사람은 쉽게 완수할 수 있는 과업을 선호한다.

④ 매슬로우(Maslow)의 욕구단계이론 : 전체적 욕구 개념으로 두 가지 이상의 욕구가 동시에 작용하여 개인 행동을 유발한다.

해설 동기부여 이론

②는 아담스(Adams)의 공정성 이론이다.

③ 성취 욕구가 강한 사람은 쉽게 완수할 수 없는 어려운 과업을 선호한다.

④ 만족 – 진행법에 따라 두 가지 이상의 욕구가 동시에 작용하는 경우는 없다.

19 동기부여에 대한 과정이론에 속하는 것은?

① 존재욕구, 관계욕구, 성장욕구를 가지며 높은 단계의 욕구가 충족되지 않을 때 낮은 단계의 욕구로 퇴행한다.

② 직무에 만족하게 하는 동기요인과 불만족하게 하는 위생요인이 있다.

③ 자신이 조직에 투입하여 얻은 보상이 비슷한 상황에 있는 타인이 얻은 보상과 비교하여 공정하다고 생각할 때 동기가 부여된다.

④ 성취욕구, 친교욕구, 권력욕구가 있으며 동기를 유발하는 주된 욕구가 사람마다 다르다.

정답 18 ① 19 ③

해설 동기부여
① 앨더퍼의 ERG 이론 : 내용이론
② 허즈버그(Frederick Herzberg)의 2요인 이론 : 내용이론
③ 아담스(J. Stacy Adams)의 공정성 이론 : 과정이론
④ 맥클리랜드(David C. McClelland)의 성취동기 이론 : 내용이론

20 다음 중 동기부여 이론에 대한 설명으로 옳은 것은?

① 기대이론에서 유의성은 특정한 행동을 통하여 어떤 것을 얻고자 하는 확률로 설명한다.
② 긍정적 강화이론에서 바람직한 행동을 강화시키는 처벌의 효과를 설명한다.
③ X－Y 이론에서 인간의 본성은 X이론 또는 Y이론으로 구분되는 이분적인 성향을 가진다고 설명한다.
④ 동기－위생이론에서 동기요인이 충족되지 못하면 불만족의 원인이 된다고 설명한다.

해설 동기부여 이론
① 기대이론에서 기대감은 특정한 행동을 통하여 어떤 것을 얻고자 하는 확률로 설명된다. 유의성(유인가)은 개인이 어떤 특정 행동 대안의 결과에 대해 갖는 매력의 강도로서 지각된 가치이다.
② 긍정적 강화이론에서 바람직한 행동을 강화시키는 보상의 효과를 설명한다.
③ X－Y 이론에서 인간의 본성은 X이론 또는 Y이론으로 구분되는 이분적인 성향을 가진다고 설명한다. 관리자는 이러한 인간의 본성에 맞춰 관리전략을 달리하여야 한다는 이론이 X－Y 이론이다.
④ 동기－위생이론에서 위생요인이 충족되지 못하면 불만족이 원인이 된다고 설명한다. 동기요인이 충족도지 못하면 만족을 느끼지는 못하지만, 그렇다고 불만족(불만)이 발생하지는 않는다.

21 A 병원 간호부에서 구성원의 동기부여를 위해 부정적 강화를 이용하였다. 이에 해당하는 것은?

① 친절한 간호사를 선발하고 병원 홈페이지에 게시한다.
② 지각한 간호사에게 이를 이유로 특근수당의 기회를 주지 않는다.
③ 친절한 간호사로 선발되면 밤 근무 1달간 면제한다.
④ 1년간 개근한 간호사에게 개근상을 수여한다.

해설 동기부여 시 방법
① 친절한 간호사를 선발하고 병원 홈페이지에 게시한다. → 긍정적 강화
② 지각한 간호사에게 이를 이유로 특근수당의 기회를 주지 않는다. → 소거
③ 친절한 간호사로 선발되면 밤 근무를 1달간 면제한다. → 부정적 강화
④ 1년간 개근한 간호사에게 개근상을 수여한다. → 긍정적 강화

정답 20 ③ 21 ③

22 **보상에는 내적보상과 외적보상이 있다. 다음 중 외적보상에 해당하는 것은?**

① 개인의 성장기회 제공
② 의료비 지원과 연금보조
③ 의사결정 참여 기회 제공
④ 탄력적 근무시간제도 부여

해설 외적보상이란 구성원에게 금전적인 보상을 해주는 것으로서 임금, 의료지원, 연금보조, 체육시설 제공 등을 말한다.

23 **아담스의 공정성 이론에 대한 설명으로 옳은 것은?**

① 자신의 투입 대 산출비율을 타인과 비교하여 같으면 공정하다고 지각한다.
② 자신의 투입에 대한 산출이 기대치에 미치지 못하였을 때는 불공정하다고 지각한다.
③ 불공정성 감소를 위해 외부권력을 이용한다.
④ 공정성 여부는 구성원 자신의 기대와 의지에 달려 있다는 입장이다.

해설 공정성 이론

② 공정성은 자신과 비슷한 다른 사람들과 비교를 했을 때 나오는 개념이다.
③ 불공정성 감소방안에는 투입의 변경, 결과의 변경, 자기 자신의 투입이나 결과의 왜곡, 직장 이동, 타인의 투입이나 결과의 왜곡, 준거인물의 변경 등이 있다.
④ 불공정성은 자신의 투입 대 산출의 비율을 동일한 작업 상황에 있는 타인의 투입 대 산출비율과 비교하여 그것이 크거나 작을 때 나온다.

24 **타 조직 간의 불공정성을 없애기 위해 인지적으로 자신의 기여와 보상에 대해 파악하는 중요성이나 가치를 왜곡해서 동일한 결과를 얻을 수 있다고 보는 것은?**

① 투입의 변경
② 결과의 변경
③ 비교대상의 변경
④ 타인의 투입이나 결과의 왜곡

해설 타인의 투입이나 결과의 왜곡은 비교 대상인 타인이 실제보다도 열심히 일하고 있으므로 보상을 많이 받는 것은 당연하다고 믿는 것이다.

정답 22 ② 23 ① 24 ④

주관식

01 맥그리거의 X이론의 가정을 받아들이는 간호관리자의 태도를 간단하게 쓰시오.

02 성취동기가 높은 사람들의 특성을 쓰시오.

03 조직차원의 동기부여 증진 방안을 쓰시오.

정답

01 X이론의 인간관을 가진 관리자는 구성원을 신뢰하지 않고 감독을 철저히 한다. 즉, 출퇴근 기록을 확인하거나 수시로 구성원들을 감시하는 통제시스템을 적용한다.
이와 반대로 Y이론의 인간관에 입각한 관리방식은 인간의 자율적 행동과 자기 규제에 의존하므로 조직구성원들이 자신의 목표를 달성할 수 있는 여건을 마련해주고 성취기회를 제공하는 데 역점을 둔다.

02
- 적절한 위험을 즐긴다.
- 스스로의 노력으로 일을 성공시키려 한다. 문제를 해결하거나 일을 추진함에 있어 스스로 책임지고 목표를 성취하려는 자세를 갖는다.
- 성공가능성이 중간정도일 때 가장 동기유발 효과가 크다. 목표 자체가 성취 불가능하면 포기하기 쉽고 너무 가능성이 높으면 흥미를 잃게 된다.
- 목표를 달성함에 있어 과정 또는 결과에 대한 피드백을 원한다. 성취동기가 높은 사람들은 자신의 성취과정과 결과에 대하여 확인하려 하며 이것이 피드백 요구로 이어진다.

03
- 공정성의 확보
- 직무와 인간의 일치
- 금전적인 무시 금지
- 목표의 이용
- 직무재설계
- 성과－보상의 합치 프로그램
- 인사관리제도의 개선
- 임파워먼트의 증진

04 매슬로우의 욕구단계와 조직 측면에서 해당되는 것을 쓰시오.

05 허즈버그의 2요인 이론에서 위생요인에 대해 쓰시오.

06 허즈버그의 2요인 이론에서 동기요인에 대해 쓰시오.

정답

04
- **생리적 욕구** : 삶 자체를 유지하기 위한 기초적인 인간의 욕구로서 의식주에 대한 욕구, 조직에서 이들 욕구는 적당한 임금, 휴식, 작업환경에 대한 욕구로 표현
- **안전에 대한 욕구** : 신체적 및 감정적인 위협으로부터 보호되고 안전해지기를 바라는 욕구, 조직에서는 작업환경의 안전, 인플레이션에 따른 임금인상, 직무안정, 생리적 욕구를 보호할 부가급부에 대한 욕구
- **소속감과 애정 욕구** : 사회적 존재인 인간은 어디에 소속되거나 친교를 나누고 싶은 욕구를 지니며 조직에서 다른 사람들과의 상호관계에 대한 욕구로 표현
- **자존 욕구** : 내적으로 자존과 자율을 성취하려는 욕구, 외적으로 타인으로부터 주의를 받고 인정을 받으며 집단 내에서 어떤 지위를 확보하려는 욕구, 조직에서는 직위, 업무자체의 완성, 성과급의 증가, 안정, 업무에 있어서의 도전의식, 의사결정의 참여, 승진의 기회 등이 포함
- **자아실현 욕구** : 자신이 이룰 수 있는 것 또는 될 수 있는 것을 성취하려는 욕구, 조직에서는 개인의 기술향상, 창조적 활동, 성공과 승진, 개인에 대한 완전한 통제 능력의 소유 등을 포함

05
- 불만족 요인
- 직무 불만을 예방하는 기본 기능
- 조직의 정책, 관리, 감독, 보수, 대인관계, 작업조건, 안전, 지위
- 충족된다고 만족스러운 것은 아님

06
- 만족 요인
- 보다 나은 만족과 우수한 직무 수행을 하도록 동기부여 하는데 효과적임
- 부족하거나 없어도 불만을 갖는 것은 아님
- 성취감, 직무 자체, 전문적 성장, 인정과 칭찬, 책임감, 승진

PART 4·5

의사결정 · 의사소통

01 A 병원의 간호본부장은 간호의 질 향상 활동 주제로 '입원환자의 만족도 향상'을 선정하고, 성공적인 전략을 수립하기 위해 간호사들이 함께 모여 다양한 아이디어를 자유롭게 이야기 하도록 유도하여 창의적 방안을 도출하고자 한다. 이때 사용한 의사결정 기법은?

① 면담기법
② 델파이기법
③ 의사결정나무
④ 브레인스토밍

해설 브레인스토밍은 창의적인 대안 개발을 방해하는 일체의 압력을 극복하기 위한 비교적 단순한 기법으로 문제해결을 위해 자주적인 아이디어 제안을 대면적으로 하는 집단토의 형식이다. 이 기법의 목적은 자유롭고 융통성 있는 사고를 증진하고 구성원들의 창의성을 증진하는 데 있다.

02 다음 중 아래에서 제시하는 의사소통 유형은?

- 간호부 팀장들은 효과적인 감염관리를 위한 방안들을 서로 공유하고자 한다.
- 인근 부서의 팀장끼리는 소통이 원활하나, 멀리 떨어진 부서의 팀장과는 느리게 소통한다.
- 의사결정 권한이 특정한 사람에게 집중되어 있지 않아 수평적 의사소통이 가능하다.

① Y형
② 원형
③ 사슬형
④ 수레바퀴형

해설 원형은 위원회나 태스크포스팀과 같이 공식적 리더나 의장이 있지만 권력의 집중이나 지위의 상하 없이 특정 문제해결을 위해서 구성된 조직에서 나타난다. 즉, 구성원 간의 신분적 서열이 없고 중심인물이 없는 상태에서 나타나는 형태로 구성원들의 상호작용은 집중되지 않고 널리 분산되어 있어 수평적인 의사소통이 가능하다.

03 조직의 집단의사결정에 대한 설명으로 가장 옳은 것은?

① 의사결정에 참여한 구성원들의 의사결정에 대한 수용성이 높다.
② 의사결정에 대한 책임소재가 명확하다.
③ 의사결정에 대한 시간과 비용이 절약된다.
④ 개인의 편견이나 특성이 의사결정에 많은 영향을 준다.

정답 01 ④ 02 ② 03 ①

해설 개인의사결정과 집단의사결정의 선택기준
의사결정의 질, 전문성, 구성원의 수용성, 정확성, 정당성과 합법성 등이 중요할 경우에는 집단의사결정을 택하는 것이 좋으며 반면에 신속성, 탄력성, 창의성, 비용절감, 책임소재 등이 중요할 경우에는 개인의사결정 선택이 효과적이다.

04 다음 [보기]에서 설명하는 집단의사결정방법으로 가장 옳은 것은?

| 보기 |

- 조직구성원들이 대면하여 상호 간의 대화나 토론 없이 각자 서면으로 아이디어를 제출하고 토론 후 표결로 의사결정을 하는 기법이다.
- 새로운 사실의 발견과 아이디어를 얻고자 할 때, 정보의 종합이 필요할 때, 최종 결정을 내릴 때 효과적이다.

① 브레인스토밍
② 명목집단법
③ 델파이법
④ 기능적 분담법

해설 명목집단법(Nominal Group Technique)
- 명목집단법은 아이디어 도출에 널리 사용되어 온 브레인스토밍 기법에 토의 및 투표 등의 요소를 결합시켜 만든 것이다.
- 1968년 델베크와 반데반이 개발하였다고 전해진다.
- 명목집단기법은 구두 커뮤니케이션으로 인한 의사결정의 왜곡을 막기 위해 구두 커뮤니케이션을 일체 하지 못하게 하고 종이 또는 노트북 등에 의견을 적도록 하는 개선방법으로 이렇게 의견 제출까지는 상호 간의 의사소통을 금한다.
- 명목집단기법은 구성원 상호 간의 대화나 토론 없이 각자 서면으로 아이디어를 제출하고 토론을 진행한 후 표결로 의사결정을 하는 기법이다.
- 명목집단기법은 의사결정이 진행되는 동안 구성원들이 한 자리에 모이기는 하나 말에 의한 토론이나 언어적 의사소통이 없는 이름뿐인 집단(Nominal Group)이라는 점에서 붙여진 용어이다.
- 명목집단기법은 전통적인 회의에서와 같이 집단의 구성원들이 존재하지만, 그들은 독립적으로 활동하도록 제한받는다.
- 명목집단기법은 의사결정에 참여한 모든 구성원은 상호 간 대화 없이 각자 독립적으로 자신의 의견을 제시할 수 있기 때문에, 의사결정을 방해하는 타인의 영향력을 줄일 수 있다.
- 명목집단기법은 새로운 사실 발견과 아이디어를 얻으려 할 때, 정보의 종합이 필요할 때, 최종 결정을 내릴 경우에 효과적이다.

정답 04 ②

05 다음 [보기]와 같은 상황에서 주로 나타나는 의사소통 네트워크의 특성으로 가장 옳은 것은?

| 보기 |

병원 감염을 예방하고 환자안전을 위하여 창의적인 방안을 모색하기로 하고, 병원 내 모든 부서의 모든 구성원이 자유롭게 의견을 교환하고 아이디어를 제시하도록 하였다.

① 권한의 집중도가 높다.
② 구성원의 만족도가 높다.
③ 정보전달이 특정 리더에 집중되는 경향이 있다.
④ 구성원 간의 상향적, 하향적 의사소통만 가능하다.

해설 완전연결형(개방형, All channel type)
- 완전연결형은 집단의 모든 구성원들이 다른 모든 구성원들과 자유롭게 정보를 교환하는 의사소통 형태이다.
- 팀에 리더가 없거나 공식적인 구조가 없어 구성원 누구라도 의사소통을 주도할 수 있다.

06 조직 내 의사결정 방법에 대한 설명으로 가장 옳은 것은?

① 구조화된 문제의 경우 비정형적인 의사결정 방법이 유리하다.
② 의사결정의 비용 측면에서는 집단의사결정 방법이 유리하다.
③ 수용성의 측면에서는 개인의사결정 방법이 유리하다.
④ 문제해결 없이 의사결정이 이루어질 수 있다.

해설 조직 내 의사결정 방법
① 구조화된 문제의 경우 정형적인 의사결정 방법이 유리하다.
② 의사결정의 비용 측면에서는 참여범위가 적은 개인의사결정 방법이 유리하다.
③ 수용성의 측면에서는 집단의사결정 방법이 유리하다.
④ 의사결정과 문제해결의 개념을 비교한 것으로, 의사결정은 대체로 문제에 의해 야기되지만 종종 문제가 해결되지 않은 채 의사결정만 이루어질 수 있다. 반면, 문제해결은 항상 의사결정과정을 거치게 된다.

07 다음은 창의적 집단의사결정을 위한 단계이다. 어떤 기법을 사용한 의사결정인가?

- 구성원들이 한 집단으로 모인다. 그러나 토의가 이루어지기 전에 각 구성원들은 독립적으로 문제에 대한 아이디어를 문서로 작성한다.
- 구성원들은 각자의 아이디어를 제출한다.
- 모든 아이디어가 제출되고 기록된다.
- 재조정된 아이디어에 대한 토론 후 의사결정을 한다.

정답 05 ② 06 ④ 07 ②

① 브레인스토밍
② 명목집단기법
③ 델파이기법
④ 전자회의

해설 명목집단기법(NGT)
명목집단은 구성원들이 한자리에 모이기는 하지만, 이들 사이에 토론이나 의사소통이 없는 이름뿐인 집단이라는 점에서 붙여진 것으로, 구성원들 상호간의 대화나 토론 없이 각자 서면으로 아이디어를 제출하고 제한적인 토론을 거친 후 표결로 의사결정이 이루어지는 기법이다.

08 개인의사결정과 집단의사결정에 대한 비교 설명으로 옳은 것은?

① 비용과 신속성이 중요할 때는 집단의사결정이 적합하다.
② 전문성과 구성원이 수용성이 중요할 때는 개인의사결정이 적합하다.
③ 집단의사결정은 개인의사결정보다 책임소재가 분명하다.
④ 집단의사결정은 개인의사결정보다 정당성과 합법성이 높다.

해설 개인의사결정과 집단의사결정에 대한 비교
① 비용과 신속성이 중요할 때는 개인의사결정이 적합하다.
② 전문성과 구성원의 수용성이 중요할 때는 집단의사결정이 적합하다.
③ 집단의사결정은 개인의사결정보다 책임소재가 불분명하다.

09 우편으로 전문가들의 의견을 듣고 조율하여 의사결정을 하는 방법은?

① 브레인스토밍
② 명목집단법
③ 델파이기법
④ 전자회의

해설 델파이기법
설문지(우편)를 통해 각자의 전문적인 의견을 제시하고 다른 사람의 의견을 반영하여 설문지 수정 후 이를 이용하여 다시 의견을 제시하는 절차를 반복하여 최종결정을 내리는 방법이다.

10 다음의 내용과 관련된 의사소통 방법은?

- 집단 내에 특정한 리더가 있을 때 발생한다.
- 특정의 리더에 의해서 모든 정보의 전달이 이루어진다.
- 정보가 특정 리더에게 집중되는 현상을 보인다.

① 쇠사슬형
② Y형
③ 수레바퀴형
④ 원형

정답 08 ④ 09 ③ 10 ③

해설 수레바퀴형(wheel or star type)
- 집단 내에 특정한 리더가 있을 때 발생함
- 특정의 리더에 의해서 모든 정보의 전달이 이루어짐
- 정보가 특정 리더에게 집중되는 현상을 보임

11 하의상달식 의사소통에 해당하는 것은?

① 업무지시 ② 메모
③ 정책지시 ④ 제안제도

해설 하의상달식 의사소통(상향식 의사소통)
- 공식적 경로를 통한 수직적 커뮤니케이션
- 메시지의 흐름이 하위계층에서 상위계층으로 전달되는 것
- 업무보고, 제안제도, 여론조사, 인사상담

12 비공식적 의사소통인 그레이프바인에 대한 설명이다. 옳은 것은?

① 약 30%의 정확성을 보인다.
② 정보전달 속도가 느리다.
③ 조직문화 창조 역할과 상관이 없다.
④ 구성원들 간에 아이디어 전달의 경로가 되기도 한다.

해설 그레이프바인의 특징
- 약 75%의 정확성을 보임
- 정보전달이 선택적이고 임의적
- 전달속도가 빠름
- 조직변화의 필요성에 대해 경고
- 조직문화 창조에 매개역할
- 집단의 응집력을 높이는 역할
- 구성원들 간에 아이디어 전달 경로
- 공식적 커뮤니케이션과 그레이프바인은 상호보완적
- 모든 사람들이 불안하거나 변화에 직면했을 때 사용됨
- 구성원들의 약 50%는 이것을 통해서 직무에 관한 정보를 얻음

정답 11 ④ 12 ④

13 **공격적인 사람으로부터 공격을 받았을 경우 자기주장적이 되기 위한 훈련 중 재진술과 관련된 설명은?**

① 상대방이 말한 것을 그에게 다시 반복해서 말한다.
② 원래 주장하는 메시지를 계속해서 주장한다.
③ 상대방의 이야기를 귀담아 들었음을 상대방이 알도록 한다.
④ 상대방의 말투를 다시 구사함에 있어 자기주장적 언어를 사용한다.

해설 자기주장적이 되기 위한 훈련
- **반영(reflection)** : 상대방이 말한 것을 그에게 다시 반복해서 말하기
- **반복적 자기주장(repeated assertion)** : 원래 주장하는 메시지를 계속해서 주장하기
- **지적하기(point out the implicit assumptions)** : 상대방의 이야기를 귀담아 들었음을 상대방이 알도록 하는 것을 포함
- **재진술(restating)** : 상대방의 말투를 다시 구사함에 있어 자기주장적 언어를 사용함
- **질문(questioning)** : 공격적이 되는 비언어적 단서를 사용할 때 질문의 형태로 직면해야 함

14 **적절한 수의 사람들이 모여 집단의 리더가 제기한 문제에 대하여 자발적으로 아이디어를 제시하고 유용한 아이디어를 가능한 한 많이 얻어냄으로써 문제의 해결책을 찾으려는 방법을 무엇이라고 하는가?**

① 집단사고 ② 애쉬효과
③ 로스구이현상 ④ 브레인스토밍

해설 창조적 의사결정 방법
① **브레인스토밍(brain storming)** : 창의적인 대안을 얻기 위해 문제해결을 위한 아이디어 제안을 대면적(face to face)으로 하는 집단 토의방법으로 이 방법에서는 아이디어도 평가받거나 비판받지 않으나 문제 해결과정을 결론지을 수 없다는 단점
② **명목집단기법** : 의사결정이 진행되는 동안, 구성원이 모이기는 하지만 구두로 의사소통을 하지 못하게 하는 방법으로 아이디어를 문서로 작성하여 투표로 결정하는 방법
③ **델파이기법** : 델파이기법은 전문가의 의견을 모아서 결정안을 만드는 시스템적인 방법
④ **전자회의** : 컴퓨터 기술과 명목집단기법을 혼합시킨 방법으로 컴퓨터를 이용하여 문제가 제시되며 서로의 의견을 컴퓨터를 통해 교류하는 것

15 **Harison의 의사결정과정을 나열한 것이다. 맞는 것은?**

① 목표설정 → 대안탐색 → 대안평가 → 대안선택 → 수행 → 추후관리와 통제
② 목표설정 → 대안탐색 → 대안선택 → 대안평가 → 수행 → 추후관리와 통제
③ 대안탐색 → 대안선택 → 대안평가 → 목표설정 → 수행 → 추후관리와 통제
④ 대안탐색 → 대안평가 → 대안선택 → 목표설정 → 수행 → 추후관리와 통제

정답 13 ④ 14 ④ 15 ①

해설 Harison의 관리적 의사결정 과정
목표수립 → 대안 탐색 → 대안 평가 → 선택 → 실행 → 후속 조치와 조정

16 다음은 의사결정의 윤리적 측면을 설명한 것이다. 옳은 것은?

① 계약모델 – 계약조건에 따라 의무와 이윤이 결정
② 성직자모델 – 한 사람을 중심으로 다수의 합의에 의해 의사결정
③ 단체모델 – 한 사람이 제시하면 다른 사람은 자신의 윤리적 기준에 의해 결정
④ 감독모델 – 공동 목표 아래 토론과 합의에 의해 결정

해설 의사결정의 윤리적 측면
(1) 윤리 모델
① 성직자 모델 : 독단적으로 의사 결정
② 감독 모델 : 한 사람이 제시하면 다른 사람은 자신의 윤리적 기준에 의해서 결정
③ 계약 모델 : 계약 조건에 따라 의무와 이윤이 결정
④ 단체 모델 : 공동 목표 아래 토론과 합의에 따라 의사 결정
(2) 도덕적 합리화
집단사고의 증상(무비판, 집단 합리화, 집단 도덕적 믿음, 반대자에 대한 직접적 압력)으로 부정적 의사결정과정을 거쳐 잘못된 의사결정의 가능성이 존재
집단사고가 발생하는 원인은 집단 응집성, 리더의 권위주의적 행동, 시조의 압력, 다양한 의견을 제시하고 토론하고 평가하는 의사결정 절차의 부재 때문

17 다음은 의사결정의 특성에 대한 설명이다. 옳지 않은 것은?

① 의사결정은 선택적 행위
② 의사결정은 모든 과정에 공통으로 존재하는 관리의 일반적 과정
③ 의사결정은 지속적인 과정
④ 의사결정은 신체적이고 정신적인 과정

해설 의사결정의 특성
① 의사결정은 선택적 행위
② 의사결정은 관리의 일반적 과정
모든 과정에 공통적으로 존재
③ 의사결정은 지속적인 과정
④ 의사결정은 정신적 과정
논리성뿐만 아니라 감정적, 비합리적 요소, 잠재의식적 요소들도 작용

정답 16 ① 17 ④

18 **다음은 규범적 의사결정모형을 설명한 것이다. 옳지 않은 것은?**

① Vroom & Yetton이 대표적 학자

② 의사결정의 질과 의사결정의 수용성, 가용시간과 관련하여 의사결정과정에 구성원들을 언제, 어느 정도 참여시켜야 하는가를 설명하는 규범적 모형

③ 의사결정의 5가지 유형으로 설명

④ 의사결정 유형을 선택하기 위한 규칙은 5가지

해설 **Vroom & Yetton의 규범적 의사결정 모형**

의사결정의 질과 의사결정의 수용성, 가용시간과 관련하여 의사결정과정에 구성원들을 언제, 어느 정도 참여시켜야 하는가를 설명하는 규범적 모형

(1) **의사결정 유형(5가지)**

① AⅠ : 독단적인 의사결정Ⅰ, 의사결정자가 스스로 의사 결정(단독정도 활용 결정)

② AⅡ : 독단적인 의사결정 Ⅱ, 의사결정자는 부하를 시켜 정보를 수집하고 단독으로 의사결정(구성원으로부터 정보 수집 후 단독결정)

③ CⅠ : 협의에 의한 의사결정 Ⅰ, 의사결정자는 문제 해결을 위해 관련 당사자들을 개인적으로 만나 의견을 듣고 의사 결정하되, 협의한 사람들의 의견은 반영될 수도 있고, 없을 수도 있는 모형(개인자문 후 결정)

④ CⅡ : 협의에 의한 의사결정 Ⅱ, 그룹으로 의견을 듣고 문제 의논, 협의한 사람들의 의견은 반영될 수도 있고, 없을 수도 있음(집단자문 후 결정)

⑤ GⅡ : 집단 의사결정 Ⅱ, 그룹으로 모여 의논, 문제 해결을 위한 대안 제시, 평가 과정에서 합의(집단결정)

(2) **의사결정 유형을 선택하기 위한 결정 규칙**

① 규칙 1 : 정보

② 규칙 2 : 목표 일치

③ 규칙 3 : 비정형적인 문제들

④ 규칙 4 : 수용

⑤ 규칙 5 : 갈등

⑥ 규칙 6 : 공정성

⑦ 규칙 7 : 수용 우선순위

19 **다음은 Gutenberg의 결과 예측 가능성에 따른 분류 중 위험 상황에서의 의사결정에 대한 설명이다. 옳지 않은 것은?**

① 의사결정에 필요한 모든 정보가 알려져 있는 경우

② 의사결정은 대부분 건강관리 문제의 복잡성 때문에 발생

③ 발생가능성의 확률로 의사 결정하는 방법

④ 예상된 위험을 계산해 평가함으로써 가능성을 분석

정답 18 ④ 19 ①

해설 Gutenberg의 결과 예측 가능성에 따른 분류

① **확실한 상황에서의 의사결정**(decision making under certainty) : 의사결정에 필요한 모든 정보가 알려져 있는 경우를 의미하는 것을 의미

② **위험 상황에서의 의사결정**(decision making under risk)

- 의사결정은 대부분 건강관리 문제의 복잡성 때문에 위험한 조건에서 이루어지는 것을 의미
- 이런 상황에서는 의사결정은 정확하지는 않지만 어느 정도 발생가능성의 확률로 의사결정
- 예상된 위험을 계산해 평가함으로써 가능성을 분석

③ **불확실한 상황에서의 의사결정**(decision making under uncertainty) : 상황에 따라 발생할 수 있는 결과를 추정할 수 있으나 그 발생 확률을 알 수 없을 때 하는 의사결정의 유형으로 이 상황은 의사결정자의 취향, 위험에 대한 태도 등에 따라 차이가 발생

20 다음은 의사결정기법에 대한 설명이다. 옳은 것은?

① 명목 집단법 – 대화나 토론 없이 개인의 의견을 제출하여 구성원 간에 토론을 거쳐 투표로 의사를 결정하는 방법

② 의사결정 격자 – 일정 기간을 일의 결과에 따라 대안을 결정할 수 있도록 하기 위하여 시각적으로 도면화한 것

③ 프로그램 평가와 검토기술 – 동일한 판단기준에 여러 가지 대안들을 한눈에 비교 검토할 수 있도록 제작한 시각적인 도구

④ 의사결정 계보 – 여러 가지 사업계획을 기간 내에 완성하기 위해 시간추산이나 사업계획의 진행 상태를 평가하고 그 기간을 단축하기 위해 개발

해설 의사결정기법

① **의사결정 격자** : 의사결정이 동일한 판단 기준에 여러 가지 대안들을 한눈에 비교, 검토할 수 있도록 만든 시각적인 도구

② **명목 집단법** : 대화나 토론 없이 개인의 의견을 제출하여 구성원 간에 토론을 거쳐 투표로 의사 결정하는 방법

③ **프로그램 평가와 검토 기술** : 여러 가지 사업계획을 기간 내에 완성하기 위해 시간추산이나 사업계획의 진행 상태를 평가하고 그 기간을 단축하기 위해 개발

④ **의사결정 계보** : 일정 기간을 일의 결과에 따라 대안을 결정할 수 있도록 시각적으로 도면화 한 것

정답 20 ①

주관식

01 주장행동의 목적을 쓰시오.

02 의사소통의 송신자 측 장애요인을 쓰시오.

03 집단의 만족도도 가장 높고 몰입도도 높으며 가장 바람직한 관리적 의사소통은?

04 비공식적 의사소통의 기능을 쓰시오.

05 주장행동의 비언어적 요소를 쓰시오.

정답

01 인간관계 개선, 간호업무 향상, 정신건강 증진, 자기능력 신장, 권한위임 증가

02 수신자의 평가적 성향, 소극적 청취와 선택적 청취, 송신자에 대한 선입견이나 편견, 전달내용에 대한 수신자의 무반응이나 부적절하게 반응할 때이다.

03 완전연결형이 자유로운 정보교환, 복잡한 문제해결을 위한 새로운 대안, 창의적 아이디어 산출이 가능하며 리더가 없이 누구라도 의사소통 주도가 가능하며 집단의 만족도도 가장 높고 몰입도도 높다.

04 조직변화의 필요성을 경고해주고, 집단응집력을 높이며, 인간적 유대감 형성, 구성원들 사이의 아이디어 전달 통로가 된다.

05 주장행동의 비언어적 요소에는 음성적 요소와 말할 때의 자세나 몸짓인 체언적 요소가 있다.

PART 6 갈등관리

01 **한 지역에 A 병원과 B 의료기기 공급업체 간의 갈등이 발생할 경우 갈등 유형은?**

① 개인 내 갈등 ② 개인 간 갈등
③ 개인 외 갈등 ④ 조직 간 갈등

해설 갈등의 수준
- 개인 내 갈등(intrapersonal conflict) : 개인의 심리적 갈등으로서 개인적 목표 갈등이 주로 문제가 됨
- 개인 간 갈등(interpersonal conflict) : 두 개인이 동일한 문제, 한정된 직위 또는 자원에 대해 의견이 불일치 할 때 발생하는 갈등
- 집단 간 갈등(intergroup conflict) : 집단 간에 발생하는 갈등으로서 과업활동의 조정과 통합을 어렵게 만듦
- 조직 간 갈등(interorganization conflict) : 조직들 간의 갈등으로서 병원과 경쟁 병원 간의 갈등, 노동조합과 기업 간의 갈등, 병원과 의료기기 공급업체 간의 갈등이 있음

02 **근무성적 평정의 유형으로 도표식 평정 척도법으로 옳은 것은?**

① 표준 업무 수행 목록을 미리 작성해 두고 이 목록에 단순히 가부 또는 유무를 표시한다.
② 조직의 목표를 설정하고 직원의 업적을 측정, 평가하여 회환시킴으로써 관리의 효율화를 기한다.
③ 구체적인 행동에 초점을 맞추고 능력발전에 기여하며 동기화된다.
④ 평정의 대상이 되는 요소를 나열하고 요소마다 우열을 나타내는 척도를 두어 등급을 표시한다.

해설 도표식 평정 척도법
① 도표로 된 평정표를 사용하고, 가장 많이 사용되는 방법이다.
② 한 편에 평정의 대상이 되는 성질 또는 능력의 요소를 나열, 다른 한 편에는 각 평정요소마다 탁월에서 불량 혹은 낮음에서 높음 등 그 우열을 나타내는 척도인 어구나 숫자로 등급이 표시된다.

03 **근무성적 평정의 유형으로 백지나 소정 양식에 기록된 행위에 대해 객관적으로 기술하는 방법은 무엇인가?**

① 중요사건 기록법 ② 도표식 평정 척도법
③ 서열법 ④ 일화기록법

정답 01 ④ 02 ④ 03 ④

해설 일화기록법
① 백지나 소정 양식에 기록된 행위에 대해 객관적으로 기술하는 방법이다.
② 단기간 동안 계획된 직원을 집중적으로 관찰한다.
③ **장점** : 경직된 구조를 강조하지 않는다.
④ **단점**
- 해석자가 서로 무관한 기록 간에 관련을 지으려고 한다.
- 관찰이 체계적이지 못하며 시간이 걸린다.
- 피평정자가 평가를 받기 위한 형식적인 근무에 집착할 우려가 있다.

04 **표준 업무 수행 목록을 미리 작성해 두고 이 목록에 단순히 가부 또는 유무를 표시하는 평정방법은 무엇인가?**

① 중요사건 기록법　② 도표식 평정 척도법
③ 서열법　④ 체크리스트법

해설 체크리스트 평정법
간호사를 평가하는 데 적절하다고 판단되는 표준업무 수행 목록을 미리 작성해 두고 이 목록에 단순히 가부 또는 유무를 표시하는 평정방법이다.

05 **피평정자에게 좋은 평점을 주는 과오를 무엇이라고 하는가?**

① 근접 착오　② 관대화 경향
③ 후광 효과　④ 혼 효과

해설 근무성적 평정상의 오류
① **후광 효과**(halo effect) : 피평정자의 긍정적 인상에 기초하여 평정할 때 특정된 요소가 탁월하게 우수하여 평정요소도 높게 평가받는 경향을 말한다.
② **혼 효과**(horn effect) : 후광 효과의 반대이다. 평정자가 지나치게 비평적인 경우로 피평정자는 실제 능력보다 더 낮게 평가하는 경향을 말한다.
③ **중심화 경향** : 평정자의 평점이 모두 중간치에 집중하려는 심리적 경향으로 아주 높은 평정이나 아주 낮은 평정을 피하려는 경향을 말한다.
④ **관대화 경향** : 피평정자에게 좋은 평점을 주는 과오를 말한다.
⑤ **근접착오** : 평정 직전에 있었던 최근의 일들이 평정에 영향을 미치는 경우를 말한다.
⑥ **선입견에 의한 착오** : 평정의 요소와 관계가 없는 성별, 출신 학교, 출신 지방, 종교, 연령 등에 대한 편견이 영향을 미치는 것을 말한다.
⑦ **규칙적 착오** : 어떤 평정자가 다른 평정자보다 언제나 후한 점수, 나쁜 점수를 주는 것을 말한다.

정답 04 ④ 05 ②

06 근무 평정의 활용이 아닌 것은?

① 간호사 임용제도의 타당성 유무를 조사하는 데 활용된다.
② 감독자와 간호사의 유대를 배제한다.
③ 업무 수행을 향상시킨다.
④ 훈련의 필요 정도를 타진할 수 있다.

해설 근무 평정의 활용
- 간호사 임용제도의 타당성 유무 조사하는 데 활용된다.
- 훈련의 필요 정도를 타진할 수 있다.
- 업무수행을 향상시킨다.
- 감독자와 일반 간호사의 유대를 강화한다.
- 다양한 인사 자료의 객관적인 자료가 된다.

07 근무 평정의 방안으로 옳은 것은?

① 평정자에게 교육은 필요 없다.
② 평정 결과를 비공개로 하지 않는다.
③ 승진과 근무 평정을 연계하지 않는다.
④ 보상, 평가에 대한 근거로 사용하지 않는다.

해설 근무 평정 방안
- 평정자에 대한 교육 훈련을 강화한다.
- 평정의 타당성, 신뢰성, 공정성을 확보한다.
- 평정 결과를 공개한다.
- 보상, 평가에 대한 모델을 제시한다.
- 승진 시 훌륭한 근무성적과 연결한다.
- 평정제도에 대한 관리자 및 조직원들의 의식과 조직 풍토가 바뀐다.

08 다음 개념은 무엇을 정의한 것인가?

- 직원들이 기관의 규칙이나 법칙을 준수하도록 하는 과정이다.
- 직원의 입장에서는 개인이 기관의 행동규범을 통해 자기 통제를 하는 형태이다.
- 직원들 스스로 직장에 안정감을 느끼고 조직의 목표달성에 임하도록 도와주는 것이다.

① 직원 지시　　② 직원 훈육
③ 직원 인사　　④ 직원 직무

정답 06 ② 07 ② 08 ②

해설 직원 훈육 개념
- 직원들이 기관의 규칙이나 법칙을 준수하도록 하는 과정이다.
- 직원의 입장에서는 개인이 기관의 행동규범을 통해 자기 통제를 하는 형태이다.
- 직원들 스스로 직장에 안정감을 느끼고 조직의 목표달성에 임하도록 도와주는 것이다.

09 직원 훈육의 원칙으로 옳지 않은 것은?

① 최선을 기대하는 긍정적인 태도가 요구된다.
② 문제행위에 중점을 둔다.
③ 규칙을 일관성 있게 적용하고 상황에 따라 고려해야 한다.
④ 천천히 행동변화여부를 조사한다.

해설 훈육의 원칙
- 최선을 기대하는 긍정적인 태도가 요구된다.
- 신속하고 주의 깊게 사실을 조사하고 자료를 수집해야 한다.
- 직원의 프라이버시를 보호하고 체면을 유지해야 한다.
- 문제행위에 중점을 두어야 한다.
- 규칙을 일관성 있게 적용하고 상황에 따라 고려해야 한다.
- 교정적·건설적 훈육활동으로 상담이 선행되고 수용 불가능한 행동에 대해 정보를 제공해야 한다.
- 행동변화여부를 조사한다.

10 직원 훈육의 과정 중 제일 먼저 선행되어야 할 것은 무엇인가?

① 견책 ② 상담
③ 정직 ④ 해고

해설 훈육과정
① 상담
- 비공개적이면서 비공식적으로 시행하여 이해를 증진시킨다.
- 위반사항을 명확히 밝히고, 근무, 책임, 규정 및 규칙을 주지시킨다.
- 위반사항에 대한 본인의 의견을 청취하여 훈계, 교정, 선도하도록 한다.

② 구두견책
- 상담으로 문제의 개선이 되지 않은 경우 실시하는 비공식적인 단계이다.
- 위반사항을 명확히 설명하고 확인하여 변화를 촉구한다.
- 재발 시에는 과중문책 경고를 해야 하며, 인사기록철에 메모하여 기록한다.

③ 서면견책
- 구두견책으로 문제가 개선되지 않거나 본인의 주장을 내세울 때 실시하는 공식적인 단계이다.
- 육하원칙 하에 위반사항을 상세히 기재하여야 하며, 계속 교정되지 않을 경우 해고까지 될 수 있음을 경고한다.
- 인사기록철에 보관하여 몇 년 이내에 재발하지 않았을 경우 말소한다.

정답 09 ④ 10 ②

④ 정직
- 위반의 경·중에 따라 단기와 장기로 구분한다.
- 처리 과정은 공식 견책과 비슷하며, 최후의 기회를 제공함을 명시한다.

⑤ 해고
- 계속 개선의 기회를 부여해도 개선되지 않을 경우 혹은 중대한 과실이나 치명적인 과오를 저질렀을 경우 시행한다.
- 처리 과정은 공식 견책과 비슷하며, 세밀하고 정확히 조사하여 최종 책임자의 결재 하에 시행하되 노사쟁의의 요건은 배제한다.

11 다음 상황에서 간호관리자가 문제행동 직원에게 취할 수 있는 관리 단계는?

> 문제행동을 한 직원과 개인적으로 상담한 후 공식적인 행동규범을 지키도록 상기시켰다. 그 후 규칙을 위반하는 행동이 또다시 발생하여 이에 관한 징계조치 절차를 확실히 말해 주었다. 그러나 간호사의 잘못된 행동이 수정되지 않고 반복되고 있다.

① 면담　② 정직
③ 해고　④ 서면견책

해설 훈육의 단계
면담 → 구두경고 → 서면경고 → 무급정직 → 해고의 순서로 훈육이 이루어진다.

12 개인의 심리적 갈등으로서 개인적 목표 갈등이 주로 문제가 되는 것은?

① 개인 내 갈등　② 개인 간 갈등
③ 개인 외 갈등　④ 집단 간 갈등

해설 갈등의 수준
- 개인 내 갈등(intrapersonal conflict) : 개인의 심리적 갈등으로서 개인적 목표 갈등이 주로 문제가 됨
- 개인 간 갈등(interpersonal conflict) : 두 개인이 동일한 문제, 한정된 직위 또는 자원에 대해 의견이 불일치 할 때 발생하는 갈등
- 집단 간 갈등(intergroup conflict) : 집단 간에 발생하는 갈등으로서 과업활동의 조정과 통합을 어렵게 만듦
- 조직 간 갈등(interorganization conflict) : 조직들 간의 갈등으로서 병원과 경쟁 병원 간의 갈등, 노동조합과 기업 간의 갈등, 병원과 의료기기 공급업체 간의 갈등이 있음

정답 11 ④ 12 ①

13 갈등의 순기능은?

① 직원의 사기 앙양 ② 편견의 감소
③ 공식화 감소 ④ 다양성과 창조성 증대

해설 갈등의 기능
(1) 갈등의 순기능
① 문제의 인식
② 활동력 강화
③ 충성심 증가
④ 다양성과 창조성 증대
⑤ 혁신풍토와 도전적 분위기 조성
(2) 갈등의 역기능
① 직원의 사기저하
② 독재자 출현
③ 편견의 증가
④ 공식화 증가
⑤ 파벌의식, 경제의식 증가

14 간호사를 위한 조직 차원의 스트레스 관리 방안 중 바람직하지 않은 것은?

① 간호사 개인의 스트레스 적정 수준의 제고
② 집권화를 통한 참여적 관리
③ 적정수준의 간호인력 확보와 업무량 감소
④ 보상체계의 개선을 통한 공정한 보상

해설 직무스트레스 관리 방안
(1) 개인 차원의 스트레스 방안
① 스트레스 수용하기
② 스트레스에 대한 자기 인식의 확대
③ 신체 돌보기
④ 완전히 벗어나기
⑤ 긍정적 자기 지각
⑥ 사회적 지지 추구
⑦ 과도한 요구 감소
⑧ 변화에 대한 계획
(2) 조직 차원의 스트레스 관리 방안
① 간호사 개인의 스트레스 수준 파악과 적정수준 제고
② 직무 분석과 직무 설계
③ 스트레스 수용능력 개발 ④ 능력 개발과 성장 기회 제공
⑤ 간호관리자의 리더십 개발 ⑥ 참여적 관리
⑦ 사회적 지지 제공 ⑧ 인사관리 제도의 개선
⑨ 인적·물적 자원의 확보

정답 13 ④ 14 ②

15 다음 내용에 해당하는 평정방법은?

(가) 도표식 평정방법에 중요사건 기록법을 가미한 평정방법이다.
(나) 평정의 임의성과 주관성을 배제할 수 있다.
(다) 각 등급마다 중요행태를 명확하게 기술하여 점수를 부여하는 방법이다.

① 강제배분법
② 체크리스트
③ 목표관리법
④ 행태기준척도법

해설 행태기준척도법
① 도표식 평정방법에 중요사건 기록법을 가미한 평정방법이다.
② 장점으로 평정의 임의성과 주관성을 배제할 수 있다.
③ 각 등급마다 중요행태를 명확하게 기술하여 점수를 부여하는 방법이다.
④ 실제로 관찰될 수 있는 행태를 서술적 문장으로 평정척도를 표시한 도표를 사용한다.

16 다음 글에서 설명하는 직무수행평가 오류는?

간호관리자는 간호사의 직무수행을 평가하면서 정해진 시간보다 일찍 출근하는 간호사가 업무를 더 잘 수행한다고 판단하여 직무수행능력을 '우수'로 평가하였다.

① 혼효과
② 근접오류
③ 규칙적 착오
④ 논리적 오류

해설 논리적 오류(논리적 착오, Logical error)
- 논리적 착오는 두 가지 평정요소 간에 논리적인 상관관계가 있는 경우, 어느 한 요소가 우수하면 다른 요소도 우수하다고 쉽게 판단하는 경향을 말한다.
- 근면한 직원은 직무수행의 양도 다른 직원들보다 많을 것이라고 판단하는 경우가 논리적 착오의 예이다.

17 직무평가방법에 대한 설명으로 옳은 것은?

① 서열법 : 표준 척도 없이 직무별 중요도와 가치를 종합적으로 비교하는 방법
② 점수법 : 중요도가 유사한 직무를 묶어서 분류 후 그룹별 특성을 기술하고 점수를 부여하는 방법
③ 직무등급법 : 기준이 되는 특정 직무를 선정하고 다른 직무를 기준 직무와 비교하여 동급을 결정하는 방법
④ 요소비교법 : 직무평가 요소별로 중요도에 따라 점수를 부여하고 직무별 총점을 산출하는 방법

정답 15 ④ 16 ④ 17 ①

해설 직무평가방법

① 서열법은 표준 척도 없이 직무들을 비교해서 최상위 직무부터 최하위 직무까지 순위별로 계층화하는 방법으로, 직무별 중요도와 가치를 종합적으로 비교하는 방법이다.

② 직무등급별(직무분류법)은 서열법에서 발전된 것으로, 조직 내의 모든 직무들을 확인한 뒤, 중요도가 같거나 유사한 직무를 묶어서 분류한 후 그룹별(등급별) 특성을 기술한다. 이것이 등급기술서 또는 등급기준표이다. 이후 각 직무를 등급기준표와 비교하여 등급을 결정하는 것이 직무등급법이다.

③ 요소비교법은 기준이 되는 특정 직무를 기준 직무(대표직무, key job)로 선정하고, 다른 직무를 기준 직무(대표직무)의 평가요소와 비교하여 직무의 상대적 가치에 따라 임금액을 결정하는 방법이다.

④ 점수법은 직무평가 요소별로 중요도(표준척도)에 따라 점수를 부여하고 직무별 총점을 산출하는 방법이다.

18 다음 기준을 사전에 설정한 후 이에 따라 해당 직무의 등급을 평가하는 방법은?

- 1등급 : 높은 수준의 학습과 오랜 경험을 필요로 하고, 판단력과 독자적인 사고가 항상 요구되는 과업을 수행
- 2등급 : 높은 수준의 학습을 필요로 하고, 판단력과 독자적인 사고가 자주 요구되는 과업을 수행
- 3등급 : 사전에 간단한 학습을 필요로 하는 과업을 수행
- 4등급 : 매우 단순하고 반복적인 과업을 수행

① 서열법 ② 점수법
③ 요소비교법 ④ 직무분류법

해설 직무등급법(직무분류법)

직무분류법은 직무의 수, 복잡도에 따라 직무의 등급을 판정하여 나누는 방법이다.

19 다음 글에서 설명하는 직무설계 방법은?

- K 병원 간호부는 간호·간병통합서비스를 시행하려고 한다. 이에 따라 기능적 간호업무 분담체계를 팀 간호체계로 전환하고자 한다.
- 이때 단순업무를 담당하는 간호사에게 난이도가 높고 보다 질적인 간호업무를 수행하도록 하여 성취감을 발휘할 수 있도록 한다.

① 직무충실화 ② 직무순환
③ 직무확대 ④ 직무단순화

정답 18 ④ 19 ①

해설 직무충실화
한 사람이 담당할 과업의 수와 빈도(깊이, 난이도)를 수직적·질적으로 변화시키는 것으로, 직무충실화를 통해 조직원들이 직무를 수행하는 과정에서 성취감, 안정감, 그 밖의 고차원적인 동기요인들을 발휘할 수 있도록 직무를 설계하는 것이다.

20 B 병원 응급실에 배치된 신규간호사가 응급실의 소리 지르는 사람들과 소음으로 인해 적응을 못하고 있다. 간호부에서 해당 신규간호사의 배치부서 변경 시 참고하여야 할 가장 객관적인 자료는?

① 인사고과 ② 직무명세서
③ 작업조건 ④ 직무기술서

해설 직무명세서
(1) 직무의 인적 특성(인적 요건)에 초점을 둔 것이므로 직무수행에 필요한 인적 특성을 결정하는 것에 목표를 둔다.
(2) 직무내용보다는 인적요건에 큰 비중을 둔다.

21 권한 위임에 대한 설명으로 옳은 것은?

① 사안이 중요할수록 위임의 정도는 높아진다.
② 조직의 규모가 클수록 위임의 정도는 낮아진다.
③ 상·하위 계층의 모든 구성원이 전문성을 살릴 수 있다.
④ 업무의 분산으로 조직 전체의 비용이 감소한다.

해설 권한 위임
① 사안이 중요할수록 직접 결정해야 하므로, 위임의 정도는 낮아진다.
② 조직의 규모가 클수록 위임의 정도는 높아진다. 즉, 조직의 규모가 커질수록 상위 계층의 관리자가 해야 할 일이 많아지는데 이럴 때는 모든 업무를 일일이 다 지시하고 감독할 수 없으므로 하위 계층의 관리자가 대신 수행할 수 있도록 자신이 가지고 있는 힘의 일부를 넘겨주는데 이것이 바로 권한 위임이다.
③ 상·하위 계층의 모든 구성원이 전문성을 살릴 수 있다. 즉, 권한 위임을 통해 상위 계층은 자신의 능력과 경험에 합당한 업무에만 전념하고 부하직원이 수행하여도 되는 업무는 과감하게 위임함으로써 상·하위 계층의 모든 구성원이 각자의 위치에서 전문성을 살릴 수 있다. 반대로 상급자가 모든 업무를 하고 하급자에게 위임하지 않는다면 상급자는 상급자대로 힘들고, 하급자는 일이 없고 지시만 따르기 때문에 전문성을 살릴 기회를 잃게 될 것이다.
④ 업무의 분산으로 조직 전체의 비용이 증가하는 단점이 생긴다.

정답 20 ② 21 ③

주관식

01 상호규칙을 따르지 않으며 서로의 승리보다는 상대편을 제거하거나 정복, 피해를 주는 데 목적을 두는 갈등은?

02 갈등의 원인을 쓰시오.

03 갈등을 완전하게 해결하는 방안을 쓰시오.

04 집단의 문제를 해결하기 위한 리더의 역할을 쓰시오.

05 집단 차원의 직무스트레스 요인을 쓰시오.

정답

01 갈등의 유형에는 수직적 갈등, 수평적 갈등, 라인스텝 갈등, 역할 갈등, 기능적 갈등, 경쟁적 갈등, 상호규칙을 따르지 않으며 서로의 승리보다는 상대편을 제거하거나 정복, 피해를 주는 데 목적이 있는 분열적 갈등이 있다.

02 목표의 차이, 지각의 차이, 한정된 자원, 모호한 역할 기대

03 완전한 해결방안은 자원의 증대와 문제해결이다.

04 ① 문제 제시는 행동적 언어보다는 상황적 언어로 표현해야 한다.
② 문제의 원인이나 가능한 해결방안을 같이 모색해 보도록 한다.
③ 중요한 문제해결 과제가 있을 때 중요 안건에 우선 총력을 기울인다.
④ 리더 혼자 해결하기보다 여러 지식을 통합하고 효과적으로 활용한다.
⑤ 개인의 목표와 집단의 목표가 조화되도록 집단의 임무를 변화시킨다.

05 집단 응집력 결여, 지위 및 신분상의 문제, 집단 내 집단 간 갈등

PART 7·8 변화관리, 시간관리

01 다음은 조직문화의 특성에 대한 설명이다. 옳지 않은 것은?

① 조직문화는 타율에 의해 통합성을 유지
② 조직문화는 인간의 사고와 행동을 결정하는 요소
③ 조직문화는 역사적 산물
④ 조직문화는 집합체적이고 공유적인 성격

해설 **조직문화** : 조직문화란 조직구성원 모두가 함께 공유하는 것으로 가치와 신념, 규범과 전통, 지식과 이념, 습관과 기술 등을 포함하는 종합적이고 총체적인 것.

(1) 특성
- 조직문화는 인간의 사고와 행동을 결정하는 요소
- 조직문화는 사람이 만든 것이며 이것을 학습하고 공유
- 조직문화는 역사적 산물
- 조직문화는 집합체적, 공유적 성격
- 조직문화는 스스로 통합성을 유지

(2) 구성요소
- 파스케일과 피터스의 분류
  - 공유된 가치(shared value)
  - 전략(strategy)
  - 조직구조(structure)
  - 관리 시스템(system)
  - 구성원(staff)
  - 관리기술(skill)
  - 리더십 스타일(style)
- 딜과 케네디의 분류
  - 환경
  - 가치
  - 중심 인물
  - 의례와 의식
  - 문화망

(3) 조직문화의 중요성
- 구성원에게 행위의 기준이나 방향을 설정
- 구성원들에게 정체성을 심어주며 결합
- 자기보다 큰 어떤 것에 몰입시키는 효과
- 조직의 안정성을 상승시키는 효과
- 조직의 유효성을 높일 수 있는 바탕을 마련

정답 01 ①

02 **조직의 분류방법 중 조직몰입 변수가 평생직장, 소속감, 자긍심이 인지될 때 충성도가 민감한 영향을 준다고 보는 입장은?**

① 목적 달성적 접근법 ② 경합가치적 접근법
③ 전략 환경 요소적 접근법 ④ 시스템적 접근법

해설 조직의 분류방법

① **목적 달성적 접근법**(목적 달성에 초점을 둠) : 수단보다는 목적 달성에 의해 조직의 효과성을 측정하고, 평가하는 방법으로 기업에서는 이윤의 극대화, 군대에서는 적군의 항복, 운동경기에서의 승리, 병원에서는 환자의 건강회복 등의 측정

② **시스템적 접근법**(수단에 초점을 둠) : 특정한 목적보다는 그 목적을 달성하는 데 필요한 수단에 더 초점을 두는 방법으로 조직 투입물의 획득 능력, 변환 과정의 능률성, 산출물의 유통능력 및 안정과 균형의 유지력 등을 평가하여야만 조직의 효과성을 제대로 평가하는 것

③ **전략 환경 요소적 접근법**(환경요소만을 고려) : 조직의 생존에 직접적으로 위협을 가하는 환경요소만을 고려하는 방법

④ **경합 가치적 접근법**(Competing Value) : 모든 조직에는 단 한가지의 유일한 목적이란 있을 수 없고 효과성을 측정할 평가자의 가치체계에 달려있다는 것을 기본 가정으로 한 방법으로 예를 들면 관리자들이 경제적 안정성 때문에 직무에 만족하기보다는 조직의 내재적 가치에 직장의 의미를 두고 있으며, 조직몰입 변수인 평생직장, 소속감, 자긍심이 인지될 때 충성도에 민감한 영향을 준다는 것 등

03 **다음은 계선-막료 조직을 나타내는 그림이다. 장점에 대한 설명으로 맞지 않는 것은?**

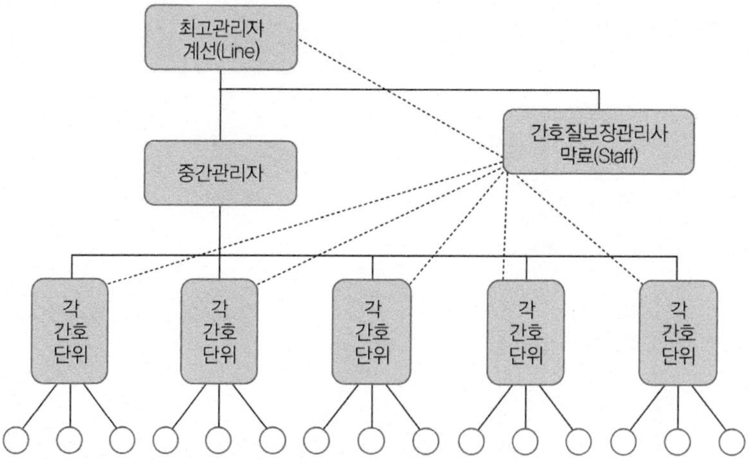

〈계선-막료 조직〉

정답 02 ② 03 ③

① 계선 조직 외의 전문적인 지식이나 기술의 수용이 가능
② 조직 활동에 대한 조정이 용이하다는 점
③ 계선과 막료 사이의 권한과 책임이 명확하다는 점
④ 최고관리자의 통솔범위 확대가 가능한 점

해설 계선과 막료

(1) **계선(Line)** : 조직 내에서 상하의 수직적 계층구조를 가지며 상층의 관리자가 하층의 부하에게 지시, 명령, 감독을 할 수 있는 관계로 조직의 목표설정에 직접적으로 기여하는 의사결정을 하고 지시를 할 수 있는 조직 내의 가장 기본적인 권한을 의미

(2) **막료(Staff)** : 명령을 할 수는 없지만 계선의 기본적인 직능에 대해서 조언과 조력을 함으로써 계선의 활동을 보다 더 효과적으로 촉진시키는 역할

계선 – 막료 조직 : 명령 통일의 원칙과 전문화의 원칙이 조화를 이루어 관리 기능의 복잡화에 대응할 수 있도록 계선 외부에 막료기구를 설치한 조직을 의미

계선 관리자의 업무를 지원해주고 조언해주는 막료의 기능을 하는 조직

1) **장점**
① 계선 조직 외의 전문적인 지식이나 기술의 수용이 가능
② 의사결정자의 독단이나 주관적 판단을 막을 수 있다는 점
③ 조직 활동에 대한 조정이 용이
④ 최고관리자의 통솔범위를 확대

2) **단점**
① 계선과 막료 조직 사이의 갈등으로 인한 알력이 발생할 가능성
② 계선과 막료 사이의 권한과 책임이 불명확
③ 조직 내의 의사소통의 혼란이 생길 수 있다는 점
④ 행정의 지연과 지출 경비의 증가가 발생할 수 있다는 점

04 조직화의 단계로 옳은 것은?

① 일의 분화 → 일과 작업할당 → 조정화 → 부문화
② 일의 분화 → 부문화 → 조정화 → 일과 자원할당
③ 일과 자원할당 → 일의 분화 → 부문화 → 조정화
④ 일의 분화 → 일과 자원할당 → 부문화 → 조정화

해설 조직화의 단계

① **일의 분화** : 조직목표를 달성하기 위해서 필요한 일과 활동이 어떤 것이 있는가를 확인하고 특성을 고려하여 분류한다.
② **일과 자원할당** : 위에서 분류된 일이나 활동을 세분화하여 각 개인에게 할당하고 가용자원을 할당하는 단계이다.
③ **부문화** : 비슷한 업무를 묶어서 같은 부서에 배치하는 것으로 조직은 부문화를 통하여 합리적이고 효율적인 직무수행이 가능하다.
④ **조정화** : 조직구성원의 다양한 직무를 조직의 궁극적 목표에 통합하기 위해 취하는 일련의 조치이다.

정답 04 ④

05 **조직구조의 결정요인으로 가장 관련이 적은 것은?**

① 환경 ② 기술

③ 규모 ④ 개인

해설 조직구조를 결정하는 변수로 조직환경, 기술, 전략, 조직규모, 문화를 들 수 있다.

06 **다음은 직무분석 방법 중 질문지법의 장·단점으로 옳지 않은 것은?**

① 조사 대상을 폭넓게 할 수 있다.

② 질문지 개발과 테스트에 비용이 적게 들고 시간이 적게 소요된다.

③ 직무활동에 대한 제대로 된 정보를 얻을 때는 효과적이다.

④ 많은 사람으로부터 직무에 관한 정보를 바르게 획득할 수 있다.

해설 정보수집방법

(1) **질문지법**

① 질문지를 작성하고, 직무 담당자에게 배포하여, 질문지에 응답하게 하는 방법

② **장점** : 시간소모가 적고, 간단한 방법

③ **단점** : 응답자의 고의로 잘못된 정보를 제공

(2) **자가 보고법**

① 일기 형식

② **장점** : 분석자가 원하는 정보만 조사, 보고되는 경향을 최소화, 광범위한 작업 정보를 획득

③ **단점** : 보고자에 의한 정보가 왜곡

(3) **면접법**

① 직무 담당자와 직접적인 면담을 통해 수집

② **장점** : 직무의 제 특성을 파악하기에 적합

③ **단점** : 시간소모가 많고, 면접자에 의한 정보가 왜곡

(4) **관찰법**

훈련된 직무분석자가 직무수행자를 직접 집중적으로 관찰함으로써 정보를 수집하는 것으로 자료는 대화형식, 체크리스트, 또는 작업표로 기록. 이 방법은 직무가 다른 직무담당자 또는 다른 상황, 시간 흐름에 따라 현저하게 바뀌지 않는 것을 전제로 하기 때문에 표준화된 업무에 적절한 방법. 관찰법은 정신적인 작업과 집중을 요하는 작업보다는 생산직이나 기능직에 더욱 적절하며, 관찰로 인하여 작업수행이 영향을 받지 않도록 주의

① 조사자가 직무 담당자의 업무 수행을 관찰, 자료를 수집하는 방법

② **장점** : 비교적 정확하고 객관적인 정보수집 가능

③ **단점** : 시간과 노력이 많이 들고 피 관찰자의 행위가 관찰자에 의해서 달리 평가

(5) **작업표집에 의한 방법(Sampling)**

① 분석가가 특정기간 동안 작업 중인 직원을 일정한 간격을 두고 짧은 기간 동안 관찰한 방법

② **장점** : 비교적 간단하게 작업시간과 내용을 파악

③ **단점** : 피관찰자가 관찰자의 존재를 의식

정답 05 ④ 06 ③

07 직무분석 중 직무명세서에 해당하는 것은?

① 직무 명칭
② 직무 개요
③ 근무 장소
④ 교육 정도

해설 직무명세서는 직무를 수행하는 사람의 성격, 경험, 지식, 체력, 교육수준 등을 구체적으로 계량화하여 명시한 것으로 인적요소에 초점을 맞춘 것. 직무명세서는 직무를 만족스럽게 수행하는 데 필요한 종업원의 행동, 기능, 능력, 지식 등을 일정한 형식에 맞게 기술한 문서

① 직무기술서를 발전시켜서 직무가 요구하는 특성을 보다 구체적으로 명시해놓은 것
② 직무를 수행하는 사람의 성격요건, 경험, 지식, 기술, 체력, 교육수준 등을 구체적으로 계량화
③ 직무기술서와 다른 점은 직무특성보다는 직무가 필요로 하는 개인적 특성 내지 인적 요건을 명백하게 다루고 있다는 점
④ **직무분석, 직무기술서, 직무명세서와의 관계**

- **직무분석** : 직무와 관련된 모든 사항을 발견하기 위한 연구과정
  ↓
- **직무기술서** : 직무명, 근무위치, 직무개요, 임무, 기구와 장비, 물품과 서식, 감독, 근무조건, 위험성
  ↓
- **직무명세서** : 교육, 경험, 신체적 노력, 의사소통능력, 지식수준, 판단력, 동기, 정서적 특징, 감각능력, 신체적 기술

08 다음은 조직혁신의 중요한 대상 변수를 나열한 것이다. 옳지 않은 것은?

① 재정
② 업무
③ 인간
④ 구조

해설 조직혁신(Organizational reform)

조직혁신이란 조식이 지향해야 할 이상적 목표를 설정하고 그것을 실현할 수 있는 바람직한 조직의 형태가 되게끔 의도적으로 조직구성원의 형태를 변화시키는 조직의 관리 작용이다. Thompson은 '조직변동에 새로운 아이디어를 창출하여 이를 도입하고, 실천하는 과정이다.'라고 하였다.

- **특성**
  ① 계획적이다.
  ② 의도적이다.
  ③ 목표 지향적이다.
  ④ 동태적이고, 행동 지향적이다.
  ⑤ 저항이 따른다.
  ⑥ 조직의 구조적, 기술적, 행태적 측면에 중점을 둔다.
  ⑦ 중요한 대상변수로는 업무, 인간, 구조, 기술 등을 들 수 있다.

정답 07 ④ 08 ①

09 **현재의 직무를 관찰하고 기록하며 분석해서 조직 전체의 비용을 절감하고 직무만족을 높이며 조직목표 달성을 위해 직무내용, 직무기능, 직무 간의 관계를 규정하는 것을 무엇이라고 하는가?**

① 직무순환　　② 직무설계
③ 직무단순화　　④ 직무확대

해설 직무설계(Job design)
어떤 업무에 대해서 이 일을 누가 할 것인가를 고려하여 직무내용(다양성, 자율성, 복잡성, 일상성, 난이성, 전체 직무에서의 위치 등), 직무기능(직무책 권한, 정보의 흐름, 작업방법), 직무 간의 관계(다른 사람과의 상호작용 필요성의 정도, 친밀하게 지낼 수 있는 기획, 팀워크가 요구되는 정도 등 대인적 요소) 등을 규정하는 것을 말하는 것으로 현재의 직무를 관찰하고 기록하며 분석해서 조직 전체의 비용을 절감하고 직무만족을 높이며 조직목표 달성을 위해 직무내용, 직무기능, 직무 간의 관계 등을 규정하는 것

(1) **직무내용** : 다양성, 자율성, 복잡성, 일상성, 난이성, 전체 직무에서의 위치
(2) **직무기능** : 직무 책임과 권한, 정보의 흐름, 작업방법
(3) **직무 간의 관계** : 다른 사람과의 상호작용 필요성의 정도, 친밀하게 지낼 수 있는 기획, 팀워크가 요구되는 정도 등 대인적 요소

- 목적
  ① 직무만족도 증대
  ② 조직전체의 비용절감
  ③ 조직구성원의 동기화
  ④ 효율적인 업무달성과 이를 위한 직무내용 선정, 작업환경 개선

10 **조직구성원의 작업활동을 다양화함으로써 지루함이나 싫증을 감소시켜주는 것을 무엇이라고 하는가?**

① 직무확대　　② 직무설계
③ 직무단순화　　④ 직무순환

해설 직무순환(Job rotation)
조직구성원에게 돌아가면서 여러 가지 직무를 수행하게 하는 것을 말하며 조직구성원의 작업활동을 다양화함으로써 지루함이나 싫증을 감소시켜주는 것으로 직무순환이 가능하려면 작업자가 수행하는 직무끼리 상호 교환이 가능해야 하고 작업 흐름에 있어서 커다란 작업 중단 없이 직무 간의 원활한 교대가 전제가 되어야 함

정답 09 ② 10 ④

11 조직화의 원리 중 계층제의 원리에 대한 설명으로 옳은 것은?

① 효과적으로 관리할 수 있는 부하직원의 수를 한정한다.
② 조직의 업무를 종류와 내용별로 나누어 분담한다.
③ 관리자를 최고 – 중간 – 일선 관리자로 등급화한다.
④ 공동의 목표를 달성하기 위하여 부서 간 분쟁을 해결한다.

해설 조직화의 원리
① 효과적으로 관리할 수 있는 부하직원의 수를 한정한다. → 통솔범위의 원리
② 분업 및 전문화의 원리는 조직의 규모가 확대될수록 업무의 내용과 특성이 복잡해지기 때문에 조직의 합리성을 높이기 위해서는 조직의 업무를 종류와 내용별로 나누어 분담하는 분업 또는 전문화가 필요하다는 것이다.
③ 관리자를 최고 – 일선 관리자로 등급화한다. → 계층제의 원리
④ 공동의 목표를 달성하기 위하여 부서 간 분쟁을 해결한다. → 조정의 원리

12 조직 유형 중 팀 조직에 대한 설명으로 옳은 것은?

① 팀 구성원 간 상호 의존성이 낮다.
② 팀워크를 촉진하기 위해 리더가 통제권을 행사한다.
③ 의사결정에 필요한 정보가 리더에게 집중되어 있다.
④ 조직 내외의 환경 변화에 적응하는 유연성이 높다.

해설 팀 조직
① 팀 구성원 간 상호 의존성이 높다.
② 팀워크를 촉진하기 위해 팀 구성원 전체가 계획, 조정(개선), 통제한다.
③ 의사결정에 필요한 정보를 팀 전체에 개방 및 공유한다.

13 조직구조 설계에 대한 설명으로 옳은 것은?

① 조직의 부문화 정도가 높을수록 의사결정이 집권화된다.
② 조직의 공식화 정도가 높을수록 구성원의 행동 통제가 어려워진다.
③ 조직에서 필요한 전문지식이나 기술의 종류가 다양할수록 조직이 수평적으로 분화된다.
④ 일상적이고 규칙적인 과업을 수행하는 조직일수록 의사결정이 분권화된다.

해설 조직구조 설계
① 조직의 부문화(수평적 분화) 정도가 높을수록 의사결정이 분권화된다.
② 조직의 공식화 정도가 높을수록 구성원의 행동 통제가 쉬워진다.
④ 일상적이고 규칙적인 과업을 수행하는 조직일수록 의사결정이 집권화된다.

정답 11 ③ 12 ④ 13 ③

14 **조직화의 원리 중 명령 통일의 원리에 대한 설명으로 옳은 것은?**

① 조직구성원들에게 가능한 한 가지의 주된 업무를 부여한다.
② 조직구성원들에게 업무 수행 효율화를 위해 업무를 전문화한다.
③ 조직구성원들에게 권한과 책임에 따른 직무의 등급을 부여한다.
④ 조직구성원은 한 사람의 직속상관과 공식적 의사소통 채널을 갖는다.

해설 명령통일(Unity of command)의 원리는 조직 내 각 구성원이 한 사람의 직속상관으로부터 명령과 지시를 받고 보고하는 책임을 지는 원리이다.
①, ②는 분업 – 전문화의 원리, ③은 계층제의 원리, ④는 명령통일의 원리에 대한 설명이다.

15 **조직문화와 조직분위기의 차이로 옳은 것은?**

① 연구접근방법에서 조직분위기는 조직문화에 비하여 조직체의 성과를 높이기 위한 조직구성원의 행동과 전체 조직행동의 개발을 더 강조하고 있다.
② 조직문화가 소집단의 사기나 동기부여와 관련된 문제인 데 반해, 조직분위기는 조직의 환경적응 또는 전략과 같은 거시적 현상과 관련하여 사용되는 경우가 많다.
③ 조직문화는 감정적이고 변화하기 쉬운 것인데 비해, 조직분위기는 지속적이고 변화에 대해 저항적이다.
④ 조직문화는 조직구성원과 전체 조직행동에 영향을 주는 기본가치와 전제를 강조하는 반면에, 조직분위기는 조직구성원이 감지하는 조직에 대한 인상을 강조한다.

해설 조직문화와 조직분위기의 차이
① 조직문화는 조직구성원과 전체 조직행동에 영향을 주는 기본가치와 전제를 강조하는 반면에, 조직분위기는 조직구성원이 감지하는 조직에 대한 인상을 강조한다.
② 조직분위기가 감정적이고 변화하기 쉬운 것인데 비해, 조직문화는 지속적이고 변화에 대해 저항적이다.
③ 조직분위기가 소집단의 사기나 동기부여와 관련된 문제인 데 반해, 조직문화는 조직의 환경적응 또는 전략과 같은 거시적 현상과 관련하여 사용되는 경우가 많다.
④ 원래 기상학적 용어인 조직분위기는 여러 조건과 요인에 의해 자연적으로 조성되는 성격을 가지고 있는 데 비해, 조직문화는 바람직한 가치관의 실현을 위한 주체적인 노력의 결과로서 형성되는 성격을 띤다.
⑤ 연구접근방법에서 조직문화는 조직분위기에 비하여 조직체의 성과를 높이기 위한 조직구성원의 행동과 전체 조직행동의 개발을 더 강조하고 있다.

정답 14 ④ 15 ④

16 **조직구조의 기본 유형인 관료조직이 빠르게 변화하는 외적 환경에 적응하고 효율성을 높이기 위하여 추진하는 변화는?**

① 직무표준화로 조직의 공식화 정도를 높여 업무수행능력을 향상시킨다.
② 계층의 수를 확대하여 통솔범위를 좁힘으로써 관리의 효율성을 증가시킨다.
③ 조직의 수직적 분화 정도를 낮추고 팀제 조직으로 전환하여 업무의 효율성을 향상시킨다.
④ 분업의 정도를 높여 짧은 시간 내에 숙련된 기술을 습득함으로써 능률성을 향상시킨다.

해설 동태적 조직과 미래사회의 창조적 조직구조 모두 변화하는 환경에 끊임없이 적응하면서 함께 변하고 발전되는 것을 목적으로 한다. 결국 변화에 대한 적응은 조직의 생존과 직결되는 일이다.

17 **현대적 관리이론에 속하는 팀제이론, 네트워크조직이론, 학습조직이론, 프로세스조직이론의 주요 관점은?**

① 조직의 생존
② 생산성 향상
③ 효율적 관리 운영 방안
④ 조직의 질서 유지

해설 미래사회의 창조적 조직구조인 팀제이론, 네트워크조직이론, 학습조직이론, 프로세스조직 모두 변화하는 환경에 끊임없이 적응하면서 함께 변하고 발전되는 것을 목적으로 한다.

18 **다음 중 조직변화의 과정에 대한 설명으로 옳은 것은?**

① 해빙 단계는 변화의 욕구가 조직에 팽배하여 대안을 실행하는 단계이다.
② 변화 단계는 변화의 필요성과 문제를 확인하고 목적과 목표를 정의한다.
③ 변화 단계는 변화의 필요성과 문제를 인식하고 변화하고자 하는 동기를 갖는다.
④ 변화 단계는 개인의 인격에 변화를 통합하여 정착되고 지속되는 단계이다.

해설 조직변화의 과정
① 변화의 욕구가 조직에 팽배하여(해빙 단계의 특징) 필요성과 문제를 확인한다.
② 변화 단계는 변화의 필요성과 문제를 확인하고 목적과 목표를 정의한다.
③ 해빙 단계는 변화의 필요성과 문제를 인식하고 변화하고자 하는 동기를 갖는다.
④ 재결빙 단계는 개인의 인격에 변화를 통합하여 정착되고 지속되는 단계이다.

정답 16 ③ 17 ① 18 ②

19 **조직화의 원리 중 '목표통일의 원리'라고도 불리는 것으로서 조직의 공동목표를 수행하는 데 있어 행동 통일을 기할 수 있도록 집단의 노력을 질서 있게 배열하고 조직과 환경 간의 균형을 유지함으로써 조직의 존속과 효율화를 도모하는 기능을 하는 것은?**

① 계층제의 원리
② 명령통일의 원리
③ 통솔범위의 원리
④ 조정의 원리

해설 조정의 원리
목표통일의 원리라고도 불리는 것으로 조직의 공동목표를 수행하는 데 있어 조직구성원들의 행동 통일을 기하도록 집단의 노력을 통합하여 조직의 안정성과 효율성을 도모하는 원리

20 **조직변화에 영향을 미치는 내부압력 요인 중 다른 범주의 요인은?**

① 기대차이
② 직무불만족
③ 생산성 저하
④ 구조조정

해설 조직변화에 영향을 미치는 요인(내부 압력)
① **구성원 상황** : 기대차이, 직무불만족, 결근 및 이직률, 생산성 저하, 참여 및 제안증가
② **관리적 상황** : 갈등, 리더십, 보상제도, 구조조정

21 **조직변화에서 집단 수준에서의 저항이 아닌 것은?**

① 집단 규범
② 집단 응집력
③ 집단 사고
④ 집단 규모

해설 조직변화에서 집단 수준에서의 저항
- **집단 규범** : 집단구성원은 전체 집단 규범으로부터 지시와 명령을 받는다.
- **집단 응집력** : 집단 응집력은 집단성과를 좌우한다.
- **집단 사고** : 집단 응집력이 강한 집단이 잘못된 의사결정을 내리는 것을 말한다.

22 **조직개발의 기법 중 개인주의 수준의 조직개발의 기법이 아닌 것은?**

① 상담
② 직무충실화
③ 긴장이완훈련
④ 감수성 훈련

해설 감수성 훈련은 10명 내외의 서로 잘 모르는 사람들로 그룹을 형성한 다음, 훈련된 리더의 지휘 아래에 합숙, 단체훈련, 집단토론 등을 통해 대인관계 기술을 향상시키려는 방법이다.

정답 19 ④ 20 ④ 21 ④ 22 ④

23 **기대되지 않은 손님이 왔을 때 효율적인 시간관리를 위한 올바른 대처방법은?**

① 문을 잠가둔다.

② 상담시간을 써 붙인다.

③ 서서 응대한다.

④ 사무실에 함께 앉아서 대화한다.

해설 예상치 않은 방문객 관리

- 다른 곳에서 일을 한다.
- 방문객을 외부에서 만난다.
- 필요하다면 점심을 제안한다.
- 선 채로 대화를 한다.

정답 23 ③

주관식

01 조직변화의 유형 중에서 공동의 목표를 설정하고 동등한 권력 비율로 어떤 목적을 가지고 사전에 치밀하게 그 과정과 전략, 방법 등을 고안하여 변화를 일으키는 것은?

02 교호적 변화에 대해 쓰시오.

정답

01 조직변화의 유형 중에서 계획적 변화에 대한 설명으로 가장 바람직한 변화를 말한다.

02 공동목표를 설정하나 불균형적 권력 비율이 작용하는 의도적 변화를 말한다.

PART

9 간호단위 관리

01 **간호단위 관리자의 업무 중요도 순위를 나열한 것이다. 가장 중요한 업무는?**

① 병실순회를 통한 간호 상황의 관찰과 평가

② 병동의 업무를 계획하여 간호사와 간호조무사에게 지도, 감독, 평가

③ 환자상태와 간호사 능력을 파악하여 업무를 분담

④ 간호단위의 구성원들의 간호업무 수행과 관련된 전문지식, 기술, 방법에 대한 교육

해설 간호단위 관리자의 업무중요도 순위

- 병실순회를 통한 간호 상황의 관찰 및 평가
- 간호사와 간호조무사에게 간호업무 수행과 관련된 전문지식, 기술, 방법에 대한 교육
- 병동의 업무를 계획하여 간호사와 간호조무사에게 지도, 감독, 평가
- 환자간호 계획서를 작성하고 간호방법을 지도, 감독
- 병동의 약품, 비품, 공급품, 시설을 관리, 운영
- 간호사 근무표 작성
- 환자상태와 간호사 능력을 파악하여 업무 분담
- 밤번 간호사에게 환자보고를 받고, 저녁 번 간호사에게 환자 보고함
- 투약, 식이, 기록을 점검, 교육
- 환자의 환경을 안전하게 유지, 관리
- 간호 관리자 모임의 참석 및 토의
- 신규 간호사, 간호조무사의 예비교육
- 다른 의료진과 협조, 연구
- 병동 내 발생한 문제 해결
- 변화된 시설, 특수기계의 사용법 및 운영을 간호사 및 담당 직원에게 교육, 훈련
- 필요시 소속 직원 및 보호자와 면담하여 문제점을 파악
- 업무에 관한 모든 사항에 대하여 상위직 관리자에게 보고
- 입, 퇴원 환자 간호 확인
- 병동의 정기적인 모임의 주관
- 간호학생의 임상실습 교육의 지도, 평가

02 **다음은 입원 중 간호단위 관리에 대한 설명이다. 맞지 않는 것은?**

① 환자의 관심, 즉 예방적, 치료적, 재활적, 또 관리적 간호에 초점을 둠

② 환자의 권리 선언을 근거로 관리

③ 환자의 건강회복 유지를 위해 환경에 적응하게끔 도울 권리

④ 간호사가 기록과 보고를 통해 환자를 돕고, 자신감을 갖고 환자의 모든 문제를 처리할 권리를 보장

정답 01 ① 02 ①

해설 퇴원 관리

① 환자에게 차후 적절한 수준의 간호나 정상적인 생활로 속히 돌아갈 수 있도록 체계적으로 고안된 프로그램
② 입원 시부터 환자가 요구하는 퇴원계획을 확인, 병원의 체류기간을 단축, 재입원율의 감소, 적절한 퇴원계획 중재를 제공
③ 환자의 관심, 즉 예방적, 치료적, 재활적, 또 관리적 간호에 초점
④ 불안이나 공포심을 완화시켜 주어 확신과 희망을 가지고 퇴원하도록 환자와 보호자의 퇴원 교육을 통해 가정에서 치료가 지속되도록 하며, 지역사회에 재적응을 돕는 역할
⑤ 퇴원 후 계속 약을 복용할 시에는 그 약의 목적과 효과, 정확한 용량, 복용기간, 복용방법, 보관 방법, 장기 복용 시에 나타날 수 있는 부작용이나 특이한 증상 등을 교육
⑥ 퇴원 후 지속적인 치료가 필요한 경우 외래 진료소 방문절차와 날짜를 알려주며, 그 지역사회에서 이용할 수 있는 보건・의료기관이 있으면 소개
⑦ 퇴원 후 환자의 연락처를 알아두는 것이 좋으며, 적당한 수송방법으로 환자가 무사히 집까지 갈 준비를 돕는 역할
⑧ 퇴원 후 환자 차트를 기록실에 보내기 전에 모든 기록이 빠짐없이 기록되었는지 확인하고 순서대로 철해 놓음

03 다음은 병실관리에 대한 설명이다. 맞지 않는 것은?

① 다인실의 경우 사생활 보호를 위해 칸막이나 커튼을 설치
② 병상 사이의 공간은 1.5m 이상 확보
③ 1인실의 최저면적은 6.74㎡ 이상을 확보하고 2인실의 경우 최저면적은 4.86㎡ 이상
④ 병상의 배치는 창에 직각이 되게 하는 것과 평행이 되도록 하는 방법이 있으며, 환자의 눈에 직사광선이 닿지 않게 하고 실내외를 잘 볼 수 있도록 병상의 방향을 배치

해설 병실 관리

- 간호단위 간의 업무분담의 균형을 유지하고, 환자의 상태와 요구에 맞춰 입원 시기 위해 하나의 간호단위에 1인용과 2~3인용, 다인용 병실을 적당하게 배분하여 설치 운영
- 넓이(의료법 시행규칙)
- 1인실 : 최저면적 6.74㎡ 이상이며
- 2인실 이상은 최저면적 4.86㎡ 이상 배치
- 병상의 배치는 창에 직각이 되게 하는 것과 평행이 되도록 하는 방법이 있고, 환자의 눈에 직사광선이 닿지 않게 하고 실내외를 잘 볼 수 있도록 병상 배치
- 병상 사이의 공간은 1m 이상 배치
- 특정업무를 수행하는 사람, 환자와 함께 시설, 기구들과 조화를 이룰 때 쾌적하고 편안한 느낌
- 간호사실 주위에 배치, 최대로 짧은 동선으로 위급한 상황에 대비
- 호출시스템, 산소, 흡입기 등의 장치를 준비
- 목적과 환자의 요구에 따라 1인실과 다인실로 분류
- 출입문은 침상자체 이동이 가능, 직사광선이 직접 환자에게 비치지 않도록 설치
- 다인실은 사생활 보호를 위해 칸막이나 커튼을 설치
- 시스템 관리, 청결관리, 안전관리를 수시로 점검

정답 03 ②

04 병원 내 환자안정시간 보고시스템을 성공적으로 운영하기 위한 관리방법으로 옳은 것은?

① 사건 초기 관련된 당사자의 공개
② 임상적 상황과 관련이 없는 전문가의 분석 관리
③ 보고 내용에 대한 주관적 검토에 따른 처벌부과
④ 개인의 성과보다는 시스템의 변화에 초점을 둔 개선안 마련

해설 병원 내 환자안정시간 보고시스템을 성공적으로 운영하기 위한 관리방법으로 가장 적절한 것은 실패에 집중하는 것이 아니라 시스템적 결함을 점검하여 사고를 개인의 사고로 치부하기보다 시스템상의 문제로 접근하는 것이다.

05 정확한 환자확인을 위한 간호관리 활동으로 옳은 것은?

① 한 가지 정보를 이용하여 환자를 확인한다.
② 수혈 시 혈액백에 부착된 라벨확인은 혼자 한다.
③ 검사물 채취 시 입원한 병실 번호로 환자를 확인한다.
④ 환자에게 환자 본인의 이름을 확인할 때는 개방형으로 질문한다.

해설 ①, ②, ③은 잘못된 관리활동이고 환자의 이름을 확인할 때는 개방형 질문을 통해 확인해야 한다.

06 환자안전사고가 발생하였을 때, 우선적으로 해야 하는 활동은?

① 환자 가족에게 알린다.
② 담당 수간호사에게 알린다.
③ 보고체계를 통해 간호부에 보고한다.
④ 환자의 손상 정도와 상태를 사정하여 응급조치한다.

해설 환자안전사고가 발생하였을 경우 가장 우선적인 활동은 환자의 손상 정도와 상태를 사정하여 응급조치하는 것이다.

07 A 병원은 저비용이면서도 고효율적인 감염예방 방법을 실시하여 조직 차원의 감염률을 낮추려고 한다. 간호부에서 병원 감염관리를 위해 제시할 수 있는 쉽고 기본적인 감염예방 방법은?

① 손 씻기
② 음압병실 설치의 제안
③ 개인 보호장구 착용하기
④ 감염성 폐기물의 분리수거

해설 손 씻기는 가장 값싸고 유용한 감염예방 방법이다.

정답 04 ④ 05 ④ 06 ④ 07 ①

08 **간호단위관리에서 체계적인 물품 관리 방법으로 옳은 것은?**

① 사용한 일회용 물품은 소독하여 재사용한다.
② 침상 수를 기준으로 하여 비품 기준량을 청구한다.
③ 소독 물품은 최근 소독한 물품을 앞쪽으로 배치한다.
④ 수시로 보관 장소를 바꾸어 물품이 좋은 상태를 유지하도록 한다.

해설 물품 관리 방법
- 사용한 일회용 물품은 버린다.
- 비품은 침상 수에 따라 소모품은 환자 수에 따라 설정한다.
- 최근 소독한 물품은 뒤쪽으로 배치한다.
- 보관 장소는 일정해야 한다.

09 **다음 설명에 해당하는 병원정보시스템은?**

- 정확하고 신속한 의사전달 가능
- 간호사의 입력, 조회, 출력을 통한 환자치료와 관련된 정보 확인 가능
- 환자에게 발생되는 부서, 원무부서 간에 전달되는 과정을 전산화한 시스템

① 처방전달시스템
② 물품관리시스템
③ 환자분류시스템
④ 간호 질관리시스템

해설 처방전달시스템
- 의사의 처방을 컴퓨터 망을 통해 각종 진료지원부에 전달하는 것이다.
- 환자를 중심으로 일어나는 일련의 흐름을 전산화한 것이다.

10 **한 사람의 관리 책임 아래 일정 수의 간호사와 직원의 참여로 환자에게 최적의 간호를 수행해나갈 수 있는 적당한 환자 수와 이에 따른 적절한 시설의 범위를 무엇이라고 하는가?**

① 간호관리 ② 간호단위
③ 간호생산성 ④ 간호행정

해설 간호단위는 쾌적하고 효율적인 물리적, 인간적 환경을 조성하여 가장 적절한 간호를 제공함으로써 대상자의 안위도모와 건강회복을 돕는 것으로 환경관리, 물품관리, 약물관리, 인적환경관리, 환자 간호 관리, 기록관리, 보고관리가 포함된다.

정답 08 ② 09 ① 10 ②

11 병동의 심미적 관리를 위한 색상으로 옳은 조합은?

① 높은 명도, 낮은 채도
② 낮은 명도, 높은 채도
③ 높은 명도, 높은 채도
④ 낮은 명도, 낮은 채도

해설 심미적 관리
- 색채의 조화상 채도(chroma)와 명도(value)를 고려함
  (채도란 빛깔의 선명한 정도를 말함, 명도란 색의 밝고 어두운 정도를 말함)
- 높은 명도, 낮은 채도가 바람직함

12 다음 중 비품에 해당하는 것은?

① 흡인기 ② 사무용품
③ 인쇄물 ④ 일회용 주사기

해설 비품 및 소모품
- **비품** : 의료비품에는 병실의 벽이나 바닥에 부착되어 있는 흡인기 혹은 vaccum 등이 있으며, 단위에 속해 있는 물품인 휠체어, 이동식 흡입기, 가습기 등을 의미함
- **소모품** : 정기적으로 쓰이는 품목을 소모품이라고 하며 적정량을 보유하기 위해 주기적으로 청구하는 품목, 진료재료, 사무용품, 인쇄물이 소모품에 속하며 다른 말로 공급품이라고 함

13 물품관리의 비용 절감 방법 중 옳은 것은?

① 수동구매 ② 개별구매
③ 구매물품의 표준화 ④ 보상제도 폐지

해설 물품관리의 비용 절감 방법
- 적정 재고의 유지
- 자동구매제도 실시
- 공동구매제도 도입
- 구매물품의 표준화
- 보상제도의 활용
- 물품의 유효기간 내 사용
- 물품에 대한 직원 교육
- 가치분석 기법의 활용

정답 11 ① 12 ① 13 ③

14 간호물품의 보관방법으로 옳은 것은?

① 환자별로 정리한다.
② 환기가 안 되는 곳이 바람직하다.
③ 외부인이 위치를 알 수 없게 다른 위치로 자주 변경한다.
④ 쉽게 손상되는 물품이나 고가품은 주의하여 보관한다.

해설 물품의 사용 및 보관
- 단위관리자가 효율적으로 물품을 사용하기 위해서는 재고목록에 의한 재고조사를 정기적으로 해야 함
- 이러한 조사는 정기적으로 해서 쓰지 않는 용품을 반환함
- 추가 물품이나 필요 없는 물품을 유효기간 내에 타 부서에서 활용할 수 있도록 하는 기회가 됨
- 항상 준비된 상태의 깨끗한 물품과 기구를 갖출 수 있게 됨
- 고액물품이나 변질되기 쉬운 것, 고무제품 등은 보관 시 주의해야 하며 통풍이 잘 되도록 해야 함
- 물품은 모든 간호사가 쉽게 찾을 수 있도록 항상 제자리에 두는 것이 중요함
- 새로 병동에 배치된 간호사를 위해 물품 비치 목록 및 지침서를 구비해 놓은 뒤 항상 감독해야 함
- 비품은 유용성, 청결, 안정성, 완전성 등이 중요함

15 병동의 약품관리에 관한 내용이다. 옳은 것은?

① 가장 최근에 입고된 것을 우선적으로 사용한다.
② 유효기간이 1개월 이내인 경우 많이 사용하는 부서와 교환한다.
③ 응급 및 추가 처방이 자주 발생하는 약품은 병동에 비치하지 않는다.
④ 수액의 경우 1일 사용량의 2.5배 이상은 보유하지 않는다.

해설 약품 관리 방법
- 비품 약은 먼저 입고된 것을 우선적으로 사용하는 것을 원칙
- 비품 약은 최소한 매월 유효기간을 점검하고 유효기간이 3개월 이내인 경우 많이 사용하는 부서와 교환하여 폐기량을 줄임
- 응급 및 추가 처방이 자주 발생하는 약품은 병동에 적정량을 비치하여 관리
- 응급약과 비품약은 근무(duty) 때마다 인수인계를 철저히 하여 수량과 상태를 확인해야 함
- 수액의 경우 유효기간의 안정성을 위해 1일 사용량의 2.5배 이상은 보유하지 않음
- 사용 중단된 주사약은 즉시 반납하고 경구약이나 주사약은 개인별로 관리하여 투약사고를 줄여야 함
- 모든 마약류(경구, patch, 주사)는 '이중 잠금장치'가 되어 있는 마약장에 보관
- 경고 문구 등은 마약장 안쪽에 부착하여 외부인이 마약을 관리하는 장임을 알지 못하도록 하고 남은 양의 마약도 마약장에 보관
- 모든 향정약 비품(pocral 시럽 등을 포함한 경구제와 주사제)도 '마약장'에 함께 보관하고 Lorazepam은 냉장고 안에 별도의 보관장에 보관
- CPR 약물인 midazolam 등도 마약장에 보관

정답 14 ④ 15 ④

16 환자안전을 옳게 설명하고 있는 것은?

① 현재의 의학적 지식 수준에서 예방 가능한 사건을 말한다.
② 보건의료와 관련된 불필요한 위해의 위험을 수용 가능한 최소 수준으로 감소하는 것이다.
③ 회복 조치에 의해서 원하지 않는 결과가 예방된 경우를 말한다.
④ 의료 대상자에게 위해를 가져온 사건

해설 환자 안전 관련 용어

- **환자 안전** : 의료로 인한 우발적 혹은 예방 가능한 손상이 없는 것을 뜻함, "보건의료와 관련된 불필요한 위해의 위험을 수용 가능한 최소 수준으로 감소하는 것(WHO)"
- **의료 오류** : 현재의 의학적 지식 수준에서 예방 가능한 위해사건 혹은 근접 오류를 말함
- **근접 오류** : 의료 오류가 발생하여 환자에 대한 위해의 가능성이 있을 수 있지만 회복 조치에 의해서 원하지 않는 결과가 예방된 경우, 환자에게 위해를 가져오지 않는 사건
- **위해사건** : 의료 대상자에게 위해를 가져온 사건, 적신호 사건은 의료 대상자에게 장기적이고 심각한 위해를 가져온 위해사건(잘못된 부위나 잘못된 환자 수술, 수술/시술 후 의도하지 않은 이물질 잔존, 잘못된 약물 투여로 인한 환자 사망이나 심각한 장애, 입원환자의 자살이나 영아 유괴)

17 조직에서 환자 안전 문화를 위한 전략으로 옳은 것은?

① 기밀성 혹은 익명성과 상관없이 의사소통하는 능력을 키워야 한다.
② 오류 보고를 처벌하고 강화시켜야 한다.
③ 기술적 전문성 보다 직위를 따를 수 있는 문화가 바람직하다.
④ 전 직원이 학습 공유하고 실수를 숨기지 않고 학습해야 한다.

해설 안전문화의 특징

1. 보고문화(reporting culture)
   - 의료오류와 위해사건에 대한 자료를 수집, 분석, 배포
   - 일선 직원들은 처벌에 대한 두려움 없이 오류와 위해사건을 기꺼이 보고할 수 있어야 함
   - 자료분석에 책임을 가진 주체와 훈육 기능을 가진 주체를 분리해야 함
   - 빠르고 유용한 피드백을 제공해야 함(기밀성 혹은 익명성을 보장, 의사소통하는 능력)
2. 정의문화(justice culture)
   - 비처벌적인 환경의 유지
   - 오류 보고를 격려하고 보상
   - 인간취약성에 대해 시스템 접근에 초점을 둠
   - 의도적 위해나 환자안전 정책을 따르지 않는 자는 책무를 지도록 함
3. 유연한 문화(flexible)
   - 직위보다 기술적 전문성을 따를 수 있는 문화
   - 팀워크, 공유된 가치, 잘 검증된 표준운영지침

정답 16 ② 17 ④

4. 학습문화(learning culture)
   - 안전정보에 기초해서 올바른 결론을 내리고, 필요한 변화를 수행하기 위한 역량과 의지를 갖는 것
   - 시스템 지향의 평가(근본원인 분석)
   - 실수로부터 학습
   - 전 직원이 학습 공유하고 실수를 숨기지 않는 것

18 일반적인 환자 안전원칙과 거리가 먼 것은?

① 체크리스트의 사용, 다시 읽기 등을 통한 교차 확인과 중복성 향상을 한다.

② 프로세스를 남이 접근 못하도록 복잡성을 강화하고 표준화한다.

③ 물리적인 제약으로 오류 발생을 불가능하게 만든다.

④ 과거의 실수로부터 학습하게 한다.

해설 일반적인 환자 안전의 원칙

1. 개별 제공자에 초점을 두기보다는 오류를 예방, 발견할 수 있는 시스템을 생성해야 함
   - 체크리스트의 사용, 다시 읽기 등을 통한 교차 확인과 중복성 향상
   - 프로세스를 단순화하고 표준화
   - 기능 강제화 : 물리적인 제약으로 오류 발생을 불가능하게 만드는 것(흡입용 약물을 위한 주사기는 정맥 내 투여 약물을 위한 주사기와 물리적으로 다른 형태를 갖도록 하는 것)
2. 의사소통과 팀워크를 향상시키는 것
   - 개방적인 의사소통
   - 표준화된 공통된 언어 사용
   - 체크리스트 활용
3. 과거의 실수로부터 학습하는 것
   - 사망사례 집담회
   - 적신호 사건의 근본원인 분석
4. 안전한 의료를 제공하기 위한 잘 훈련된 적절한 인력의 확보
   - 적절한 휴식을 취할 수 있는 스케줄링과 스태핑
   - 근무지 스트레스 관리

19 화상 환자의 복부 수술 부위의 드레싱을 위해 피부에 부착된 테이프를 제거하다가 가로 1cm, 세로 2cm 크기로 복부의 피부가 벗겨졌다. 이와 관련된 환자안전사고는?

① 부작용　　② 이상반응

③ 위해사건　　④ 근접오류

해설 위해사건은 환자의 질병, 기저질환이나 상태 때문이 아니라 병원에서 치료과정 중에 발생한 사망이나 상해를 말한다.

정답 18 ② 19 ③

20 암병동에서 정맥을 통해 항암제를 투여받은 환자는 주사부위에 일혈이 발생하여 피부이식 수술을 받게 되었다. 이 환자안전사고의 가시적 오류와 잠재적 오류를 포함한 사건의 발생과 관련된 요인 등을 규명하기 위해 후향적으로 사건을 조사하는 방법은?

① 파레토분석 ② 관리도분석
③ 근본원인분석 ④ 매트릭스분석

해설 근본원인분석

1. 근본원인분석은 위해사건이나 근접오류와 연관하여 수행상의 변이에 기여하는 혹은 기초적인 원인요소를 규명하는 과정을 말한다.
2. 근본원인분석은 적신호 사건과 같은 심각한 위해사건을 후향적·사후적으로 분석하는 데 주로 사용되는 방법이다.
3. 사고 발생 후에 사건의 원인을 밝혀내고자 사건의 발생과 전개를 후향적·사후적으로 조사하는 구조화된 접근법이다.

21 신경과 중환자실 간호사가 신경과 일반병동으로 환자를 전동할 때의 업무로 옳은 것은?

① 중환자실 간호사가 전동을 결정하였다.
② 중환자실 간호사는 남아 있는 약과 물품을 폐기하였다.
③ 환자의 인계 정보는 일반병동 간호사가 작성하였다.
④ 중환자실 간호사는 환자가 전동할 병동에 연락하여 이동시간을 확인하였다.

해설 전동 시 업무

1. 전동은 의사가 결정한다.
2. 환자의 모든 약과 물품은 같이 보내야 한다.
3. 환자의 인계 정보는 중환자실 간호사가 작성한다.
4. 환자 전동 전에 보호자에게 사유를 설명해야 한다.
5. 전동 전에 전동할 병동에 연락하여 이동시간을 확인한다.

22 격리 대상 질병 중 접촉에 의해 전파되는 감염성 질환은?

① 홍역
② B형 간염
③ 활동성 결핵
④ 반코마이신내성장알균(VRE) 감염

해설 접촉주의에는 VRE, MRSA, Rota virus 등이 있다.

정답 20 ③ 21 ④ 22 ④

23 마약류는 마약과 향정약을 의미하는데 다음 중 간호단위 마약관리 방법으로 옳은 것은?

① 마약대장은 영구적으로 보관해야 한다.
② 마약을 사용할 때마다 마약대장에 기록한다.
③ 사용하고 남은 마약은 병동에서 즉시 폐기 처리한다.
④ 마약장은 항상 잠가두고 열쇠는 일정한 장소에 보관한다.

해설 간호단위 마약관리 방법

1. 마약류 관련 기록은 2년간 보존한다.
2. 마약을 사용할 때마다 마약대장에 기록한다.
3. 사용하고 남은 마약은 약국에 반납한다.
4. 마약장은 항상 잠가두고 매일 1회 간호관리자가 점검한다.
5. 처방이 취소된 마약은 약국에 반납한다.

24 전자의무기록시스템에서 간호기록 시 지켜야 할 사항으로 가장 옳은 것은?

① 간호업무를 예견하여 필요한 간호중재를 미리 기록한다.
② 담당 환자들의 모든 간호중재활동을 교대 직전에 한꺼번에 입력한다.
③ 환자의 건강문제와 간호에 관계되는 정보를 사실과 관찰에 입각하여 기록한다.
④ 간호기록의 기밀성 유지를 위해 담당 환자에 대한 이전 간호기록을 읽지 않는다.

해설 전자의무기록시스템에서 간호기록 시 지켜야 할 사항

1. 간호중재를 미리 기록하지 않는다.
2. 간호나 처치를 시행하기 전에 미리 기록하거나 한꺼번에 입력하지 않는다.
3. 환자의 건강문제와 간호에 관계되는 정보를 사실과 관찰에 입각하여 기록한다.
4. 간호를 실시하기 전과 제공된 간호를 기록하기 전에 다른 동료의 기록을 읽는다.
5. 교육과 연구목적일 경우 혹은 임상실습 중인 간호학생에게 기록 열람을 허용한다.

25 간호기록의 궁극적 목적 중 하나는?

① 치료를 위한 연속성 유지
② 대상자와의 의사소통 증진
③ 업무 조정의 근거자료 확보
④ 법적 문제발생 시 근거자료 확보

해설 간호기록의 목적

- 대상자 간호의 연속성 유지
- 의료진 간 협력적 의사소통 유지
- 간호의 성과 평가를 위한 자료 확보
- 간호실무의 수행 지표 및 질 향상을 위한 분석자료 확보
- 의료사고 등 법적 문제 발생 시 간호사를 보호하기 위한 법적 근거자료 확보
- 그 외 연구와 교육자료 확보
- 의료기관 인증을 위한 증빙자료 확보
- 보험 상환 요청 자료 확보
- 전문직 책임의 확립 등

정답 23 ② 24 ③ 25 ④

합격 TEST

1회 합격 TEST

01 **간호관리의 체계모형에서 소비자 투입요소에 해당하는 것은?**

① 환자만족도
② 간호요구도
③ 간호업무량
④ 간호직원의 기술

02 **행태과학론이 관리에 미친 영향을 가장 잘 설명한 것은?**

① 직급이 명시된 조직표 작성
② 업무의 표준화와 분업화 강조
③ 생산성 향상을 위한 성과급제 도입
④ 근로자가 의사결정에 참여할 기회 확대

03 **문제해결과정에 대한 설명으로 옳지 않은 것은?**

① 의사결정은 문제해결과정이라고 할 수 있다.
② 전통적인 문제해결과정은 목표설정과정을 생략하고 있다.
③ 현재 진행되고 있는 상태와 바람직한 상태 간의 차이를 없애기 위해 노력하는 과정이다.
④ 의사결정이 대안의 선택에 초점을 두는 반면 문제해결은 대안의 탐색, 평가에 중점을 둔다.

04 **리더가 제시한 문제에 대해 구성원이 자발적으로 자유스럽게 아이디어를 제시하는 대면적 집단토의방법으로 가능한 많은 양의 창의적인 대안을 탐색하는 데 효과적인 의사결정 기법은?**

① 유추법
② 델파이법
③ 집단노트기법
④ 브레인스토밍

05 조직의 현 상태와 바라는 상태 간의 간격이 존재할 때 발생하며, 해빙기, 움직임기, 재결빙기를 거쳐 나타나는 것은?

① 조직문화
② 조직효과
③ 조직변화
④ 조직특성

06 훈육의 원칙으로 옳은 것은?

① 위반 행동에 대해 나중에 훈육한다.
② 공개적으로 훈육하는 것이 효과적이다.
③ 개인의 상황에 따라 유연하게 대처한다.
④ 설정된 규칙과 규정을 융통성 있게 적용한다.

07 당사자 간의 갈등을 상호작용을 통해 자신이 원하는 것으로 얻어내는 과정으로 서로의 상호 양보를 통해 합의점에 도달하는 방법은?

① 토론
② 갈등
③ 협상
④ 건의

08 특성이론의 한계점으로 보기 어려운 것은?

① 통합된 전체로서의 인간을 보지 못했다.
② 선천설에 근거하여 리더의 특성을 열거했다.
③ 가장 중요한 자질이 무엇인지에 대해 언급이 없다.
④ 성공적 지도자와 특정한 자질 간의 상관성을 도출하였다.

09 간호부에서 모든 구성원들을 동등하게 대해주고 서로 잘 알도록 하여, 집단의 결속력을 증진시켜 조직변화를 계획한다면 이는 어떤 전략에 속하는가?

① 정책적 전략
② 동지적 전략
③ 권력-강제적 전략
④ 경험적-합리적 전략

10 **관리이론 중에서 행정관리론의 특성을 가장 잘 나타내고 있는 것은?**

① 귀납적인 방법론을 사용한다.
② 조직을 하나의 전체로 보았다.
③ 계층제와 문서주의가 강조된다.
④ 비공식집단의 역할을 중요시한다.

11 **인간관계론이 관리에 미친 영향이 아닌 것은?**

① 집단 역할 중시
② 행태과학의 기초확립
③ 인간 없는 조직이라는 비판
④ 사회적 장소의 중요성 인식

12 **생산성의 개념을 설명한 것이 아닌 것은?**

① 생산성 향상은 관리의 최종목표이다.
② 효과성과 효율성의 개념을 포함한다.
③ 생산성은 일정기간 동안 투입과 산출의 비이다.
④ 목표를 달성했다면 생산성은 반드시 높게 측정한다.

13 **일단 변화가 일어난 후에도 계속적인 노력을 경주하지 않으면 다시 변화 전의 상태로 되돌아갈 수 있는 조직변화의 단계는?**

① 해빙기 ② 결빙기
③ 재결빙기 ④ 움직임기

14 **시간관리에 대한 설명 중 옳지 않은 것은?**

① 시간을 관리한다는 의미는 중요한 일에 시간을 사용하는 능력을 의미한다.
② 조직 차원에서 직원의 시간은 자원이며 경비이다.
③ 시간관리란 우선순위가 높은 목표를 위한 활동에 필요한 시간을 통제한다.
④ 넓은 의미에서 시간관리는 주어진 모든 시간을 적절하게 활용하여 최대의 효과를 거두는 것이므로 삶 전체를 관리하는 것이다.

15 **민츠버그가 제시한 관리자의 특정 역할 중에서 의사결정자의 역할은?**

① 부서 직원 외에 다른 사람들과 상호작용한다.
② 방문객을 접대하고 그룹의 공식행사에 참석한다.
③ 조직의 변화에 대한 정보를 바탕으로 사업을 추진한다.
④ 직원을 동기유발시키고 직원의 채용과 훈련을 담당한다.

16 **조직관리 이론의 특성에 대한 설명으로 옳지 않은 것은?**

① 인간관계론 – 인간의 심리적, 사회적 욕구가 충족될 때 생산성이 향상된다.
② 관료제 이론 – 권한이나 규칙을 포함한 공식적인 시스템이 조직의 능률적 기반을 제공한다.
③ 과학적 관리론 – 분업과 직무 표준화를 통하여 효율적으로 직무를 설계한다.
④ 행정관리 이론 – 전문 능력에 따라 인력을 선발하고 권한을 위임함으로써 관리의 효율성을 높인다.

17 **블레이크와 모튼(R. Blake and J. Mouton)의 관리격자 리더십이론 중 〈보기〉에 해당하는 리더십 유형으로 가장 옳은 것은?**

| 보기 |

인간과 생산성에 관한 관심이 모두 높으며, 구성원들에게 공동목표와 상호의존관계를 강조하고 상호신뢰와 상호존중의 관계 속에서 구성원들의 몰입을 통하여 과업을 달성한다.

① 팀형 ② 타협형
③ 과업형 ④ 인기형

18 **의료의 질을 구성하는 요소 중에서 '의료서비스는 환자가 필요할 때 쉽게 이용할 수 있어야 한다는 것'을 의미하는 것은?**

① 적절성 ② 효율성
③ 가용성 ④ 접근성

19 **사고를 사전에 예방하기 위한 관리는?**

① 감염관리　　② 안전관리
③ 환경관리　　④ 물품관리

20 **병원 감염관리 방법으로 옳은 것은?**

① 격리된 세균성 이질 환자에게 사용한 수액세트를 일반의료폐기물 박스에 버린다.
② 방문객을 제한하되 응급실 소아 환자의 보호자 수는 제한하지 않는다.
③ 코호트 격리 중인 VRE(vancomtein-resistant enterococci) 감염 환자들의 활력징후 측정 시 매 환자마다 장갑을 교체한다.
④ 격리된 콜레라 환자에게 사용한 가운을 병실 앞 복도에 비치된 전용 폐기물 박스에 버린다.

21 **다음 중 과학적 관리이론에 대한 비판은?**

① 사회인의 관점이 지나치게 강조되었다.
② 조직 전체의 관리에 역점을 두었다.
③ 표준화에 의해 개인차가 고려되었다.
④ 경영의 과학화가 아닌 노동의 과학화이다.

22 **간호기획의 과정 중 가장 먼저 이루어져야 하는 단계는?**

① 간호목표 설정　　② 간호업무 수행
③ 활동평가와 회환　　④ 대안의 탐색과 선택

23 **페이욜(Fayol)은 행정관리론에서 관리하는 일정한 원칙이 있다고 주장하였다. 페이욜이 주장한 관리 원칙 중 '어떤 행위에 있어서도 종업원은 오직 한 사람의 상관으로부터 명령을 받아야 한다'는 원칙은?**

① 질서의 원칙(order)
② 집권화의 원칙(centralization)
③ 명령통일의 원칙(unity of command)
④ 계층연쇄의 원칙(scalar chain)

24 **권력의 유형에 대한 설명으로 가장 옳은 것은?**

① 다른 사람에게 가치가 있다고 인정되는 상을 주거나 보상을 할 수 있는 능력은 보상적 권력이다.

② 지식, 전문성과 경험 등에 의해 얻어지며 특정 전문분야에 한정되는 권력은 준거적 권력이다.

③ 해고, 징계와 같은 처벌에 대한 두려움을 근거하여 발생되는 권력은 합법적 권력이다.

④ 특별한 자질을 갖고 있거나 다른 사람들이 권력 행사자를 닮고자 할 때 발생하는 권력은 전문가 권력이다.

25 **의사결정의 변경 가능성, 중요성, 결과에 대한 책임의 정도, 시간과 자금의 제약 등 환경적 특성이 의사결정의 질을 좌우하는 중요한 요인들이 포함되는 단계는?**

① 문제인식 및 문제정의 단계

② 대안의 탐색

③ 대안의 개발 및 선택 단계

④ 대안의 실행단계

주관식

01 기획방법 중에서 장기적인 계획 수립과 단기적 예산편성을 유기적으로 연관시킴으로써 자원배분에 대한 의사결정을 합리적이고 일관성 있게 하는 방법은?

02 창조적 사고의 단계를 쓰시오.

03 관리의 구성요소인 4P를 쓰시오.

04 조직의 구성원들이 공유하고 있는 신념이나 가치관, 행동방식을 나타내는 것을 무엇이라고 하는가?

05 하우스의 경로목표 이론에 의하면 구조화가 잘 되어 있고 권한체계가 명확한 조직에서 일상적인 업무나 업무에 능숙한 고용인에게 적합한 리더십은?

2회 합격 TEST

01 병원의 최고관리자 계층이 지역사회 연구결과에 따라 병원에 노인 센터를 새로 개설하고자 한다. 이때 이루어져야 하는 기획의 종류는 무엇인가?

① 운영 기획　　② 전술적 기획
③ 전략적 기획　　④ 단기적 기획

02 최고관리자가 병원의 비전을 새롭게 설정하고자 직원들의 의견을 모으는 공모전을 실시했다. 이와 같은 의견 수집방법은 어떤 형식의 의견 수집방법에 해당하는가?

① 운영적 의사결정　　② 관리적 의사결정
③ 집단적 의사결정　　④ 비정형적 의사결정

03 조직구성원들 상호 간의 대화나 토론 없이 각자 서면으로 아이디어를 제출하고 토론 후 의사결정을 하는 기법으로 옳은 것은?

① 브레인스토밍　　② 명목집단법
③ 델파이기법　　④ 모델링

04 베너(Benner)의 이론 중, 능숙하고 융통성 있게 업무를 수행하며, 업무수행 지침이 더 이상 필요치 않은 단계로 옳은 것은?

① 전문가　　② 초심자
③ 신참자　　④ 숙련가

05 효율성과 효과성에 대한 설명으로 옳은 것은?

① 효율성은 투입에 대한 산출이다.
② 효과성은 투입에 대한 산출의 효용을 평가하는 것이다.
③ 효율성은 목표달성의 정도를 나타내는 것이다.
④ 효과성은 투입된 요소의 양을 평가한다.

06 **개인정보 수집과 관련하여 다음 중 옳은 것은?**

① 환자 대리인의 동의를 얻고 환자의 개인정보를 수집한다.
② 환자의 동의와 상관없이 개인정보를 수집한다.
③ 대리인이 허용한 범위 내에서 개인정보 이용이 가능하다.
④ 환자가 19세 미만인 경우, 법정 대리인의 동의를 받고 개인정보를 수집한다.

07 **허시-블랜차드 리더십 유형 중 구성원들의 성숙도가 가장 높을 때 필요한 리더십 유형으로 옳은 것은?**

① 지시적 리더십
② 설득적 리더십
③ 참여적 리더십
④ 위임적 리더십

08 **최고관리자가 수간호사와 구성원 간의 관계, 권한, 상황적 변수 등을 고려하여 병동에 맞는 수간호사를 배치하는 과정은 어떤 이론에 부합하는 과정인가?**

① 특성 이론
② 상황 대응 이론
③ 상황적합성 이론
④ 경로-목표 이론

09 **조직구성원들이 공유하는 사고방식과 행동방식, 기본 가치 체계를 말하는 것으로 조직성과와 관련이 있는 것은 무엇인가?**

① 조직문화
② 조직목표
③ 조직규칙
④ 조직역사

10 **간호사 경력개발제도의 의의로 옳은 것은?**

① 간호사의 업무 능률을 향상시킨다.
② 간호사의 학습욕구를 충족한다.
③ 간호사의 이직률을 높인다.
④ 간호사 개인의 능력을 개발해서 궁극적으로 조직의 발전에 기여한다.

11 간호 관리료 차등제의 기준이 되는 사항으로 옳은 것은?

① 간호사 확보율
② 병상 확보율
③ 허가된 병상 수
④ 입원 환자 수

12 다음과 관련된 것은?

> • 간호부의 철학과 가치
> • 간호전달체계
> • 환자의 종류와 수
> • 병원의 구조와 설비

① 간호수가 산정
② 환자 중증도 분류
③ 간호인력 모집
④ 간호 제공 효율성

13 다음 중 라인(line)조직의 특징으로 옳은 것은?

① 조직이 신축성이 있다.
② 권한과 책임의 소재가 명확하다.
③ 창의성을 발휘할 수 있다.
④ 다수의 지지와 만족을 이끌어낸다.

14 40명의 환자가 있는 병동의 간호 관리자가 전문간호사 1명, 신규간호사 1명, 간호조무사 1명으로 하여금 환자 15명을 담당하게 하였고, 집담회 등의 방법을 통해 적절한 간호방법을 찾도록 하였다. 이때 적용된 간호방법으로 옳은 것은?

① 기능적 간호방법
② 일차 간호방법
③ 모듈 간호방법
④ 팀 간호방법

15 최고관리자가 새로운 직무를 만들어 낸 후, 직무의 방법, 업무 등을 확정하려고 할 때 기술해야 할 것으로 옳은 것은?

① 직무기술서
② 직무명세서
③ 직무평가
④ 직무설계

16 **직원을 훈육할 때 관리자가 취해야 하는 태도로 옳은 것은?**

① 직원이 잘못했을 때, 신속하게 처벌한다.
② 경각심을 심어주기 위해 공개적으로 훈육한다.
③ 행위가 아닌 사람에 초점을 맞추고 훈육한다.
④ 조직의 규칙을 융통성 있게 적용한다.

17 **수간호사가 환자의 종류에 따라 간호인력을 배분하려고 할 때 도움이 되는 것으로 옳은 것은?**

① 환자분류체계
② 처방전달체계
③ 간호기록체계
④ 전자의무기록체계

18 **다음 중 서비스 마케팅 믹스 중 촉진에 해당하는 것은?**

① 수가
② 상품
③ 홍보
④ 서비스

19 **소급평가와 동시평가에 대한 설명 중 옳은 것은?**

① 소급평가는 입원 중인 환자 면담과 관찰을 통해 이루어진다.
② 동시평가는 집담회를 통해 이루어진다.
③ 동시평가의 경우, 간호를 제공받은 대상자 본인은 혜택을 받을 수 없다.
④ 동시평가는 즉각적인 평가반영이 가능하다.

20 **다음의 설명에 해당하는 의사소통 유형으로 옳은 것은?**

- 공식적인 리더는 있으나, 리더의 권력 집중도는 낮다.
- 조직구성원 간의 의사소통이 원활하다.
- 모든 구성원들이 연결되어 있다.
- 구성원 간의 거리가 멀어지면 의사소통 전달의 정확성이 떨어진다.

① 사슬형
② Y형
③ 수레바퀴형
④ 원형

21 직원관리에서 내적보상에 해당하는 설명으로 옳은 것은?

① 병동 내 의사결정에 참여할 수 있게 해주고, 직원의 의욕을 올려주는 것이다.
② 명절이 되면 직원에게 선물을 주는 것이다.
③ 직원의 임금을 올려주는 것이다.
④ 직원이 업무를 잘 수행했을 때, 병동 차원에서 상품을 제공하는 것이다.

22 헤파린을 투여해야 하는 환자에게 간호사의 실수로 인슐린을 투약한 것을 투약 후에 발견했다. 그 결과 환자가 식은땀을 흘리며, 혼수상태에 빠졌다. 이는 무슨 사건에 해당하는가?

① 근접오류　　② 위해사건
③ 무해사건　　④ 이차 사고

23 VRE가 나오는 환자 간호에 관한 설명으로 옳은 것은?

① 정맥주사를 할 때에는 장갑을 끼지 않아도 된다.
② 침대 옆에 감염 표시 스티커를 부착한다.
③ 환자의 배설물은 일반 쓰레기통에 버린다.
④ 환자 병실에서 나와서 가운을 벗는다.

24 환자 안전과 관련하여 간호사가 취할 수 있는 조치로 옳은 것은?

① 아동 환자의 경우, 낙상 위험이 있으므로 가능한 침대 높이를 높게 한다.
② 환자가 침상 위에 있을 때에는 침대 난간을 올릴 필요가 없다.
③ 바닥에 물이 있으면 즉시 닦는다.
④ 낙상을 방지하기 위해 인지능력이 저하된 환자에게 진정제를 투여한다.

25 다음에 관한 설명으로 옳은 것은?

- 간호를 제공하는 데 필요한 인적 자원이 표준에 부응하는지 여부를 평가한다.
- 병원 경영을 효율적으로 하도록 유도한다.
- 시설, 장비, 조직체계 관리 등이 이에 해당한다.

① 구조적 평가　　② 과정적 평가
③ 결과적 평가　　④ 구조적 평가, 과정적 평가

주관식

01 환자안전관리과정에서 다음 중 가장 먼저 해야 할 일은?

02 병원간호관리의 궁극적인 목적은?

03 메이요의 호손효과 연구를 토대로 한 관리 이론은?

04 동기요인 중 만족요인에 대해 3가지 이상 쓰시오.

05 환자에게 사망이나 심각한 손상과 같은 적신호 사건이나 다른 중대사건에 잠재되어 있는 우연한 원인이 되는 요인들을 찾아내는 구조화된 과정으로 오류를 발생시키는 체계적 요인들을 규명하고, 향후 유사한 오류로 인한 위해가 발생하지 않도록 해결책을 탐색하는 방법은?

3회 합격 TEST

01 간호관리자가 설정한 목표로 옳은 것은?

① 퇴원환자 간호기록 미비율을 줄인다.

② 환자의 개별적 요구에 따라 양질의 간호를 제공한다.

③ 다양한 재직교육 프로그램을 마련하여 간호사의 자기관리능력을 높인다.

④ 손씻기 모니터링을 4회/년 실시하여 작년대비 평균 수행률을 5% 향상시킨다.

02 종합병원에서 정상분만한 산모에게 좌욕간호를 제공하였을 때 간호수가는?

환산지수	
의료기관 유형	환산지수(원)
의원	76.6
병원	71.0
종합병원	71.0
상급종합병원	71.0

상대가치점수	
간호행위	점수
장루처치(1일당)	93.47
좌욕(1일당)	20.78
회음부간호(1일당)	60.50
산소흡입(1일당)	84.37

① 71.0원 × 20.78점

② 76.6원 × 20.78점

③ 71.0원 × 60.50점

④ 76.6원 × 60.50점

⑤ 71.0원 × 84.37점

03 환자의 만족도를 높여 병원 재이용 의도를 높이고자 할 때, 간호관리자가 수립할 수 있는 간호서비스마케팅의 유통 전략은?

① 개별화된 간호서비스를 개발한다.
② 간호수가를 개발하여 의료보험을 적용한다.
③ 온라인 간호상담을 24시간 확대하여 제공한다.
④ 간호사의 유니폼을 바꾸어 간호사의 이미지를 홍보한다.

04 간호 · 간병통합서비스 병동을 증축하고자 병동증축추진팀이 조직되었다. 병원의 다양한 분야에서 근무하던 팀원들은 병동증축팀에서 근무하고 증축이 완료되면 자신의 부서로 돌아갈 예정이다. 이 조직유형은?

① 라인조직
② 직능조직
③ 프로젝트 조직
④ 매트릭스 조직

05 부서 간의 협력 및 조정을 촉진하기 위해 협력간호사 제도를 새롭게 도입하고 협력간호사의 임금은 요소비교법을 적용하여 산정하고자 한다. 이를 위한 방법으로 옳은 것은?

① 유사한 직무의 간호사와 같은 등급으로 묶어 산정한다.
② 일반 간호사의 직무를 기준으로 평가요소별로 비교하여 산정한다.
③ 협력간호사의 직무를 구성요소별로 중요도를 점수화하여 산정한다.
④ 협력간호사의 직무를 전체 간호사 직무 속에서 순위를 평가하여 산정한다.

06 대량 응급환자 발생 시 간호사에게 특정 업무를 반복 수행하게 함으로써 업무의 효율성을 높이고자 하는 간호업무분담방법은?

① 팀 간호
② 사례관리
③ 일차 간호
④ 기능적 간호

07 간호부는 환자경험 향상의 필요성을 인식하고 바람직한 환자-간호사 의사소통 지침을 개발해서 실천하고 있다. 이러한 간호사들의 변화된 행동을 정착시키기 위해 Lewin의 조직변화과정을 근거로 간호관리자가 시행할 수 있는 방안은?

① 대안 탐색　② 목표 설정
③ 문제 발견　④ 정책 개발

08 다음 병동에서 1일 필요한 간호사 수는?

- 간호사 및 근무시간 : 8시간
- 병동 환자의 총 간접간호시간 : 64시간
- 병동 환자의 총 직접간호시간 : 96시간
- 간호사의 기타 활동시간 : 산정에서 제외

① 8명　② 12명
③ 16명　④ 20명

09 업무수행 평가 시 간호관리자의 관대화 경향 오류를 줄이기 위한 방안은?

① 반복평가 도입　② 수시평가 도입
③ 연공서열 중시　④ 평정등급비율 강제배분 적용

10 성과급에 대한 설명으로 옳은 것은?

① 유능한 간호사를 확보하기 어렵다.
② 소극적인 업무태도를 유발할 수 있다.
③ 기본 근무시간에 대하여 지급하는 것이다.
④ 경쟁이 과도할 경우 집단성과가 저조할 수 있다.

11 간호관리자가 여러 차례 지각한 간호사에게 출근 시간을 준수하도록 면담하였으나 계속 지각하고 있다. 다음 단계로 고려할 수 있는 조치는?

① 해임　② 구두경고
③ 무급정직　④ 부서 이동

12 간호관리자가 구성원으로부터 신뢰와 지지를 받지 못하고 직위권력이 약하며, 과업이 구조화되지 못한 경우 피들러의 상황적합성 이론에 근거한 효과적인 리더십은?

① 참여형 리더십
② 설득형 리더십
③ 관계지향형 리더십
④ 과업지향형 리더십

13 친교욕구가 강한 간호사는 고객만족팀에, 성취욕구가 강한 간호사는 간호연구팀에, 권력욕구가 강한 간호사는 성과관리팀에 배치하였다. 이때 적용된 동기부여 이론은?

① XY이론
② ERG이론
③ 욕구단계이론
④ 성취동기이론

14 간호사가 간호관리자에게 업무보고를 할 때 의사소통 방법으로 옳은 것은?

① 일상업무는 자세히 보고한다.
② 한 가지 경로로만 의사소통 한다.
③ 내용을 잘 간추려 핵심만 보고한다.
④ 중요한 내용은 비공식적으로 보고한다.

15 유방절제수술 후 항암요법을 받고 있는 환자가 신체적, 정신적, 경제적 문제로 힘들어 하여 종양전문간호사는 환자에게 전문직 돌봄을 제공하기 위한 다학제 지원을 하고자 한다. 우선해야 할 일은?

① 팀 구성하기
② 팀 규칙 정하기
③ 팀 성과 평가하기
④ 팀 활동 촉진하기

16 신규간호사의 스트레스 관리를 위하여 간호관리자가 선택할 수 있는 방법으로 옳은 것은?

① 스트레스는 관리가 어려우므로 이직을 권한다.
② 신규간호사의 역량을 강화하기 위해 담당 환자를 추가로 배정한다.
③ 자신의 감정을 솔직하게 털어놓고 지지해 줄 대상을 찾아보도록 한다.
④ 간호업무는 누구나 긴장하는 업무이므로 특별한 문제가 아니라고 말한다.

17 다음에서 설명하는 질 관리 도구는?

- 낙상발생 원인을 파악하여 분류한다.
- 원인별 발생빈도를 수집하여 빈도가 큰 순서대로 왼쪽부터 나열한다.
- 원인의 상대적 비중을 누적백분율로 표시하여 질 관리 활동의 우선순위를 정한다.

① 관리도 ② 런차트
③ 산점도 ④ 파레토차트

18 우리나라 의료기관 인증기준 중 다음에 기술된 간호수행은 어느 체계에 해당되는가?

간호사 : 안녕하세요. 간호사 ○○○입니다. 환자분 성함을 말씀해 주세요.
환자 : ○○○입니다.
간호사 : 혈당을 체크하기 전에 팔찌와 바코드를 다시 한 번 확인해 보겠습니다.

① 기본가치 ② 환자진료
③ 조직관리 ④ 성과관리

19 의료기관의 환자안전 전략으로 옳은 것은?

① 권한의 위계 강화
② 기억에 의존한 업무 수행
③ 동일 업무에 대한 부서별 절차 차별화
④ 오류의 발생을 예방하기 위한 시스템 개선

20 질 관리 분석 도구 중 범주별로 1차적 원인과 2차적 원인으로 구분하여 기록하고 그 결과를 원인선 오른쪽 끝에 제시하는 것은?

① 산점도 ② 레이다차트
③ 히스토그램 ④ 물고기 뼈그림

21 과학적 관리론을 설명한 것 중 옳은 것은?

① 성과에 따른 차별 성과급제 ② 근로자의 인간성 중시
③ 경영과학 ④ 호손연구

22 A 병원 50병동 간호단위관리자인 수간호사 P씨는 함께 일해 온 3년차 평간호사 A의 결혼식에 간호단위의 장으로서 참석하였다. 이에 해당되는 민츠버그(Mintzberg)의 관리자 역할은?

① 정보적 역할 중 대변인 역할
② 의사결정 역할 중 중재자 역할
③ 대인관계 역할 중 대표자 역할
④ 대인관계 역할 중 섭외자 역할

23 프로젝트조직에 대한 설명으로 옳은 것은?

① 권한과 책임의 한계와 소재가 분명함
② 조직활동에 대한 조정이 비교적 용이함
③ 기동성이 있어 업무를 신속・정확・효과적으로 수행
④ 자신의 모 조직에 대한 명령통일과 충성심이 강함

24 하우스(House)의 경로-목표이론은 네 가지 리더십 스타일을 제시하고 있고, 각 리더십 스타일은 상황적 특성에 따라 다른 결과를 낳는다고 하였다. 이와 관련 상황적 특성을 구성하는 변수는 무엇인가?

① 기대감, 수단성, 유의성
② 구성원의 특성, 환경적 요인
③ 과업지향, 관계지향, 구성원의 성숙도
④ 리더와 구성원과의 관계, 과업의 구조화 정도, 지도의 직위권력

25 임파워먼트(Empowerment)에 대한 설명으로 옳지 않은 것은?

① 권력은 한쪽이 증대되면 상대편이 감소된다는 관점이다.
② 권력을 크게 하는 것으로 창조, 증대, 확산을 강조한다.
③ 개인과 개인의 긍정적 상호작용을 통해 양자 모두의 권력을 키워나가는 것이다.
④ 구성원들이 조직을 위해 중요한 일을 할 수 있는 힘이나 능력이 있다는 확신을 심어주는 과정이다.

주관식

01 의사소통 네트워크 중에서 강력한 리더는 없지만 구성원을 대표하는 인물이 있는 경우 나타나며 계선 막료조직에서 찾아볼 수 있는 유형은?

02 수행한 간호의 결과를 측정하는 척도를 무엇이라고 하는가?

03 의료기관 인증제도의 인증기준을 3개 이상 쓰시오.

04 조직변화 이후 새로운 기술이 필요할 경우에 훈련을 실시하는 방법으로 조직변화의 저항을 관리하는 방법은?

05 조직의 상황과 특성에 따라 관련기법이 변해야 한다고 보는 이론은?

간호지도자론

정답 및 해설

합격테스트 제1회

정답

01	②	02	④	03	④	04	④	05	③
06	③	07	③	08	④	09	②	10	②
11	③	12	④	13	③	14	③	15	③
16	④	17	①	18	④	19	②	20	③
21	④	22	①	23	③	24	①	25	④

01 정답 ②

환자상태의 간호 요구도는 소비자 투입요소이다.

02 정답 ④

행태과학론은 인간행위를 다학문적으로 연구하여 일반화하고자 하는 관리이론으로 근로자의 욕구충족, 성취감 향상, 인간에 대한 긍정적 태도 및 관리훈련의 중요성을 일깨운 이론이다.

03 정답 ④

의사결정이 대안의 탐색, 택일, 평가하는 과정이라면, 문제해결과정은 직면한 문제를 해결하기 위한 대안선택에 초점을 둔다.

04 정답 ④

브레인스토밍에 대한 설명으로 구성원의 창의성을 증진시킬 수 있는 장점이 있는 반면, 문제해결이 되지 않을 수도 있다.

05 정답 ③

조직변화에 대한 설명으로 공동의 목표 설정, 변화촉진자와 변화대상자 간의 권력비율, 변화의 의도성 등이 영향을 미친다.

06 정답 ③

훈육은 비공개적으로 사람이 아닌 문제행위에 초점을 맞추어야 한다. 규칙과 규정은 일관성 있게 적용하되 개인의 상황에 따라 융통성 있게 대처한다. 문제된 상황을 신중하게 조사하고 위반행동에 대해 신속하게 대처하며, 행동이 변화되었는지 추후관리를 한다.

07 정답 ③

협상은 따라서 승자도 패자도 없으며, 행동보다 문제에 초점을 두고, 경쟁보다는 협력을 촉진하며, 자신의 입장보다는 이슈에 초점을 맞추고, 상대방의 관점을 이해하기 위해 노력한다.

08 정답 ④

제시된 리더의 특성은 다른 사람도 모두 가지고 있고, 제시된 우수한 특성과 능력을 고루 갖춘 사람은 없다. 성공적 지도자와 특정한 자질 간의 상관성 도출에 실패하였다.

09 정답 ②

높은 사회적 욕구와 자존심을 필요로 하는 사람들을 변화시키는데 효과적인 동지적 전략이다.

10 정답 ②

행정관리론은 생산성보다는 조직을 관리하는 관리자의 역할에 중점을 두고, 연역적 방법을 사용하며, 효율적인 행정원리를 발견하는 데 관심을 갖게 하였다. 조직 전체를 중요시하여 조직을 하나의 전체로 보았다.

11 정답 ③

지나치게 인적 요소만 강조되어 상대적으로 조직의 논리가 무시됨으로써 조직 없는 인간이라는 비판을 받았다.

12 정답 ④

생산성은 효과성과 효율성을 포함하므로, 목표를 달성했다 하더라도 자원이 과잉 투입되었다면 생산성은 감소할 수 있다.

13 정답 ③

재결빙기(refreezing)

- 재결빙기는 변화를 직원 개인의 인격과 통합시켜서 변화가 조직에 정착되고 지속되는 단계이다. 즉, 새로이 획득된 행동이 그 개인의 인격(personality) 및 지속성이 있는 중요한 정서관계 속에 정형화된 행동으로 굳어지는 과정을 말한다.
- 이 과정에서 주의해야 할 점은 일단 변화가 일어난 후에도 계속적인 노력을 경주하지 않으면 사람들은

다시 변화 전의 상태로 되돌아갈 수 있다는 점이다. 즉, 변화의 상태는 본래의 상태로 회귀하려는 성향을 가지므로 보다 강력한 재결빙이 필요하다는 것이다.
- 재결빙기에서는 변화가 정착되도록 지지하고 통제하는 것이 필요하다. 이때 변화를 정착시키기 위해서는 연속적인 강화나 보상, 체계적인 계획 등을 통한 훈련방법이 가장 많이 사용되고 있다.

14 정답 ③

❯ 시간관리의 정의

- 시간을 관리한다는 의미는 중요한 일에 시간을 사용하는 능력을 뜻한다. 조직 차원에서 볼 때 직원의 시간은 자원이며 경비이다. 그러므로 시간관리는 조직 경영의 주요한 과제이며 개인적으로는 자신의 삶을 균형 있고 조화롭게 주도할 수 있는 방법이다.
- 시간관리는 자기관리의 한 부분으로, 서두르지 않고 삶을 효과적으로 운영하는 예술이다. 넓은 의미로 시간관리는 주어진 모든 시간을 적절하게 활용하여 최대의 효과를 거두는 것이므로 삶 전체를 관리하는 것이다. 좁은 의미에서 시간관리란 인간으로서 영위해야 할 식사, 취침, 휴식 등의 기본 생활을 제외한 시간관리를 말한다.
- 현재 의료기관은 적은 인력으로 많은 일을 하길 바라는 상황으로 모든 간호사들에게 스트레스를 가중시키고 있어 시간관리는 매우 중요하다.
- 제한된 시간을 잘 관리하려면 무엇보다도 올바른 우선순위를 설정하고 지켜나가야 한다. 즉, 시간관리란 우선순위가 낮은 요구에 소비되는 시간은 통제하고, 우선순위가 높은 목표를 위한 활동에 시간이 투자되도록 도구 및 기술을 적절하게 이용하는 것이다.

15 정답 ③

❯ 의사결정자의 역할

- **기업가** : 조직의 변화에 대한 정보를 바탕으로 사업을 진행한다.
- **고충처리자** : 문제해결자라고도 하며 관리자는 스케줄 문제, 장비 문제, 파업, 실패한 협상 건 및 생산성을 감소시키는 작업환경 문제들을 다룬다. 또한 조직이 당면한 중요한 문제해결을 모색하는 역할로서 파업, 계약 위반, 각종 민원 등 조직 내외에서 발생하는 분쟁 등을 해결하는 역할을 수행한다.
- **자원분배자** : 관리자는 누구에게 어떤 자원(돈, 장비, 설비, 관리자와의 접근성)을 배분할 것인지를 결정한다.

16 정답 ④

행정관리 이론은 광범위하고 일반적인 관리이론으로서 생산성에 역점을 두기보다는 주로 조직을 관리하는 보편적인 원리를 정립하는 데 중점을 둔 이론이다. 관료제는 능력에 따른 인력 선발, 엄격한 권한의 배분과 위임, 규칙 강조 등이 특징이다.

17 정답 ①

❯ 팀형(팀경영형, 이상형)

리더는 인간과 생산에 대한 관심이 모두 높다. 리더는 구성원과 조직의 공동목표 및 상호의존 관계를 강조하고, 상호 신뢰적이고 존경적인 관계와 구성원의 몰입을 통하여 과업을 달성한다. 가장 이상적인 리더십 유형이다.

18 정답 ④

가용성이란 필요한 서비스를 제공할 수 있는 여건의 구비 정도이며, 접근성은 시간이나 거리 등의 요인에 의하여 의료서비스 비용에 제한을 받는 정도를 말한다.

19 정답 ②

❯ 사고를 사전에 예방하기 위한 관리

① **감염관리** : 건강관리시설에서의 병원감염 발생률을 감소시키는 제반활동
② **안전관리** : 사고를 미연에 방지하고, 사고를 사전에 예방하기 위한 관리, 낙상예방은 안전관리임
③ **환경관리** : 간호단위를 둘러싸고 있으면서 간호단위 관리에 영향을 미치는 일체의 상황을 관리하는 것
④ **물품관리** : 조직이 목적달성을 위해 업무를 수행할 때 소요되는 물자의 효율적인 활용을 위한 제반관리

20 정답 ③

❯ 병원 감염관리 방법

① 원래 환자에게 사용한 수액세트는 일반의료폐기물에 해당하지만, 격리된 환자에게 사용한 경우에는 격리의료폐기물에 해당한다. 따라서 격리된 세균성 이질 환자에게 사용한 수액세트는 격리의료폐기물 박스(합성수지류 상지용기)에 버려야 한다.
② 응급실 환자 보호자는 1명이나, 응급실 소아 환자 보호자는 2명으로 할 수 있다(「응급의료에 관한 법률 시행규칙」 제18조의4 제1항). 응급실 소아 환자의 보호자 수를 제한하지 않는다는 표현은 옳지 않다.
③ VRE 감염 환자는 다제내성균 관리로, 접촉전파주의이다. 장갑은 매 환자마다 교체한다.

21 정답 ④

과학적 관리이론은 표준화에 의한 경직성으로 개인차가 고려되지 못하고, 인간성을 경시(인간을 경제인, 기계인으로 봄)하고 생산성만 강조하는 편향적인 관리로 관리자의 일방적인 명령과 통제에 의한 관리라는 비판을 받았다.

22 정답 ①

기획과정의 단계는 목표설정, 상황분석 및 문제점 파악, 대안의 제시와 선택, 우선순위 결정, 업무수행, 활동평가의 순서로 이루어진다.

23 정답 ③

어떤 행위에 있어서도 종업원은 오직 한 사람의 상관으로부터 명령을 받아야 한다는 원칙은 명령통일의 원칙(unity of command)이다.

24 정답 ①

②는 전문적(전문가) 권력, ③은 강압적 권력, ④는 준거적 권력이다.

25 정답 ④

대안의 실행단계

- 선택된 대안은 실행되어야 한다. 제3단계는 제2단계에서 개발되고 선택된 대안을 실행에 옮기는 단계이다.
- 최선의 결정일지라도 제대로 실행되지 않으면 쓸모없게 되므로, 선택안의 실행을 저해하는 요인들을 효과적으로 관리하여 기대하는 결과를 얻을 수 있도록 주의를 기울여야 한다.
- 이 단계에서는 실행 담당자들의 실행의지(동기)가 무엇보다도 중요하다. 또한 의사결정의 변경 가능성, 중요성, 결과에 대한 책임의 정도, 시간과 자금의 제약 등 환경적 특성이 의사결정의 질을 좌우하는 중요한 요인들이다.
- 대안의 선택이 적절히 이루어지고 또한 선택된 대안의 핵심이 실행단계에서 충실히 실현되었을 때 효과적인 문제해결이 가능해진다.

주관식 정답

01

기획예산제도

02

욕구 – 준비 – 숙고 – 조명 – 검증

03

사람, 목적, 장소, 과정

04

조직문화

05

지원적 리더십

합격테스트 제2회

정답

01	③	02	④	03	②	04	①	05	①
06	③	07	④	08	③	09	①	10	④
11	①	12	①	13	②	14	④	15	①
16	①	17	①	18	③	19	④	20	④
21	①	22	②	23	②	24	③	25	①

01 정답 ③

기획의 종류

» 3가지 유형의 기획과 주요내용

전략적 기획	전술적 기획	운영적 기획
조직 전체의 활동계획을 포괄한다.	전략적 기획에 준하여 하위 부서의 기획 기준을 제공한다.	하위 조직단위의 활동을 기획한다.
위험하고 불확실한 환경하에서의 기획을 말한다.	덜 위험하고 불확실성이 낮은 환경하의 기획이다.	확실성이 높은 환경하의 기획이다.
최고관리층이 주관한다.	중간관리층이 주관한다.	일선감독층 내지 일반 구성원이 주관한다.
장기기획과 관련되어 있다.	중기기획과 관련되어 있다.	단기기획과 관련되어 있다.

02 정답 ④

비정형적 의사결정

- 비반복적이며 항상 새로우며 구조화가 제대로 되지 않은 문제에 대해 해결안을 찾는 방법
- 일정한 절차와 방법이 없어서 프로그램화가 어렵다.
- 의사결정자의 경험, 직관, 판단 등과 같은 질적인 방법에 의존하는 의사결정

03 정답 ②

명목집단법

명목집단 기법(nominal group technique)은 의사결정이 진행되는 동안에 구성원이 모이기는 하나 구두로 의사소통을 금지하므로 그 명칭을 명목집단 기법(nominal group technique)이라고 한다. 약자로 NGT라고 하는데 이 방법의 주된 특징은 참석자들로 하여금 서로 대화에 의한 의사소통을 못하도록 하는 데 있다. 그럼으로써 집단의 각 구성원들이 진실로 마음속에 생각하고 있는 바를 끄집어내려는 것이다. 이 방법에 의하면, 의사결정에 참여한 모든 구성원들은 각자 독립적으로(타인의 영향을 받지 않고) 자신의 의사를 제시할 수 있기 때문에 의사결정을 방해하는 타인의 영향력을 줄일 수 있다는 장점을 갖고 있다. 이 방법이 효과적으로 사용되는 때는 새로운 사실의 발견과 아이디어를 얻고자 할 때, 정보의 종합이 필요할 때, 최종 결론을 내릴 때 등이다.

04 정답 ①

베너의 이론에서 전문가의 역할

- 능숙하고 융통성 있게 업무를 수행한다.
- 원리 및 지침이 더 이상 필요하지 않다.

05 정답 ①

효율성과 효과성

- **효율성** : 수단과 관련한 것으로 투입과 산출의 관계에서 일을 올바르게 처리하는 것
- **효과성** : 목표달성의 정도를 나타내며 목적과 관련한 것으로 옳은 일을 하는 것이다. 장기적 결과 및 인간주의적이며 이상적인 가치 등 올바른 산출과 관련된 개념이다.

06 정답 ③

개인정보보호법

- 정보주체(본인)의 동의를 얻은 경우, 개인정보 수집 및 수집 목적 범위 내에서의 이용이 가능함
- 환자가 14세 미만인 경우, 법정 대리인의 동의를 받고 개인정보를 수집함

07 정답 ④

부하직원의 과업 성숙도와 관계성숙도가 모두 높은 경우 위임적 리더십이 적절하다.

08 정답 ③

상황적합성 이론

- 리더십의 유효성은 리더와 집단 구성원의 상호작용 스타일과 상황의 호의성에 따라 결정된다.
- 상황적 변수에는 리더와 구성원 간의 관계, 과업의 구조화, 직위 권한으로 구성된다.

09 정답 ①

조직문화의 특성

- 조직문화는 구성원들 상호 간의 학습 과정을 통해 공유되는 가치관, 상징물, 그리고 이상(ideal)이다. 따라서 조직문화는 구성원들을 인지적, 사회적으로 결집시키는 힘을 갖는다.
- 조직문화는 인간의 사고와 행동을 결정하는 요인이다.
- 조직문화는 사람이 만든 것이며 사람들은 이를 학습하고 공유한다. 문화는 본능이 아니라 배워서 익히는 것이다.
- 조직문화는 구성원들 간의 결집의 정도에 따라 강한 문화와 약한 문화로 나눌 수 있는데 응집력이 강하고 가치관이 통일되어 있으며 집단목표에 대한 구성원들의 몰입이 강한 경우에는 강한 문화가 발생하며 그렇지 않을 경우에는 약한 문화가 나타날 수 있다. 그러나 강한 문화가 반드시 더 좋다고 볼 수는 없다. 이유는 강한 문화의 경우 조직 변화 시도에 대해 그만큼 강력히 저항하는 힘으로 작용할 수 있기 때문이다.
- 어느 한 시점에서 특정 조직의 문화는 그 조직이 변화해 온 과거의 역사, 현재의 문제를 해결하면서 겪고 있는 고민, 그리고 조직구성원들의 미래에 대한 희망이나 기대가 혼합적으로 존재하게 된다. 미래에 대한 희망과 도전의지로 충만한 조직이 과거의 영광에 안주하고 있는 조직보다 더 발전하리라는 사실은 자명한 이치이다.
- 한 조직의 문화는 공통성과 상이성을 동시에 갖는다. 즉, 조직 전체 차원에서 구성원들 간의 공통적 가치관, 신념, 행동거지 등을 발견할 수 있지만 동시에 부서나 본부와 같은 하부조직들도 나름대로의 문화적 특성을 가질 수 있다.
- 한 조직의 문화적 특성은 구성원들의 가치관, 믿음 등을 직접 조사하여 밝힐 수도 있지만 그들이 공유하는 사물들, 공통의 용어(어휘, 언어, 보편화된 행동이나 감정) 등을 분석함으로써 도출할 수도 있다. 보다 구체적으로는 의례, 의식, 신화, 무용담, 전설, 일화, 민담, 상징, 언어, 제스처, 물리적 환경, 인조물 등을 분석함으로써 얻어질 수 있다.
- 조직문화는 스스로 통합성을 유지한다. 통합성이 없다면 조직문화의 정체성을 인정할 수 없다. 그러나 조직문화는 기본적으로 통합성을 유지하면서도 여러 하위문화를 포용하고 문화갈등을 내포하기 때문에 그 양상이 복잡하다.
- 조직문화는 비교적 안정적이고 계속적이며 변화저항적 특성을 지니며 변화하지 않는 조직이란 없다.
- 조직문화는 각기 독특한 특성을 지니고 있지만 그 상위문화인 사회문화와 공유하는 것도 많다.

10 정답 ④

경력개발제도

경력개발(career development)이란 개인의 경력목표를 설정하고 이를 달성하기 위한 경력계획을 수립하여 조직의 욕구와 개인의 욕구가 합치될 수 있도록 각 개인의 경력을 개발하는 활동을 의미하며, 경력개발은 경력개발과 관리, 경력계획과 개발, 경력개발 프로그램 등으로 불리고 있다. 즉, 경력개발은 입사로부터 퇴직에 이르기까지의 간호직원의 경력경로를 개인과 조직이 함께 계획하고 관리하여 개인의 욕구와 조직의 목표를 효과적으로 달성해가는 총체적 제도를 의미한다.

11 정답 ①

간호관리료 차등제

- **입원환자 간호관리료 차등제 :** 이 제도는 입원환자에 대한 간호서비스를 강화하기 위해 간호사 확보수준에 따라 입원환자에 대한 간호관리료를 차등지급하는 방식이다. 간호등급 가산율을 상향 조정하고, 적정기준 이하 등급 의료기관에는 입원료를 감액하는 새로운 간호등급가산제이다.
  기존 '기본 입원료 대비 입원료 가산 방식'이 '직전 등급 대비 입원료 가산 방식'으로 변경되어 3개월 단위로 산정된다. 즉 일반병동의 직전 분기 평균 병상 수 대비 당해 병동에서 간호업무에 종사하는 직전 분기 평균 간호사 수(병상수 대 간호사의 비)에 따라 간호인력 확보수준을 1등급에서 7등급으로 구분한다.

12 정답 ①

환자의 중증도, 제공된 서비스의 단위당 가격과 서비스의 양, 질병군별 간호, 일정한 환자 수 등의 방법에 근거하여 수가를 책정하는 것이 간호수가 산정이다.

13 정답 ②

라인(계선) 조직의 특징

- 의사결정이 신속하다.
- 조직의 안녕을 기할 수 있다.
- 조직 구조가 단순해 조직을 이해하기 쉽다.
- 권한과 책임의 소재가 명백하여 업무수행이 수월하다.
- 관리 내용이 간단한 소규모 조직에 적합하다.

14 정답 ④

팀 간호법(team nursing)

팀 간호법은 '다양한 간호인력이 팀을 구성하여 환자 그룹을 간호하는 방법'으로 정의되며 간호인력의 부족이 계속됨에도 불구하고 기능적 간호방법에서 발생되었던 단편적인 간호를 개선할 수 있는 간호전달체계로 1950년대에 개발되었다. 이 방법은 2차 세계대전 이후 간호사의 수는 부족하고 보조인력의 수가 증가하여 부족한 간호인력을 보충하게 되면서 전문직 간호사가 보조인력을 활용하여 그들의 기술이 필요한 업무를 위임하고 감독하면서 전체적인 간호업무의 효율성을 높일 수 있게 한 방법이다.

팀 간호법은 우선 팀 리더인 간호사와 보조인력이 있으며 이때 보조 인력은 팀 리더 간호사의 지휘 아래 간호팀의 일원으로 활동한다. 팀 리더 간호사는 팀에 주어진 모든 환자의 상태와 요구를 알아야 하며, 개별적 간호를 계획할 책임이 있다.

15 정답 ①

직무기술서(job description)

직무의 특성에 대한 일종의 설명서로 채용, 급여결정, 승진, 배치, 훈련 등의 인적자원관리의 기초가 된다. 즉 직무를 수행하는 데 요구되는 다양한 사항들을 계량화해서 구체적으로 서면화한 것이다.

직무기술서는 직무담당자와 감독자는 물론 이에 관계되는 사람들뿐만 아니라 조직원 모두가 이해하기 쉽도록 정확하고 명백하며 간결하게 표현되어져야 한다. 또한 그 내용은 조직원 모두에게 공개되어야 한다. 또한 직무기술서는 직무의 내용과 개요를 담고 있으며 특정 직무를 통해 이루어지는 활동이나 과제, 작업조건이 기술되어 있다. 직무기술서는 해당 직무를 정확하고 포괄적으로 묘사함으로써 직무기술서를 읽는 사람들이 해당 직무를 잘 이해할 수 있도록 도움을 주어야 한다. 직무기술서에 포함되어야 할 내용은 다음과 같다.

- **직무의 정의** : 직무명칭, 급수, 조직 내 명칭, 보고체계, 임금
- **직무의 개요** : 직무의 목적, 사명, 내용, 주요 과업
- **직무 환경** : 직무가 이루어지는 물리적, 심리적, 정서적 환경
- **직무 내용** : 구체적인 직무의 수행방법, 수행기간, 직무 절차

16 정답 ①

직원 훈육 시 주의사항

- 신중하게 조사하며 비밀을 보장해야 한다.
- 융통성이 있어야 한다.
- 간호사 자체가 아닌 잘못된 행동에 초점을 맞추어야 한다.
- 위반 행동과 처벌과의 관계가 불명확해지지 않도록 신속하게 대처한다.
- 간호사가 최선을 다할 것이라고 기대하는 긍정적인 태도를 취해야 한다.
- 규칙을 일관성 있게 적용한다.
- 간호사의 행동이 변화되었는지를 확인하는 추후관리를 실시해야 한다.

17 정답 ①

환자분류체계

환자분류체계란 환자의 간호요구에 따라 환자를 분류한 후 환자 분류군에 따라 필요한 간호시간을 산출하여 간호인력 산정의 근거로 사용하는 환자분류 방법이다. 즉, 환자분류체계는 지정시간 동안 간호요구의 복합도, 양에 따라 환자를 분류군으로 나누는 관리기법이다.

환자의 상태를 간호요구도와 간호제공에 필요한 간호시간에 비추어 일정한 수준으로 분류하는 것으로 간호서비스의 계량분석에 이용이 많으며, 서로 다른 종류의 환자간호에 관하여 차등적인 간호수가를 책정하는 데 결정적인 정보에 이바지하고 있다. 그러므로 환자분류체계는 간호사 대 환자의 단순대비로 추정되었던 종래의 병원 간호인력의 단점을 보완하여 환자들의 다양한 간호요구에 따라 적절한 간호인력을 투입해서 질적인 간호를 제공하기 위해서 사용되는 도구이다.

18 정답 ③

촉진 전략

촉진이란 간호서비스의 가치를 가시화하여 대중에게 전달하고 인정받으며 기존의 이미지를 향상시키는 것을 뜻한다. 즉 간호조직의 목표와 시장의 요구를 일치시키도록 의사소통을 전개하는 것이다.

간호조직의 촉진의 예로는 다음과 같다.

- 간호사의 친숙하고 친절한 인상 등과 같은 모습과 태도
- 간호사의 전문적인 지식과 기술

19 정답 ④

» 소급평가와 동시평가

구분	소급평가	동시평가
평가시기	간호행위가 끝난 후에 평가	간호행위 중에 평가
평가방법	환자면담, 퇴원환자 기록감사, 간호직원 집담회	환자면담 및 관찰, 입원환자 기록감사, 직원면담 및 관찰, 집담회
특징	수행된 간호에서 결점을 발견하여 다음 간호계획이나 교육 시에 시정함으로써 간호의 질을 높임	해당환자의 간호에 평가결과가 반영되어 환자 만족도와 간호의 질을 높임
장점	동시평가에 비해 비용과 인력이 적게 듦	해당 환자의 간호에 평가결과가 바로 반영될 수 있음
단점	해당 환자에게 수정의 여지가 없음	평가를 위한 인력이 요구됨

20 정답 ④

원형(circle type)

위원회 조직이나, 태스크포스 조직에서와 같이 권력의 집중도 없고, 구성원 간의 신분적 서열이 없으며 중심인물이 없는 상태에서 나타나는 형태로 특정 문제해결을 위해서 구성된 조직에서 발생한다. 물론 이 방법에서는 문제해결과정이 상당히 민주적이라고 할 수는 있지만 집단사고의 문제점이나, 차선의 결정을 내릴 위험은 남아 있다.

21 정답 ①

내적보상(비금전적 보상)

- 성취감, 도전감, 확신감 등이 있다.
- 직무 만족의 결과로 내적 보상을 획득하게 된다.
- 비금전적인 형태로 지급되는 보상으로 구성원 개인이 심리적으로 느끼는 보상이다.
- 내적보상이 외적보상보다 동기 유발에 효과적이다.
- 직무내용에 내적보상이 담기면 직무비용이 덜 들게 된다.
- 외적보상에 한계성을 극복할 수 있다.

22 정답 ②

환자안전사고

- **근접오류(Near Miss)** : 근접오류(Near Miss)란 오류가 발생하였으나 환자에게 도달하지 않은 사건
- **위해사건(Adverse Event)** : 위해사건(Adverse Event)이란 환자에게 위해(harm)를 일으킨 사건으로 환자의 질병으로 인한 것이 아닌 의료제공 과정에서 생긴 손상
- **적신호 사건(Sentinel Event)** : 적신호 사건(Sentinel Event)이란 환자의 기저질환 및 질병으로 인한 증상과 관계없이 진료과정에서 발생한 사망, 주요기능의 영구적 손실 등 심각한 신체적, 심리적 상해를 유발하는 사건

23 정답 ②

접촉 감염 예방조치

- 가능하면 대상자로 하여금 1인실을 사용하도록 한다.
- 다인실을 사용할 경우, 같은 감염 대상자끼리 함께 있도록 한다.
- 병실에 들어갈 때마다 장갑을 착용하며, 감염된 물질을 만지고 난 후에는 장갑을 교환한다.
- 감염된 표면이나 물건과 접촉할 때, 대상자의 분변 혹은 상처의 분비물과 접촉할 가능성이 있을 때에는 가운을 착용한다.
- 대상자가 방 밖으로 출입하는 것을 제한한다.
- 대상자를 간호한 기구들을 다른 대상자들에게 사용하는 것을 피한다.

24 정답 ③

낙상사고 예방

- 아동 환자의 경우 낙상 위험이 있으므로 가능한 침대 높이를 낮게 한다.
- 병실이나 복도에 물을 흘린 채로 두지 않는다.
- 보행이 불편하고 허약한 환자는 움직이거나 걸을 때 부축한다.
- 60세 이상 노인 또는 15세 미만 아동, 수술이나 처치로 의식이 명료하지 않은 환자는 반드시 침상난간을 올려준다.
- 환자 입원 시 낙상 가능성에 대해 환자와 보호자에게 교육시킨다.

25 정답 ①

구조적 평가(구조적 접근방법)

구조적 접근은 간호서비스를 제공할 때 소용되는 인적, 물적, 재정적인 측면 등 의료서비스 제공자의 자원과 업무환경 측면에서 평가하는 접근법을 말한다. 구조적 접근방법의 대표적인 제도로는 의료기관 인증제도(accreditation), 면허제도, 정책절차, 직무기술서, 실무교육계획, 재정, 컴퓨터 시스템의 이용, 응급벨 설치여부, 자격면허, 직원비, 소화기 설치 등의 요소들이 있다. 구조적 요소는 비교적 안정적이어서 자주 측정할 필요는 없으며, 과정적, 결과적 측면과 같이 측정하는 것이 바람직하다.

주관식 정답

01

사고발생의 확인

02

대상자의 안위와 만족

03

인간관계론

04

성취감, 인정감, 도전감, 책임감, 성장과 발전, 일 자체

05

근본원인 분석

합격테스트 제3회

정답

01	④	02	①	03	③	04	③	05	②
06	④	07	④	08	④	09	④	10	④
11	②	12	④	13	④	14	③	15	①
16	③	17	④	18	①	19	④	20	④
21	①	22	③	23	③	24	②	25	①

01 정답 ④

목표는 결과를 숫자로 구체적으로 명시하고 각각의 목표는 하나의 진술로 기술되어야 한다. 또한 측정이 가능해야 하며 조직구성원의 최대의 동의가 얻어진 목표여야 한다.

02 정답 ①

❯ 간호수가

- 환산지수 × 상대가치점수
- 종합병원에서 산모에게 제공된 좌욕 간호에 대한 간호수가
- 71.0원 × 20.78점

03 정답 ③

❯ 유통전략

유통이란 서비스가 생산자로부터 소비자에게 용이하게 전달되도록 지원하는 활동으로 주로 고객 접근성과 관련되는 개념이다. 현재에는 전화 및 통신의 발달로 언제 어디서든 이용이 가능하여 고객의 접근성이 크게 확대되고 있다. 고객 접근성에는 물리적 접근성, 정보적 접근성, 시간적 접근성이 있다.

- **물리적 접근성** : 원격진료 시스템, 병원 입지(병원의 위치, 주차장 여건, 교통망), 진료시간 확장(공휴일 진료, 야간진료)
- **정보적 접근성** : 상담, 설명, 조언, 제공자의 전문성 수준, 서비스 전달체계의 종류와 방식
- **시간적 접근성** : 대기시간, 전화나 인터넷 이용 가능 여부, 야간진료 실시, 예약

04 정답 ③

❯ 프로젝트 조직(project organization)

프로젝트 조직 또는 테스크포스는 어떤 특정 목표 내지 과업을 달성하기 위해 비일상적으로 만들어진 임시조직(temporary organization)으로서 일반적으로 다양한 전문가들로 구성된다.

오늘날 기업환경이 다양하게 변화하고 기술적 혁신이 급격하게 이루어짐에 따라 기업은 종래의 정태적인 조직만으로는 이와 같은 상황변화에 신속하고 합리적으로 대응하지 못하게 되었고 이에 따라 출현하게 된 새로운 적응형태의 조직이 바로 프로젝트 조직이다.

프로젝트 조직(project organization)은 조직에 기동성을 부여하는 일종의 대체 조직으로, 어떤 특정 과제 내지 목표를 달성하기 위해 창설되는 임시적 동태적인 조직으로 원래 특정한 군사 목적이나 임무를 수행하기 위해 임시로 편성되었던 기동부대(TFT, Task Force Team)에서 유래하였다.

프로젝트 조직은 달성해야 할 분명한 조직목적과 완성해야 할 분명한 마감 시간이 있으며 조직목적을 달성하기 위하여 각 분야의 전문가들이 함께 모여서 협력하는 조직이다. 이 조직은 거의 완전한 수평적 조직으로 편성되어 조직구성원의 책임, 권한 관계도 상하의 관계가 아닌 수평적 관계를 보이고 목적을 완성하기 위해 멤버들은 기존의 조직에서 빠져나와 함께 일하다가 프로젝트가 완료되고 나면 해산되어 다시 모 조직으로 돌아가는 탄력성이 있는 조직이다.

05 정답 ②

❯ 요소비교법(factor comparison method)

이 방법은 서열법에서 발전된 기법으로 서열법이 여러 직무를 포괄적으로 가치를 평가하고 서열을 매기는 반면, 요소비교법은 직무가 갖고 있는 평가요소별 직무간의 서열을 정하는 데서 시작한다. 보통 사용되는 평가요소의 기준으로는 정신적 요건, 기술적 요건, 신체적 요건, 책임, 작업조건 등이 있다. 요소비교법의 장점으로는 직무에 지급되는 급료를 합리적으로 평가할 수 있으며 측정 척도를 설정해 놓으면 타 직무를 평가하는 데 용이한 반면, 적절한 평가 요소의 선정과 평가요소별 가중치 결정이 어려워 많은 노력과 시간이 들고 실제 적용이 어렵다는 단점이 있다.

06 정답 ④

❯ 기능적 분담방법(functional method)

기능적 분담방법은 '기능이나 업무 중심의 할당'으로 정의되며 간호사 업무를 근무시간 동안에 수행하도록 하는 방법으로 간호사가 투약 업무를 분담받으면 그날

은 투약만 하는 경우를 말한다. 이 전달체계법은 2차 세계대전의 결과로 환자 수가 급증하고 병원 설립이 확산됨에 따라 발전에 많은 간호사가 필요하게 되었으나 간호사가 부족하여 필요한 보조인력을 발전시켰다. 기술이 없는 보조인력은 단순한 일을 하도록 훈련받았고, 반복 업무를 통해 능숙하게 숙련되었다.
이 방법은 업무의 분업에 기초를 두고 있으며 효율성에 기초를 두고 있다. 일반적으로 수간호사가 병동의 책임을 맡고, 한 간호사는 모든 환자의 투약을 담당하며, 또 다른 간호사는 모든 환자에게 처치를 실시하고 간호조무사는 모든 환자의 개인위생과 식사하는 것을 도와준다.

07 정답 ④
레빈의 조직 변화과정 중 재동결단계로 변화가 조직 내에 정착되어 조직의 문화가 되기 위해서는 변화를 유지할 수 있는 방안들을 개발해야 하고, 지지와 교육을 제공해야 하며 변화의 성공을 축하해야 한다.

08 정답 ④
간호인력산정
- 총 간호시간=총 직접 간호시간+총 간접 간호시간이다.
- 해당 병동의 총 간호시간은 160시간
- 간호사 1인의 1일 근무시간이 8시간이므로 총 간호시간 160시간을 충족하기 위해서는 하루에 20명의 간호사가 필요하다.
- 간호사의 기타 활동시간은 산정에서 제외한다.

09 정답 ④
강제배분법(forced distribution evaluation)
강제 배분법은 성과등급을 몇 개의 범주로 나누고 각 범주에 일정한 비율의 피고과자를 할당하도록 강제하는 방법이다. 우리나라 많은 대기업들이 이 방법을 채택하여 사용하고 있다. 이 방법은 그래픽 평정척도법을 사용할 경우 나타날 수 있는 고과자의 관대화 경향이나 중심화 경향을 극복할 수 있는 장점이 있으나, 팀원들 간 지나친 경쟁을 유발한다든지, 고과자의 재량권을 제약하여 일정 비율의 팀원들에게는 반드시 낮은 등급을 부여하게 함으로써 팀원들의 사기를 떨어뜨릴 수 있다.

10 정답 ④
성과급
- 근로자가 작업을 하여 얻어진 성과에 따라 지급하는 급여
- 조직구성원이 달성한 성과에 따라 보상을 차등적으로 제공하는 보수제도로 조직에 기여하는 정도를 객관적으로 측정하여 지급하는 방식
- 개인이나 집단이 수행한 작업성과나 능률에 대한 평가를 실시하여 그 결과에 따라 지급하는 보수로, 업적급 또는 능률급이라 부른다.
- 과열된 성과주의로 인한 조직 내 과도한 경쟁은 개인주의 문화를 야기할 수 있고 이는 집단 성과를 저조하게 할 수 있다.

11 정답 ②
훈육의 과정
면담 → 구두경고 → 서면경고 → 무급정직 → 해고

12 정답 ④
과업지향적 리더십
지도자와 조직구성원 간에 비우호적이고 업무가 비구조적이고 지도자의 권한이 약한 불리한 상황에서 효과적이다.

13 정답 ④
성취동기 이론
- 개인과 사회의 발전은 성취욕구와 밀접한 연관이 있다는 맥클리랜드의 이론
- 개인의 욕구들 중 습득된 욕구를 성취욕구, 권력욕구, 친교욕구로 분류함

14 정답 ③
필터링이란 청자나 수신자가 전달하는 내용을 이해하기 쉽도록 핵심을 간추리며 모호한 표현은 지양하고 명확한 표현을 사용하는 것이다.

15 정답 ①
다양한 방면으로 도움이 필요한 환자에게 다학제적으로 지원하기 위해서는 먼저 각 분야의 전문가들과 함께 팀을 구성하는 것이 우선이다.

16 정답 ③

상담자의 역할로 구성원이 가진 업무 및 사적 어려움을 파악하여 해결을 돕는 역할이다.

17 정답 ④

❯ 파레토차트

파레토(Pareto)분석은 문제의 상대적 중요성을 간결하고 신속하게 해석할 수 있도록 초점을 맞춘 것이다. 원인의 상대적 비중을 누적백분율로 표시하여 질 관리 활동의 우선순위를 정한다. 이 분석방법은 관리력이 일정한 경우에 가급적 효과가 높은 부분에 중점적으로 투입하기 위한 분석 방법으로 관리력의 대상을 A, B, C 존(zone)으로 나누어서 분석하고 그중에서 결과의 90%를 좌우할 것으로 생각되는 A존에 중점적으로 관리하는 것이다. 즉 막대그래프의 특별한 형태로 왼쪽부터 가장 큰 요인의 순서로 막대그래프를 그린 다음 막대그래프 위에 각 요인의 누적 양을 연결한 꺾은 선 그래프를 동반한 그래프이다. 본래 파레토는 20%의 부자가 80%의 부를 소유하고 있는 현상을 발견하여 이를 80 : 20으로 설명한 사람이다.

18 정답 ①

❯ 의료기관 인증제도의 영역

- **기본가치체계** : 안전보장활동
- **환자진료체계** : 진료전달체계와 평가, 환자진료, 의약품 관리, 수술 및 마취진정관리, 환자권리존중 및 보호
- **조직관리체계** : 질 향상 및 환자안전활동, 감염관리, 경영 및 조직운영, 인적자원관리, 시설 및 환경관리, 의료정보/의무기록관리
- **성과관리체계** : 성과관리

19 정답 ④

환자안전을 위해서는 시스템의 약점을 발견하고 개선하여 안전한 시스템을 구축해야 한다. 이를 통해 오류의 발생을 줄이며 환자안전을 보장할 수 있다.

20 정답 ④

❯ 원인결과도

일의 결과와 그것에 관련된 요인들을 계통적으로 나타낸 것으로 물고기 뼈그림, 인과관계도, 특성요인도라고도 하며 결과에 어떤 요인이 어떤 관계로 영향을 미치는지 연결하여 원인을 알 수 있다.

21 정답 ①

❯ 과학적 관리론의 특징

- 분업 및 전문화의 원리에 입각한 직무 설계
- 시간, 동작 연구를 통한 직무의 표준화
- 직무에 적합한 적정인의 선발과 훈련
- 성과에 따른 차별 성과급제
- **간호에의 적용** : 간호업무표준, 간호시간 측정, 활동분석
- **인간성을 중시, 호손연구** : 인간관계론

22 정답 ③

❯ 대표자 역할

간호단위의 장으로서 관리자는 의례나 의식(ceremony)과 관련된 임무를 수행한다. 의식과 관련된 임무는 방문객을 접대하고 부하직원의 결혼식에 참석하고 그룹의 오찬을 주관하는 것 등이다.

23 정답 ③

❯ 프로젝트 조직

장점은 조직에 기동성을 부여하여 업무를 신속, 정확, 효과적으로 수행하게 할 수 있다는 점이며, 단점은 프로젝트 멤버들로 하여금 자신의 모조직에 대한 명령통일과 충성심을 약화시킬 수 있다는 점이다.

24 정답 ②

하우스의 경로 – 목표이론의 변수는 구성원의 특성과 환경적 요인이다.

25 정답 ①

임파워먼트는 구성원들이 조직을 위해 중요한 일을 할 수 있는 힘이나 능력이 있다는 확신을 심어주는 과정으로 파워(권력)의 크기 자체를 늘려갈 수 있다는 관점이다.

주관식 정답

01

Y형

02

간호표준

03

환자만족도, 환자의 권리와 안전, 의료서비스 제공과정 및 성과, 의료기관의 의료서비스 질 향상 활동

04

촉진과 지원

05

상황이론

독학사

간호학과

합격문제집

4단계

인터넷 강의 | 신지원에듀
www.sinjiwonedu.co.kr

최강적중 예상문제 + 합격 TEST 3회

간호 윤리와 법

독학사

4 단계

독학사

간호학과

합격문제집

4 단계

인터넷 강의 | 신지원에듀

www.sinjiwonedu.co.kr

PART 1

간호전문직 최강적중 예상문제

CHAPTER 1

전문직의 개념과 특징

01 **파발코(Pavalko)가 말한 전문직의 특징으로 옳은 것은?**

① 보수가 높은 직업이다.
② 자율성과는 관계가 없다.
③ 단기간의 교육기관이 필요하다.
④ 전문직의 선택동기가 이타적이다.

해설 파발코(Pavalko)가 말한 전문직의 특징
- 이론이나 지적기술
- 기본적 사회가치와 관련
- 장기간의 교육기관
- 이타적인 선택 동기
- 자율성
- 전문직 구성원 간에 약속 이행
- 공동체 의식
- 윤리규약

02 **간호전문직의 특성에 대한 설명으로 가장 옳은 것은?**

① 인간의 존엄성에 높은 가치를 둔다.
② 업무결과에 대한 책임은 최소한으로 진다.
③ 독립적으로 행동하는 권한과 자율성을 가지지 않는다.
④ 건강전문인과의 협동 없이 자체적으로 모든 간호를 수행한다.

해설 전문직 간호실무의 특성
- 업무결과에 대한 법적, 도덕적 책임을 진다.
- 독립적으로 행동하는 권한과 자율성이 존재한다.
- 건강전문인과 협동을 통해 간호를 수행한다.
- 조직내부의 전문적 문화에 따라 통제가 이루어진다.

03 **A. Flexner의 전문적 기준에 관한 설명으로 옳은 것은?**

① 자원봉사적이다.
② 건전한 직업의식을 바탕으로 한다.
③ 위험성 있는 직업으로 자타가 인정한다.
④ 이기적이며 급여에 대한 집착이 강하다.

정답 01 ④ 02 ① 03 ②

해설 A. Flexner의 전문적 기준
- 전문직은 그 사회의 목적 달성이 우선적으로 되도록 조직되어야 하며 그 다음으로 전문직으로서의 독특한 관심과 권리에 대한 주장이 따라야 한다.
- 이타적이며 사회봉사적
- 강한 윤리적 요소
- 건전한 직업의식
- 정당한 보수
- 안정성 있는 직업으로 자타가 인정
- 이론적이며 실용적
- 정신적 업무, 높은 책임감

04 **간호사가 간호학과를 선택한 동기에 대해 아픈 환자를 도와주고 지역사회에 봉사하기 위해서라고 말했다. 이 간호사의 동기가 해당되는 전문직 요소는?**

① 자율성 ② 책임감
③ 윤리성 ④ 이타성

해설 전문직 간호실무의 특성
남을 도와주고 싶고 봉사하고 싶은 마음은 이타성에 해당한다. Flexner는 전문직은 이타적이며 사회봉사적인 특성을 가지고 있고, Pavalko는 이타적 선택 동기가 전문직의 특성이라고 하였다.

05 **Pavalko가 말한 전문직의 특징은?**

① 자율성과는 관계가 없다.
② 단기간의 교육기간이 필요하다.
③ 전문직의 선택동기가 개인적이다.
④ 이론이나 지적기술이 있어야 한다.

해설 파발코(Pavalko)가 말한 전문직의 특징
- 이론이나 지적기술
- 기본적 사회가치와 관련
- 장기간의 교육기관
- 이타적인 선택 동기
- 자율성
- 전문직 구성원 간에 약속 이행
- 공동체 의식
- 윤리규약

정답 04 ④ 05 ④

06 **간호전문직의 준거적 특성은?**

① 개인의 동기
② 단기훈련과정
③ 사회적 가치와 분리성
④ 전문지식에 기초한 실무

해설 전문직의 특성
- 지식
- 전문적 권위
- 고유한 업무
- 고도의 윤리규범
- 전문직 문화
- 사회적 인정
- 윤리규범, 행동규범의 존재
- 장기훈련과정
- 사회적 가치와 관련성 있음

07 **간호사가 가정을 방문하여 환자를 사정하고, 사정한 간호문제에 대하여 중재하는 활동과 관련되는 간호전문직의 특성은?**

① 자율성
② 간호사 윤리강령
③ 전문직 문화
④ 이기적 동기

해설 간호사가 가정을 방문하여 환자 사정 및 중재활동을 수행할 때, 독립적으로 행동하는 권한과 자율성을 갖는다.

08 **1979년 전국 36개 간호전문학교가 간호전문대학으로 승격한 것에 해당되는 전문직으로서의 간호 특성은?**

① 자율성
② 이타성
③ 전문교육
④ 윤리규약

해설 전문직 종사자에게는 이론이나 지적 기술이 요구되므로 장기간에 걸친 세분화된 전문교육을 받아야 한다. 간호전문학교를 간호전문대학으로 승격한 것은 더욱 세부적이고 전문적인 교육을 제공하기 위함이다.

정답 06 ④ 07 ① 08 ③

09 전문직의 일반적 특성으로 옳지 않은 것은?

① 단기간의 훈련기간 ② 지식에 기반을 둔 전문적 권위
③ 전문적 업무에 대한 사회적 인정 ④ 전문가의 고유한 업무

해설 전문직은 장기간에 걸친 교육훈련의 결과 지식을 얻게 된다.

10 간호전문직관을 정립해야 하는 가장 중요한 이유는?

① 정치적으로 활동하기 위함이다.
② 다른 전문인들과 차별을 두기 위함이다.
③ 지식을 기반으로 권위를 세우기 위함이다.
④ 건강 옹호자로서 높은 전문성이 요구되기 때문이다.

해설 간호전문직관 정립의 필요성
- 간호사는 인류의 건강권 옹호자로서 높은 전문성이 요구됨
- 전문직 간호사 지위의 확립을 위해 필요한 개인적 도덕적 힘을 가져야 함
- 현대 사회는 간호직에 대한 사회 정의 실현과 도덕적 활동의 요구가 크므로 윤리철학을 기초로 한 전문직관 확립의 필요성이 있음

11 등록된 간호사만이 간호행위를 할 수 있다는 것은 어떤 자격인가?

① 법적 자격 ② 직업적 자격
③ 실무적 자격 ④ 전문적 자격

해설 면허제도
- 의료인으로서 최소한의 능력을 국가와 사회가 합법적으로 인정하는 것이다.
- 전문적인 실무능력을 사정하고 측정할 수 있는 근거이다.
- 무능력한 간호사들로부터 대중을 보호한다.
- 전문인력 파악을 위한 통계적 정보를 제공한다.

12 의료인 면허의 목적을 가장 포괄적으로 설명한 것은 무엇인가?

① 의료인의 수와 취업현황을 파악하기 위함이다.
② 전문직으로서의 지식정도를 정확하게 검증하기 위해서이다.
③ 의료인으로서 최소한의 능력을 국가, 사회가 인정하는 것이다.
④ 의료인으로서 적합한 인성을 갖추었는지 확인하기 위해서이다.

정답 09 ① 10 ④ 11 ① 12 ③

해설 면허제도
- 의료인으로서 최소한의 능력을 국가와 사회가 합법적으로 인정하는 것이다.
- 전문적인 실무능력을 사정하고 측정할 수 있는 근거이다.
- 무능력한 간호사들로부터 대중을 보호한다.
- 전문인력 파악을 위한 통계적 정보를 제공한다.

13 다음에서 설명하는 간호전문직의 특성으로 옳은 것은?

간호전문지식과 기술을 독점하기 위해 면허 및 위임제도를 확립한 것으로 영국의 펜위크 여사에 의해 확립되었으며 한국은 일제강점기 간호부규칙, 산파규칙에 의하여 이루어졌다.

① 자율성 ② 자격제한
③ 교육과 훈련 ④ 전문지식과 규칙

해설 면허제도
- 면허제도는 의료인으로서 최소한의 능력을 국가, 사회가 합법적으로 인정하는 것으로, 자격제한을 통해 대중을 무능력한 간호사들로부터 보호하는 역할을 한다.
- 펜위크가 간호사 면허제도 도입을 주장하였고, 1919년 면허시험제도가 의회에서 통과하였다. 우리나라에서는 1914년 산파규칙, 간호부규칙이 제정됨에 따라 면허제도가 도입되었다.

14 면허제도의 목적으로 가장 적절한 것은?

① 간호사의 임금 향상을 위해
② 간호사를 법적으로 보호하기 위해
③ 면허간호사를 법적으로 관리하기 위해
④ 전문 인력 파악을 위한 통계적 정보를 국가가 독점하여 알리지 않기 위하여

해설 면허제도
- 간호사가 아닌 대중을 법적으로 보호하기 위함이다.
- 통계적 정보를 통한 인적자원 관리와 국가비상 시 활용을 위한다.
- 의료인으로서의 최소한의 능력을 인정한다.

15 다음 간호사의 면허에 대한 설명으로 가장 적절한 것은?

① 우리나라 면허권자는 교육과학기술부 장관이다.
② 대중으로부터 간호사들을 보호하기 위한 것이다.
③ 간호사 국가시험에 합격한 후 대통령의 면허를 받아야 한다.
④ 면허는 학문상 허가에 해당하는 것이고 자격은 공적 증거력에 해당하는 것이다.

정답 13 ② 14 ③ 15 ④

해설 면허와 자격
- **면허** : 학문상의 허가, 일반인에게 허용하기 어려운 일을 국가시험을 통해 허용한다.
- **자격** : 일정 요건을 갖춘 것을 자격시험으로 인정, 공적 증거력을 부여한다.
- 우리나라 면허권자는 보건복지부장관이다.
- 간호사 국가시험에 합격한 후 보건복지부장관의 면허를 받아야 한다.
- 공적 증거력의 부여는 자격에 대한 설명이다.

16 간호관리체계의 문제에 대해 간호사가 개인이나 단체에 조언하는 것은 간호사의 무슨 역할에 해당하는가?

① 행정가 ② 자문가
③ 교육자 ④ 감독자

해설 자문가의 역할
- 간호문제를 가진 환자 의뢰와 문제해결을 하는 것
- 간호사가 개인이나 단체에 조언하는 것은 전문가로서 자문가에 해당한다.

17 다음에서 설명하는 간호사의 주요 역할은?

> - 전문간호사에게 장루간호에 대한 자문을 구하기
> - 주치의와 상의하여 방문간호센터로 환자를 의뢰하기

① 상담자 ② 옹호자
③ 협력자 ④ 조정자

해설 조정자의 역할
대상자의 요구에 충족되는 최선의 서비스를 기획, 조직, 통합하고 사업활동을 감독, 통제하며 인력배치

18 인간의 존엄성을 보장하기 위한 간호의 의무를 효과적으로 수행하도록 하는 데 가장 적합한 간호사의 역할은?

① 교육자 ② 연구가
③ 변화촉진가 ④ 옹호자

해설 옹호자의 역할
- 대상자의 요구를 가족이나 타 의료제공자에게 설명해준다.
- 대상자의 권리보호로 개인의 권리를 향유할 수 있도록 보호한다.

정답 16 ② 17 ④ 18 ④

19 **우리나라 간호교육 인증평가제도의 구성내용으로 옳지 않은 것은?**

① 학습 성과에 기반한 교육체제 구축 강화

② 프로그램의 지속적인 개선을 위한 체제 강화

③ 핵심기본간호술 평가를 통한 현장 실무능력 강화

④ 서면평가로만 이루어지는 것이 특징이다.

해설 간호교육인증평가의 구성 내용
- 학습 성과에 기반한 교육체제 구축 강화
- 프로그램의 지속적인 개선을 위한 체제 강화
- 핵심기본간호술 평가를 통한 현장 실무능력 강화
- 비전 및 운영체계, 교육과정, 학생, 교수, 시설 및 설비, 교육성과
- 서면평가와 평가단의 현지 방문평가로 이루어짐

정답 19 ④

주관식

01 간호사가 대상자의 교육요구를 사정하고, 보건교육의 계획 및 수행, 결과 평가를 하는 주요 역할은?

02 전문직의 일반적 특성을 3가지 이상 쓰시오.

정답

01 교육자

02 지식, 전문적 권위, 고유한 업무, 고도의 윤리규범, 전문직 문화, 사회적 인정

CHAPTER 2

간호전문직의 사회화

01 **베너(Benner)의 모델에서 좁은 범위의 업무수행에서 벗어나 조직능력과 기획능력을 발휘하는 능력을 가진 2~3년차 간호사의 단계는 무엇인가?**

① 전문가(expert)
② 초심자(novice)
③ 숙련가(proficient)
④ 적임자(competent)

해설 전문직의 재사회화과정 모델 – 베너
• **적임자** : 조직능력, 기획능력을 발휘할 수 있는 2~3년차 간호사에 해당함

02 **베너의 간호숙련성 모델에서 원리를 적용하지 않아도 직관적으로 업무를 수행할 수 있는 능력을 가진 단계는 무엇인가?**

① 초심자(novice)
② 전문가(expert)
③ 숙련가(proficient)
④ 적임자(competent)

해설 **전문가** : 가장 마지막 단계로 매우 능숙하고 융통성 있는 업무수행과 함께 직관적으로 상황을 파악할 수 있다.

03 **신규 간호사가 숙련자의 교육을 통해 전문가(expert)로 거듭난다는 이론을 주장한 사람은?**

① 달튼
② 베너
③ 너팅
④ 쉴즈

해설 베너는 전문기술이 부족한 신규간호사가 고도의 전문기술을 가지는 전문가로 발전하는 사회화의 과정을 기술했다. 초심자, 신참자, 적임자, 숙련가, 전문가 과정이다.

정답 01 ④ 02 ② 03 ②

04 다음에서 설명하는 것은?

병원에 입사한 뒤 간호사로서 전문직의 역할을 수행하기 위해 구체적인 지식, 기술, 태도, 가치, 규범, 문화, 윤리적 표준 등을 습득하고 내면화하여 발달시킨다.

① 유도훈련
② 보수교육
③ 경력개발
④ 전문직 사회화

해설 전문직의 사회화
전문직의 사회화란 전문직 역할을 수행하기 위해 구체적인 지식, 기술, 태도, 가치, 규범, 문화, 윤리적 표준 등을 학습하여 내면화하고 발달시키는 것이다.

05 다음은 코헨의 일차적인 전문직 사회화 모델 중 어느 단계에 속하는가?

- 학생들의 기초지식과 비판적 사고능력이 증진된다.
- 학생들은 교수와 같은 권위적 사람에게 질문을 하기 시작한다.

① 일방적 의존단계
② 부정 – 독립 단계
③ 의존 – 상호관계 단계
④ 상호의존 단계

해설 부정 – 독립 단계
- 학생들의 기초지식과 비판적 사고능력이 증진된다.
- 따라서 학생들은 교수와 같은 권위적 사람에게 질문을 하기 시작한다.
- 즉, 학생들에게 인식의 반란이 일어나며 점점 통제로부터 자유로워지고 자신의 판단에 의존하기 시작한다. 또한 무엇을 배우는지에 대해 비판적으로 사고한다.

06 Hinshaw의 동일시 단계에 속하는 내용은?

① 학생들은 주로 대중매체와 개인적 경험으로부터 이미지를 형성하게 된다.
② 자신이 환자를 잘 간호할 수 있을 것이라고 기대한다.
③ 자신의 기대와 실제 상황 간의 불일치로 긴장과 좌절을 유발시킨다.
④ 주로 임상실습에서 만난 임상강사나 간호사들이 역할모델이 된다.

해설 Hinshaw의 모델
- ①, ②는 비현실적 기대단계
- ③은 불일치 단계
- 동일시 단계
  - 학생들은 자신의 역할모델을 선정하고 모델의 행동을 주의 깊게 관찰한다.
  - 주로 임상실습에서 만난 임상강사나 간호사들이 역할모델이 된다.

정답 04 ④ 05 ② 06 ④

07 **변화하는 사회적 요구에 따른 간호사의 전문성 신장을 위한 역할로 옳은 것은?**

① 가능한 한 이론과 실무 간의 격차를 높인다.
② 늘 초심자의 자세로 선배 간호사의 확인을 받고 간호를 제공한다.
③ 간호관리 기술을 습득하여 간호정책 형성과 의사결정에 적극 참여한다.
④ 직무보상체계에 관심을 두기보다 환자들에게 최선을 다하는 데 집중한다.

해설 간호전문직 발전 전략으로는 고유한 지식체 구축, 전문교육프로그램 구축, 교육의 수준향상, 간호사의 전문화와 전문분야 확대, 간호사의 근무 환경개선, 간호의 성과 가시화, 사회적 기여, 보건의료정책과 관련 정책 의사결정 참여, 전문직 간호 이미지 창출 등이 있다.

08 **간호전문직 사회화가 발생하는 첫 번째 시기는?**

① 신규간호사로서 일하는 과정에서
② 같은 의료기관에서 다른 부서로 옮길 때
③ 간호학생이 대학에서 정규교육을 받을 때
④ 다른 의료기관으로 이직하여 일을 시작할 때

해설 첫 번째 사회화가 발생하는 시기는 보기 ③으로 ①, ②, ④는 모두 재사회화가 일어나는 시기이다.

09 **베너의 전문직 사회화 모델에서 '간호사의 숙련가(proficient) 단계'에서 수행될 것으로 기대되는 행동은?**

① 제한된 임상지식으로 간호술기를 수행한다.
② 다양하고 복잡한 간호요구를 동시에 조정할 수 있다.
③ 숙련된 간호술기를 수행하나, 간호중재의 우선순위 설정을 어려워한다.
④ 환자의 상황을 전체적 맥락에서 파악하며 미묘한 변화를 인식하고 해석할 수 있다.

해설 베너의 전문직 사회화 모델에서 숙련가 단계는 총체적 관점으로 환자를 볼 수 있기 때문에 간호업무에서의 우선순위를 쉽게 결정할 수 있고, 장기적인 목표를 수립할 수 있다. ①은 초심자, ②는 적임자, ③은 신참자이다.

정답 07 ③ 08 ③ 09 ④

10 간호전문직 사회화에 대한 설명으로 옳은 것은?

① 간호사라는 역할 습득 과정에서의 불안감은 드물다.
② 간호사로서의 역할에 대한 현실충격을 감소시키기 위한 방법은 없다.
③ 프리셉터나 멘토와의 관계는 간호전문직 사회화에 도움이 되지 않는다.
④ 전문직 사회화는 대학에서 정규교육을 통해, 신규간호사로서 일하는 과정을 통해 이루어진다.

해설 간호전문직 사회화 과정
- 간호전문직 사회화 과정은 정규교육과 일하는 과정을 통해 이루어진다.
- 간호사라는 새로운 역할 습득 과정에서 불안이 생긴다.
- 간호사로서의 역할에 대한 현실충격을 감소시키기 위한 방안들이 적용되고 있다.
- 전문직 역할을 수행하면서 필요한 간호사의 역량이 개발된다.

11 A병원 간호부에서는 신입 간호사의 현실충격을 줄이고 소속감과 적응력을 향상시켜 성공적인 전문직 사회화를 돕기 위한 프로그램을 개발하고 적응하고자 한다. 이때 활용할 수 있는 방법은?

① 멘토링 ② 직무순환
③ 직무교육 ④ 직무단순화

해설 멘토링은 멘토(선임 간호사)가 멘티(신입 간호사)의 조직생활을 하는 데 안정감을 갖도록 하는 심리사회적 지지 기능, 조직생활의 역할모델 기능, 멘티의 경력개발을 도와주는 경력 관련 기능으로 나누어 볼 수 있다. 특히 멘토는 장기간 아이디어와 경험 및 성공적인 행동들을 공유하기 때문에 프리셉터와는 다르다고 볼 수 있다.

정답 10 ④ 11 ①

주관식

01 Hinshaw의 사회화 모델 중 주로 임상실습에서 만난 임상강사나 간호사들이 역할모델이 되는 단계는?

02 Dalton의 전문직 사회화 모델 중 4단계에 대해 간단하게 쓰시오.

정답

01 동일시 단계

02
- 조직의 방향이나 중요한 사항을 결정하는 데 영향력을 행사한다.
- 이 단계의 간호사는 보통 관리자, 경영자, 혁신자 등의 역할을 수행하고 있다. 이들은 유능한 간호사를 선발하고 능력을 개발시키는 일을 한다.
- 외부인사와 중요한 관계를 수립하는 역할을 수행한다.
- 저술과 출판 활동을 수행함으로써 자신의 존재 가치와 전문성을 추구한다.
- 이 단계의 간호사는 조직과 시간에 대해 관점이 넓으며 자기 의견에 반대하는 사람에게도 적대감을 갖지 않으면서 의견을 제시하고 편안하게 파워를 행사할 수 있다.

CHAPTER

3 간호전문직의 발전방향

01 의료법 제78조 및 전문간호사 자격인정 등에 관한 규칙에서 전문간호사 자격이 아닌 것은?

① 보건 ② 마취
③ 응급 ④ 보험심사

해설 의료법 제78조(전문간호사)
① 보건복지부장관은 간호사에게 간호사 면허 외에 전문간호사 자격을 인정할 수 있다.
② 전문간호사가 되려는 사람은 다음 각 호의 어느 하나에 해당하는 사람으로서 보건복지부장관이 실시하는 전문간호사 자격시험에 합격한 후 보건복지부장관의 자격인정을 받아야 한다.
1. 보건복지부령으로 정하는 전문간호사 교육과정을 이수한 자
2. 보건복지부장관이 인정하는 외국의 해당 분야 전문간호사 자격이 있는 자
③ 전문간호사는 제2항에 따라 자격을 인정받은 해당 분야에서 간호 업무를 수행하여야 한다.
④ 전문간호사의 자격 구분, 자격 기준, 자격 시험, 자격증, 업무 범위, 그 밖에 필요한 사항은 보건복지부령으로 정한다.
⑤ 전문간호사 자격은 보건・마취・정신・가정・감염관리・산업・응급・노인・중환자・호스피스・종양・임상 및 아동분야로 구분한다.

02 보건전담공무원으로서 하는 보건활동의 근거가 되는 법의 조항은?

① 농어촌보건의료를 위한 특별법 제19조
② 모자보건법 제2조
③ 산업안전보건법 제16조
④ 학교보건법 제15조

해설 농어촌 등 보건의료를 위한 특별조치법 제19조(보건진료 전담공무원의 의료행위의 범위)
보건진료 전담공무원은 「의료법」 제27조에도 불구하고 근무지역으로 지정받은 의료 취약지역에서 대통령령으로 정하는 경미한 의료행위를 할 수 있다.

03 보건관리자 및 그 직무의 근거가 되는 법의 조항은?

① 농어촌보건의료를 위한 특별법 제19조
② 모자보건법 제2조
③ 산업안전보건법 제16조
④ 학교보건법 제15조

정답 01 ④ 02 ① 03 ③

해설 산업안전보건법 제16조(관리감독자)
① 사업주는 사업장의 생산과 관련되는 업무와 그 소속 직원을 직접 지휘·감독하는 직위에 있는 사람(이하 "관리감독자"라 한다)에게 산업 안전 및 보건에 관한 업무로서 대통령령으로 정하는 업무를 수행하도록 하여야 한다.
② 관리감독자가 있는 경우에는 「건설기술 진흥법」 제64조 제1항 제2호에 따른 안전관리책임자 및 같은 항 제3호에 따른 안전관리담당자를 각각 둔 것으로 본다.

04 보건교사 및 그 직무의 근거가 되는 법의 조항은?

① 농어촌보건의료를 위한 특별법 제19조
② 모자보건법 제2조
③ 산업안전보건법 제16조
④ 학교보건법 제15조

해설 1. 농어촌보건의료를 위한 특별조치법 제19조는 보건진료 전담공무원의 의료행위의 범위의 내용이다.
2. 모자보건법 제2조 10항에서 "모자보건요원"이란 의사, 조산사, 간호사의 면허를 받은 사람 또는 간호조무사의 자격을 인정받은 사람으로서 모자보건사업 및 가족계획사업에 종사하는 사람을 말한다라고 명시하고 있다.
3. 산업안전보건법 제16조(보건관리자 등) ① 사업주는 사업장에 보건관리자를 두어 제13조 제1항 각 호의 사항 중 보건에 관한 기술적인 사항에 관하여 사업주 또는 관리책임자를 보좌하고 관리감독자에게 조언·지도하는 업무를 수행하게 하여야 한다. ② 보건관리자를 두어야 할 사업의 종류·규모, 보건관리자의 수·자격·업무·권한·선임방법, 그 밖에 필요한 사항은 대통령령으로 정한다.
4. 학교보건법 제15조(보건기구의 설치 등) 교육감 및 교육장 소속으로 대통령령으로 정하는 바에 따라 학교의 보건 관리에 필요한 기구(機構)와 공무원을 둘 수 있다고 명시하고 있다.

05 간호 전문성을 신장시키기 위한 내적 요인에 대한 전략으로 적절한 것은?

① 간호교육의 변화
② 올바른 직업관 확립
③ 간호의 성과 가시화
④ 간호사의 근무환경 개선

해설 간호 전문성 신장을 위한 전략
- **내적 요인** : 긍정적인 자아상 확립, 올바른 직업관 확립, 전문적 능력의 향상, 간호리더십과 관리기술 향상, 환자, 가족 및 타 보건의료인과의 관계 개선, 간호의 표준화와 국제화, 간호의 성과 가시화, 간호의 이미지 재창출, 홍보의 활성화 및 체계적 관리, 간호정책 형성과 의사결정 참여

정답 04 ④ 05 ②

06 간호사가 전문직으로 갖추어야 할 기준은 무엇인가?

① 기술보다는 체계적 지식을 확립해야 한다.
② 간호사는 자신의 건강보다는 환자의 건강을 우선시해야 한다.
③ 단체를 구성해 활발한 활동으로 간호조직 고유의 문화를 형성한다.
④ 간호사는 교육과 연구 분야보다는 실무 위주의 간호 분야를 더 중요시해야 한다.

해설 간호전문성 신장을 위한 전략
- 긍정적인 자아상 확립
- 올바른 직업관 확립
- 전문적 능력의 향상
- 간호리더십과 관리기술 향상
- 환자, 가족 및 타 보건의료인과의 관계 개선
- 스트레스 관리

07 다음 중 간호직이 전문직으로 성장하는 데 기여하는 요인으로 옳은 것은 무엇인가?

① 간호 단독법 미비
② 전문간호사의 법제화
③ 대중의 간호사에 대한 부정적 이미지
④ 간호전문직에 대한 올바른 직업관 부족

해설 간호직이 전문직으로 성장하는 데 기여하는 요인
- 간호교육의 변화
- 간호사의 근무환경 개선
- 간호의 표준화와 국제화
- 간호의 성과 가시화
- 간호의 이미지 재창출
- 홍보의 활성화 및 체계적 관리
- 간호정책 형성과 의사결정 참여
- 전문간호사의 법제화

08 간호사가 직업인으로서 신뢰를 잃게 되는 경우는?

① 주의의무 이행 ② 간호행위의 주관성
③ 간호지식의 전문성 ④ 간호기술의 능숙성

해설 전문성 신장을 위한 근거중심 간호
- **근거중심 간호** : 환자간호수행 위한 임상적 결정을 내릴 때 최상의 과학적 근거를 가지고 결정을 내려 간호수행하는 것
- 근거에 기반을 둔 객관적인 간호를 제공해야 한다.

정답 06 ③ 07 ② 08 ②

09 **간호 전문성 신장을 위한 전략으로 가장 적절한 것은?**

① 환자의 치료를 위한 의사결정에 전적으로 따른다.
② 국가의 정책 개발에 적극적으로 의견을 제시한다.
③ 관리기술보다 실무기술을 향상시키기 위해 노력한다.
④ 새로운 의료 기술이 모두 포함된 의학서적을 출판한다.

해설 간호정책 형성과 의사결정 참여는 무엇보다 중요하다.

10 **다음 중 간호직이 전문직으로 성장·개선하기 위해 해야 할 일로 가장 적절한 것은?**

① 희생을 사명으로 하는 간호정신 함양
② 보수의 상향조정 등 간호사의 처우개선 우선
③ 전문적인 간호교육 강화와 간호전문직관 고취
④ 저임금으로 활용할 수 있는 간호대체 인력 양성

해설 간호직의 전문직으로 성장하고 개선하기 위해 해야 할 일중 전문적인 간호교육 강화와 간호전문직관 고취가 무엇보다 중요하다.

11 **활용 가능한 자원을 바탕으로 최상의 근거, 환자의 선호도와 가치, 간호사의 임상 전문성 등을 통해 통합적으로 간호를 수행하는 것을 무엇이라고 하는가?**

① 간호실무표준
② 간호과정
③ 비판적 사고
④ 근거중심 간호

해설 근거중심 간호
- **근거중심 간호의 정의** : 환자 간호를 수행하기 위한 임상적 결정을 내릴 때 현존하는 최상의 과학적 근거를 갖고 결정을 내려 간호수행을 하는 것
- **근거중심 간호의 4가지 요소**
  - 최상의 근거
  - 환자의 선호도와 가치
  - 활용 가능한 자원
  - 간호사의 임상 전문성

정답 09 ② 10 ③ 11 ④

12 간호사가 전문직으로서의 가치관을 올바르게 정립한 것은?

① 최선의 주의의무의 근거는 자기확신이다.
② 실무발전의 가장 중요한 핵심은 자기희생이다.
③ 희생과 봉사는 간호사의 자아실현보다 중요하다.
④ 간호사는 자신의 실무행위에 합리적 근거를 가지고 책임을 진다.

해설 환자 간호 수행을 위한 임상적 결정을 내릴 때 최상의 과학적 근거를 가지고 결정을 내려 간호를 수행해야 한다.

13 간호의 전문성을 저해시키는 것으로 옳은 것은?

① 윤리강령
② 이타적 기여
③ 학회와 세미나 참석
④ 주관적 간호과정 유지

해설 근거에 기반을 둔 객관적인 간호를 제공해야 한다.

14 간호전문직의 직업적 성장을 저해하는 요인은?

① 건강전문인과 협동한다.
② 간호사의 업무결과에 책임을 진다.
③ 간호서비스에 대한 이미지를 개선한다.
④ 간호사의 독자적 업무 범위의 제한과 여성에 대한 사회적 역할 인식이 편협하다.

해설 간호전문직 발전의 장애요인
- 자율성과 파워의 부족
- 표준화된 교육체계의 결핍
- 건강관련 분야의 부적절한 리더십
- 간호법의 부재, 임금차별
- 기혼 간호사의 재취업제도의 부재
- 업무과중으로 인한 높은 이직률
- 올바른 직업관의 부재
- 여성에 대한 긍정적이지 않은 사회적 인식과 간호사가 의사의 보조적 역할을 수행한다는 왜곡된 인식은 간호전문직 성장의 저해요인이다.

정답 12 ④ 13 ④ 14 ④

15 **간호의 전문화를 저해하는 문제들을 해결하기 위한 바람직한 방법으로 옳은 것은?**

① 희생과 봉사정신을 강조한다.
② 전문적 간호교육을 강화하고 전문직관을 고취한다.
③ 간호단위의 결속력을 강화하여 이직을 꺼리도록 한다.
④ 높은 보수를 유지하게 하여 간호사 지망의 증가를 유도한다.

해설 간호전문성 신장을 위한 전략
- **내적 요인** : 긍정적인 자아상 확리, 올바른 직업관 확립, 전문적 능력의 향상, 간호리더십과 관리기술 향상, 환자, 가족 및 타 보건의료인과의 관계 개선, 간호의 표준화와 국제화, 간호의 성과 가시화, 간호의 이미지 재창출, 홍보의 활성화 및 체계적 관리, 간호정책 형성과 의사결정 참여
- 간호전문화를 위해서는 전문적인 교육으로 전문직관을 고취해야 한다.

16 **다음 중 미래의 건강관리 방향에 따른 간호사의 역할로 옳은 것은?**

① 돌봄보다는 치료에 기여할 수 있는 인력이 필요하다.
② 장기 입원이 증가할 것이므로 능숙할 술기가 더욱 중요해진다.
③ 노인인구의 감소로 노인 전문간호사의 역할은 줄어들 것이다.
④ 정신질환과 만성질환의 증가로 지역사회 간호사 및 가정간호사의 역할이 확대되어야 한다.

해설 미래 간호사의 역할
- 치료보다는 돌봄에 기여할 수 있는 인력이 요구된다.
- 간호사의 역할 확대에 따라 간호사의 전문성 신장이 불가피하다.
- 일차보건사업이 농어촌 벽지뿐만 아니라 도시 영세지역 주민, 산업장 인구, 학교 인구, 노인인구를 위해 확대될 것이다.
- 모자보건, 가족 및 지역사회보건에서는 간호사가 그 사업의 리더가 되고 관리자의 기능을 수행한다.
- 병원 입원환자의 단기입원, 단순서비스 제공자의 기능은 기계가 대신할 것이며 전문간호사가 요구된다.

17 **다음 중 지역사회 전문간호사의 미래 역할로 가장 적절한 것은?**

① 국가보건개발 과정에는 관여하지 않는다.
② 이차건강관리에 대한 중요성을 인식하고 변화를 주도할 책임이 있다.
③ 일차건강관리에 대한 확실한 지식과 기술로 실제적 적용에 있어 중요한 역할을 수행한다.
④ 간호 업무의 범위를 확대하여 지역사회 주민들이 간호사 중심의 지역사회 건강관리체계를 구축한다.

해설 일차건강관리에 대한 중요성을 인식하고 변화를 주도할 책임이 있다.

정답 15 ② 16 ④ 17 ③

18 현대 전문간호사의 역할 중 가장 옳은 것은?

① 질병치료자
② 마약관리자
③ 의약품 처방자
④ 상담 및 조정자

해설 현대 전문간호사의 역할
- 탁월한 임상개발능력
- 간호의 지속성에 대한 책임과 조정력
- 의과학과 협동하는 전문적 성숙도를 가지면서 직접적인 간호제공 역할
- 주변 의료인의 간호활동을 증진시키고 환자의 교육을 담당하는 교육자 역할
- 간호문제를 가진 환자 의뢰와 문제해결을 위한 자문가 역할
- 전문영역별로 역할을 개발하고 간호계획을 수립, 시행하고 역할의 모델이 되는 행정 및 변화 촉진자 역할

19 다음 중 전문간호사 제도와 그 역할에 대한 설명으로 올바른 것은?

① 전문간호사는 일반 약품의 처방이 가능하다.
② 국민 의료비 절감과 보험재정 절감에 기여할 수 있다.
③ 전문간호사의 종류는 중환자, 호스피스, 재활 등 15가지이다.
④ 의료법에서 분야별 간호사가 전문간호사로 명칭이 개정된 것은 1990년이다.

해설 전문간호사 제도
- 전문지식을 바탕으로 국민이 요구하는 다양하고 질 높은 간호서비스를 제공
- 질병예방과 치료기간 단축으로 국민의료비 절감 및 보험재정 절감에 기여
- 의료인력 대체인력 활용으로 의료기관의 인력난 해소에도 기여
- 전문간호사 중 재활은 없고, 총 13종으로 이루어져있다.
- 2000년에 전문간호사로 명칭이 개정되었다.
- 3년 이상 일하고 지정 교육기관에서 전문간호사 과정을 이수해야 전문간호사 자격시험을 볼 수 있다.

정답 18 ④ 19 ②

주관식

01 의료환경 변화에 따른 간호사 직무 분야의 다양화에 따른 발전방향을 간단하게 쓰시오.

02 근거기반 간호문제를 해결하기 위해 간호사가 지녀야 할 능력에 대해 3가지 이상 쓰시오.

정답

01
- 고령화 복지 서비스의 체계적인 연계를 위해서는 방문간호사업의 활성화가 필요함
- 수요자 중심의 보건의료서비스 강화를 위해서 장기요양시설 서비스의 주요 공급자인 요양병원과 요양시설의 역할이 재정립되어야 함
- 요양시설 내 전문간호사 배치 시 처방권 허용을 제도화하고, 요양시설 내 간호사를 의무 배치해야 할 필요가 있음

02
- 환자의 문제를 정확하고 구체적으로 파악하고, 그 문제해결에 어떤 정보가 필요한지를 결정할 수 있는 능력
- 필요한 정보를 효율적으로 탐색할 수 있는 능력
- 찾아낸 정보를 평가하여 그중에서 최선의 정보를 가려낼 수 있는 능력
- 이 정보를 자신의 임상경험과 통합하여 실제 환자진료에 적절히 적용할 수 있는 능력
- 그 결과를 평가할 수 있는 능력

PART 2

간호의 윤리적 측면 최강적중 예상문제

CHAPTER 1 간호윤리의 이해

01 "사람이 지켜야 할 도리로서 실제 도덕규범이 되는 원리나 인륜"을 무엇이라 하는가?

① 도덕 ② 윤리
③ 의무 ④ 강령

해설 윤리(Ethics)는 살아가는 동안 해야 할 것과 하지 말아야 할 것과 관련된 것으로, 윤리란 '인간이 인간으로서 마땅히 해야 할 도리나 규범'을 의미. 윤리는 관습 또는 습관에 부수된 세계문제를 단순히 묘사하는 것이 아니라 세계가 이러해야 한다고 규정하는 것을 의미함

02 관습 또는 습관, 사람이 사람으로서 행하여야 할 법, 그것을 자각하여 실천하는 행위를 무엇이라고 하는가?

① 도덕 ② 윤리
③ 의무 ④ 강령

해설 도덕(Morality) : moralities, 관습 또는 습관, 사람이 사람으로서 행하여야 할 법, 그것을 자각하여 실천하는 행위를 의미

03 "특정한 이익을 주장하고 누릴 수 있는 능력"을 무엇이라고 하는가?

① 도덕 ② 윤리
③ 의무 ④ 권리

해설 적극적인 권리와 소극적인 권리
적극적인 권리는 정부가 자원을 마련하고 책임을 가지는 복지정책과 같이 권리를 주장하는 사람이 그 권리를 누릴 수 있도록 장치가 마련되어있는 것을 말하고, 소극적인 권리는 자유권과 같이 상대방이 간섭하지 않음으로써 권리를 보장하는 것.

04 "어떤 사람이 맡은 직분이거나 혹은 하지 말아야 할 것"을 무엇이라고 하는가?

① 도덕 ② 윤리
③ 의무 ④ 강령

해설 의무 : 자연의 이치에 따르는 삶에 합당한 행위

정답 01 ② 02 ① 03 ④ 04 ③

05 "선택해야 할 길은 두 가지 중 하나로 정해져 있는데 그 어느 쪽을 선택해도 바람직하지 못한 결과가 나오게 되는 상황"을 무엇이라고 하는가?

① 도덕 ② 윤리
③ 의무 ④ 딜레마

해설 선택해야 할 길은 두 가지 중 하나로 정해져 있는데 그 어느 쪽을 선택해도 바람직하지 못한 결과가 나오게 되는 상황을 딜레마라고 한다.

06 성별과 나이, 종교, 신분 및 경제적 사정 등을 이유로 건강에 관한 권리를 침해를 받지 않을 권리의 종류는?

① 환자의 알권리
② 자기결정권
③ 상담과 조정을 신청할 권리
④ 진료를 받을 권리

해설 진료를 받을 권리
1) 환자는 자신의 건강보호와 증진을 위하여 적절한 보건의료서비스를 받을 권리
2) 성별과 나이, 종교, 신분 및 경제적 사정 등을 이유로 건강에 관한 권리를 침해받지 않을 권리
3) 의료인은 정당한 사유 없이 진료를 거부 불가능

07 법률과 도덕에 앞서 간호사가 마땅히 하여야 할 도리를 실천하는 것을 무엇이라고 하는가?

① 전문직 윤리강령 ② 간호도덕
③ 간호윤리 ④ 간호철학

해설 법률과 도덕에 앞서 간호사가 마땅히 하여야 할 도리를 실천하는 것을 간호윤리라고 한다.

08 간호실무 상황에서 윤리적 의사결정과 관련된 판단 기준으로 적절하지 않은 것은?

① 윤리이론 ② 관련정보의 수집
③ 전문적 의무 ④ 주관적 판단

해설 간호실무 상황에서 윤리적 의사결정과 관련된 판단기준
- 윤리이론과 원리에 이해 문제를 도덕적으로 파악하여 정의를 내릴 것
- 관련정보를 수집하고 개념을 명확히 할 것
- 전문적 의무에 입각할 것
- 병원의 정책과 기준을 염두에 두고 판단을 내릴 것

정답 05 ④ 06 ④ 07 ③ 08 ④

09 **공리주의에 대한 설명으로 옳은 것은?**

① 결과 우선주의이며 신축성 있게 도덕 규칙을 적용한다.
② 목적이 수단을 정당화시킬 수 있음
③ 모든 일반적인 경우에 정의를 고려한다.
④ 행위에 일반원칙을 제시하여 상황에 좌우되지 않는다.

해설 공리주의
- 다수의 행복을 위해서 소수가 희생되어도 좋다는 논리. 최대 다수의 최대 행복
- 결과적으로 나타난 선의 유무가 윤리행동의 척도. 목적이 수단을 정당화시킬 수 있음
- 경우에 따라 정의를 고려하지 않을 수도 있음
- 신축성 있는 도덕규칙을 적용함
- 옳은 행위의 수행이 인간의 욕구를 충족시키는 결과를 가져옴
- 주어진 상황에서 다수의 사람들이 선호하는 것을 최대로 만족시키는 것을 선택함
- 경우에 따라 개인의 인권이 무시될 수도 있음

10 **의무론에 대한 설명 중 옳은 것은?**

① 일반인이 통상적으로 생각하는 도덕 규칙을 적용한다.
② 목적이 수단을 정당화시킨다.
③ 최대 다수의 최대 행복을 강조한다.
④ 신축성 있는 도덕 규칙을 적용한다.

해설 의무론
일반인이 통상적으로 생각하는 도덕규칙을 적용한다.

11 **생명윤리의 기본 원칙이 아닌 것은?**

① 자율성 존중의 원칙
② 무해성의 원칙
③ 자아결정권의 원칙
④ 정의의 원칙

해설 생명윤리의 4가지 원칙
1) **자율성 존중의 원칙** : 개인적 가치와 신념을 가지고 행동할 권리
2) **악행금지의 원칙** : 타인에게 의도적으로 해를 입히거나 해를 입힐 위험을 초래하는 행위를 금지
3) 선행의 원칙 = 선의의 간섭주의 = 온정적 간섭주의
4) **정의의 원칙** : 공정함과 공평함과 관련된 개념

정답 09 ①, ② 10 ① 11 ③

12 정의의 원칙 중 정의에 대한 분류로 맞지 않는 것은?

① 상법에 구체화되어 있는 무해의 정의
② 형법에 구체화되어 있는 처벌적 정의
③ 민법에 구체화되어 있는 보상과 관련된 시정적 정의
④ 생명윤리에서 다루는 분배적 정의

해설 정의의 원칙
- 어느 한사람이 자기가 응당 받아야 할 것을 그대로 받는 것이다.
- 당연한 대가이다.
- 모든 사람이 자기에게 마땅한 것을 자기 것이 되게 하려는 악이 없고 영속적인 소망이다.
- **교환적 정의** : 임금이나 가격과 같은 형태의 교환이 공평하게 이뤄져야 한다는 것이다.

13 윤리적 용어에 대한 설명으로 옳은 것은?

① 좋음(good)의 반대는 좋지 않다(not good)이다.
② 좋다(good)의 것은 인간행위의 목적이 되는 궁극적인 가치가 될 수 없다.
③ 의무(obiligation)와 마땅함(fitness)이 도덕적인 뜻으로 쓰이는 경우 옳음과 같은 의미이다.
④ 어떤 행위가 옳다(right)는 것은 그 행위를 수행할 의무가 있다는 것과는 별개의 의무이다.

해설 윤리의 개념 – 옳음
- 옳음(right)이란 의무와 마땅함이 도덕적인 뜻으로 쓰이는 경우를 말한다. 어떤 행위가 옳다는 것은 수행할 의무가 있다는 것이다.
- 좋음의 반대는 나쁨(bad)이다.
- 좋음은 인간행위의 목적이 될 수 있는 궁극적인 가치로서의 선을 말하며, 다른 것을 성취하기 위한 수단으로서의 가치를 의미하지는 않는다.
- 어떤 행위가 옳다(right)는 것은 그 행위를 수행할 의무가 있다는 뜻이다.
- 어떤 행위가 그르다(wrong)는 것은 도덕 원칙과 규칙에 위배된다는 뜻이다.

14 윤리의 기본 개념을 가장 잘 설명한 것은?

① 국가에 따라 윤리는 달라진다.
② 인간의 도리에 대한 이론적 접근이다.
③ 자기 자신에 대한 규범으로 강제성을 띤다.
④ 전문적 집단의 윤리는 법을 통해 지켜진다.

정답 12 ① 13 ③ 14 ②

해설 윤리의 개념
윤리는 사람이 이 세상을 사는 데 마땅히 하여야 할 도리로, 인도, 도의, 인의, 예의 등으로 구성된다. 윤리는 보편성과 일반성을 가지며 인간의 도리에 대한 이론적인 접근이자 옳은 마음가짐과 행실의 표준이다. 사회적 풍습이나 전통에 의해 제약받으며 전문직 집단에 의해 표준화된 윤리강령을 통해 학습된다.

15 **윤리, 도덕에 대한 설명으로 옳은 것은?**

① 법은 최대한의 윤리이다.
② 도덕은 인간의 도리에 대한 이론적 접근이다.
③ 윤리는 인간의 도리에 대한 실천적 접근이다.
④ 윤리는 전문직 집단에 의해 형성된 표준화된 윤리강령을 통해 학습된다.

해설 윤리와 도덕
- 윤리는 사람이 이 세상을 사는 데 마땅히 하여야 할 도리이다.
- 윤리는 표준화된 윤리강령을 통해 학습된다.
- 도덕은 사람으로서 행하여야 할 기본 도리와 그것을 자각하여 실천하는 행위
- 윤리는 인간의 도리에 대한 이론적 접근이다.
- 윤리는 사회적 풍습이나 전통에 의해 제약을 받는다.

16 **칸트의 의무론에 대한 설명으로 옳은 것은?**

① 최대다수의 최대행복을 추구하는 가치를 찾는 것이다.
② 선을 행하고자 하는 보편적 준칙에 의거하여 행동하는 것이다.
③ 동일한 행동이라고 그 결과에 따라 도덕적 가치는 변화할 수 있다.
④ 최대의 유용성을 만들어 낼 수 있는 규칙에 따라 행동하는 것이다.

해설 의무론
선을 행하고자 하는 보편적 준칙이 있고 이를 절대적으로 준수하며 행동하는 것이다.

17 **다음 중 윤리이론의 하나인 의무론의 단점에 대한 설명으로 옳은 것은?**

① 결과와 무관하게 옳은 행위를 해야 한다.
② 최대 다수의 최대 행복을 강조한다.
③ 목적이 수단을 정당화시킬 수 있다.
④ 경우에 따라 개인의 인권이 무시될 수 있다.

정답 15 ④ 16 ② 17 ①

해설 의무론의 단점
- 도덕 규칙 간의 상충이 있을 때 문제해결이 어려움
- 결과와 무관하게 옳은 행위를 해야 함
- 도덕이 왜 그렇게 중요한지 근거를 제시하기 어려움
- ②는 공리주의의 특징이다.
- ③, ④는 공리주의의 단점이다.

18 **의무론에 대한 설명 중 옳은 것은?**

① 지켜야 할 절대 가치가 있다.
② 신축성 있는 도덕 규칙을 적용한다.
③ 경우에 따라 개인의 인권이 무시될 수도 있다.
④ 옳은 행위의 수행이 인간의 욕구를 충족시키는 결과를 가져온다.

해설 의무론
통상적인 도덕 규칙에 의거하여 문제를 해결, 지켜야 할 절대적 가치가 있다.

19 **말기 암환자의 가족이 '환자에게는 암이라고 말하지 말아주세요'라고 부탁했다. 간호사가 이를 잘못되었다고 여겨서 암 사실을 고지해야 한다고 생각했다면 이는 어떤 이론에 근거한 판단인가?**

① 실용주의 ② 실존철학
③ 덕의 이론 ④ 의무주의 이론

해설 위무론
- 의무론은 지켜야 할 절대 가치를 전제로 하며, 행위의 일반원칙을 제시하여 그것을 절대기준으로 삼으므로 상황에 좌우되지 않는다.
- 의무론에 따르면 환자의 알 권리는 절대적으로 지켜져야 하는 원칙이며, 간호사는 환자에게 질병에 대해 알리지 않는 것이 잘못되었다고 생각했다.

20 **의무론의 단점으로 옳은 것은?**

① 목적이 수단을 정당화시킬 수 있다.
② 딜레마에 대한 합리적 방향을 제시한다.
③ 절대 기준이 있어 상황에 좌우되지 않는다.
④ 도덕 규칙 간 상충 시 문제해결이 어렵다.

정답 18 ① 19 ④ 20 ④

해설 의무론의 단점
- 도덕 규칙 간의 상충이 있을 때 문제 해결이 어려움
- 무조건 옳은 행위를 해야 함
- 도덕이 왜 그렇게 중요한지 근거를 제시하기 어려움
- ①, ②는 공리주의에 대한 설명이다.
- ③은 의무론의 장점이다.

21 의무론의 특징에 해당하는 설명은?

① 최대 다수의 최대 행복을 추구한다.
② 행위 자체로는 절대적인 옳고 그름을 평가할 수 없다.
③ 인간을 대할 때 수단이 아니라 목적으로 대한다.
④ 개인 혹은 다수의 선호에 따라 행위의 유용성을 평가한다.

해설 의무론
- ①, ④는 공리주의에 대한 설명이다.
- 행위 자체로 절대적인 옳고 그름을 평가한다.

22 돌봄의 정의로 옳은 것은?

① 돌봄은 인간의 정의성과는 관련이 없다.
② 돌봄은 의학의 도덕적 이상이라고 할 수 있다.
③ 삶에 대해 긍정적인 영향을 주나 동기를 부여하지는 않는다.
④ 인간 돌봄은 가치, 의식, 지식, 돌봄의 행위와 그 결과를 포함한 의미이다.

해설 돌봄의 개념
- 가치, 의지, 지식, 돌봄의 행위와 결과가 포함되어 있다.
- 상호신뢰와 질적인 깊은 관계 형성을 통해서만 나타날 수 있는 의미이다.
- 최초의 만남 → 새로운 동일성 → 공정 → 동정 → 신뢰의 단계
- 돌봄은 인간의 존엄성을 보존하고 강화시키며 보호하기 위한 것이다.
- 돌봄은 간호의 도덕적 이상이다.
- 다른 사람에게 헌신하는 감정으로 상호 자아실현과 친교를 증가시키며 삶에 대하여 건설적이고 긍정적으로 영향을 주고 동기를 부여하며 격려하는 행동이다.

정답 21 ③ 22 ④

23 집단 신체검진에서 감염성 질환을 발견하는 경우의 회신은 간호사의 업무상 비밀유지 의무가 면제되는 경우이다. 이때 적용된 공리주의적 관점은?

① 도덕적으로 옳은 것은 무조건 따라야 한다.
② 도덕적 판단의 결정 기준은 행위의 본질로 결정된다.
③ 도덕적 판단의 결정 기준은 행위의 결과로 결정된다.
④ 도덕 규칙 간의 상충이 있을 때 문제해결이 어렵다.

해설 공리주의론
- 목적이론, 결과주의로도 불리며 '최대 다수의 최대 행복'을 추구하여 최선의 결과를 가져오는 것에 관심이 많다.
- ①, ②, ④는 의무론에 대한 설명이다.

24 공리주의에 대한 설명으로 옳은 것은?

① 모든 경우에 정의를 고려한다.
② 도덕적으로 옳은 행위만을 수행한다.
③ 일반인이 통상적으로 생각하는 도덕규칙을 적용한다.
④ 결과우선주의이므로 신축성 있게 도덕규칙을 적용한다.

해설 공리주의
- **최대다수의 최대행복** : 다수의 행복을 위해서 소수가 희생되어도 좋다는 논리이다.
- 결과적으로 나타난 선의 유무가 윤리 행동의 척도로, 목적이 수단을 정당화시킬 수 있다.
- 경우에 따라 정의를 고려하지 않을 수도 있다.
- 옳은 일의 수행이 인간의 욕구를 충족시키는 결과를 유발한다.
- ①, ②, ③은 의무론에 관한 설명이다.

25 공리주의의 단점으로 옳은 것은?

① 다수의 행복을 위해 소수가 희생될 수 있다.
② 도덕 규칙 간의 상충이 있을 때 문제해결이 어렵다.
③ 최대 다수의 사람들에게 최대의 행복을 줄 수 있다.
④ 일상적 도덕적 가치는 도덕성 평가의 절대적 기준이 된다.

해설 공리주의의 단점
- 다수의 행복을 위해 소수가 희생할 수 있다.
- 도덕적 의무보다 효용이 중시된다.
- 행위의 도덕성 평가의 유일한 요인이 '결과'이다.
- 정의를 무시할 수 있다.

정답 23 ③ 24 ④ 25 ①

- 목적이 수단을 정당화시킬 수 있다.
- ②는 의무론에 대한 설명이다.
- ③은 공리주의의 장점에 대한 설명이다.

26 **최근에 간호윤리가 강조되는 이유는 무엇인가?**

① 대상자의 권위가 낮아졌다.
② 의사의 지시만 따르면 되는 경우가 많아졌다.
③ 새로운 의료기술의 발달이 정체되었다.
④ 간호사에 대한 사회적 인식이 변화하였다.

해설 현대사회에서 간호윤리가 강조되는 이유
- **간호사의 역할과 위치의 변화** : "우리가 마땅히 해야 할 것은 무엇인가"에 대한 대답이 불명확해짐
  → 의사나 의료기관의 견해를 따르던 전과 달리 전문지식과 합리적 판단, 환자에게 이익이 되는 결정이 요구됨
- 환자와 가족에 관한 권리 주장에 대한 의료인들의 책임 확대
- 현대사회가 간호사에게 전문성과 책임감을 요구
- 간호사에게 환자의 '옹호자' 역할 요구

27 **한국간호사 윤리강령(4차 개정안)에서 '간호사와 협력자' 영역에 해당하는 항목은?**

① 평등한 간호제공　② 개별적 요구 존중
③ 취약한 대상자 간호　④ 생명과학기술과 존엄성 보호

해설 ①, ②, ③은 윤리강령의 '간호사와 대상자' 영역이다.

28 **한국간호사 윤리강령을 바탕으로, 다음 중 의료기관에서 환자의료정보 보호행위를 올바르게 수행한 경우는?**

① 면회 온 누나에게 환자의 검사결과를 전달하였다.
② 진료를 위해 필요한 최소한의 개인정보만을 수집하였다.
③ 입원환자의 간호기록을 타 병동의 간호사가 열람하였다.
④ 환자의 퇴원과 동시에 환자의 진료기록을 모두 삭제하였다.

해설 한국간호사 윤리강령 각론-간호사와 대상자 영역
간호사는 간호대상자의 사생활을 보호하고, 비밀을 유지하며 간호에 필요한 정보 공유만을 원칙으로 한다.

정답 26 ④ 27 ④ 28 ②

29 간호사 윤리강령에 대한 설명으로 옳은 것은?

① 시대적 상황에 따라 변화한다.
② 간호사의 이익을 대변하기 위한 것이다.
③ 간호사의 실무에 대한 법적 근거를 제공한다.
④ 상반되는 지침이 없어 구체적인 상황에 적용이 가능하다.

해설 한국 간호사 윤리강령
- 시대적 상황에 따라 변화
- 인류건강과 사회복지를 지향
- 간호사업의 발전을 도모
- 간호사의 권익과 전문인으로서의 도덕적 의무 실현
- 상반되는 지침을 피할 수 없으며 그에 따라 광범위한 수용을 하게 됨
- 도덕문제 해결을 위한 답을 주는 것은 아니며, 최소한의 지침을 주는 것

30 한국간호사 윤리강령의 기능은?

① 도덕 및 윤리문제의 해결을 위한 최소한의 지침을 제공한다.
② 간호사가 직면하는 윤리적 딜레마의 구체적인 해결책을 제공한다.
③ 전문적 간호행위를 안내하는 구체적인 안내서의 역할을 한다.
④ 의료진 간의 업무 충돌 시 구체적인 조정안을 제공한다.

해설 한국간호사 윤리강령
- 윤리강령이 도덕문제의 해결을 위한 답을 주는 것은 아니며, 최소한의 지침을 주는 것이다.
- 규약은 상반되는 지침을 피할 수 없으며, 그에 따라 광범위한 수용을 하게 된다.
- 모든 가능한 상황에 분명한 지침을 주는 목표를 가진다면, 규약이 아무리 구체적이라 할지라도 그러한 규약은 항상 불완전한 것이다.
- 시대적 상황에 따라 변화하는 한계가 있다.
- 비윤리적 행동을 규제하기 위함도, 간호사 능력향상을 위함도, 권익옹호를 위한 근거도 아니다.

31 대한간호협회가 윤리강령을 제정한 이유로 옳은 것은?

① 의료사업의 발전 도모
② 간호방법 선택에 대한 권리 존중
③ 간호사의 건강을 우선적으로 보호
④ 전문인으로서의 도덕적 의무 실현

해설 한국간호사 윤리강령의 목적
- 인류건강과 사회복지를 지향
- 간호사업의 발전을 도모
- 간호사의 권익과 전문인으로서의 도덕적 의무실현

정답 29 ① 30 ① 31 ④

32 **한국 4차 간호사 윤리강령 중 '간호사와 대상자' 영역에 해당하는 것은?**

① 전문적 활동
② 간호표준 준수
③ 평등한 간호제공
④ 안전한 간호제공

해설 한국간호사 윤리강령 각론 – 간호사와 대상자 영역
평등한 간호제공, 개별적 요구 존중, 사생활 보호 및 비밀유지, 알권리 및 자기결정권 존중, 취약한 대상자 보호, 건강환경 구현

33 **간호사 윤리지침에 나타난 간호사의 기본적 임무로 알맞은 것은?**

① 간호사는 자기계발을 한다.
② 의사가 지시하는 행위만 한다.
③ 간호사는 간호대상자의 사생활과 비밀을 공유한다.
④ 대상자의 사회적・경제적 지위에 따라 다른 간호를 제공한다.

해설 간호사 윤리지침
인권존중, 윤리적 간호제공, 건강환경 구현, 간호표준, 개인적 책임, 간호업무의 위임, 옹호자역할 수행, 비윤리적 행위거부 혹은 보고, 비공인 간호행위 금지, 간호사의 자기계발, 간호연구활동 등

34 **각 나라의 윤리강령을 토대로 한국 간호사와 다른 나라 간호사를 비교했을 때, 다른 나라 간호사가 상대적으로 높은 수준을 가지고 있는 요소는?**

① 양심
② 책임감
③ 자율성
④ 전문의식

해설 윤리강령을 토대로 비교했을 때 다른 나라 간호사에 비해 한국 간호사의 자율성이 상대적으로 낮다.

35 **한국간호사 윤리강령에 대한 설명으로 옳은 것은?**

① 인류건강과 사회복지를 지향한다.
② 간호의 대상은 병원의 입원 환자이다.
③ 간호사의 비윤리적 행동을 규제하기 위함이다.
④ 간호사에게 통제의 표준을 지키도록 강제하기 위함이다.

정답 32 ③ 33 ① 34 ③ 35 ①

해설 한국간호사 윤리강령
- 병원 입원 환자뿐 아니라 전 인류를 대상으로 한다.
- 윤리적 행동의 최소한의 지침이다.
- 간호사의 자율적 통제 표준을 사회에 알리고 구성원들에게 지키도록 권유하기 위함이다.
- 간호사의 책임의식을 증가시키고 책임 구체화를 요구한다.

36 한국간호사 윤리강령의 채택 시기는?

① 1962년　② 1970년
③ 1972년　④ 1976년

해설 우리나라 윤리강령은 1972년 39회 정기 대의원 총회에서 제정되었다.
- **1차 개정** : 1983년 50회 총회
- **2차 개정** : 1995년 62회 총회
- **3차 개정** : 2006년 73회 총회
- **4차 개정** : 2013년 80회 총회

정답 36 ③

주관식

01 정의의 원칙에는 근거가 되는 배분의 종류가 있다. 3가지 이상 쓰시오.

02 간호중재활동으로서의 돌봄에 대해 간단하게 쓰시오.

정답

01
- 동등한 몫의 배분
- 필요에 따른 배분
- 노력에 따른 배분
- 공로에 따른 배분
- 자유시장 가치에 따른 배분
- 개인의 기여도에 따른 배분

02 돌봄이라는 간호의 도덕적 이상은 무엇보다는 규정적 원리나 규범에 의해 인도되는 것이 아니라, 돌봄을 가능하게 하는 타자에 대한 도덕적 감수성과 정서적 능력에 대한 간호사의 자질이 계발되었을 때 실현될 수 있는 것이다. 따라서 이러한 환자와의 관계 속에서 탐구될 수 있으며, 이를 기초로 간호의 전문적 활동의 기초가 되는 지식과 기술이 습득될 수 있다고 여겨진다. 즉, 인간의 존엄성을 보호・유지・증진시키는 간호의 도덕적 이상으로서 돌봄 행위는 도덕적 감수성이라는 정서적 능력을 기초로 한 상호 교호적인 인간관계를 통하여 실현될 수 있으며, 전문적 간호중재활동, 즉 간호학적 지식과 기술 습득을 위한 원리로 작용해야 할 것이다.

CHAPTER

2·3 간호사의 역할, 대상자의 윤리적 갈등 및 윤리적 의사결정

01 **다음은 「의료법」에 규정된 교육의 내용이다. 해당되는 교육은 무엇인가?**

- 직업윤리에 관한 사항
- 업무 전문성 향상 및 업무 개선에 관한 사항
- 의료 관계 법령의 준수에 관한 사항
- 선진 의료기술 등의 동향 및 추세 등에 관한 사항
- 그 밖에 보건복지부장관이 의료인의 자질 향상을 위하여 필요하다고 인정하는 사항

① 유도교육
② 보수교육
③ 감염관리교육
④ 환자안전교육

해설 **보수교육**(의료법 시행규칙 제20조)
- 직업윤리에 관한 사항
- 업무 전문성 향상 및 업무 개선에 관한 사항
- 의료 관계 법령의 준수에 관한 사항
- 선진 의료기술 등의 동향 및 추세 등에 관한 사항
- 그 밖에 보건복지부장관이 의료인의 자질 향상을 위하여 필요하다고 인정되는 사항

02 **「의료법」에 규정된 간호업무의 내용으로 옳지 않은 것은?**

① 환자의 간호요구에 대한 관찰
② 간호 요구자에 대한 교육·상담
③ 의사의 지도하에 시행하는 진료의 보조
④ 의사의 지도하에 시행하는 의화학적 검사

해설 **간호사의 업무**(의료법 제2조 제2항 제5호)
가. 환자의 간호요구에 대한 관찰, 자료수집, 간호판단 및 요양을 위한 간호
나. 의사, 치과의사, 한의사의 지도하에 시행하는 진료의 보조
다. 간호 요구자에 대한 교육·상담 및 건강증진을 위한 활동의 기획과 수행, 그 밖의 대통령령으로 정하는 보건활동
라. 간호조무사가 수행하는 가목부터 다목까지의 업무보조에 대한 지도

정답 01 ② 02 ④

03 **「의료법」상 의료인의 결격사유가 아닌 것은?**

① 피한정후견인

② 피성년후견인

③ 성범죄자

④ 「정신건강증진 및 정신질환자 복지서비스 지원에 관한 법률」에 따른 정신질환자

해설 의료관련법령을 위반한 경우는 결격사유에 해당될 수 있지만, 성범죄자의 경우에는 결격사유가 아니다. 의료인 결격사유에 성범죄자를 포함시키려는 입법활동이 종종 있지만, 아직까지는 포함되지 않고 있다.

04 **「의료법」상 간호사 면허취소사유에 해당하는 것을 모두 고른 것은?**

ㄱ. 면허자격 정지처분을 2회 받은 경우
ㄴ. 면허증을 빌려준 경우
ㄷ. 향정신성의약품 중독자인 경우
ㄹ. 간호기록부를 거짓으로 작성한 경우

① ㄱ, ㄴ

② ㄴ, ㄷ

③ ㄷ, ㄹ

④ ㄱ, ㄴ, ㄷ

해설
- **간호사 면허취소사유** : 면허자격 정지 처분을 3회 이상 받은 경우
- **간호사 면허정지사유** : 간호기록부를 거짓으로 작성한 경우

05 **「의료법」상 의료인의 품위손상행위에 해당하지 않는 것은?**

① 태아의 성을 미리 알려준 경우

② 거짓 또는 과대 광고행위

③ 직무와 관련하여 부당하게 금품을 수수하는 행위

④ 방송에 출연하여 과장된 건강·의학정보를 제공하는 행위

해설 보기 ①은 자격정지의 사유에 해당하고, 품위손상행위로 분류되지는 않는다.

정답 03 ③ 04 ② 05 ①

06 「의료법」상 간호기록부의 기재사항으로 옳지 않은 것은?

① 간호일시
② 분만의 경과 및 그 처치
③ 섭취 및 배설물에 관한 사항
④ 투약에 관한 사항

해설 간호기록부(의료법 시행규칙 제14조 제3호)
가. 간호를 받는 사람의 성명
나. 체온・맥박・호흡・혈압에 관한 사항
다. 투약에 관한 사항
라. 섭취 및 배설물에 관한 사항
마. 처치와 간호에 관한 사항
바. 간호 일시(日時)

07 기록의 보관의무에 관한 내용이다. 간호사의 작성의무로 옳지 않은 것은?

① 환자상태와 의사에게 보고한 내용을 상세히 기록한다.
② 실제로 실시한 의료행위를 간단하고 명료하게 기록한다.
③ 잘못 기록한 내용을 두 줄로 긋고 서명을 한다.
④ 사실적이며 함축적으로 기록한다.

해설 간호기록의 작성 및 보관의무
의료인은 각각 진료기록부, 조산기록부 또는 간호기록부를 비치하여 그 의료행위에 관한 사항과 소견을 상세히 기록하고 서명하여 이를 보존 정리하면 다음과 같다.
- 진료기록부 10년, 조산기록부 5년, 간호기록부 5년으로 보관
- 업무상 과중하더라도 실제로 실시한 의료행위에 대해서 뿐 아니라 환자상태, 의사에게 보고한 내용을 상세히 기록하고 서명
- 잘못 기록한 내용을 칼로 긁거나 지우지 말고 두 줄로 긋고 서명을 해야 하며 사실적으로 명확히 기록

08 의료인 신고와 보수교육에 관한 내용이다. 옳지 않은 것은?

① 의료인의 사망 시 그 상속인은 사망한 날로부터 15일 이내에 보건복지부장관에게 신고한다.
② 대한간호협회에서 인정하는 프로그램을 통해 연 1회 보수교육을 받아야 한다.
③ 의료인은 대통령령이 정하는 바에 의하여 그 실태와 취업상황 등을 보건복지부장관에게 신고한다.
④ 의료인의 면허신고제 시행으로 모든 의료인이 3년마다 면허를 신고하도록 의무화되었다.

정답 06 ② 07 ④ 08 ①

해설 의료인 신고와 보수교육의 이수 의무
1) 의료인은 대통령령이 정하는 바에 의해 그 실태와 취업상황 등을 보건복지부장관에게 신고한다.
2) **의료인의 사망 시** : 그 상속인은 사망한 날로부터 30일 이내에 보건복지부장관에게 신고한다.
대한간호협회에서 인정하는 프로그램을 통해 연 1회 보수교육을 받아야 한다.

09 보참과 칠드레스의 윤리적 사고과정에서 가장 이론적이며 보편적인 수준은?

① 윤리규칙
② 윤리원칙
③ 윤리이론
④ 윤리적 판단

해설 윤리적 의사결정
보참과 칠드레스의 네 단계 윤리적 사고체계는 다음과 같다.
- **윤리적 판단과 행동** : 특정한 상황에서 선택해야 할 행동의 결정을 위한 판단은 도덕적 규칙에 의해 합리화된다.
- **윤리규칙** : 윤리 원칙을 기본에 둔 구체적인 기준이다.
- **윤리원칙** : 규칙에 비해 일반적이고 기본적이며 누구나 다 알고 있으며 공공연하게 표현된다.
- **윤리이론** : 가장 이론적이며 보편적인 수준의 윤리적 판단, 도덕규범이 된다.

10 간호의 본질은 돕는 행동이며 이는 반드시 대상자와 간호사 간의 역동적인 관계에 의해 이루어진다. 이러한 내용으로 옳은 것은?

① 대상자와 간호사의 합일화
② 대상자와 간호사의 의존적 관계
③ 대상자와 간호사의 전인격적 만남
④ 대상자와 간호사의 전문적 지적수준

해설 돌봄은 타인에게 헌신하는 감정, 서로의 자아실현을 돕고 친밀함이 증대되며 삶에 대하여 건설적이고 긍정적 역할을 주고 동기를 부여하며 격려하는 행동이다.

11 의료기관에 입원하고 있는 환자의 권리로 옳은 것은?

① 안락한 죽음을 맞을 권리
② 최고의 간호를 제공받을 권리
③ 모든 정보를 대중에게 공개할 권리
④ 필요 시 충분한 의료서비스를 받을 권리

정답 09 ③ 10 ③ 11 ④

해설 환자의 권리
- 알권리
- 자기결정권
- 비밀을 보호받을 권리
- 진료받을 권리
- 상담·조정을 신청할 권리
- 존엄성과 위엄 있는 죽음

12 환자가 원하지 않을 때, 환자의 질병에 대한 정보를 다른 사람에게 알리지 않는 행동은 환자의 어떤 권리를 존중하는 것인가?

① 알 권리
② 자기결정권
③ 치료받을 권리
④ 비밀을 보호받을 권리

해설 환자의 권리–비밀을 보호받을 권리
- 개인의 진료와 관련된 신체상, 건강상의 비밀이 지켜질 권리 및 사적인 일에 간섭 받지 않을 권리
- **알권리** : 병명, 병상, 진료계획, 치료와 수술 등에 대해 납득될 때까지 설명을 받을 권리
- **자기결정권** : 설명을 들은 뒤 의료 종사가자 제안하는 진료 경과 등을 스스로 결정할 권리
- **치료받을 권리** : 자신의 건강보호와 증진을 위해 적절할 보건의료서비스를 받을 권리
- **존엄성과 관련된 권리** : 존엄성을 유지하기 위해 환자들이 무엇을 존엄성 있다고 하는지 알아야 함

13 간호실무 상황에서 윤리적 의사결정과 관련된 판단기준으로 가장 적절한 것은?

① 직관적 판단에 기초한 최상의 선택을 한다.
② 학교에서 배운 윤리이론만으로 의사결정을 한다.
③ 국가가 정한 법과 사회 문화적 관습을 초월한다.
④ 환자가 전문적 권리에 따르지 않더라도 의무를 다한다.

해설 윤리적 의사결정의 기준
- 양심
- 법과 관습
- 전문직 의무
- 윤리이론과 윤리원칙
- 병원의 정책과 기준

정답 12 ④ 13 ④

14 다음 중 간호사의 도덕적 판단이 요구되는 경우는 무엇인가?

① 무의식 환자의 투약 시
② DNR 환자의 심정지 시
③ 낙상위험 환자의 siderail을 올려야 하는 경우
④ 위관영양이 필요한 환자가 비위관 삽입을 거부하는 경우

해설 윤리적 딜레마
- 똑같이 비중 있는 대안 중 만족할 만한 해결책을 찾을 수 없는 문제 상황
- 직면하는 문제의 윤리적 측면으로 간호사가 전문가로서 지켜야 하는 윤리적 의무 혹은 책무가 서로 충돌하고 있어 어떠한 실천 행동을 선택하는 것이 윤리적으로 올바른 것인지 판단하기 힘든 상태
- 자율성 존중의 원칙과 선의의 간섭주의가 충돌하여 윤리적 딜레마 상황이 발생하였다.

15 최근 일정한 조건일 때에는 안락사를 받아들이려는 움직임이 있는 나라들이 있다. 조건이 정당화된다 하더라도 안락사를 받아들일 경우, 가장 문제가 되는 것은?

① 의료인의 의무에 위배
② 이중효과의 원리 손상
③ 시행한 의료인의 죄책감
④ 환자의 비밀을 보호받을 권리에 대한 침해

해설 윤리적 의사결정의 기준
- 안락사에 대해 몇 가지 조건 하에 암묵적으로 받아들이려는 나라가 있다.
- 대체로 이런 경우 조건은 불치병의 말기로서 견딜 수 없는 고통으로 인하여 환자가 죽여 달라는 의사를 표현할 때라고 말하고 있다.
- 의료인에게는 타인에게 해를 입힐 위험을 초래하는 행위를 하지 않아야 할 의무인 악행금지의 원칙이 있는데, 안락사는 이에 위배될 수 있다.

16 다음 상황에서 간호사의 결정을 정당화할 수 있는 근거는?

> 수술 후 최대용량의 마약성 진통제가 투여되었음에도 불구하고, 환자가 계속해서 진통제를 요구하였다. 담당간호사는 진통제의 부작용을 우려하여 주치의의 처방하에 생리식염수 2mL를 투여하였다.

① 정직의 규칙
② 신의의 규칙
③ 정의의 원칙
④ 선의의 간섭주의

정답 14 ④ 15 ① 16 ④

해설 생명윤리의 원칙
환자는 통증 해소를 위해 진통제를 요구할 수가 있다. 하지만 담당 간호사는 부작용을 우려하여 진통제인 척 속이고 생리식염수를 투여하였다. 이는 선의의 간섭주의 원칙으로, 환자의 자율성(진통제 투약) 존중의 원칙과 선행의 원칙(부작용 우려)가 충돌할 경우 환자의 자율성이 희생되는 원칙이다.

17 환자가 응급수술을 해야 하는 상황에서 보호자가 수술을 거부하였다. 이에 한 의사는 치료를 하지 않으면 해가 될 수 있는 상황만 설명하고, 다른 한 의사는 무작정 수술을 시행했다. 이 경우 각자가 고려한 윤리원칙으로 적절한 것은?

① 선행의 원칙－정의의 원칙
② 정의의 원칙－선행의 원칙
③ 선행의 원칙－악행금지의 원칙
④ 자율성 존중의 원칙－선행의 원칙

해설 전자의 경우 자율성 존중의 원칙에 따라 수술을 하지 않겠다는 의견을 존중하여 수술을 하지 않은 것이고 후자의 경우 치료를 하지 않았을 때의 해가 되는 상황을 고려하여 환자의 의견을 무시하고 수술을 한 것으로 선행의 원칙 중 선의의 간섭주의에 따른 결정이다.

18 말기환자 간호 시 간호사가 내릴 수 있는 윤리적 결정으로 알맞은 것은?

① 말기 암 진단 시 환자에게 정신적 충격을 주지 않기 위해 알리지 않는다.
② 검사결과 결핵으로 진단 시 환자의 비밀유지를 위해 회사에 통보하지 않는다.
③ 인공호흡기 부착을 거부하는 환자에게 인공호흡기를 계속하여 강제로 부착하였다.
④ 음식을 거부하는 환자에게 선행의 원리와 돌봄의 원리를 적용하여 간호를 제공하였다.

해설 음식을 거부하는 환자의 영양섭취는 환자의 자율성과 선행의 원칙 사이에서 도덕적인 판단이 요구된다.

19 수술 후 환자에게 조기이상을 격려했으나 환자가 아프다는 이유로 이를 시행하고 있지 않다. 이때 적용할 수 있는 생명윤리원칙은 무엇인가?

① 정의의 원칙 vs 선행의 원칙
② 정의의 원칙 vs 자율성 존중의 원칙
③ 악행금지의 원칙 vs 정의의 원칙
④ 자율성 존중의 원칙 vs 선행의 원칙

정답 17 ④ 18 ④ 19 ④

해설 환자는 수술 후 아프다는 이유로 스스로의 선택과 결정 하에 조기이상을 하지 않고 있는 것은 자율성 존중의 원칙 측면이고 간호사는 환자의 조기이상이 환자의 회복을 돕기 위한 적극적이고 긍정적인 방법이자 해(수술 후 합병증 우려 등)를 가하지 않는 것이라고 여겨 이를 격려하는 것은 선행의 원칙 측면이다.

20 **임종과정에 있는 환자에게 심폐소생술, 혈액투석 등의 연명치료를 중단하는 것을 합법화하는 방안 중 하나로 사전연명의료의향서를 작성하도록 하고 있다. 이때 고려된 윤리적 기준은?**

① 성실의 규칙
② 분배적 원칙
③ 정직의 규칙
④ 자율성 존중의 원칙

해설 자신의 생각을 가지고 선택을 하며 개인적 가치와 신념을 가지고 행동할 권리는 자율성 존중의 원칙이다.

21 **현재 위암 말기로 항암 치료를 받고 있는 환자가 있다. 환자는 암으로 인한 통증 경감을 위해 진통제를 투약 받고 있으며 비강으로 산소를 공급받고 있었고 소화를 제대로 하지 못해 완전 비경구 영양(TPN)을 적용받고 있다고 한다. 이때 환자가 연명치료를 그만두겠다고 하면 간호 중 어떤 것을 중단해야하는가?**

① 구강간호
② 산소요법
③ 항암요법
④ 진통제 투여

해설 연명치료 중단
- 연명치료 중단이란 무의미한 치료를 하지 않는 것에 해당함
- 임종과정 중의 환자에게 심폐소생술, 혈액투석, 항암제 투여, 인공호흡기 착용의 의학적 시술을 하지 않는 것
- 진통제, 영양분, 물, 산소의 단순공급은 중단할 수 없음

22 **자율성 존중의 원칙에 근거를 두고 있는 사전동의의 원칙은 윤리적인 정당성을 인정받을 수 있는 기준에 합당해야 한다. 다음 사전동의의 기본요소 중 윤리적으로 말할 수 있는 일반적인 기준 중 옳은 것은?**

① 방문객이 알고 싶어 하면 알려준다.
② 전문적인 내용은 제외하고 알려준다.
③ 환자는 정해진 시간에만 질문할 수 있다.
④ 합리적인 보통 사람이 알고 싶어 하는 모든 것을 알려준다.

정답 20 ④ 21 ③ 22 ④

해설 사전동의는 환자의 자율성의 원리를 보장하기 위한 장치이다. 환자에게 시행하려는 치료에 대해 설명하고, 해당치료에 수반되는 가능한 위험과 이점을 설명하는 등 환자가 질문할 수 있는 시간을 충분히 허용하여 전문적으로 시행되는 모든 것을 알려주어야 한다.

23 **의료나 간호행위 시 환자로부터 동의가 필요한 경우를 설명한 것으로 가장 적절한 것은?**

① 응급을 요하는 환자의 경우
② 부작용이 야기될 가능성이 있는 시술 및 처치
③ 법적으로 명시된 감염병을 국가에 알리는 경우
④ 예방접종 등과 같이 행정상 강제성을 지닌 경우

해설 사전동의 의무
환자로부터 치료에 대한 동의를 받기 위해서 모든 관련된 정보를 제공해 주어 시행될 치료와 처치에 자발적으로 동의하고 협조하도록 해야 한다.

24 **환자에게 아직 의학적으로 효과가 완벽히 입증되지 않았지만 효과적일 것이라고 생각되는 신약으로 새로운 요법을 시행하기로 결정할 때, 환자와 상담 시 가장 중요한 것은?**

① 비밀로 하고 시행한다.
② 의료비 할인으로 현혹한다.
③ 신의료기술이라는 것을 강조한다.
④ 충분한 정보를 주고 동의를 얻는다.

해설 사전동의 의무
- 환자에게 시행될 치료와 처치에 대한 모든 정보를 제공하고 그에 대해 동의를 구해야 한다는 법적이고 윤리적인 원칙이다.
- 수반되는 가능한 위험, 이점을 설명한다.
- 시행되는 처치 이외의 가능한 대안을 제시한다.
- 거부할 권리가 있음을 설명한다.

25 **의사결정 능력이 없어지기 전에 자신의 신체에 대한 내용을 미리 서면화하는 사전유언 제도는 어떠한 윤리원칙에 근거를 두고 있는가?**

① 정직의 규칙
② 성실의 규칙
③ 선행의 원칙
④ 자율성 존중의 원칙

해설 사전유언제도
- 자신의 생각을 가지고 선택을 하여 개인적 가치와 신념을 가지고 행동할 권리로 사전동의가 이에 속한다.
- 사전유언제도는 본인의 신체에 대한 의사를 표현해 두는 것으로, 환자의 자율성을 고려한 것이다.

정답 23 ② 24 ④ 25 ④

26 **간호사가 보호자의 요청에 따라 환자의 상태를 환자 본인에게 알리지 않을 경우 위반하게 되는 생명윤리 원칙으로 알맞은 것은?**

① 정의의 원칙
② 선행의 원칙
③ 사전동의의 원칙
④ 자율성 존중의 원칙

해설 자율성 존중의 원칙
- 자율성 존중의 주요 내용은 진실을 말할 것, 타인의 사생활을 보호할 것, 사적인 정보를 보호할 것, 환자 치료에 대한 동의를 구할 것, 요청될 경우 타인이 중요한 결정을 하는데 도움을 줄 것을 포함한다.
- 이 사례의 경우 환자 본인에게 진실을 말할 의무를 위배하게 된다.

27 **30대 남성이 어떤 의사도 밝히지 못한 채 교통사고로 뇌사상태에 빠졌다. 해당 환자의 장기기증 문제에 대한 간호사의 태도로 가장 적절한 것은?**

① 환자의 부모님 의견을 기준으로 한다.
② 환자가 믿는 종교기관에 의뢰한다.
③ 병원윤리위원회의 결정을 따른다.
④ 동의 능력이 있었을 당시의 환자 의견을 존중한다.

해설 대리결정
- 자의적 동의 능력이 없는 사람의 자율성 보장 장치
- **순수 자율성 표준** : 대상자가 동의 능력이 있었을 당시의 의견 기준
- **대리판단 표준** : 대리인이 환자의 입장에서 무엇을 원하겠는가를 기준
- **최선의 이익 표준** : 이해득실을 따져 대상자에게 최선이 된다고 여겨지는 것 기준
- 보기 4번은 순수 자율성 표준에 해당한다.

28 **생명윤리의 원칙 중 정의의 원칙을 이행한 사람은?**

① 환자와의 약속을 지킨 사람
② 환자의 고통을 경감시킨 사람
③ 환자에게 진실을 말하는 사람
④ 빈곤한 자에게 사회보장제도를 통해 도움을 준 사람

해설 정의의 원칙
- 분배적 원칙으로 인간의 권리들이 그 발달 정도에 따라 각기 달리 분배될 수 없다는 것이다(공평한 간호제공, 의료자원의 분배)
- 자신이 행해야 할 의무와 해야 할 상황이 주어지면 즉시 실천하는 행위이다.
- 보기 1은 성실의 규칙, 2는 선행의 원칙, 3은 정직의 규칙을 지킨 사람이다.

정답 26 ④ 27 ④ 28 ④

29 **병원 직원인 보호자가 입원한 환자가 자신의 어머니라며 특별히 잘해주라고 당부하였다. 이에 따라 특별히 잘해준다면 어떤 원칙에 위배되는 것인가?**

① 선행의 원칙 ② 정의의 원칙
③ 성실의 규칙 ④ 악행금지의 원칙

해설 정의의 원칙은 분배적 원칙으로 인간의 권리들이 그 발달 정도에 따라 각기 분배될 수 없다. 특히 공평한 간호의 제공이나, 의료자원의 분배가 이에 해당된다.

30 **장기이식에 있어 중요한 문제는 장기부족이다. 이러한 장기 수급의 분배 문제를 위한 기초적인 윤리 원칙으로 가장 옳은 것은?**

① 선행의 원칙 ② 정의의 원칙
③ 성실성의 원칙 ④ 악행금지의 원칙

해설 장기수급의 분배 문제를 위한 기초적인 윤리원칙으로 정의의 원칙이 해당된다.

31 **인간의 권리들이 그 발달 정도에 따라 각기 달리 분배될 수 없다는 것으로 의료자원의 분배 형평성을 의미하는 원칙은?**

① 성실의 규칙 ② 정의의 원칙
③ 정직의 규칙 ④ 선행의 원칙

해설 보기 1은 약속을 지켜야 한다는 원칙, 3은 다른 사람을 존중하고 선을 위해서 진실을 말해야 하는 원칙, 4는 타인을 돕기 위한 적극적이고 긍적적인 단계를 요구하는 원칙

32 **간호실무에서 정의의 원칙을 적용한 사례는?**

① 수술 동의서 받기
② 업무 중 알게 된 환자정보 보호하기
③ 사전연명의료의향서에 따른 간호 제공하기
④ 응급환자분류체계(triage) 적용하기

해설 정의의 원칙이란 공정함과 공평함에 관련된 것으로 발달 정도에 따라 다르게 분배될 수 없다는 분배적 원칙이다. 그 유형으로는 균등한 분배, 필요에 따른 분배, 노력과 성과에 따른 분배, 공적에 따른 분배가 있다. 응급환자분류체계 적용은 필요에 따른 분배에 해당한다.

정답 29 ② 30 ② 31 ② 32 ④

33 나이팅게일 선서문에 제시된 '간호하면서 알게 된 개인이나 가족의 사정은 비밀로 하겠습니다.'라는 서약에 해당되는 생명윤리의 원칙과 규칙으로 올바른 것은?

① 신의의 규칙
② 선행의 원칙
③ 정의의 원칙
④ 정직의 규칙

해설 신의의 규칙
사생활 유지, 환자의 비밀을 지킬 의무

34 간호학과 학생이 정신병동 실습 중에 "휴학을 하고 어학연수를 간다"고 했던 동아리 친구가 입원한 사실을 알게 되었다. 이 사실을 다른 동아리 친구들에게 말했을 때 어긴 원칙은?

① 선행의 원칙
② 정의의 원칙
③ 신의의 규칙
④ 자율성 존중의 원칙

해설 신의의 규칙
- 간호를 통해 알게 된 개인의 비밀을 제3자에게 말이나 문서, 간호기록부를 보여주는 것 등으로 누설해서는 안된다.
- 예외
  - 본인의 동의가 있는 경우
  - 법령에 의해 요구되는 경우(전염병의 신고)
  - 정당한 업무 행위(집단 신체검사에서 감염성 질환 발견 시 회신)

35 빈혈로 응급실에 입원한 21세 여대생이 검사 중 임신한 것으로 밝혀졌다. 여대생은 임신 사실을 부모에게 알리지 말아달라고 했다. 간호사가 생각해야 할 윤리적 원칙은?

① 설명의 원칙
② 신의의 규칙
③ 정의의 원칙
④ 공평의 원칙

해설 위의 사례는 신의의 규칙과 관련된 내용이다.

36 윤리적으로 간호하는 것에 대한 설명으로 옳은 것은?

① 좋은 의도를 가지고 행하는 간호
② 윤리적 근거에 의해 타당한 간호
③ 기관의 행정적 지침에 따르는 간호
④ 의사의 지시를 완벽히 따르는 간호

정답 33 ① 34 ③ 35 ② 36 ②

해설 윤리적 간호실무 수행의 의미
- 간호윤리는 간호행위를 하는 데 요구되는 도덕적 규범과 의무사항
- 간호실무에 대한 윤리적 정당성을 제시
- 윤리적으로 간호할 때, 근거를 윤리적 영역에서 찾아야 함(좋고 싫음을 초월)

37 최근 간호사의 영역이 넓어져 역할과 위치가 변하고 새로운 기술이 발전하면서 간호사의 도덕적 책임과 의무가 증가하고 있을 때 간호사에게 필요한 소양으로 가장 적절한 것은?

① 업무 표준 ② 옹호의식
③ 법적 기준 ④ 전문적 지식

해설 환자의 옹호자 역할
- **옹호** : 환자나 가족에게 최상의 건강상의 이득을 주는 간호중재, 대상자로 하여금 자기결정을 하는 권리를 증진하는 과정
- 대상자의 요구를 가족이나 타 의료제공자에게 설명해준다.
- 대상자의 권리보호로 개인의 권리를 향유할 수 있도록 보호한다.
- 간호대상자의 가치인식과 실제 가치가 일치하는 결정을 내릴 수 있도록 한다.

38 다음에서 선의의 간섭주의에 해당하는 행위를 한 자는 누구인가?

① 환자의 투약 거부를 인정한 간호사
② 보호자의 동의 아래 환자의 퇴원을 취소
③ 식이습관을 바꾸려는 환자에게 식이추천을 해준 간호사
④ 응급상황에서 환자가 응급처치를 거부했지만 설명 후 응급처치를 한 자

해설 선의의 간섭주의
- 환자의 자율성 존중의 원칙과 의료인의 선행의 원칙이 갈등을 일으킬 때 환자의 자율성이나 자유가 희생되는 것이다.
- 선의의 간섭주의 정당화 조건
  - **자율성의 조건** : 자율성이 지켜지지 않는 상황
  - **해의 조건** : 지금 즉시 행하지 않으면 대상자에게 해가 있을 것
  - **승인의 조건** : 대상자가 선택할 수 있는 상황이라면 승낙할 것

정답 37 ② 38 ④

39 **현○○ 환자는 기흉으로 인한 급성 호흡부전을 치료하는 중 치료를 거부하고 있다. 이때 간호사가 우선적으로 해야 할 간호수행은?**

① 가족에게 알리고 환자를 설득하라고 한다.
② 대상자의 가족에게 전화해서 퇴원시키도록 한다.
③ 환자에게 치료 거부 원인을 묻고 치료를 받도록 설득한다.
④ 환자의 정신 상태를 알기 위해 심리 상담을 요청한다.

해설 대상자는 자율적으로 치료여부를 결정할 수 있는 자율성을 가지고 있으나 치료 중단 시 환자에게 해가 있을 것이 분명하므로 치료 거부 원인을 파악하여 해결해 주거나 환자를 설득하는 것이 우선이다.

40 **한국 간호사 윤리강령 중 "간호사는 대상자가 타인에 의해 인권과 건강이 위협받을 가능성이 있을 때 대상자를 보호하기 위한 적절한 조치를 취한다."의 윤리원칙은?**

① 선행의 원칙
② 돌봄의 원칙
③ 정의의 원칙
④ 자율성 존중의 원칙

해설 선행의 원칙(원리)
해나 악을 가해서는 안된다.
해나 악을 방지해야 한다.
악을 제거해야 한다.
선을 행하고 증진해야 한다.

41 **간호사가 낙상 위험이 있는 환자에 대해 침상 난간을 올리려 하자 환자가 답답하다며 올리기 싫다고 거부했다. 이때 올바른 간호는?**

① 환자와 똑같은 말투로 대답한다.
② 환자의 요구대로 난간을 올리지 않고 둔다.
③ 낙상을 예방하기 위하여 억제대를 적용한다.
④ 침상 난간을 올려야 하는 이유를 분명히 설명한다.

해설 난간을 답답해하며 올리지 않고 싶어하는 것은 환자의 자율성 존중의 원칙 측면이고 낙상 방지를 위해 난간을 올려야 하는 것은 의료인의 선행의 원칙 측면이다. 이러한 갈등을 일으킬 때에는 환자의 자율성이나 자유가 희생된다.

정답 39 ③ 40 ① 41 ④

42 수술 후 합병증을 예방하기 위해 간호사는 환자에게 조기 이상을 격려하지만 환자는 수술 부위의 통증을 호소하며 움직이려고 하지 않을 때 간호사가 느끼는 윤리적 갈등은?

① 악행금지와 정의의 원칙

② 악행금지와 선행의 원칙

③ 자율성 존중과 선행의 원칙

④ 자율성 존중과 악행금지의 원칙

해설 개인적 가치와 신념을 가지고 행동할 권리는 자율성 존중의 원칙 측면이고 타인을 돕기 위한 적극적이고 긍정적인 요구는 선행의 원칙 측면이다.

43 타인에게 의도적으로 해를 입히거나 해를 입힐 위험을 초래하는 행위를 하지 말아야 할 의무로 소극적 선에 해당하는 원칙은 무엇인가?

① 의무론 ② 공리주의

③ 선행의 원칙 ④ 악행금지의 원칙

해설 악행금지의 원칙
- 타인에게 의도적으로 해를 입히거나 해를 입힐 위험을 초래하는 행위를 하지 말아야 할 의무이다.
- 예측되는 유익한 영향은 예측되는 손상효과보다 크거나 혹은 같아야 한다.
- 행위자의 의도가 유익한 효과는 성취하도록 하고 손상효과는 가능한 피하도록 한다.
- 소극적 선이다.

44 당뇨약 개발 후 약의 효과와 부작용이 밝혀지지 않은 상태에서 환자에게 약을 사용하려는 경우 간호사에게 최우선적으로 요구되는 윤리원칙은?

① 정직성의 원칙 ② 성실성의 원칙

③ 악행금지의 원칙 ④ 선의의 간섭주의

해설 이 문제의 경우 약의 효과와 부작용이 환자에게 이익을 줄 것이라는 단서가 없어 환자에게 고의적으로 해를 가할 가능성이 있어보이므로 악행금지의 원칙에 의거, 이를 방지해야 한다.

정답 42 ③ 43 ④ 44 ③

45 다음 설명에 부합하는 생명윤리원칙은?

> • 간호사는 환자에게 상해나 고통 등의 해를 입히지 않기 위해 노력해야 한다.
> • 간호사가 의도하지 않은 결과가 나타날 수도 있으므로, 간호행위를 수행할 때에는 예측되는 유익한 영향과 손상효과의 크기를 따져서 행동해야 한다.

① 자율성 존중의 원칙
② 악행금지의 원칙
③ 성실의 규칙
④ 선행의 원칙

해설 예측되는 유익한 영향은 예측되는 손상효과보다 크거나 혹은 같아야 한다. 행위자의 의도가 유익한 효과는 성취하도록 하고 손상효과는 가능한 피하도록 한다. 악행금지의 원칙은 소극적 선이다.

46 병원윤리위원회의 기능에 관한 설명으로 옳은 것은?

① 의료인으로만 구성되어 전문적인 결정을 내린다.
② 윤리적 문제와 관련된 치료의 내용을 결정해준다.
③ 윤리적으로 민감한 사안에 대하여 해결방안을 제공한다.
④ 윤리 문제에 관한 체계적인 의사결정 절차를 확보하는 기전을 제공한다.

해설 병원윤리위원회
• 주요 기능은 환자의 치료와 관계된 윤리문제에 대해 합리적이고 이성적인 판단을 내릴 수 있도록 도와주는 역할의 수행이다.
• 환자의 치료 및 간호와 관련되어 발생되는 윤리문제에 다각도로 접근하기 위하여 설립되었다.
• 의료인뿐만 아니라 사업가, 병원 행정가, 지역사회 주민, 변호사 등 다양한 직종을 포함할 수 있다.
• 치료 내용이나 해결방안을 제공해주는 것보다는 윤리적 문제에 대한 도움을 제공한다.

47 병원윤리위원회에 대한 설명으로 옳은 것은?

① 미국에서는 병원의 사정에 따라 자율적으로 설치한다.
② 환자 치료 시 적합한 치료방법을 정하는 데에 이용된다.
③ 치료 및 간호와 관련된 윤리문제에 다각도로 접근하기 위해 설치한다.
④ 의사, 간호사를 비롯한 의료진만 참여할 수 있고 가족은 참여할 수 없다.

해설 병원윤리위원회
• 미국에서는 주별 지침에 따라 모든 병원에 설치되어 있다.
• 치료방법이나 치료방향이 아닌 치료 및 간호와 관련된 윤리적 문제에 대해 도움을 요청할 수 있다.
• 의료진 외에도 가족, 지역사회 주민, 변호사 등이 참여할 수 있다.

정답 45 ② 46 ④ 47 ③

48 **병원윤리위원회의 역할은 무엇인가?**

① 병원직원과 학생의 결집

② 윤리적 사례 집담회 개최

③ 국가정책의 윤리적 측면 검토

④ 환자의 생명연장을 위한 치료개발

해설 병원윤리위원회의 역할

- 병원직원과 학생의 교육
- 의뢰된 사례 분석
- 병원 정책의 윤리적 측면 검토
- 윤리적 사례 집담회
- 의료인, 병원 직원, 환자 가족들이 충고와 지지를 받을 수 있는 자원 제공

49 **A 간호사는 근무 중 B 간호사가 두 환자에게 처방된 약물을 반대로 투약한 사실을 확인하였다. 바뀐 약물을 투여 받은 환자들에게는 별다른 이상반응은 나타나지 않았다. 그러자 B 간호사는 A 간호사에게 자신의 실수를 비밀로 유지해 줄 것을 요청하였다. 이 경우, A 간호사가 지켜야 할 윤리적 가치는?**

① 정의의 규칙

② 신의의 규칙

③ 정직의 규칙

④ 성실의 규칙

해설 정직의 규칙

- 진실을 말해야 하는 의무이다.
- 다른 사람을 존중하고 신을 위해서 진실을 말해야 하는 것이다.
- 선한 것, 무해한 것, 정의와 같은 독립적인 원리가 함께 행해져야 한다.

정답 48 ② 49 ③

주관식

01 대장암 수술을 하고 하루가 지난 50세 여성에게 워커를 이용해 병동 1바퀴 돌고 오라고 간호지시를 했다. 이때 대상자가 "너무 아프고 힘들어서 걸을 수가 없어요. 하고 싶지 않아요."라고 답해 간호사가 "안됩니다. 제가 보조할 테니 조금씩 걸으세요."라고 할 경우 해당되는 윤리 원칙은?

02 선의의 간섭주의의 정당화 조건에 대해 쓰시오.

03 임상실험이 불가피한 인체실험의 3가지 유형을 쓰시오.

04 임상현장에서 간호사와 의사 간 윤리적 판단이 불일치 될 경우 최선의 이익 관점에서 쓰시오.

정답

01 선행의 원칙

02
- 자율성의 조건 : 자율성이 지켜지지 않는 상황
- 해의 조건 : 지금 즉시 행하지 않으면 대상자에게 해가 있을 것
- 승인의 조건 : 대상자가 선택할 수 있는 상황이라면 승낙할 것

03
- 정상인 또는 환자를 대상으로 생리적인 기능을 연구하는 일
- 새로운 의약품에 대한 임상적 효과를 알아보기 위한 임상실험
- 전혀 시도된 바 없는 새로운 기계적 조작을 진단과 치료에 응용하는 일

04 의사와 간호사는 임상현장에서 환자 최선의 이익이란 관점에서 의료와 간호행위를 결정하게 된다. '최선의 이익'이란 결코 의학적으로만 설명할 수 없는 개념이다. 의료인은 단순히 의학적 지식이나 간호학적 지식으로 진료와 돌봄을 결정할 수는 없다. 즉, 의사가 치료를 결정할 때에는 의학적・기술적 판단뿐만 아니라 윤리적 판단까지 함께 고려해야 한다. 어떤 상황에서 치료적 결정을 내릴 때 무엇이 환자에게 최선의 이익인가를 판단해야 하며, 이러한 판단은 가치판단이 된다.

PART 3

간호의 법적 측면과 윤리적 딜레마
최강적중 예상문제

CHAPTER 1

법적 이슈

01 다음 내용과 관련이 가장 깊은 것은?

- 응급처치를 하는 경우 환자가 의사표현을 하지 못할 때
- 법적으로 명시된 예방접종을 실시할 때
- 응급처치를 하는 경우 환자의 법정대리인이 없을 때

① 한계적 의료　② 전단적 의료
③ 간호사의 면허취소사유　④ 설명 및 확인의무

해설 전단적 의료란 의료인이 어떤 위험성 있는 의료행위를 실시하기 전에 환자에게 동의를 얻지 않고 의료행위를 시행하는 것으로 동의를 얻을 수 없는 상황은 환자가 의사를 표현할 수 없거나, 결정을 대신해 줄 법정대리인이 주위에 없거나, 응급상황으로 환자의 생명 또는 신체의 위험이 큰 경우이다.

02 다음 중 간호영역에서 의료분쟁 예방하는 대책으로 옳지 않은 것은?

① 일반적인 직업의식고취
② 간호사로서의 자긍심 갖도록 동기부여
③ 환자 존중과 치료적 의료소통의 확대
④ 사고방지를 위한 근무환경개선

해설 간호영역 의료분쟁예방 대책
1) 간호사에게 발생되는 법적 책임을 미연에 방지하기 위한 투철한 직업윤리의식 고취
2) 간호 관리자들은 간호사가 항상 긍지를 갖도록 동기부여
3) 새로운 최신 기술과 지식 실천 훈련을 강화
4) 사고방지에 최선을 두는 근무환경 마련

03 사고예방을 위한 노력으로 옳지 않은 것은?

① 자기의 직무배당이 무엇인지 확실히 알고 일한다.
② 환자의 사생활을 보호하여 환자의 상태 관찰을 제한한다.
③ 마음이 꺼림칙한 일은 다시 한 번 생각해보고 원인을 찾는다.
④ 한 번에 두 가지 일을 함께 하지 않는다.

정답 01 ② 02 ① 03 ②

해설 사고예방을 위한 노력

- 여유 있고 명랑한 기분으로 일에 임한다.
- 자기의 직무배당이 무엇인지 확실히 알고 일한다.
- 배운바 원칙과 지식을 최대한으로 적용한다.
- 쉬운 일이라도 정당한 순서와 절차를 밟는다.
- 인명, 약명, 용량, 농도, 단위 등 숫자를 언제나 세 번 이상 확인한다.
- 마음이 꺼림칙한 일은 다시 한 번 생각해보고 원인을 찾는다.
- 의문이 있을 때는 감독자와 의논한다.
- 의사 처방에 의문점이 있으면 다시 한번 확인한다.
- 한 번에 두 가지 일을 함께 하지 않는다.
- 사고가 났을 때 즉시 보고한다.
- 환자의 상태를 계속 관찰하여 적기에 치료가 가능하게 한다.

04 간호의 법적 책임의 증가요인 중에서 사회적 요인으로 옳지 않은 것은?

① 의료인들의 법적 책임에 대한 한계가 불분명하다.
② 사회보장제도의 확립으로 치료과정에서 발생하는 상해에 대해서 국가가 보상을 하게 되었다.
③ 보상을 둘러싸고 그 책임을 따지는 일이 빈번하게 되었다.
④ 의료대상자의 권리 의식의 향상으로 의료 과정에 참여, 설명, 동의 등에 대한 자신의 권리를 주장하게 되었다.

해설 간호의 법적 책임의 증가요인

✔ 사회적 요인

- 사회가 민주화됨에 따라 권리의식이 향상되어 의료대상자도 의료의 과정에 참여해서 설명, 동의 등에 대한 자신의 권리를 주장하게 되었다(1980년대).
- 사회보장제도의 결핍으로 치료과정에서 발생하는 상해에 대한 국가적 보상이 미약하다.
- 보상을 둘러싸고 그 책임을 따지는 일이 빈번하게 되었다.
- 의료인들의 법적 책임에 대한 한계가 불분명하다.

05 간호의 법적 책임의 증가요인 중에서 심리적 요인으로 옳지 않은 것은?

① 의료는 의사의 독자적 행위로서 의료대상자의 모든 문제를 담당하고 있다.
② 간호 업무는 의료의 보조와 독자적 기능을 담당하게 되었다.
③ 의료 전문직들은 긴밀한 의사소통과 협조를 해야 하는 실정이다.
④ 의료 전문직들 간의 책임과 의무의 범위가 불분명하다.

정답 04 ② 05 ①

해설 심리적 요인
- 전통적으로 의료는 의사의 독단적 행위로 이루어져 왔으나, 현대에 와서는 전문화, 분업화되어 의사 혼자서 의료대상자의 모든 문제를 담당하는 것은 불가능하게 되었다.
- 간호업무는 의료를 보조하는 기존의 업무에서 독자적인 기능을 담당하게 되어서 내적, 외적 전환 환자의 요구를 받게 되었다.
- 환자, 의사, 간호사, 기타 의료 전문직들은 환자의 치료과정에서 긴밀한 의사소통과 협조를 해야만 하는 실정이다.
- 업무수행과정에서 각자의 책임과 의무의 범위가 불분명하다.

06 법적 측면에서 간호사의 의무의 내용으로 옳지 않은 것은?

① 요양상의 간호시 간호사가 독자적으로 판단해서 수행하는 경우에 간호사가 책임을 지지 않는다.
② 진료의 보조는 의사가 지시한 내용을 수행하는 경우를 말하며 업무과정 수행상 간호사의 실수는 간호사가 책임을 진다.
③ 간호사는 환자와 그 보호자에게 대한 건강교육과 지도를 해야 하는 의무를 진다.
④ 전염병과 같이 타인에게 전파될 수 있는 경우, 퇴원 시 간호사는 환자에 대한 교육과 지도를 한다.

해설 법적 측면에서의 간호사의 의무
간호사는 국가의 면허를 받은 면허권자로서 일정한 행정법상의 의무와 간호업무와 관련되어 민사, 형사상의 법적 의무를 진다.
(1) **환자의 요양상의 간호 및 진료의 보조의무**
1) **요양상의 간호**
- 간호사가 독자적으로 판단해서 수행하는 경우, 간호사의 책임이다.

2) **진료의 보조**
- 의사가 지시한 내용을 수행하는 경우를 말한다.
- 궁극적으로는 의사의 책임, 업무과정 수행상 간호사의 실수, 고의 또는 태만으로 야기된 경과에 대해서는 간호사와 공동 책임이 된다.

(2) **환자 또는 보호자에 대한 요양방법의 지도 의무**
- 환자와 그 보호자에 대한 건강교육과 지도를 해야 하는 의무
- 전염병과 같이 타인에게 전파될 수 있는 경우, 퇴원 시 환자에 대한 교육과 지도

07 다음은 무엇에 대한 설명인가?

가. 환자 존중과 치료적 의사소통
나. 과학적 간호지식을 바탕으로 한 간호제공
다. 정확한 간호기록
라. 환자의 교육 받을 권리를 존중

정답 06 ① 07 ③

① 간호사의 통제
② 간호사의 권한
③ 간호사의 책임
④ 간호사의 권리

해설 간호사의 책임
- 환자 존중과 치료적 의사소통
- 과학적 간호지식을 바탕으로 한 간호제공
- 환자 상태 변화에 대한 신속한 대처
- 간호사 자신의 능력에 적절한 간호 수행
- 정확한 간호기록
- 환자의 교육 받을 권리를 존중
- 상대방의 능력을 고려한 개별적인 간호
- 자신이 근무하는 병원의 정책 등을 숙지
- 법의학에 대한 지식습득

08 **의료인의 과실로 인한 의료분쟁 처리의 분류이다. 해당하지 않는 것은?**

① 민, 형사 소송
② 소비자단체의 구제
③ 공제조합과 보험
④ 국가의 손해배상

해설 의료인의 과실로 인한 경우 손해를 배상한 국가나 공공단체는 해당 의료인에게 배상한 손해를 구상할 수 있고 해당 의료인은 업무상 과실로 인한 형사적 책임을 진다.

정답 08 ②

주관식

01 의료법에서 규제하고 있는 의료행위에 대해 쓰시오.

02 의료분쟁의 원인 중 공급자 측 요인에 대해 3가지 이상 쓰시오.

정답

01 의료법에서 규제하고 있는 의료행위는 전문적 지식을 기초로 하는 경험과 기능으로써 질병의 예방이나 치료 등을 하는 것으로 문진, 타진, 청진, 각종 검사 등에 의한 질병의 진단, 주사, 투약, 약물의 도포, 수술 및 치료, 재활 등의 예후적 치료, 기타 질병의 예방과 공중위생을 위한 처치 등을 포함한다.

02
- 의료수요의 양적 증가
- 의료기관 경쟁화에 따른 의료진의 윤리의식 약화
- 의료진과 환자 간의 신뢰관계 약화
- 의료인의 법률지식 부족
- 의료기술과 의약품에 대한 부작용과 위험의 증가
- 의료인의 의술부족, 주의의무 위반
- 의료의 본질적인 특성인 침습성

CHAPTER

2 간호과오

01 **비밀누설 금지의 예외조항으로 옳지 않은 것은?**

① 환자 본인의 승낙이 있는 경우

② 전염병 환자 발생 신고를 하는 경우

③ 중대한 공익상 필요가 있어 법원에서 증인으로 증언한 경우

④ 배우자나 배우자의 직계존비속이 요구하는 경우

해설 비밀누설 금지의 예외조항

- 본인의 동의가 있는 경우
- **법령에 의해서 요구될 경우** : 전염병의 신고
- **정당한 업무행위일 경우** : 집단검진에서 전염성 질환을 상사에게 회신하는 경우

02 **다음 글에 해당하는 간호사의 법적 의무는?**

> 간호사는 거동이 불편한 노인환자에게 처치를 하고나서 침상 난간을 올리지 않은 채 병실을 나갔다. 그 직후에 환자가 혼자 일어나려다가 낙상을 하여 골절상을 입었다.

① 사생활 보호의무

② 주의의무

③ 기록보존의 의무

④ 비밀유지의 의무

해설 주의의무

- 주의의무는 나쁜 결과가 발생하지 않도록 의식을 집중할 의무이다.
- 민사상의 책임과 별도로 형사상의 책임을 진다.
- 결과 예견의무와 결과 회피의무의 이중적 구조로 구성된다.
- 과실의 유무 판단은 일반인(통상인)의 주의정도를 의미하는 것이 아니라 전문직 간호사의 주의정도를 말한다.

정답 01 ④ 02 ②

03 의사 A가 간호사 B에게 포도당 10cc에 염화칼륨 0.5mg Emq을 혼합하여 5분 이상 천천히 혈관주사하는 처방전을 기재해주면서 주사하도록 하였다. B는 주사액을 환자의 혈관에 직접주입 형식으로 주사하였고 약 2cc를 주사할 때 돌연 환자에게 청색증의 반응이 나타나는 것을 발견하고도 계속하여 1분간에 걸쳐 위 주사액 전량을 주입함으로써 주사부작용으로 인한 심장마비로 사망에 이르게 하였다. 위 사례에서 간호사는 주의의무의 구체적인 내용중 어떠한 의무를 위반하였는가?

ㄱ. 결과예견의무	ㄴ. 결과회피의무
ㄷ. 확인 및 고지의무	ㄹ. 설명의무

① ㄱ, ㄴ, ㄷ　　② ㄱ, ㄹ
③ ㄴ, ㄷ　　④ ㄱ, ㄷ, ㄹ

해설 의사는 간호사에게 주사하게 하면서 주사의 부작용으로 일어날지 모르는 생명의 위험을 방지할 업무상 주의의무가 있는데도 처방전만 기재해준 주의의무 위반이 있고, 간호사는 위와 같이 위험한 혈관주사 시 주사액 주입시간을 엄수하고 혈관주사를 놓는 동안 환자에게 이상 반응이 일어날 때는 즉시 중단하고 의사에게 알려야 하는 의무가 있는데도 환자의 생명위험을 사전에 방지할 업무상 주의의무를 위반하였다.

04 간호과오가 불법행위책임을 발생시키는 데 필요한 요건이 아닌 것은?

① 간호행위의 결과가 위법한 것이어서 법률상 비난받는 것임을 인식하는 정신능력이 있어야 한다.
② 간호행위와 발생된 손해 간에 인과관계가 성립되어야 한다.
③ 간호행위가 사회가 보호하는 권리를 침해하는 것이어야 한다.
④ 고의 또는 과실은 증명되지 않아도 된다.

해설 고의 또는 과실이 증명되어야 한다.

05 간호사의 불법행위에 대한 설명으로 옳지 않은 것은?

① 불법행위에 대한 책임은 신체적 침해와 정신적 침해를 포함한다.
② 불법행위책임은 위법행위를 한 자에게 귀속되므로 사용자에게는 책임을 물을 수 없다.
③ 인과관계란 행위자의 고의, 과실 행위와 침해결과 사이의 인과관계를 말한다.
④ 손해에 대한 배상의 형태는 금전배상을 원칙으로 한다.

해설 위법행위를 한 자 외에 이익의 귀속자인 사용자 책임도 물을 수 있다.

정답 03 ① 04 ④ 05 ②

06 **간호사의 불법행위로 인해 환자가 피해를 입었을 경우 환자가 그 손해배상을 민사상 법정에 청구할 수 있다. 이 경우 원고(환자 측)가 증명해야 할 사항이 아닌 것은?**

① 환자 – 간호사의 관계가 있다.
② 배상받을 구체적 손해가 있다.
③ 법적으로 유효한 계약관계가 있다.
④ 간호사의 과실과 환자의 손해 간의 인과관계가 있다.

해설 불법행위
- 간호사가 업무상의 주의의무를 다하지 않아 환자에게 손해를 가한 경우
- 가해행위와 손해발생 간의 인과관계가 성립되어야 하며, 손해가 발생해야 한다.
- 보기 3의 계약관계의 존재는 채무불이행 책임에서 증명해야 할 사항이다.

07 **간호사의 법적 의무에 관한 판례의 입장으로 옳지 않은 것은?**

① 의사는 반드시 병을 완치시켜야 할 의무가 아니라 할지라도 최선의 주의로써 병을 치료하기 위한 충분한 조치를 다할 의무가 있다.
② 의사가 수술을 하면서 설명을 아니한 채 승낙 없이 침습한 경우에는, 설령 의사에게 치료상의 과실이 없는 경우에도 환자의 승낙권을 침해하는 위법한 행위가 된다.
③ 의사의 설명의무는 그 의료행위에 따르는 후유증이나 부작용 등의 위험 발생 가능성이 희소하다는 사정만으로 면제될 수 없다.
④ 제왕절개수술을 실시할 상황이 아니더라도 의사가 산모에게 질식분만을 실시할 경우에도 발생할 수 있는 위험 등을 설명하지 않았다면 설명의무를 위반한 것으로 보아야 한다.

해설 제왕절개수술을 실시할 상황이 아니라면 질식분만이 가장 자연스럽고 원칙적인 분만방법이므로 의사가 산모에게 질식분만을 실시할 경우 발생할 수 있는 위험 등을 설명하지 않았다고 하여 설명의무를 위반하여 산모의 자기결정권을 침해하였다고 할 수는 없다.

08 **간호사의 법적 의무에 관한 설명으로 옳지 않은 것은?**

① 환자가 설명 청취를 포기한 경우에는 전단적 의료가 가능하다.
② 폐결핵환자에게 결핵약 교부시 결핵약 복용으로 인한 부작용을 제대로 설명하지 않은 간호진료원에게 대법원은 설명의무 위반을 인정하였다.
③ 대법원은 의사의 처방을 그대로 따르기만 하면, 간호사의 주의의무는 끝나는 것이지, 의사처방의 적절성에 대한 간호사의 확인의무까지 있는 것은 아니라고 판시하였다.
④ 주의의무는 결과예견의무와 결과회피의무의 이중적 구조로 구성된다.

해설 대법원은 의사의 처방을 그대로 따르기만 하면 간호사의 주의의무가 끝나는 것이 아니라 의사처방의 적절성에 대한 간호사의 확인의무가 있음을 인정한다.

정답 06 ③ 07 ④ 08 ③

09 **간호사의 확인의무의 내용으로 볼 수 없는 것은?**

① 피투여자의 확인
② 환자의 치료비 부담능력 여부 확인
③ 의료기구 및 기구의 사용 전 상태 확인
④ 수혈 시 수혈용 보존혈의 오염 여부 확인

해설 간호사에게 환자의 치료비 부담능력 여부를 확인할 의무는 없다.

10 **간호사의 채무불이행책임과 불법행위책임에 관한 비교 설명으로 옳지 않은 것은?**

① 채무불이행책임은 민사책임이고, 불법행위책임은 형사책임이다.
② 채무불이행책임에서 간호사의 귀책사유 입증책임은 간호사가 귀책사유 없음을 입증하여야 한다.
③ 불법행위책임의 소멸시효는 손해 및 가해자를 안 날로부터 3년 또는 불법행위를 한 날로부터 10년이 경과한 때이다.
④ 정신적 손해에 관한 위자료청구권은 채무불이행책임보다 불법행위책임에서 그 인정범위가 더 넓어 유리하다.

해설 채무불이행과 불법행위 책임
- 채무불이행책임과 불법행위책임 둘 다 민사책임이다.
- 업무상 과실치상죄나 업무상 과실치사죄가 형사책임이다.
- 불법행위책임의 경우에는 피해자(환자)의 배우자, 부모, 형제자매 등에게 위자료 청구권이 인정될 수 있어 채무불이행 책임보다 더 유리한 측면이 있다.

11 **현대 의료는 점차 분업화, 세분화되고 있고, 팀의 형태로 의료행위가 이루어지고 있는바, 각 의료종사자 사이의 긴밀한 협력은 필수적인 상황이다. 이러한 상황에서 신뢰의 원칙이 중요해지고 있는데, 이에 대한 설명으로 옳지 않은 것은?**

① 공동으로 의료행위를 하는 의사는 다른 의사가 주의의무를 다하였다는 것을 신뢰하면 족하며, 다른 의사가 적절하게 행위하는지를 확인·조사할 주의의무는 없다.
② 공동으로 의료행위를 하다가 의료과실이 발생한 사건에서 신뢰의 원칙을 주장하려는 의료인은 일단 자신은 주의의무를 위반하지 않아야 한다.
③ 간호사가 의사의 보조자로서 의료행위를 하는 경우, 의사는 원칙적으로 간호사의 과실에 대하여 신뢰의 원칙을 이유로 자기의 책임을 면할 수 없다.
④ 의사와 의사 사이에는 수직적인 지휘·감독관계가 성립하지 않으므로 주의의무를 다한 의사는 항상 신뢰의 원칙을 이유로 자기의 책임을 면할 수 있다.

정답 09 ② 10 ① 11 ④

해설 ④에서 담당의사와 레지던트, 인턴과 같이 얼마든지 의사와 의사 사이에도 수직적인 지휘, 감독관계가 성립할 수 있다. 의사와 의사 사이에 수직적인 지휘, 감독관계가 성립하는 경우에는 지휘, 감독 위치에 있는 의사는 신뢰의 원칙을 이유로 자기의 책임을 면할 수 없다.

12 다음의 개념 중 잘못 연결되어진 것은?

① 간호사고 - 간호업무 중 발생하는 모든 사고
② 간호채무 - 간호업무를 수행함에 있어서 가지는 법적인 책임
③ 업무상과실 - 의료인이 어떤 위험성이 있는 의료행위를 실시하기 전에 환자로부터 동의를 얻지 않고 의료행위를 시행하는 것
④ 간호책무 - 업무수행의 결과에 대한 책임

해설 간호사고
1) **간호사고** : 간호업무 중 발생되는 모든 사고로, 간호업무를 수행할 때 고의 또는 태만, 기타 원인으로 인하여 환자의 상해, 사망 또는 건강상의 변화 등 예측되지 않은 부정적 결과 발생
2) **간호채무** : 간호업무를 수행함에 있어서 가지는 법적인 책임
3) **간호책무** : 간호 수행의 결과에 대한 책임
4) **간호책임** : 간호직에 할당되거나 위임된 업무를 해야 할 의무
5) 상담과 조정을 신청할 권리

13 다음의 개념 중 잘못 연결되어진 것은?

① 업무상과실 - 특수한 직무를 수행하다가 저지른 과실
② 부정행위 -선의 또는 과실에 의한 위법한 행위로 남에게 손해를 끼치는 행위
③ 전단적 의료 - 의료인이 어떤 위험성이 있는 의료행위를 실시하기 전에 환자로부터 동의를 얻지 않고 의료행위를 시행하는 것
④ 주의의무 태만 - 타인에게 유해한 결과가 발생되지 않도록 정신을 집중할 의무를 제대로 하지 못하는 것

해설
- **불법 행위** : 선의 또는 과실에 의한 위법한 행위로 남에게 손해를 끼치는 행위
- **업무상 과실** : 특수한 직무를 수행하다가 저지른 과실
- **과실** : 행위자가 부주의로 범죄 사실의 발생을 인식하지 못한 경우
- **주의의무 태만** : 타인에게 유해한 결과가 발생되지 않도록 정신을 집중할 의무를 제대로 하지 못하는 것
- **전단적 의료** : 의료인이 어떤 위험성이 있는 의료행위를 실시하기 전에 환자로부터 동의를 얻지 않고 의료행위를 시행하는 것
- **부정행위** : 정당하지 않은 행위로 이득을 취하기 위해 규칙을 깨는 행위

정답 12 ③ 13 ②

14 **간호과실에 대한 설명으로 옳은 것은?**

① 간호행위 수행 중에 예상외로 원치 않는 불상사가 야기
② 업무상 요구되는 주의의무의 소홀로 환자에게 손해를 끼치게 된 것이 인정될 때
③ 간호업무 수행 시 예측된 간호의 효과 외에 나쁜 결과가 발생되는 것
④ 간호행위 중 발생한 원치 않았던 불상사의 총칭

해설 **간호과실** : 모든 과실은 간호사고에서 기인되지만 모든 간호사고가 과실이 아니며, 간호사고 중에서 과오가 있다는 것이 객관적으로 입증되었거나 인정된 것

15 **간호사고에 대한 설명으로 옳지 않은 것은?**

① 간호행위 수행 중에 예상외로 원치 않는 불상사가 야기
② 간호행위 중 발생한 원치 않았던 불상사의 총칭
③ 간호업무 수행 시 예측된 간호의 효과 외에 나쁜 결과가 발생되는 것
④ 간호행위를 수행함에 있어서 평균수준의 간호사에게 업무상 요구되는 주의의무를 소홀히 시행하여 환자에게 손해를 끼치는 것

해설
- **간호사고** : 간호행위가 시작되어 마칠 때까지의 과정에서 예상외로 원치 않은 불상사가 야기된 것을 말하며, 예측된 간호의 효과 외에 나쁜 결과가 발생 혹은 간호사의 간호행위 중 발생한 원치 않았던 불상사의 총칭으로 표현하기도 함
- **간호과오** : 간호행위를 행함에 있어서 평균수준의 간호사에게 업무상 요구되는 주의의무를 소홀히 수행함으로써 환자에게 손해를 끼치는 것
  1) 안전대책의 실패
  2) 확실한 지식부족
  3) 반드시 수행해야 하는 사항을 시행하지 않음으로써 생기는 결과

16 **금일 입원한 소아환자에게 입원처치를 하지 않은 상태에서 낙상이 발생하여 두개골 골절의 손상이 발생되었다. 입원 시 낙상교육을 실시하지 않아 발생한 사고임을 담당 간호사가 인정하였다. 이것을 무엇이라고 하는가?**

① 간호사고　　② 간호과오
③ 간호과실　　④ 간호책무

해설 객관적으로 인정된 것은 간호과실이다.

정답 14 ② 15 ④ 16 ③

17 **간호와 법에서 범죄의 성립조건이 아닌 것은?**

① 구성요건 해당성 ② 위법성
③ 책임 ④ 개연성

해설 개연성은 책임추궁을 부과할 때 사용되는 용어이다.

18 **다음 중 채무불이행에 관련 없는 것은?**

① 법적 근거는 민법 제390조이다.
② 귀책사유는 고의 또는 과실이다.
③ 입증 책임은 피해자이다.
④ 손해배상의 책임주체는 의료기관의 간호사이다.

해설 입증 책임은 간호사(채무자)이다.

19 **간호사고의 불법행위의 성립요건이다. 해당하는 것은?**

① 고의 또는 과실 ② 불완전 이행
③ 위법한 행위 ④ 손해의 발생

해설 불법행위의 성립요건은 위법한 행위이다.

20 **간호사고의 채무불이행의 성립요건이다. 해당하지 않는 것은?**

① 고의 또는 과실
② 불완전한 이행
③ 위법한 행위
④ 손해의 발생

해설 위법한 행위는 불법행위의 책임이다.

정답 17 ④ 18 ③ 19 ③ 20 ③

21 **다음 주의의무 중 결과 예견의무에 해당하지 않는 것은?**

① 발생 가능성이 매우 낮은 경우라고 해도 객관적으로 일반간호사에게 알려진 상태의 것이다.
② 일반간호사에게 알려지지 않은 단계라도 당해 간호사가 이를 알 수 있는 위치에 있는 경우이다.
③ 해야 할 행위를 하지 않는 경우이다.
④ 위험회피를 위하여 일정한 조치를 취하였으나 예기하지 못한 유해한 결과가 야기된 경우이다.

해설 ④는 결과 회피의무에 속한다.

22 **간호과실은 간호과오 중 무엇이 입증되어야 하는가?**

① 종속관계 ② 인과관계
③ 의존관계 ④ 갑을관계

해설 1) 간호사의 주의업무
- 환자의 생명을 보호하기 위하여 적합하고 적당한 조치를 취하는 것
- 주의업무는 간호사의 책무와 법적 책임에서 비롯

2) 간호사고
- 간호행위가 시작되어 끝날 때까지의 과정에서 예상외로 원치 않는 불상사가 야기
- 간호업무 수행 시 예측된 간호의 효과 외에 나쁜 결과가 발생되는 것
- 간호사의 간호행위 중 발생한 원치 않았던 불상사를 총칭

3) 간호과실
- 간호사고 중에서 과오가 있다는 것이 객관적으로 입증되었거나 인정된 것
- 모든 과실은 간호사고에 기인되나 모든 간호사고가 과실은 아님

4) 간호과오
- 간호과오란 간호행위를 행함에 있어서 평균 수준의 간호사에게 업무상 요구되는 주의의무를 소홀히 하여 환자에게 손해를 끼치는 것
- 책임에 응하는 간호행위의 어떤 것, 또는 전부를 이해하지 않은 결과로 상대방이 상해를 받게 되는 경우를 의미
- 예를 들면, 안전대책의 실패, 확실한 지시부족, 반드시 해야 할 바를 수행하지 않음으로써 생기는 결과를 과오라고 함

정답 21 ④ 22 ②

23 다음은 간호행위에 대한 보건복지부의 질의회신 내용이다. 옳지 않은 것은?

① 간호사의 혈액주사는 의사의 지도하에 시행되어야 한다.
② 조산소에서의 약품구매행위 및 주사, 투약행위는 불법이다.
③ 의사의 지시 없이는 마취행위를 할 수 없다.
④ 사업장의 보건관리자로서 의사와 간호사는 필요한 의료행위를 할 수 있다.

해설 조산소에서의 약품구매행위 및 주사, 투약행위는 적합하다.

24 간호사고에 대한 법적 책임이 아닌 것은?

① 과실 상계　② 과실 치사
③ 과실 상해　④ 업무상 과실

해설 간호사고에 대한 책임
- 업무상 과실로 인한 경우 형법에 의하여 업무상 과실 상해 또는 업무상 과실치사죄가 적용된다.
- 환자를 최신의 지식과 기술로써 간호해 주겠다고 하는 묵시적인 계약이 있는 것이므로 위반 시 민사 법정에 청구된다.

25 주의의무를 판단하는 기준이 되는 기준은?

① 간호실무윤리　② 간호실무지표
③ 간호실무지침　④ 간호실무표준

해설 간호실무표준은 간호실무의 핵심을 건강과 질병에 대한 인간의 반응을 사정하여 진단하고 간호중재를 규명하여 수행하고, 이를 평가하는 간호과정의 적용에 대한 것이다.

26 사건보고서 작성 시 유의점이다. 옳지 않은 것은?

① 사건보고서를 개인이 파일하기 위하여 복사해서는 안 된다.
② 이미 완성된 사건보고서에 기록해서는 안 된다.
③ 모든 사건을 객관적으로 기술하여야 한다.
④ 비정상적, 비일상적인 발생과 사건은 기록하지 않는다.

해설 사건보고서 작성 시 유의점
1) 간호사는 모든 사건을 객관적으로 기술하여야 한다.
2) 간호사는 이미 완성된 사건보고서에 기록해서는 안 된다.
3) 간호사는 사건보고서를 개인이 파일하기 위하여 복사해서는 안 된다.
4) 의사와 상급 간호사는 사건보고서를 파일화하도록 한 지시를 기록해서는 안 된다. 사건보고서의 존재는 원고 측 변호사의 관심의 대상이 된다.
5) 비정상적, 비일상적인 발생과 사건을 기록해야 한다.

정답 23 ② 24 ① 25 ④ 26 ④

27 **간호사가 한 환자에게 12시에 특정 약물을 투여하여야 하지만 너무 바쁜 나머지 약물 투여를 잊어버리고 약물을 투여하지 못했다. 이때 간호사가 준수하지 못한 의무는?**

① 주의의무 ② 설명의무
③ 동의의무 ④ 비밀유지의 의무

해설 업무능력이 있는 사람이 주의의무를 다하지 않음으로써 남에게 손해를 입히는 것으로 민・형사상 책임 추궁의 핵심이 된다.

28 **간호사가 의식이 확실치 않은 환자에게 물수건을 대어 주었을 때, 온도 측정을 하지 않아 화상을 입게 했을 경우 이를 무엇이라고 하는가?**

① 범죄간호행위 ② 불법간호행위
③ 의료 진단행위 ④ 주의의무 태만

해설 간호사가 충분히 주의를 기울였으면 나타나지 않았을 일이 생긴 것이므로 주의의무 태만이다.

29 **간호사의 행위 중 '주의의무 태만'에 대한 설명으로 옳은 것은?**

① 주사기를 무균적으로 다루었다.
② 동료직원에게 환자에 대한 비밀을 누설하였다.
③ 응급환자에게 행할 수 있는 모든 간호를 하였다.
④ 투약 시 본인확인을 제대로 하지 않아 원래 투약하려던 환자가 아닌 다른 환자에게 투약하였다.

해설 보기 ①, ③은 의무 태만에 해당되지 않고, ②는 비밀유지의무 위반이다.

30 **간호사의 주의의무 태만에 대한 책임의 설명으로 옳은 것은?**

① 판단기준은 규범적 표준을 적용한다.
② 위반한 경우 민사상의 법적 책임만 추궁된다.
③ 간호사의 주의의무 태만으로 인한 과실은 병원의 과실이 아니다.
④ 간호사의 주의의무 태만과 환자의 손해 사이에 인과관계가 있어야 한다.

해설 책임이 발생하기 위해서는 불완전이행 또는 위법행위 발생과의 인과관계를 증명해야 한다. 판단기준은 법적 기준을 적용하고 위법한 경우 민사책임과 형사책임을 진다. 또한 병원에 고용된 의사나 간호사의 고의, 과실은 병원 개설자의 고의, 과실과 전적으로 동일시된다.

정답 27 ① 28 ④ 29 ④ 30 ④

31 전단적 의료가 가능한 경우는?

① 보호자의 의사가 확실할 때
② 의료진이 확실히 옳다고 생각할 때
③ 환자가 공공시설에 수용되어 있을 때
④ 설명이 환자의 심신에 중대한 역기능을 미치는 경우

해설 전단적 의료가 가능한 경우
- 알 권리를 가진 자가 그 권리를 유효하게 포기한 경우
- 응급환자인 경우와 가정적인 승낙이 전제된 경우
- 설명이 환자의 심신에 중대한 역기능을 미치는 경우

32 다음 중 간호사의 법적 의무로 가장 적절한 것은?

① 보험사 직원에게 의무 기록지를 복사해 준다.
② 친지의 요청이 있어 환자의 기록열람을 허용해 준다.
③ 조무사에게 일을 위임한 경우 책임까지 위임한 것이다.
④ 직장 집단검진 결과 결핵 환자를 발견하면 직장의 책임자에게 회신한다.

해설 ①, ②는 보험사 직원, 친지도 제3자에게 해당하므로 본인의 허락없이는 간호기록부 등의 문서를 제공해서는 안된다. 조무사에게 일을 위임한 경우 책임까지 위임한 것은 아니다.

33 환자의 정보보호 원칙으로 옳은 것은?

① 간호기록은 3년간 보관한다.
② 아동학대의 소견이 있을 때 정보를 공개할 수 없다.
③ 의료인은 필요할 때 언제든 정보를 공유할 수 있다.
④ 환자의 동의를 받고 정보를 공유해야 한다.

해설 비밀유지의 의무
- 예외
  - 본인의 동의가 있는 경우
  - 법령에 의해 요구되는 경우(전염병의 신고, 아동학대의 신고)
  - 정당한 업무행위(직장 건강검진 결과 전염성 질환 발견 시 회사에 통보)
- 간호기록은 5년간 보관한다.
- 의료인은 환자본인의 동의를 받고 정보를 공유해야 한다.
- 환자 의식이 없고 보호자, 대리인이 없을 경우 의료인 1명 이상의 동의를 받아 응급의료를 시행할 수 있다.

정답 31 ④ 32 ④ 33 ④

34 **간호사는 직무상 알게 된 환자에 관한 정보를 공개하지 않을 비밀유지의 의무가 있다. 다음 중 비밀유지의 예외에 해당하는 것으로 올바른 것은?**

① 수술을 앞둔 위암 환자
② 아동학대가 의심되는 아동
③ 치매로 판단력이 저하된 노인
④ 만성신부전증으로 투석 중인 환자

해설 법령에 의해 요구되는 경우는 전염병의 신고, 아동학대의 신고 등이며 직장의 건강검진 결과의 보고는 정당한 업무 행위이다.

35 **환자의 비밀유지 의무를 지켜야 하는 경우는?**

① 환자의 허락을 받은 경우
② 신체검사상 법정감염병이 발견된 경우
③ 공익상 필요한 사항으로 법원의 협조가 있을 경우
④ 논문 작성을 위하여 환자가 연구의 실험 대상으로 참여할 경우

해설 논문 작성을 위하여 환자가 연구의 실험대상으로 참여할 경우 비밀을 유지해야 한다.

36 **간호사가 간호조무사에게 따뜻한 물주머니를 대어주는 간호를 위임하였는데, 환자가 화상을 입는 사고가 발생하였다. 이때 간호사가 이행하지 못한 의무는?**

① 확인의 의무
② 결과 예견의 의무
③ 비밀 유지의 의무
④ 설명 및 동의의 의무

해설 간호사는 간호 보조행위에 대해, 혹은 의약품과 기자재 사용에 대해 확인해야 한다.

37 **수액 주입 전 수액 상태를 살펴보아야 하는 간호사의 의무는 무엇인가?**

① 설명의 의무
② 확인의 의무
③ 동의의 의무
④ 결과 예견의 의무

해설 의약품 및 재료의 변질 여부 확인은 확인의 의무에 해당한다.

정답 34 ② 35 ④ 36 ① 37 ②

38 관절염을 가지고 있는 위궤양환자가 진통제를 계속 복용했는데, 진통제의 부작용으로 위궤양 증상이 심해지고 있었다. 그럼에도 의사가 계속 환자에게 진통제를 처방할 때 담당 간호사가 해야 할 일로 가장 옳은 것은?

① 수간호사에게 중재를 요청한다.
② 의사의 처방에 따라 계속 투약한다.
③ 담당의사의 상관의사에게 보고한다.
④ 의사와 위궤양 증상이 더 심해지는 것에 대해 상의한다.

해설 다른 보건의료인의 행위가 실무표준행위에 위반되지 않는지에 대한 확인의 의무
(예 의사가 잘못된 처방을 한 것이 의심되는 경우 다시 확인해야 함)

39 의사가 고혈압 환자에게 약을 적정용량의 10배로 처방한 것을 발견하였다. 의사에게 이 사실을 알리고 정정을 요청하였으나, 계속 같은 용량을 투약하라고 강요할 경우 어떻게 해야 할까?

① 의사와 논쟁한다.
② 처방대로 투약한다.
③ 투여하지 않고 의무기록에 기록한다.
④ 일단 투약을 중지하고 수간호사에게 상황을 보고한다.

해설 의사가 잘못된 처방의 투약수행을 강요할 경우에는 일단 투약을 중지하고 수간호사에게 보고하며, 의사에게 확인한 시간, 의사의 주장과 대상자의 반응 등을 기록해 두어야 한다.

40 병실에서 응급환자가 발생하였는데 담당 의사가 전화를 받지 않아 간호사가 환자를 중환자실로 전동하였다. 이때 간호사가 법적으로 보호받기 위하여 할 수 있는 행동으로 옳은 것은?

① 보호자에게 설명한다.
② 수간호사에게 알린다.
③ 간호기록지에 기록한다.
④ 의사의 연락을 기다린다.

해설 의료인은 각각 진료기록부, 조산기록부 또는 간호기록부를 비치하여 그 의료행위에 관한 사항과 소견을 상세히 기록하고 서명하여 보존하여야 한다.

정답 38 ④ 39 ④ 40 ③

41 **의사의 부재 시 응급환자가 왔을 때 어떤 태도를 취해야 하는가?**

① 환자를 받지 않는다.
② 의사가 없으므로 치료해도 된다.
③ 의사의 처방이 없으니 치료할 수 없다.
④ 응급처치를 하면서 의사에게 연락한다.

해설 진료요청에 응할 의무
- 의료인은 응급환자에 대하여 응급의료에 관한 법률이 정하는 바에 따라 최선의 처치를 행하여야 한다.
- 이에 의해 간호사는 환자의 간호요청이 있을 때 적절한 처치를 해야 한다.

42 **간호행위를 행함에 있어 평균 수준의 간호사에게 요구되는 업무상의 주의의무를 게을리 하여 환자에게 인신 상의 손해를 발생하게 하는 것은?**

① 간호사고
② 간호과오
③ 간호과실
④ 부정행위

해설 간호과오
간호사가 간호행위를 행함에 있어 평균 수준의 간호사에게 요구되는 업무상의 주의의무를 게을리 하여 환자에게 인신 상의 손해를 발생하게 한 것

정답 41 ④ 42 ②

주관식

01 **주의의무의 종류 중 문진의무에 대해 쓰시오.**

02 **투약과 관련된 간호사고를 예방하기 위한 관리법을 3가지 이상 쓰시오.**

정답

01 의료인은 환자 내원 시 환자와 가족의 기왕력, 알레르기 체질 여부, 마취제 등 사용 약제의 이상반응 유무 등을 구체적으로 문진할 의무가 있다. 이를 게을리하여 사고가 난 경우에는 문진의무 위반을 이유로 손해배상책임이 있다.

02
- 5R 준수
- 주사부위 소독
- 항생제 투여 시 응급처치 약품준비
- 약품설명서의 주의사항 이해
- 염화칼륨, 헤파린, 도파민, 아미노필린 등의 부작용을 반드시 기억함

CHAPTER 3

간호사의 설명 및 동의의 의무

01 **동의의무에 관한 설명으로 옳지 않은 것은?**

① 의료행위 중 환자의 생명 및 신체의 침해가 예견되는 상황에 대한 동의가 필요하다.
② 응급처치나 예방접종, 격리 시는 동의가 필요 없이 행위를 취할 수도 있다.
③ 동의서에는 해당 의료행위는 환자가 충분히 이해한 후에 동의하였음을 기재한다.
④ 동의를 얻으면 모든 책임은 의료인에게는 제외된다.

해설 의료행위가 위험을 내포한 것이라면 반드시 동의를 얻어야 한다. 동의를 얻었다고 해서 의료인의 책임이 회피되는 것은 아니다.

02 **다음은 설명 및 동의의 의무이다. 옳지 않은 것은?**

① 환자가 동의를 하기 위해서는 사전에 치료 등에 관하여 설명을 하여야 한다.
② 의료인이 환자를 치료하기 위해 진료 직후 환자의 동의를 얻어야 한다.
③ 필요한 정보를 주지 않고 일방적인 설명으로 동의를 구한 경우는 무효이다.
④ 의료인의 의료행위는 환자에 대한 사전설명과 동의에 의해서만 적법하다.

해설 **의료법상 설명 및 동의의무**(의료법 제24조의 2)

① 의사・치과의사 또는 한의사는 사람의 생명 또는 신체에 중대한 위해를 발생하게 할 우려가 있는 수술, 수혈, 전신마취(이하 이 조에서 "수술 등"이라 한다)를 하는 경우 제2항에 따른 사항을 환자(환자가 의사결정능력이 없는 경우 환자의 법정대리인을 말한다. 이하 이 조에서 같다)에게 설명하고 서면(전자문서를 포함한다. 이하 이 조에서 같다)으로 그 동의를 받아야 한다. 다만, 설명 및 동의 절차로 인하여 수술 등이 지체되면 환자의 생명이 위험하여지거나 심신상의 중대한 장애를 가져오는 경우에는 그러하지 아니하다.
② 제1항에 따라 환자에게 설명하고 동의를 받아야 하는 사항은 다음 각 호와 같다.
  1. 환자에게 발생하거나 발생 가능한 증상의 진단명
  2. 수술 등의 필요성, 방법 및 내용
  3. 환자에게 설명을 하는 의사, 치과의사 또는 한의사 및 수술 등에 참여하는 주된 의사, 치과의사 또는 한의사의 성명
  4. 수술 등에 따라 전형적으로 발생이 예상되는 후유증 또는 부작용
  5. 수술 등 전후 환자가 준수하여야 할 사항
③ 환자는 의사, 치과의사 또는 한의사에게 제1항에 따른 동의서 사본의 발급을 요청할 수 있다. 이 경우 요청을 받은 의사, 치과의사 또는 한의사는 정당한 사유가 없으면 이를 거부하여서는 아니 된다.
④ 제1항에 따라 동의를 받은 사항 중 수술 등의 방법 및 내용, 수술 등에 참여한 주된 의사, 치과의사 또는 한의사가 변경된 경우에는 변경 사유와 내용을 환자에게 서면으로 알려야 한다.
⑤ 제1항 및 제4항에 따른 설명, 동의 및 고지의 방법・절차 등 필요한 사항은 대통령령으로 정한다.

정답 01 ④ 02 ②

03 다음은 설명 및 동의의 내용에 관한 내용이다. 옳지 않은 것은?

① 투약에 대한 설명
② 병원운영 측면에서의 설명
③ 전문적 간호시술에 대한 설명
④ 질병에 대한 설명

해설 설명 및 동의의 내용
- 투약행위에 대한 설명
- 검사 및 치료에 대한 설명
- 환자관리 측면에서의 설명
- 전문적 간호시술에 대한 설명

04 설명 및 동의의 의무에 대한 설명으로 옳은 것은?

① 윤리적, 도덕적 책임이다.
② 수술과 같은 환자의 신체에 대한 침습적 처치에 적용된다.
③ 대상자의 알 권리에 기여하는 의무는 조언설명 의무에 해당한다.
④ 대상자의 자기 결정권에 기여하는 의무는 고지설명 의무에 해당한다.

해설 설명 및 동의의무
- 고지설명 의무
  - 투약 행위에 대한 설명
  - 각종 검사 및 치료에 대한 설명
- 조언설명 의무
  - 환자의 질병 유무와 그 종류에 대한 진단 결과
  - 질병의 예후 및 방치할 경우의 상태
  - 치료 경과 중 부수적으로 나타날 수 있는 위험에 대한 설명

05 간호나 의료를 행하기 전에 환자 또는 보호자에게 사전에 설명 및 동의를 구해야 할 경우는?

① 응급환자인 경우
② 가정적인 승낙이 전제인 경우
③ 검증되지 않은 약품을 사용할 경우
④ 알 권리자가 그 권리를 유효하게 포기한 경우

해설 환자의 생명 및 신체에 상당한 침해의 위험성이 있는 경우는 동의를 얻어야 한다.

정답 03 ② 04 ② 05 ③

06 **다음 중 설명의 의무가 면제되는 상황으로 옳은 것은?**

① 소아 환자의 수술을 결정해야 하는 경우
② 우울증으로 약물치료를 장기간 해야 하는 경우
③ 학령기 아동에게 항암화학 약물요법을 시행해야 하는 경우
④ 교통사고로 인한 심한 외상과 출혈로 생명이 위독한데 보호자 연락이 되지 않는 경우

해설 설명의무의 면제(전단적 의료가 가능한 경우)
- 알 권리를 가진 자가 그 권리를 유효하게 포기한 경우
- 응급환자인 경우와 가정적인 승낙이 전제된 경우
- 설명이 환자의 심신에 중대한 역기능을 미치는 경우

07 **다음 상황에서 담당간호사가 위반한 법적 의무는?**

> 뇌혈관조영술을 위해 검사실로 이동하던 중, 정맥주입 펌프의 충전 미비로 작동이 멈추어 혈압상승제 주입이 중단되었다. 이로 인해 환자의 혈압이 하강하면서 의식이 소실되었다.

① 확인의무
② 설명의무
③ 동의의무
④ 비밀유지의무

해설 확인의 의무
- 담당 간호사는 정맥주입 펌프가 제대로 작동하는지 확인하지 않아 환자에게 위해가 발생하였다.
- **확인의무** : 의약품, 수혈제제, 의료기구 및 장비 등의 사용에 대한 확인의 의무

08 **의료법에 규정된 간호사의 업무의 설명으로 옳은 것은?**

① 상병자의 진료
② 치과 환자에 대한 지도
③ 간호기록의 작성 및 보관
④ 상병자 또는 해산부의 지도

해설 간호업무의 정의와 범위
- 상병자나 해산부의 요양을 위한 간호
- 진료보조
- **대통령령으로 정하는 보건활동** : 보건진료 전담공무원으로서 하는 보건활동, 모자보건활동, 가족계획활동, 결핵관리활동, 산업안전 관리활동, 학교보건 관련활동
- 기타 각 의료기관이 정하는 간호사의 업무, 규정, 절차
- 간호기록 작성 및 보관

정답 06 ④ 07 ① 08 ③

09 **수혈용 보전혈액의 오염여부 등을 살펴봐야 하는 간호사의 의무는?**

① 설명 의무
② 확인 의무
③ 동의 의무
④ 감시 및 보고 의무

해설 의약품, 수혈제제, 의료기구 및 장비 증의 사용에 대한 확인의 의무를 말한다.

10 **간호사가 의사의 진료를 보조할 때 수행해야 할 법적인 책무로 가장 적절한 것은?**

① 의사의 구두지시가 있을 때만 수행한다.
② 간호사는 의사의 지시는 무조건 수행한다.
③ 의사의 치료 계획을 논의 없이 수정하여 간호를 수행한다.
④ 의사의 처방을 수행하기 전에 의사에게 의도를 확인한다.

해설 다른 보건의료인의 행위가 실무표준행위에 위반되지 않는지에 대한 확인의 의무 (예 의사가 잘못된 처방을 한 것이 의심되는 경우 다시 확인해야 함)

11 **환자에게 페니실린 등을 주사하는 경우 예비검사를 해야 한다. 임상에서는 예비검사를 하지 않는 경향이 있으나 법적 문제가 생길 경우에는 결코 용납되지 않는다. 이러한 사실은 의료인의 어떠한 의무를 강조하는 것인가?**

① 설명의무
② 확인의무
③ 결과회피 의무
④ 사전동의 의무

해설 예견 가능한 위험이 발생되는 경우 이를 회피시킬 수 있는 수단을 강구해야 할 의무, 결과 회피 의무가 있다.

정답 09 ② 10 ④ 11 ③

주관식

01 **환자로부터 동의서를 받을 때 안전설명 의무가 있다. 이에 대해 쓰시오.**

02 **동의서가 법적 효력을 발휘하기 위해 갖추어야 할 조건에 대해 쓰시오.**

정답

01
- 환자가 질병의 치료나 부작용의 예방을 위하여 지키거나 조심해야 할 내용을 설명하는 것으로 의료인은 환자에게 현재의 질병상태부터 치료내용, 요양방법, 약의 복용법과 약의 보관, 권유한 처치를 거부할 경우의 위험까지 설명하여야 한다.
- 처치거부 시 설명 : 환자에게 검사나 처치의 필요성과 함께 그 처치를 하지 않음으로써 또는 지연됨으로써 올 수 있는 위험스런 결과에 대해 충분히 설명해야 한다. 이러한 설명을 하지 않으면 환자 배려의무를 위반하게 되어 그 때문에 발생한 손해에 배상책임을 부담한다.

02
- 환자가 자기표현을 충분히 할 수 있는 수준일 것
- 환자가 동의서에 서명하는 과정에 강요나 부당함이 없어야 할 것
- 자신이 받게 될 처치에 대해 충분한 설명을 들을 수 있어야 할 것

CHAPTER

4 간호과실과 법적 책임

01 **간호사가 주의의무를 게을리하여 문제가 발생하였다. 이로 인해 환자에게 상해를 입혔고 그 인과관계가 인정되었을 경우 이를 무엇이라 하는가?**

① 간호사고
② 간호과실
③ 간호과오
④ 책무불이행

해설 간호과실
- 간호사고 중에서 과오가 있다는 것이 객관적으로 입증되었거나 인정된 것(과실과 손해의 인과관계 성립)
- 책임에 응하는 간호행위를 이행하지 않은 결과로 상대방이 상해를 받게 되는 경우이다.
- 간호과실은 간호사고에 기인되나 모든 간호사고가 과실은 아니다.

02 **간호사고에 대한 설명으로 올바른 것은?**

① 채무불이행에 대한 귀책사유가 없는 것에 대한 입증은 간호사가 해야 한다.
② 간호사고로 인한 환자 측 손해배상의 책임은 형사책임이다.
③ 간호사는 전문 의료인이기 때문에 고용주는 간호과실에 대한 책임이 없다.
④ 간호사고는 간호사의 과오가 있다는 것이 객관적으로 입증된 경우를 의미한다.

해설 간호사고에 대한 간호사의 책임
- **채무불이행 입증 책임** : 간호과실을 채무불이행으로 보면 귀책사유 입증책임은 간호사 측이 져야 함(환자에게 유리)
- 손해배상은 민사책임에 해당한다.
- 고용주도 사용자 배상책임이 존재하여 과실에 책임을 져야 한다.

④는 간호과실에 대한 설명이다.

03 **사례와 같은 간호사고를 방지하기 위한 '조직적 예방방안'에 해당하지 않는 것은?**

> 의사가 혈역학적으로 불안정한 신생아의 혈압을 지속적으로 모니터링하기 위해 동맥라인 삽입을 5회 시도하였으나 실패하였다. 이에 의사와 간호사가 상호 논의를 거쳐 의사의 지도 하에 간호사가 동맥라인을 삽입하였다. 삽입 4시간 후 환아의 손가락에서 청색증이 발견되어 동맥라인을 제거하였으나, 결국 환아는 손가락을 절단하게 되었다.

정답 01 ② 02 ① 03 ④

① 간호업무의 기준과 지침 개발
② 간호사고 예방을 위한 정기적인 직원 교육
③ 실무현장별 윤리적, 법적 문제에 대한 사례 연구
④ 환자와 보호자에게 근거에 기반한 충분한 설명 제공

해설 조직적 간호과오 예방방안
- 간호사고는 가치중립적인 개념으로 간호행위가 시작되어 끝날 때까지의 과정에서 예상외의 원하지 않는 불상사가 야기된 경우로, 간호업무 수행 시 예측된 간호의 효과 외에 나쁜 결과가 발생하는 것이다.
- 간호사고를 조직적 차원에서 예방하기 위해서는 교육, 실무지침 개발, 간호사고 발생 위험관리, 근무환경 개선 등이 필요하다.

④는 간호사고의 개인적 예방방안에 해당하는 내용이다.

04 위의 간호사고를 간호과실로 주장하기 위해 필요한 것은?

① 채무불이행의 책임을 환자가 입증해야 한다.
② 의사의 업무 미숙과 기술 부족을 입증해야 한다.
③ 간호사의 불법행위로 인한 것이 아님을 간호사가 입증해야 한다.
④ 간호사가 주의의무를 위반하였다는 객관적인 증거를 제시해야 한다.

해설 간호과실(법률적인 개념)
- 간호사고 중에 과오가 있다는 것이 객관적으로 입증되었거나 인정된 것(과실이 손해와 인과관계 성립)
- 간호사가 간호행위를 행함에 있어 업무상 요구되는 주의의무를 게을리하여 환아에게 손해를 끼친 경우
- 책임에 응하는 간호행위를 이행하지 않아 그 결과로 상대방이 상해를 받게 되는 경우
- 간호과실은 간호사고에 기인되나 모든 간호사고가 과실은 아님
- 채무불이행 입증책임은 간호사 측이 져야 한다.
- 불법행위는 환자가 입증해야 한다.

05 간호사고를 예방하기 위한 관리지침은?

① 위험관리를 체계적으로 제도화한다.
② 전인간호를 권장하기 위해 표준지침을 최소화한다.
③ 개별간호사가 각자의 예방 지침을 마련하도록 한다.
④ 사고발생 시 보고서 작성과 훈육을 우선으로 실시한다.

정답 04 ④ 05 ①

해설 간호사고 발생 위험관리
- 간호사고 예방을 위한 정기적 직원 교육
- 사고 발생 시 올바른 대처를 위한 효과적인 보고 체계 확립
- 사고발생 요인 해결을 위한 대책 마련
- 간호감사제도 운영, 안전대책 위원회의 구성 및 운영

②, ③은 조직적 차원의 간호업무 기준 및 지침 개발이 필요하다.
④는 사고발생 시 응급처치가 가장 우선이다.

06 간호사고를 예방하기 위한 조직적 방법은?

① 간호실무표준과 지침 마련
② 대상자와 좋은 인간관계 형성
③ 대상자와 좋은 신뢰관계 형성
④ 근거에 의하여 충분한 설명 제공

해설 교육, 실무지침개발, 간호사고 발생 위험관리, 근무환경 개선 등이 조직적 예방방안이다.

07 다음 중 최근 의료분쟁이 증가하는 원인으로 올바른 것은?

① 의료정보 수집의 용이성
② 의료기관의 위험관리 대책 구축
③ 경제 불황으로 인한 의료수요 감소
④ 의료인의 의료법리 지식 교육 증가

해설 의료분쟁 증가 요인
- **의료서비스 공급자** : 국민건강보험제도 실시로 의료수요 증가, 의료기관 대형화와 위험관리 대책 부실, 비인간적, 비신뢰적 의료인 – 환자 관계, 의료인의 의료법리 지식부족
- **의료서비스 소비자** : 국민권리 의식 증대, 의료정보 수집의 용이성, 의료사고 인지수준 형성
- **사회제도** : 의료사고에 대한 사회적 보상제도 결여, 의료분쟁조정위원회 비활성화

08 간호사의 민사상 책임에 관한 설명으로 옳은 것은?

① 채무불이행 책임은 환자 측이 진다.
② 불법행위의 입증책임은 간호사 측이 진다.
③ 불법행위에 대해 법적 처벌을 받게 되는 책임을 말한다.
④ 환자나 가족의 권리 침해에 대한 손해배상 책임을 말한다.

정답 06 ① 07 ① 08 ④

해설 간호사고에 대한 간호사의 책임
- 민사상의 손해에 대한 배상, 정신상의 고통에 대한 위자료, 사망의 경우에는 보호자에 대한 위자료 지불. 즉, 환자 측에 대한 손해배상의 책임
- 채무불이행 책임은 간호사 측이 진다.
- 불법행위의 입증 책임은 환자 측이 진다.

09 간호사고에 대한 간호사의 법적 책임 중 민사 책임에 관한 설명은?

① 범죄자를 처벌하고 가해자를 제재한다.
② 형법의 기본 원리인 죄형법정주의 원칙이 적용된다.
③ 업무상 과실 상해 또는 업무상 과실치사죄에 의해 처벌된다.
④ 환자 측에 발생된 손해를 배상 및 책임지게 함으로써 피해자 구제를 목적으로 한다.

해설 ①, ②, ③은 형사책임에 해당한다.

10 간호사가 대상자에게 간호행위에 대한 충분한 설명을 하거나 동의를 구하는 의무를 다하지 않는 등 불완전한 간호행위를 수행했을 경우 부담하게 되는 책임은?

① 구상권
② 주의의 의무
③ 채무불이행 책임
④ 불법행위 책임

해설 채무불이행 책임
- 의료인으로서 설명 및 동의의 의무를 불완전하게 이행한 경우 민사책임 중 채무불이행 책임을 부담하게 된다. 이때 간호사는 의무를 잘 이행했음을 증명하는 입증 책임을 져야 한다.
- 불법행위 책임이란 간호사의 고의 또는 과실로 위법한 간호행위가 수행되어 대상자에게 손해를 발생시킨 경우를 말한다. 이때는 간호사의 행위와 대상자가 입은 손해 사이에 인과관계가 성립한다는 것을 환자 측이 입증해야 한다.

11 간호사의 과오로 환자가 피해를 입었다. 간호사가 불법행위에 대한 책임을 지게 되는데 반드시 필요한 조건은?

① 간호사가 손해를 입증한다.
② 행위와 환자의 피해 간 인과관계가 있다.
③ 간호 이외의 다른 시술과 인과관계가 있다.
④ 구체적인 손상 또는 상해는 증명하지 않아도 된다.

해설 간호사고로 인한 민사책임이 발생하는 요건
- 고의 또는 과실로 인하여
- 불완전 이행(채무불이행), 위법행위(불법행위)로 인하여
- 구체적인 손상 또는 상해, 손해 발생
- 불완전 이행 또는 위법행위 발생과의 인과관계 증명

정답 09 ④ 10 ③ 11 ②

12 간호사의 형사상 책임에 관한 설명으로 옳은 것은?

① 피해자의 손해배상에 관한 것이다.

② 주의의무 태만으로 인한 사고는 적용되지 않는다.

③ 의료기관과 의료인 사이에서만 적용되는 책임이다.

④ 위법행위자에 대한 사회적 책임을 추궁하는 것이다.

해설 간호사고에 대한 형사책임

- **형사책임** : 형벌이라는 법률효과를 가할 수 있는 책임, 업무자라는 신분관계로 가중처벌 받음
- **형사책임이 발생하는 요건** : 간호과실로 인하여 환자에게 생명, 신체 또는 재산에 대한 법익을 침해한 경우

13 간호사의 과실로 환자에게 손실이 발생하여 병원장이 환자에게 금전적으로 그 손실을 배상하였다. 병원장의 이러한 행위에 대한 법적 책임의 근거는?

① 형사 책임

② 사용자 배상책임

③ 민사 책임

④ 「의료법」 위반 책임

해설 사용자 배상책임

- 사용자 배상책임이란 피고용인이 고용범위에서 발생한 과실에 대해 고용주가 직접적인 책임을 지는 법의 원칙을 말한다.
- 고용주는 간호의 올바른 수행을 위해 적절한 환경과 위임체계, 정책 등을 제공해야 한다.
- 고용주는 간호과실로 인한 상해가 발생하지 않도록 적절한 감독을 할 책임이 있다.

14 간호사의 주의의무 태만으로 인해 의료소송문제가 생겼을 때 병원에서 지는 법적 책임은?

① 구상권

② 민사책임

③ 형사책임

④ 사용자 배상책임

해설 고용주는 간호의 올바른 수행을 위해 적절한 환경과 위임체계, 정책 등을 제공해야 하며, 간호과실로 인한 상해가 발생하지 않도록 적절한 감독을 할 책임이 있다.

정답 12 ④ 13 ② 14 ④

주관식

01 자살 고위험환자 관찰소홀로 인한 간호사고 예방지침에 대해 3가지 이상 쓰시오.

02 안전한 구두처방 절차에 대해 3가지 이상 쓰시오.

정답

01
- 자살기도의 과거력이나 자살의도가 있는 환자의 행동・사고・기분 등은 상세하고 정확하게 관찰・기록한다.
- 자살의도가 관찰되는 환자에게는 자살에 대한 의도와 계획이 있는지를 주저하지 말고 상세히 물어본다.
- 평소 환자에게 진심에서 우러나오는 관심을 가져 상호 신뢰관계가 형성될 수 있도록 한다.
- 근무 교대 시간이나 병동이 바쁠 때, 또는 밤 동안에도 감독하고 있다는 것을 확인한다.
- 투약할 때에는 약 삼키는 것을 확인한다.
- 환자를 자해에서 보호하기 위해 취한 여러 가지 간호활동과 수행한 간호중재에 대한 환자의 반응, 환자의 자살 가능성을 우려하면서 의사와 주고받은 대화내용을 상세히 기록한다.
- 자살 고위험환자는 1인실보다 다인실, 창문 옆이 아닌 출입문 옆자리로 배정한다.
- 자살 고위험환자에 대한 철저한 관찰이 이루어질 수 있도록 간호인력을 충분히 확보하도록 한다.

02
- 의사가 환자 옆에 갈 수 없는 응급상황에서만 사용한다.
- DNR은 구두처방이 안 된다.
- 처음에는 V/O로 표시하고 그 뒤 처방 의사명, 처방받은 간호사명, 의사에게 처방을 다시 확인한 간호사명을 기록한다.
- 구두처방 시 가능한 한 빨리 의사처방을 받는다.
- 처방은 언어표현을 기록하여야 하며 해석하여 기록해서는 안 된다.
- 의사확인이 없으면 면허 없이 투약한 것과 같으므로 병원규정이 정한 시간 안에 의사와 처방에 관해 확인한다.

CHAPTER

5 생애말 간호와 관련된 이슈

01 2017년 8월부터 시행된 「연명의료결정에 관한 법률(연명의료결정법)」은 호스피스 · 완화의료 및 임종과정에 있는 환자의 연명의료와 연명의료중단 등의 결정과 이행에 필요한 사항을 규정한 법률이다. 이 법이 근본 취지와 관련 있는 생명윤리원칙은?

① 선행의 원칙　② 정직의 원칙
③ 정의의 원칙　④ 자율성 존중의 원칙

해설 「연명의료결정에 관한 법률(연명의료결정법)」은 환자의 최선의 이익을 보장하고 자기결정권을 존중하여 인간으로서의 존엄과 가치를 보호하는 것을 목적으로 하기 때문에 자율성 존중의 원칙과 근본 취지가 연결된다.

02 연명의료에 관한 자기결정권을 보장받기 위해 자신의 의사를 직접 작성하는 문서를 무엇이라고 하는가?

① 연명의료계획서　② 자기결정권동의서
③ 사전연명의료의향서　④ 심폐소생술금지의향서

해설 2018년부터 시행된 우리나라의 연명의료결정법은 합법적으로 연명치료를 거부할 수 있도록 한 법이다. 사전연명의료의향서는 19세 이상인 사람이 자신의 연명의료 중단 결정 및 호스피스에 관한 의사를 직접 문서로 작성한 것으로 본인의 명시적 의사에 의한 연명의료 결정을 제도화한 중요한 서식이다.

03 뇌사자에 의한 장기이식을 시행할 때에는 해결해야 할 사항이 있다. 수여 대기자 중, '누구에게 먼저 우선권을 줄 것인지', '누가 장기기증을 선택할 것인지' '확보된 장기를 어떤 기준에 의해 배분할 것인지' 등이 고려되어야 할 사항들이다. 이러한 사항들에 해당하는 윤리원칙은?

① 선행의 원칙　② 정직의 원칙
③ 정의의 원칙　④ 악행금지의 원칙

해설 장기이식은 매우 한정되어 있기 때문에 공공의 자원을 어떻게 공정하게 배분할 것인가의 문제로, 이것은 정의의 원칙 중 분배에 의한 정의의 관점에서 해결해야 한다. 장기이식은 정의의 원칙에 의하여 보건의료 자원을 경제적, 윤리적으로 분배해야 한다.

정답 01 ④ 02 ③ 03 ③

04 **장기기증은 이식 절차에 따른 충분한 정보와 지식이 제공되어야 한다. 이때 간호사가 우선적으로 생각해봐야 할 윤리적 문제로 옳은 것은?**

① 장기분배의 문제
② 기증자 동의의 문제
③ 뇌사자 기증의 문제
④ 이식비용과 관련된 문제

해설 기증자의 건강을 위험에 빠뜨릴 수 있는 장기기증의 경우, 자율성존중의 원칙에 따라 충분한 정보에 근거한 동의가 장기기증의 전 과정에서 철저하게 준수되어야 한다. 이와 관련된 윤리문제는 기증자 동의의 문제이다. 의료진은 기증자가 충분한 정보를 갖고 자발적인 의지로 자신의 장기를 기증하려는 것인지를 확인해야 하고, 장기기증에 따른 부작용이나 수술에 따른 위험을 충분히 설명해야 한다.

05 **생명 주체가 생명 현상의 종식의사를 표시할 수 없거나 의사결정이 불가능한 경우 또는 가능하다 할지라도 외부에서 이를 이해할 수 없을 때 시행되는 안락사는?**

① 자의적 안락사
② 임의적 안락사
③ 타의적 안락사
④ 소극적 안락사

해설 임의적 안락사는 생명 주체가 생명 현상의 종식의사를 표시할 수 없거나 의사결정이 불가능한 경우 또는 가능하다 할지라도 외부에서 이를 이해할 수 없을 때 즉, 생명현상의 중단의사를 표현하고는 있으나 시행자에게 정확히 전달되지 않은 상황에서 시행되는 것을 말한다.

06 **국내외 안락사에 대한 인식과 추이에 대한 설명으로 옳지 않은 것은?**

① 네덜란드는 제한적, 부분적으로 안락사를 허용하고 있다.
② 우리나라는 2009년 안락사의 한 형태인 존엄사가 법적으로 허용되고 있다.
③ 우리나라에서는 안락사의 경우 암묵적으로 실시되고 있다.
④ 미국에서는 주별로 약간의 차이가 있지만 소극적 안락사는 대체로 인정을 하는 편이다.

해설 우리나라에서는 안락사가 아직 허용되고 있지 않다. 고통을 경감시키기 위해 인위적으로 생명을 단축시키는 행위는 형법상 촉탁 살인죄나 자살 방조죄가 된다. 그러나 소생 가능성이 없는 식물상태의 환자에게 인위적으로 생명연장 장치를 제거하는 것과 같은 존엄사의 경우 실제로 병원 등 임상 현장에서 암묵적으로 실시되고 있는 실정이며 이를 실정법으로 처벌하는 경우도 매우 드문 것이 현실이다.

정답 04 ② 05 ② 06 ③

07 우리나라 대법원에서 존엄사를 허용하는 조건에 해당되지 않는 것은?

① 환자가 회복 불가능한 사망단계에 진입하였음이 분명함
② 환자의 치료 중단에 대한 의사를 확실히 확인할 수 있어야 함
③ 긴 시간 내에 사망에 이를 수 있음이 명백한 경우
④ 전문의사 등으로 구성된 위원회에 의해 환자의 상태와 환자의 진정한 의사가 판단되어야 함

해설 존엄사의 조건
- 환자가 회복 불가능한 사망 단계에 진입
  - 의식의 회복 가능성이 없고
  - 중요한 생체 기능의 상실을 회복할 수 없으며
  - 짧은 시간 내에 사망에 이를 수 있음이 명백한 경우
- 환자의 연명치료 중단 의사
  - 사망 단계 이전에 의료진에게 연명치료 중단의사를 밝힌 경우
  - 평소 의료관의 신념에 비추어 연명치료 중단의사가 있다고 추정할 수 있는 경우
- 위의 조건이 충족되면 소송절차 없이 전문의사 등으로 구성된 위원회의 판단에 따름

08 연명의료결정법의 제정 목적으로 옳은 것은?

① 환자의 건강증진 및 유지
② 환자의 생명과 건강보호
③ 환자의 건강증진 및 건강보호
④ 인간으로서의 존엄과 가치를 보호

해설 목적(법 제1조)
이 법은 호스피스·완화의료와 임종과정에 있는 환자의 연명의료와 연명의료중단 등 결정 및 그 이행에 필요한 사항을 규정함으로써 환자의 최선의 이익을 보장하고 자기결정을 존중하여 인간으로서의 존엄과 가치를 보호하는 것을 목적으로 한다.

09 말기환자 여부를 판단할 수 있는 자는?

① 환자의 담당의사
② 의료인 1명과 환자의 담당의사
③ 환자의 담당의사와 담당간호사 1명
④ 환자의 담당의사와 전문의 1명

해설 정의(법 제2조)
"말기환자(末期患者)"란 적극적인 치료에도 불구하고 근원적인 회복의 가능성이 없고 점차 증상이 악화되어 보건복지부령으로 정하는 절차와 기준에 따라 담당의사와 해당 분야의 전문의 1명으로부터 수개월 이내에 사망할 것으로 예상되는 진단을 받은 환자를 말한다.

정답 07 ③ 08 ④ 09 ④

10 **'임종과정에 있는 환자'를 옳게 설명하고 있는 것은?**

① 회생의 가능성이 없는 환자
② 증상이 급속도로 악화되는 환자
③ 치료에도 불구하고 회복되지 않는 환자
④ 임종과정에 있다는 의학적 판단을 받은 환자

해설 정의(법 제2조)
1. "임종과정"이란 회생의 가능성이 없고, 치료에도 불구하고 회복되지 아니하며, 급속도로 증상이 악화되어 사망에 임박한 상태를 말한다.
2. "임종과정에 있는 환자"란 담당의사와 해당 분야의 전문의 1명으로부터 임종과정에 있다는 의학적 판단을 받은 자를 말한다.

11 **다음 중 호스피스 대상 환자에 속하지 않는 것은?**

① 임종과정에 있는 환자
② 말기 신부전환자로 진단받은 환자
③ 말기 만성 간경화환자로 진단받은 환자
④ 말기 후천성면역결핍증환자로 진단받은 환자

해설 정의(법 제2조)
"호스피스・완화의료"(이하 "호스피스"라 한다)란 다음 각 목의 어느 하나에 해당하는 질환으로 말기환자로 진단을 받은 환자 또는 임종과정에 있는 환자(이하 "호스피스대상환자"라 한다)와 그 가족에게 통증과 증상의 완화 등을 포함한 신체적, 심리사회적, 영적 영역에 대한 종합적인 평가와 치료를 목적으로 하는 의료를 말한다.
가. 암
나. 후천성면역결핍증
다. 만성 폐쇄성 호흡기질환
라. 만성 간경화
마. 그 밖에 보건복지부령으로 정하는 질환

12 **치료효과 없이 임종과정의 기간만을 연장하는 의학적 시술에 포함되지 않는 것은?**

① 인공영양 ② 수혈
③ 혈액 투석 ④ 혈압상승제 투여

해설 정의(법 제2조)
"연명의료"란 임종과정에 있는 환자에게 하는 심폐소생술, 혈액 투석, 항암제 투여, 인공호흡기 착용 및 그 밖에 대통령령으로 정하는 의학적 시술로서 치료효과 없이 임종과정의 기간만을 연장하는 것을 말한다.

정답 10 ④ 11 ② 12 ①

주관식

01 특수 연명치료 종류에 대해 쓰시오.

02 현대 의학의 발전에 따른 안락사의 윤리적 쟁점에 대해 3가지 이상 쓰시오.

정답

01 특수 연명치료는 생명유지를 위해서 고도의 전문적인 의학지식과 의료 기술, 특수한 장치가 반드시 필요한 치료이다. 환자에게 고통을 줄 수 있는 심폐소생술, 인공호흡기 적용, 혈액투석, 수혈, 장기이식, 항암제 투여, 고단위 항생제 투여 등이 있다. 심폐소생술은 심장 마사지, 강심제나 승압제 투여, 제세동기(defibrillator) 적용, 인공호흡 등을 포함한다.

02 첫째, 인공소생술의 발달로 과거에는 불치의 말기환자라고 여겨졌던 사람들이 생명유지 장치에 의해 생명 연장이 가능해졌을 경우 이들을 과연 절박한 불치병 환자라고 할 수 있으며 또한 그때 의사가 생명연장 조치를 강구하지 않는 것을 안락사로 해석할 수 있는가의 문제이다. 만약 이 물음에 "예"라고 답할 수 있다면 이 경우는 소극적 안락사가 허용되는 경우이다.

둘째, 안락사는 의학적 수단이 따르는 것이어야 하며 생명 주체의 고통을 극소화하고 인간의 정서적 잔혹함이 적은 방법으로 수행되어야 한다. 그러므로 말기 환자에게 진통제나 마취제를 과량 사용함으로써 죽음의 시기를 다소 앞당기는 것은 허용이 가능하나 즉효성이 있다고 하여 청산가리 등을 주입하여 사망케 하는 것은 허용하면 안 된다.

셋째, 안락사가 허용되는 환자의 고통은 육체적 고통에 한정되며 정신적 고통은 제외된다. 그러나 육체적 고통에 반응할 수 없는 식물인간의 경우는 안락사 허용 여부와 관련된 문제가 있다.

독학사

4단계

합격 TEST

1회 합격 TEST

01 **간호실무 상황에서 윤리적 의사결정과 관련된 판단 기준으로 적절하지 않은 것은?**

① 윤리이론 ② 관련정보의 수집
③ 전문적 의무 ④ 주관적 판단

02 **대상자가 자신에게 제공되는 치료 및 간호를 선택하고 거부할 권리가 있는 것은 윤리강령 중 어느 원칙에 속하는가?**

① 자율성 존중의 원칙 ② 악행금지의 원칙
③ 선행의 원칙 ④ 정의의 원칙

03 **의학적으로 아직 효과가 완벽히 입증되지 않았으나 효과적일 것이라고 판단되어지는 신약으로 암치료를 시행하기로 결정할 때 환자와 상담 시 가장 중요한 것은?**

① 모든 것을 비밀로 하고 수행한다.
② 중간에 본인이 포기할 수 없다는 것을 설명한다.
③ 연구 참여 시 발생할 위험에 손해를 볼 수 있다는 것을 설명한다.
④ 연구의 절차, 목적, 피실험자의 역할 등 충분한 정보를 주고 동의를 얻는다.

04 **대상자가 어떤 의사도 밝히지 않고 뇌사 상태에 빠졌을 경우 장기기증 문제에 대한 간호사의 가장 바람직한 태도는?**

① 법원의 결정에 따른다.
② 의사들의 견해에 따른다.
③ 환자의 이익과 관심을 가장 잘 아는 대리인을 선정해서 그의 의견을 존중한다.
④ 장기이식센터에서 결정할 수 있다.

05 "이타주의 원리에 입각하여 적극적으로 타인에게 선행을 베푸는 것으로 간호사는 이것을 바탕으로 적극적으로 대상자에게 선을 행해야 한다."는 윤리강령 내용은 생명윤리 원칙 중 어디에 근거한 것인가?

① 자율성의 원칙
② 정의의 원칙
③ 악행금지의 원칙
④ 선행의 원칙

06 보건의료인과 대상자와의 관계가 계약관계로 설명되는 점을 고려할 때 강조되는 생명윤리의 규칙은?

① 사전동의의 원칙
② 이중효과의 원칙
③ 성실의 규칙
④ 정직의 규칙

07 한국간호사 윤리강령 서문에 표시된 간호사의 임무로 옳지 않은 것은?

① 건강증진
② 질병예방
③ 건강회복
④ 재활간호

08 의료법에 규정된 간호사의 업무로 옳지 않은 것은?

① 상병자의 진료
② 모자보건활동
③ 결핵관리활동
④ 산업안전 관리활동

09 의료계약의 특성에 대해 옳게 설명하고 있는 것은?

① 관행상 계약서를 작성하는 것이 대부분이다.
② 계약의 내용은 결국 의료소비자가 결정한다.
③ 의료인은 진단과 치료 행위를 하여야 할 의무와 이에 따른 부가적 의무를 부담한다.
④ 응급상태인 환자는 의료인의 의료계약체결의 자유가 제한되지 않는다.

10 **주의의무 중 결과예견의무에 대한 설명을 옳지 않게 설명한 것은?**

① 결과예견의무란 예견 가능성이 있는 범위 내에서만 추궁이 된다.
② 예견 가능성이란 특정된 영역의 통상인이라면 행위 시 결과 발생을 예견할 수 있는 것이다.
③ 발생 가능성이 매우 낮은 경우라 할지라도 객관적으로 보아 일반간호사에게 알려진 상태의 것이다.
④ 당해 간호사가 이를 알 수 없는 위치에 있어야 한다.

11 **간호행위상 과오의 주가 되는 것은?**

① 무지
② 기술부족
③ 나쁜 인간관계
④ 복잡한 간호절차

12 **간호사 면허에 대한 설명으로 옳게 설명하고 있는 것은?**

① 간호사 면허권자는 대통령이다.
② 면허요건을 충족한 사실을 공적으로 증명하여 공적 증거력을 부여하는 것이다.
③ 간호사 면허권자는 총리령이다.
④ 일반인에게 금지된 행위를 일반인에게 적법하게 행위하여 금지를 해제하는 것이다.

13 **간호사가 주의의무를 게을리하여 문제가 발생하였다. 이로 인해 환자가 상해를 입었고 그 인과관계가 인정되었을 경우를 무엇이라고 하는가?**

① 간호사고
② 간호과실
③ 불법행위
④ 채무불이행

14 **간호사의 불법 행위로 환자가 피해를 입었을 경우 환자가 피해 배상을 민사법정에 청구할 수 있다. 이 경우 환자 측인 원고가 증명해야 할 사항으로 옳지 않은 것은?**

① 간호사의 과실이 있다.
② 환자의 구체적 손해가 있다.
③ 환자와 간호사의 관계가 있다.
④ 간호 이외의 다른 시술과의 인과관계가 있다.

15 **간호사 윤리강령에 대한 설명으로 옳은 것은?**

① 간호사의 법적 · 행동적 책임이다.
② 간호사의 이익을 대변하기 위한 것이다.
③ 애매한 상황에서 확실한 답을 제시해준다.
④ 윤리적 딜레마 상황에서 정확한 행동지침을 제공하지 않는다.

16 **간호사의 주의의무 태만으로 인해 의료소송 문제가 발생했을 경우 병원에서 지게 되는 법적 책임은?**

① 구상권
② 과실상계 책임
③ 민사책임
④ 사용자 배상 책임

17 **계약법상 채무불이행 책임에 있어서의 손해배상 청구권의 소멸시효는?**

① 3년
② 5년
③ 10년
④ 15년

18 **채무불이행 책임과 불법행위의 책임을 비교한 것 중 옳지 않은 것은?**

① 채무불이행의 발생요건 중 하나가 불완전이행과 손해의 인과관계이다.
② 채무불이행의 입증책임은 간호사인 채무자가 해야 한다.
③ 불법행위의 소멸시효는 5년이다.
④ 불법행위 책임 시 의료기관의 간호사는 피고용인의 불법행위에 대한 사용자 책임에 해당된다.

19 간호사의 의무 중 의료행위에 대한 환자의 자기결정권을 보호하려는 의무는?

① 주의의무　　② 비밀유지 의무
③ 설명 및 동의의무　　④ 환자관리 의무

20 간호사는 대상자에게 위험을 주는 의료행위를 할 경우 사전에 설명 및 동의를 구하여야 할 법적 의무가 있다. 이러한 법적 의무의 궁극적인 취지에 포함되지 않는 것은?

① 의료인의 법적 보호
② 대상자의 자기결정권 보호
③ 간호사의 정보제공자로의 의무
④ 의료사고의 사전예방

21 환자의 알 권리를 충족시키기 위해 환자로부터 동의서를 받을 때 포함시켜야 하는 내용은?

① 고지설명　　② 안전설명
③ 자기결정권 설명　　④ 처치 거부 시의 설명

22 환자로부터 받은 동의서가 효력을 발휘할 수 있는 사항은?

① 자율성을 갖고 동의서에 서명한 경우
② 미성년자
③ 심한 통증을 겪고 있는 환자
④ 강압적인 분위기에 처해 있는 환자

23 동의서에 포함되어야 할 내용이 아닌 것은?

① 환자의 이름, 등록번호 및 시술자의 이름
② 환자, 시술자, 입회인의 설명
③ 환자의 거주지 주소
④ 시술과정에 걸리는 시간, 처치 후 회복되는 기간

24 간호사의 민사책임에 대한 설명이다. 옳지 않은 것은?

① 민사책임은 손해배상책임을 말한다.
② 위법행위자에 대한 사회적인 책임을 추궁하는 것이다.
③ 피해자에 대해 사후 생긴 손해를 사후에 전보하고자 하는 취지이다.
④ 민사상의 책임은 금전적 배상을 원칙으로 한다.

25 불법행위에 대한 설명으로 옳지 않은 것은?

① 손해에 대한 배상의 형태는 금전배상을 원칙으로 한다.
② 불법행위 책임은 고의 또는 과실로 인해 위법행위를 한 자에게만 귀속된다.
③ 인과관계란 행위자의 고의, 과실행위와 침해결과 사이의 인과관계를 말한다.
④ 불법행위 책임은 고의 또는 과실로 인한 위법행위로 타인에게 손해를 가한 자에게 그 손해를 배상할 책임을 묻고자 하는 것이다.

주관식

01 의료행위의 특성을 쓰시오.

02 의료분쟁의 증가요인을 3가지 이상 쓰시오.

03 의료인이 어떤 위험성이 있는 의료행위를 실시하기 전에 환자의 동의 없이 의료행위를 시행하는 불법행위는?

04 과실 또는 고의에 의한 위법한 행위로 타인에게 신체적 · 정신적 · 재산적 손해를 끼친 경우 민사상의 책임을 부과하는 것은?

05 의학적 기준에 적합한 치료행위를 했더라도 설명의무 위반이 있으면 구성요건상 신체 침해에 해당하여 전손해를 배상해야 한다고 보는 것은?

2회 합격 TEST

01 간호사의 형사상 책임에 대한 설명이다. 옳은 것은?

① 위법행위자에 대한 사회적 책임을 추궁하는 것이 아니다.
② 형사책임은 손해배상 책임을 말한다.
③ 형사상의 책임은 재산형, 자유형의 제재를 포함하지 않는다.
④ 형사상의 책임은 징역, 금고 등이 해당된다.

02 손해배상을 조정하는 과실상계에 대한 설명으로 옳지 않은 것은?

① 신의칙상 공평의 원칙에 근거한 것이다.
② 환자의 협력의무 위반을 고려한 제도이다.
③ 손해로부터 이익액을 공제하는 것이다.
④ 그 손해발생 및 확대에 채권자 또는 피해자가 기여한 경우 이를 참작하는 것이다.

03 간호 윤리강령에 대한 설명으로 옳은 것은?

① 시대에 따라 변한다.
② 도덕적 딜레마에 대한 정답을 제시한다.
③ 국민의 건강 및 안녕보다 간호사의 이익을 도모하기 위함이다.
④ 강제적인 통제의 표준을 제시하고 이를 어길 시 법적 제제를 가한다.

04 위험한 처치를 하기 전에 환자에게 동의를 구하는 것의 궁극적인 목적은 무엇인가?

① 환자의 자율성을 보장하기 위하여
② 간호사의 책임을 회피하기 위하여
③ 환자의 불안을 경감시키기 위하여
④ 간호사를 법적으로 보호하기 위하여

05 **교통사고로 과다출혈이 의심되는 환자가 의식불명 상태로 보호자 없이 응급실로 이송되었고 의료진은 환자를 살리기 위해 응급수술을 결정하였다. 이 경우 의료진이 실행한 윤리적 가치는?**

① 정직의 규칙
② 신의의 규칙
③ 선행의 원칙
④ 악행금지의 원칙

06 **다음 활동을 통해 강화되는 전문직의 특성은?**

- 간호사의 업무범위와 책임을 규정함
- 간호사의 법적 권위를 인정받음
- 간호전문직의 역할과 기능을 설정함

① 자율성 확보
② 이타주의 실현
③ 간호이론·지적기술개발
④ 전문직 교육의 제도화

07 **제4차 간호사 윤리강령에서 가장 중요하게 생각하는 이념에 해당하는 것으로 옳은 것은?**

① 간호사업의 발전을 도모하기 위한 것이다.
② 간호사의 법적 권리를 보장하기 위한 것이다.
③ 간호사의 행동에 대한 최소한의 표준을 확립하기 위한 것이다.
④ 인간생명의 존엄성과 기본권을 존중하고 옹호하는 것이다.

08 **의료법 시행규칙에 의한 환자의 권리 중 의료인에게 질병 상태 및 치료법에 대하여 충분한 설명을 듣지 못했을 때 환자가 침해 받은 권리는?**

① 진료받을 권리
② 비밀을 보호받을 권리
③ 알 권리 및 자기결정권
④ 존엄성과 위엄 있는 죽음을 맞을 권리

09 **이중 효과의 원칙에 의해 직접 의도하지는 않았지만 나쁜 결과가 발생되더라도 정당화될 수 있는 조건이 아닌 것은?**

① 나쁜 결과는 피할 수도 있다.
② 행위자의 의도가 선한 결과만 의도되어야 한다.
③ 나쁜 결과의 크기가 좋은 결과보다 커서는 안된다.
④ 나쁜 결과가 좋은 결과를 낳기 위한 수단이 되어서는 안된다.

10 **병 인식이 없는 정신질환자가 투약 거부 시 간호사는 어린이처럼 달래거나 강제로 투약하는 경우가 많다. 이러한 간호사의 행위가 도덕적으로 정당화될 수 있는 상황이 아닌 것은?**

① 의사결정 능력 손상
② 투약결과 치료효과가 명확할 때
③ 대처할 만한 다른 치료 방법이 없을 때
④ 자율성의 침해가 간섭으로 인해 예방할 수 있는 피해를 능가하는 경우

11 **「개인정보 보호 가이드라인」상 의료기관에서 인터넷이나 전화를 통한 진료·검사 예약 시 개인정보 처리 기준으로 옳지 않은 것은?**

① 인터넷으로 수집한 주민등록번호는 암호화하여야 한다.
② 단순예약(시간약속)을 위한 주민등록번호 수집은 원칙적으로 허용되지 않는다.
③ 전화를 통하여 필요한 개인정보를 수집할 때 통화내용은 녹취할 수 없다.
④ 진료 목적일 경우에는 만 14세 미만 아동에게 법정대리인의 동의없이 개인정보를 수집할 수 있다.

12 **「의료법」에 따라 의료기관 인증의 기준에 포함하여야 할 사항으로 가장 옳지 않은 것은?**

① 의료서비스의 제공과정 및 성과
② 의료인과 고객의 만족도
③ 환자의 권리와 안전
④ 의료기관의 의료서비스 질 향상 활동

13 〈보기〉에서 설명하는 환자의 권리는?

| 보기 |

- 환자는 진료와 관련된 신체상·건강상의 비밀과 사생활의 비밀을 침해받지 아니한다.
- 의료인과 의료기관은 환자의 동의를 받거나 범죄 수사 등 법률에서 정한 경우 외에는 비밀을 누설·발표하지 못한다.

① 진료받을 권리
② 알 권리 및 자기결정권
③ 비밀을 보호받을 권리
④ 상담·조정을 신청할 권리

14 환자의 권리 중 자기결정권과 관련하여 간호사가 상대적으로 가지게 되는 법적의무사항으로 가장 옳은 것은?

① 주의의무
② 확인의무
③ 결과예견의무
④ 설명 및 동의의무

15 다음에서 설명하는 의료인의 의무는?

- 환자의 자율성 존중 원칙을 바탕으로 한다.
- 이 의무를 위반할 경우 전단적 의료(unauthorized medical care)에 해당한다.

① 기록의무
② 설명 및 동의의무
③ 확인의무
④ 비밀유지의무

16 간호사고를 예방하기 위한 조직적 예방 방안은?

① 근본적 원인 해결을 위하여 필요하다면 병원의 구조적 변화를 요청한다.
② 사건보고와 인사고과를 연결하여 효율적으로 사고 예방 체계를 마련한다.
③ '왜 문제가 발생되었는가'보다 '누가 과오를 범하였는가'에 대한 책임 소재를 명확히 규명한다.
④ 사고예방을 위하여 사례 중심의 문제해결 교육보다는 지침서 위주의 교육으로 전환하는 것이 더 효과적이다.

17 「의료법 시행규칙」 제15조(진료기록부 등의 보존)에서 제시하고 있는 의무기록 유형별 보존기간으로 옳지 않은 것은?

① 환자 명부 : 5년
② 수술기록 : 5년
③ 간호기록부 : 5년
④ 진료기록부 : 10년

18 「의료법」상 의료인의 면허취소 사유는?

① 의료인의 품위를 심하게 손상시키는 행위를 한 때
② 의료기관 개설자가 될 수 없는 자에게 고용되어 의료행위를 한 때
③ 진료기록부를 거짓으로 작성하거나 고의로 사실과 다르게 추가기재·수정한 때
④ 의료관련 법령을 위반하여 금고 이상의 형을 선고받고 그 형의 집행이 종료되지 아니하였을 때

19 용어에 대한 설명으로 옳지 않은 것은?

① 의료오류(medical error) – 현재의 의학적 지식수준에서 예방가능한 위해사건 혹은 근접오류
② 과오(malpractice) – 상식을 가진 일반인의 표준적 수준을 충족하지 못하는 행위
③ 과실(neligence) – 유해한 결과가 발생하지 않도록 정신을 집중할 주의의무를 태만히 한 행위
④ 전단적 의료(unauthorized medical care) – 위험성이 있는 의료를 행하기에 앞서 환자로부터 동의를 얻지 않고 의료행위를 하는 것

20 간호사는 간호조무사에게 욕창 발생의 위험이 있는 환자를 2시간마다 체위변경을 하도록 지시하였다. 간호조무사는 간호사의 지시를 잘못 듣고 4시간마다 체위변경을 시행하였고 이로 인하여 1단계 욕창이 발생하였다. 간호사의 행위에 해당하는 것은?

① 설명의무 태만
② 확인의무 태만
③ 동의의무 태만
④ 요양방법 지도의무 태만

21 **의료행위는 사전설명과 그 설명에 기초한 동의에 의해서 적법화된다. 대상자에게 설명을 제공할 때 고려할 사항은?**

① 의료행위를 하기 직전에 설명을 하고 동의를 받는다.
② 대상자에게 정확한 내용을 전달하기 위하여 전문용어를 사용하여 설명한다.
③ 의료인의 판단에 근거하여 설명의 내용과 범위를 결정한 뒤 대상자에게 설명한다.
④ 대상자가 자기결정권을 행사하는 데 필요한 이해력과 판단능력을 갖추고 있는지 확인한다.

22 **전단적 의료(unauthorized medical care)가 발생하지 않도록 의료인이 준수해야 할 의무는?**

① 비밀누설금지 의무
② 결과예견 의무
③ 결과회피 의무
④ 설명과 동의의무

23 **〈보기〉의 사례에서 간호사가 지키지 않은 법적 의무로 가장 옳은 것은?**

| 보기 |

갑상선아전절제술 및 전경부 림프절 청소술을 받는 환자가 기도부종으로 인한 호흡장애로 뇌기능 부분손상 상태에 이르게 되었다. 간호사는 주치의 지시와 달리 2시간 간격의 활력증상을 측정하지 않았으며, 담당 의사를 불러 줄 것을 요청한 보호자의 요청을 수행하지 않았다.

① 비밀보장의 의무
② 설명과 동의의무
③ 기록의무
④ 주의의무

24 「의료법 시행규칙」상 환자의 권리가 아닌 것은?

① 존엄의 권리
② 진료받을 권리
③ 알 권리 및 자기결정권
④ 상담·조정을 신청할 권리

25 A간호사의 수술위치확인 오류로 인해 위암 환자에게 유방절제술이 시행되어, 이 환자에게 신체상의 손해가 발생하였다. 이 상황에서 간호사의 과실이 인정될 경우, A간호사에게 주어질 형사적 책임은?

① 불법행위 책임
② 채무불이행 책임
③ 사용자 배상책임
④ 업무상 과실치상죄

주관식

01 원고와 피고 측 둘 다에 과실이 있을 경우 과실의 비율에 바탕을 두고 보상을 결정하는 것은?

02 간호사는 의료인의 일원으로서 절대가치를 지닌 사람의 생명을 구하고 신체의 안정성 유지가 고유의무이기 때문에 자신이 모르는 경우에도 임상간호를 시행하면서 의료기관에서 평균적으로 시행되는 것이라면 자신이 학습하지 않았던 간호기술이라도 배우고 익혀 환자의 치료에 임해야 할 의무가 있다. 이 의무는?

03 업무상의 과실로 인하여 사람을 사망에 이르게 함으로써 성립하는 범죄이다. 이 죄는 생명이나 신체를 보호하기 위하여 이와 관련된 업무자에 대하여 무겁게 벌한다. 해당되는 죄는?

04 크래머의 사회화 단계 중 동료와 사이좋게 지내고 근무부서에서 인정을 받는 것이 필요한 시기는?

05 일란성 쌍둥이의 장기이식 종류는?

3회 합격 TEST

01 전문직에 대한 조건과 특징이 다양하게 나타나는 이유는?

① 전문직 기준의 중요성이 불필요하기 때문
② 전문직 조건이 실현 불가능한 것이기 때문
③ 전문직 간호교육과정이 표준화되지 않았기 때문
④ 노력에 의해 대중의 안정을 획득하는 것이기 때문

02 남을 돕기 위해 간호사가 되기로 하였다면 이는 전문직의 어느 특성을 나타낸 것인가?

① 관계욕구
② 성장욕구
③ 헌신적 동기
④ 이타적 동기

03 여러 학자들에 의해 제시된 전문직의 특성으로 옳지 않은 것은?

① 연구를 통해 지속적으로 축적되는 전문지식이 있다.
② 고도로 전문화된 교육과정을 통해 교육이 이루어진다.
③ 업무내용이 이론적이기보다는 실용적인 것이어야 한다.
④ 국가에서 제정해 준 윤리강령 및 행위의 규범을 준수한다.

04 간호전문직이 타 건강전문직과 구별되는 특징이 아닌 것은?

① 간호를 협동적으로 제공
② 인간을 총체적 상황에서 고려
③ 간호과정을 수단으로 하여 간호를 제공
④ 건강유지·증진, 생명연장, 질병치료에 기여

05 간호전문직 성장을 위해 임상적 결정을 내릴 때 연구결과를 바탕으로 간호를 수행하고, 환자의 선호도까지 고려하는 연구방법은?

① 팀 간호
② 일차간호
③ 사례관리
④ 근거중심간호

06 **윤리에 대한 설명으로 옳지 않은 것은?**

① 어원은 도덕과 동일하다.
② 시대와 장소에 따라 달라진다.
③ 도덕에 비해 이론적 맥락에서 사용된다.
④ 옳은 마음가짐과 옳은 행실의 표준이다.

07 **병원윤리위원회의 역할로 보기 어려운 것은?**

① 의뢰된 사례분석과 해결
② 병원직원과 학생의 교육
③ 병원정책의 윤리적 측면 검토
④ 윤리적 문제와 관련된 치료 내용의 결정

08 **간호사의 역할 중 인간존엄성을 보장하기 위한 간호의무를 가장 효과적이고 효율적으로 발휘하는 데 가장 적합한 간호사의 역할은?**

① 변화촉진자
② 간호연구가
③ 간호이론자
④ 환자의 옹호자

09 **한 행위가 산출해 내는 두 가지 상반되는 효과를 나타내는 이중효과의 원칙을 포함하고 있는 원칙은?**

① 선행의 원칙
② 자율성의 원칙
③ 사전동의의 원칙
④ 악행금지의 원칙

10 **선의의 간섭주의로 옳은 것은?**

① 선착순에 따라 장기이식의 제공순서를 정하였다.
② 배우자의 성병감염사실을 본인의 동의 없이 상대방에게 알렸다.
③ 수술 후 환자가 아파서 움직이려 하지 않을 때 운동을 격려한다.
④ 개발된 신약을 환자에게 투여 시 충분한 설명을 하고, 동의를 받는다.

11 간호사의 법적 의무 중 주의의무에 대한 설명으로 옳은 것은?

① 주의의무는 유해한 결과가 발생되지 않도록 의식을 집중할 의무를 말한다.
② 주의의무 이행여부의 판단은 통상적인 간호사의 전문적 지식을 기준으로 한다.
③ 간호사의 주의의무 불이행에 대한 민사책임은 간호사 본인에게만 있다.
④ 주의의무는 결과발생을 예견하여 주의하는 것으로 간호행위 전에 이행되어야 한다.

12 환자가 위험이 수반되는 의료행위를 받기 전, 의료인에게 설명을 요구할 수 있는 내용을 모두 고른 것은?

㉠ 질병의 예후	㉡ 현재의 질병 상태
㉢ 대체 가능한 다른 치료 방법	㉣ 예상되는 후유증이나 합병증

① ㉠, ㉡
② ㉠, ㉡, ㉣
③ ㉡, ㉢, ㉣
④ ㉠, ㉡, ㉢, ㉣

13 환자안전법령상 병상수가 200병상 이상인 병원급 의료기관의 환자안전사고 보고에 대한 설명으로 옳지 않은 것은?

① 의무보고 대상인 환자안전사고가 발생한 경우, 그 의료기관의 장이 보고하여야 한다.
② 진료기록과 다른 의약품이 투여되어 환자에게 경미한 신체적 손상이 발생한 경우, 자율보고할 수 있다.
③ 의무보고 대상인 환자안전사고를 지체없이 보고한 경우, 보건의료 관계 법령에 따른 행정처분을 감경할 수 있다.
④ 다른 부위의 수술로 환자안전사고가 발생한 경우, 심각한 신체적・정신적 손상의 발생 여부와 관계없이 의무보고한다.

14 간호사의 법적 의무에 대한 내용으로 옳지 않은 것은?

① 환자에게 위험한 결과가 발생하지 않도록 최선의 조치를 취하였다고 인정되더라도 실제 해(harm)가 발생했다면 주의의무 위반에 해당한다.
② 응급 의료가 지체되어 환자의 생명이 위험해질 경우, 설명의무는 생략될 수 있다.
③ 의사의 지시가 불명확하거나 불충분할 경우, 이를 확인해야 할 의무가 있다.
④ 비밀유지의무에도 불구하고 환자 본인의 동의가 있다면 치료정보를 제3자에게 공개할 수 있다.

15 **간호관리의 법적 측면에 대한 설명으로 옳지 않은 것은?**

① 간호사고는 간호행위 중에 환자 등에게 예상외의 원하지 않는 인신상의 불상사가 야기된 경우를 총칭한다.
② 과실은 통상적으로 요구되는 주의의무를 태만히 하는 것이다.
③ 과오는 과실의 특수한 형태로서 합리적이고 신중하게 행동하도록 훈련된 전문가에게 기대되는 실무표준을 위반하는 경우를 말한다.
④ 악결과예견의무는 예견가능한 악결과를 피할 수 있는 수단을 강구해야 하는 의무이다.

16 **다른 의료인이 잘못한 의료행위를 상부에 보고하는 것은 간호사의 의무 중 무엇에 해당하는가?**

① 확인의무
② 설명의무
③ 결과회피의무
④ 결과예견의무

17 **결과예견의무란 특정 영역의 통상인이라면 악결과 발생을 예견할 수 있는 것을 말한다. 간호사에게 결과예견의무가 인정되는 경우를 모두 고른 것은?**

㉠ 발생가능성이 매우 낮은 경우라도 객관적으로 일반간호사에게 알려진 상태
㉡ 꼭 해야 할 의무가 있는 것은 아니지만 하면 좋았을 행위를 하지 않았을 경우
㉢ 일반간호사에게 알려지지 않은 단계라도 해당 간호사가 이를 알 위치에 있는 경우
㉣ 위험회피를 위해 일정조치를 했으나 예기치 못한 유해한 결과가 야기된 경우

① ㉠, ㉡
② ㉠, ㉢
③ ㉡, ㉢
④ ㉡, ㉣

18 **환자를 간호하면서 주의의무 태만으로 환자에게 손해를 입히게 된 것을 총칭하는 말은?**

① 간호사고
② 간호과오
③ 간호과실
④ 간호표준

19 **간호사의 불법행위에 대한 설명으로 옳지 않은 것은?**

① 불법행위에 대한 책임은 신체적 침해와 정신적 침해를 포함한다.
② 불법행위 책임은 위법행위를 한 자에게 귀속되므로 사용자에게는 책임을 물을 수 없다.
③ 인과관계란 행위자의 고의, 과실 행위와 침해결과 사이의 인과관계를 말한다.
④ 손해에 대한 배상의 형태는 금전 배상을 원칙으로 한다.

20 **간호과오가 불법행위책임을 발생시키는 데 필요한 요건이 아닌 것은?**

① 간호행위의 결과가 위법한 것이어서 법률상 비난받는 것임을 인식하는 정신능력이 있어야 한다.
② 간호행위와 발생된 손해 간에 인과관계가 성립되어야 한다.
③ 간호행위가 사회가 보호하는 권리를 침해하는 것이어야 한다.
④ 환자에게 손해가 발생하는 것을 알면서도 이를 시행한 고의가 증명되어야 한다.

21 **임상에서 사전동의가 타당성을 인정받기 위한 조건으로 옳지 않은 것은?**

① 대상자가 정보를 이해하고 결정할 수 있는 의사결정능력이 있어야 한다.
② 의료인은 관련되는 실제적인 정보와 계획을 대상자가 이해할 수 있도록 전달해야 한다.
③ 설득이나 조종의 방법에 의해서 의료인의 의도와 목적에 맞게 충분한 정보를 제공해야 한다.
④ 대상자가 특정 계획을 결정하고 선택하였으며, 의료인이 그 결정을 인정하는 소정의 절차를 통하여 대상자의 결정을 객관화해야 한다.

22 **전문간호의 최소한의 수준으로, 주의의무를 판단하는 기준은?**

① 간호실무표준 ② 유권해석
③ 간호판례 ④ 직무기술서

23 **현행 의료법에 간호사의 임무가 제시되어 있으나, 간호계에서는 간호전문직의 발전을 위해 '간호법'을 단독으로 법제화하기 위해 노력을 기울이고 있다. 간호를 전문직의 기준으로 평가하려 할 때, '간호법' 제정과 관련되는 기준은?**

① 자율성 ② 윤리강령
③ 전문교육 ④ 사회봉사

24 **인체실험에 대한 비윤리성을 비판하고 대상자의 자발적인 동의가 없으면 어떠한 실험도 할 수 없다는 내용을 제정한 연구 윤리에 관한 최초의 국제적 지침은?**

① 벨몬트 보고서
② 헬싱키 선언
③ 리스본 선언
④ 뉘른베르크 강령

25 **「한국간호사 윤리강령」상 '전문가로서의 간호사 의무' 영역에 해당하는 항목은?**

① 대상자 보호
② 건강 환경 구현
③ 안전한 간호 제공
④ 관계 윤리 준수

주관식

01 인체 실험에 관한 연구윤리선언으로 채택하여 법정대리인 동의의 윤리적 내용을 주장한 국제적 선언은?

02 전문직의 기준에 따른 간호직의 특성 중 간호직이 부족한 점을 3가지 이상 쓰시오.

03 개인이 어떤 그룹에 참여하기 위해 행동, 기술, 지식 등을 습득함으로써 지금까지와는 다르게 조직이 요구하는 사람으로 변화해 가는 과정은?

04 베너의 전문직 사회화 모델에서 '업무수행을 능숙하고 융통성 있게 수행하며 더 이상 원리 및 가이드라인이 필요하지 않을 때'에 해당하는 단계는?

05 입원 중 환자가 아침에 체중계에서 체중측정을 하던 중 뒤로 넘어져 뇌출혈로 응급 수술을 받게 되었다. 당시 담당 간호사가 환자를 소홀히 감독하여 발생한 상황이라면 담당 간호사의 행위에 해당하는 것은?

간호윤리와 법

정답 및 해설

합격테스트 제1회

정답

01 ④	02 ①	03 ④	04 ③	05 ④
06 ③	07 ④	08 ①	09 ③	10 ④
11 ①	12 ②	13 ②	14 ④	15 ④
16 ④	17 ③	18 ③	19 ③	20 ①
21 ①	22 ①	23 ③	24 ②	25 ②

01 정답 ④

간호실무 상황에서 윤리적 의사결정과 관련된 판단 기준

- 윤리이론과 원리에 이해 문제를 도덕적으로 파악하여 정의를 내릴 것
- 관련정보를 수집하고 개념을 명확히 할 것
- 전문적 의무에 입각할 것
- 병원의 정책과 기준을 염두에 두고 판단을 내릴 것

02 정답 ①

자율성 존중의 원칙

자율성 존중의 원칙이란 사람이 자신의 생각을 가지고 선택을 하며, 개인적 가치와 신념으로 행동할 권리를 가지는 것을 인식한다는 것을 의미함

03 정답 ④

실험 연구 대상자에게 사전동의 시 설명해야 할 내용

- 연구의 절차, 목적, 피실험자의 역할, 사생활 비밀유지의 약속
- 연구 참여 시 발생할 위험이나 손해에 대한 설명
- 연구에 참여를 거부할 수 있다는 것에 대한 설명
- 원하는 경우 중간에 본인이 포기할 수 있으며 이때 불이익이 없다는 것을 설명해야 함

04 정답 ③

대리결정

자의적 동의 능력이 없는 사람의 자율성 보장장치로 대리판단 표준, 순수 자율성 표준, 환자의 최선이익 표준이 있다.

- **대리 판단 표준(substituted judgement standard)** : '환자를 위해 대리인 자신이 무엇을 원하는가'가 아니라, '이 환자가 의사를 표현할 수 있다면 이 상황에서 무엇을 원했겠는가?'라는 물음에 초점을 맞추어야 한다. 이는 환자를 가장 잘 아는 대리인을 선정해서 그 환자가 자율적 능력을 지녔다면 어떤 결정을 내렸을지를 찾는 방법과, 그 환자와 같은 질병에 걸린 합리적인 사람들이 대부분 어떤 결정을 내리는지를 찾는 방법으로 나눌 수 있다.
- **순수 자율성 표준(the pure autonomy standard)** : 순수 자율성 표준은 자율적으로 결정을 하였거나 의사를 표명한 적이 있는 사람에게 적용되는 것이다. 즉 환자가 이전에 내렸던 자율적 결정을 받아들이는 것을 뜻한다.
- **환자 최선 이익 표준(patient's best interest standard)** : 환자의 최선 이익 표준은 이용 가능한 모든 대안들이 환자에게 미치는 영향과 이해득실을 따져 보고 환자에게 최선이 된다고 판단되는 점을 대리자가 결정하는 것이다. 환자의 최선이익 표준은 그 상황에서 무엇이 환자에게 최선의 이익이 되는가를 찾아내는 삶의 질 표준을 말한다. 이때 중요한 것은 단순히 주관적인 의사나 개인의 가치관에 의해 판단하지 않고 당사자를 대신하여 최선의 이익이 되는 결정을 내려야 하는 것이 중요하다.

05 정답 ④

선행의 원칙(The principle of beneficience)

의료인은 타인의 질병을 치료하고 건강을 증진하도록 노력해야 한다. 이를 생명윤리에서는 선행의 원칙이라고 하는데 단순히 악행금지의 원칙처럼 타인에게 피해를 주지 않는다는 정도가 아니라 해악의 예방과 제거 그리고 적극적인 선의 실행을 요구한다. 즉, 타인에게 적극적으로 도와주는 행동을 요구하고 있다. 즉, 의료인은 보통의 도덕을 넘어서 타인을 적극적으로 도와야 할 의무가 있다.

06 정답 ③

성실의 규칙(fidelity rule)

성실의 규칙이란 약속은 지켜야 한다는 의무로 특히 계약적 관계에서는 더욱 기본적인 윤리 규칙이며 이것

을 약속 이행과 동일하게 사용된다. 보건의료인과 대상자와의 관계가 계약관계로 설명되는 점을 고려할 때 보건의료인의 성실의 규칙은 특히 중요하다.

07 정답 ④

간호사 윤리강령 서문 중 간호사의 임무

간호의 근본이념은 인간의 존엄과 생명의 기본권을 존중하는 것이다. 출생으로부터 죽음에 이르는 인간의 삶에서 건강을 증진하고 질병을 예방하며, 건강을 회복하고 고통을 경감하는 데 간호사의 기본적인 임무가 있다.

08 정답 ①

① 상병자의 진료는 의사의 고유 업무로 간호사는 이를 직접 수행할 수 없다.

간호사의 업무 활동(의료법 제2조2항)

- 환자의 간호요구에 대한 관찰, 자료수집, 간호판단 및 요양을 위한 간호
- 의사, 치과의사, 한의사의 지도하에 시행하는 진료의 보조
- 간호 요구자에 대한 교육·상담 및 건강증진을 위한 활동의 기획과 수행, 그 밖의 대통령령으로 정하는 보건활동(「농어촌 등 보건의료를 위한 특별조치법」 제19조에 따라 보건진료전담공무원으로서 하는 보건활동, 「모자보건법」 제10조 제1항에 따른 모자보건전문가가 행하는 모자보건 및 가족계획 활동, 「결핵예방법」 제18조에 따른 보건활동, 그 밖의 법령에 따라 간호사의 보건활동으로 정한 업무)
- 간호조무사가 수행하는 업무보조에 대한 지도

09 정답 ③

의료계약의 특성

- 의료계약은 일반적으로 관행상 계약서를 작성하지 않는 묵계형식의 계약이 대부분이다. 그 이유는 의사와 환자 사이에는 채무와 불이행 책임에 관한 문제보다 본질적으로 신뢰를 기본으로 하기 때문이다.
- 내용에서도 질병을 치료하고 싶다는 환자의 희망, 즉 계약체결의 최종목적만 뚜렷할 뿐 기능성 유무, 이를 달성하기 위한 방법 등 계약의 내용은 명확하지 않다. 그러므로 계약의 내용은 결국 의료인이 결정하게 된다.
- 의료인은 진단과 치료 행위를 하여야 할 의무와 이에 따른 부가적 의무를 부담하고 환자는 의사의 치료에 따라야 할 의무와 진료비를 지급할 의무를 부담한다.
- 의료인은 의료법 제15조에 의하여 정당한 이유 없이 의료 행위를 거부하지 못하며, 응급환자에 대해서는 「응급의료에 관한 법률」에 따라 최선의 처치를 해야 할 의무를 부담한다. 그러므로 응급상태인 환자는 의료인의 의료계약체결의 자유가 제한된다.

10 정답 ④

결과예견의무

- 결과예견의무란, 예견 가능성이 있는 범위 내에서만 추궁이 되며, 예견 가능성이란, 일반인(특정된 영역의 통상인)이라면 행위 시 결과 발생을 예견할 수 있는 것을 말한다.
- 간호에 있어서의 주의의무의 기준은 통상적인 일반의 간호사를 의미하는 것이며, 그 능력의 정도는 당해 시대의 간호사로서 요구받는 일반적인 지식이다.
- 현재의 간호학적 수준에 비추어 볼 때 통상 다음과 같은 경우에는 간호사에게 예견의무가 인정된다. 발생 가능성이 매우 낮은 경우라 할지라도 객관적으로 보아 일반간호사에게 알려진 상태의 것이다. 일반간호사에게는 알려지지 않은 단계라고 할지라도 당해 간호사가 이를 알 수 있는 위치에 있는 경우이며, 해야 할 행위를 하지 않는 것이다.

11 정답 ①

나쁜 결과에 대한 예견의무는 예견 가능성이 있는 범위 내에서만 추궁되는데 예견 가능성이란 일반간호사라면 행위 시 결과발생을 예견할 수 있는 것을 말한다. 따라서 간호행위상 과오의 주가 되는 것은 무지이다. 간호사가 지식부족으로 위험을 예견할 수 없었다면 이는 주의의무 위반이 되는 것이다.

12 정답 ②

간호사 면허

- 면허란 학문상 허가에 해당하여 일반적 금지를 특정인에게 해제하여 적법하게 일정한 행위를 할 수 있게 하는 것이며 자격은 학문상 공증에 해당하여 특정의 사실을 공적으로 증명하여 공적 증거력을 부여하는 것으로 이를 번복할 수 있고 행정기관이나 법원이 이를 취소할 수 있다.
- 우리나라의 간호사 면허는 보건복지부령이다.
- 간호사 국가시험에 합격해야 면허증 교부를 신청할 수 있다.

13 정답 ②

간호과실

- 간호사고 중에서 과오가 있다는 것이 객관적으로 입증되었거나 인정된 것
- 책임에 응하는 간호행위를 이행하지 않은 결과로 상대방이 상해를 받게 되는 경우
- 과실이 손해와 인과관계가 성립된 것
- 간호과실은 간호사고에 기인되나 모든 간호사고가 과실은 아니다.

14 정답 ④

민사책임이 발생하는 요건

- 고의 또는 과실로 인하여
- 불완전 이행(채무불이행), 위법행위(불법행위)로 인해
- 구체적인 손상 또는 상해, 손해 발생
- 불완전 이해 또는 위법행위 발생과의 인과관계 증명

15 정답 ④

간호사 윤리강령

- 윤리강령이 도덕 문제의 해결을 위한 답을 주는 것은 아니며, 최소한의 지침을 주는 것이다.
- 규약은 상반되는 지침을 피할 수 없으며, 그에 따라 광범위한 수용을 하게 된다.
- 모든 가능한 상황에 분명한 지침을 주는 목표를 가진다면, 규약이 아무리 구체적이라 할지라도 그러한 규약은 항상 불완전한 것이다.
- 시대적 상황에 따라 변화하는 한계가 있다.
- 비윤리적 행동을 규제하기 위함도, 간호사 능력향상을 위함도, 권익 옹호를 위한 근거도 아니다.

16 정답 ④

사용자 배상 책임이란 피고용인의 고용범위에서 발생한 과실에 대해 고용주가 직접적인 책임을 지는 법의 원칙을 의미한다.

17 정답 ③

계약법상의 채무불이행 책임에 있어서의 손해배상 청구권의 소멸시효는 일반채권과 마찬가지로 10년이다.

18 정답 ③

» 채무불이행과 불법행위의 책임 비교

구분	채무불이행 책임	불법행위 책임
법적 근거	민법 제390조	민법 제750조
발생 요건	① 간호사의 고의·과실 ② 불완전한 이행 ③ 손해발생 ④ 불완전이행과 손해의 인과관계	① 간호사의 고의·과실 ② 위법한 간호행위 ③ 손해발생 ④ 행위와 손해의 인과관계
귀책 사유	고의, 과실(주의의무 위반)	고의, 과실(주의의무 위반)
입증 책임	간호사(채무자)	환자(피해자)
손해 배상 책임 주체	① 의료기관의 간호사 * 이행보조자의 고의·과실은 채무자(개설자)의 고의·과실과 전적으로 동일시 됨 ② 간호사가 독립적 요양원 개설 * 계약상의 채무자이므로 배상책임(민법 제391조)	① 의료기관의 간호사 * 피고용인의 불법행위에 대한 사용자 책임(민법 제756조) ② 의사의 진료협조에 응한 경우 * 의사가 간호사와 감독·확인 : 관계에 있으면, 의사 단독 또는 간호사와 공동불법행위의 책임을 지게 됨 ③ 간호사의 고유 업무인 경우 * 간호사 단독 책임 지나, 대개 기관 개설자와 공동불법행위 책임(민법 제756조)
배상 범위	통상손해(현실로 발생한 손해) 민법 제292조, 제296조	종상손해, 위자료 민법 제751조, 제752조, 제756조
공소 시효	10년	3년

19 정답 ③

설명 및 동의의무는 의료행위에 대한 환자의 자기 결정권을 보호하는 취지로 우리나라에서는 인간의 존엄성과 행복추구권에 근거를 두고 있다. 의료행위가 정당성을 갖게 위해 의사의 설명의무는 필요조건이 되고 환자의 자기결정권 및 승낙은 충분조건이 된다. 이것은 근본적으로 환자는 진실을 알 권리와 스스로 결정할 권리(자기결정권)이 있다는 원리에 근거를 두고 있다.

20 정답 ①

우리나라는 자기결정권을 인격권의 한 내용으로 파악하고 제10조의 인간의 존엄성과 행복추구권에 근거를 두고 있다. 따라서 설명 및 동의 의무는 의료행위에 대한 환자의 자기결정권을 보호하려는 취지이다. 여기에는 간호사의 정보제공자로서의 의무, 의료사고의 사전예방이 목적에 포함되지만 의료인의 법적 보호는 궁극적인 취지에 포함되지 않는다.

21 정답 ①

고지설명이란 환자의 알 권리를 충족시키는 것으로 환자의 질병 정도, 증상, 치료방법의 내용과 필요성, 예후, 발생이 예상되는 위험을 동반하거나 후유증이 남을 가능성 있는 합병증과 빈도 등의 설명이 포함된다.

22 정답 ①

환자로부터 동의서를 받을 수 없는 경우

- 미성년자
- 심한 통증을 겪고 있거나 심한 진정상태의 환자
- 충분한 설명을 듣지 못한 환자
- 강압적인 분위기에 처해 있는 환자
- 내용을 제대로 이해하지 못하는 환자
- 자발적으로 동의서에 서명할 수 없는 상태의 환자

23 정답 ③

동의서에 포함되어야 할 내용

- 환자의 이름, 등록번호·시술자의 이름
- 환자, 시술자, 입회인의 서명·서면동의서를 받은 날짜
- 권유받은 처치나 시술 명칭과 시술 목적 및 장점
- 시술과정에 걸리는 시간, 처치 후 회복되는 기간
- 시술과 관련된 잠재적인 위험, 부작용 합병증 등
- 시술을 거절할 경우, 즉 시술하지 않음으로써 올 수 있는 위험들
- 권유받은 시술 이외의 대안적 처치 방법들

24 정답 ②

민사책임은 가해자에게 사적인 책임을 추궁하는 것을 말하며, 사회적 책임은 형사책임에 해당한다. 민사상의 책임은 금전적 배상을 원칙으로 한다. 벌금과 같은 재산형, 징역·금고와 같은 자유형은 형사상의 책임에 포함된다. 이는 위법한 행위로 인해 발생한 손해의 전보를 목적으로 하기 때문에 위법한 행위자의 징계 및 방지 목적은 형사책임의 경우에 해당한다.

25 정답 ②

불법행위 책임의 특징

- 손해에 대한 배상의 형태는 금전배상을 원칙으로 한다.
- 인과관계란 행위자의 고의 및 과실행위와 침해결과 사이의 인과관계를 말하며 불법행위를 한 자 외에 이익의 귀소자인 사용자에게 보통 귀속된다.
- 불법행위의 책임은 민법에 규정되어 있으며 고의 또는 과실로 인한 위법행위로 타인에게 손해를 가한 자에게 그 손해를 배상할 책임이 있다고 규정하고 있다. 이러한 손해에는 피해자의 생명, 신체에 가해진 침해 외에 자유, 명예, 정조, 사생활과 같은 정신적 침해를 포함한다.

주관식 정답

01
예측불가능성, 위험내포성, 재량성, 비공개성

02
의료수혜의 확대, 국민의 권리의식 신장, 의료인과 환자 간의 신뢰관계의 상실, 의료인의 의료법리에 대한 부재, 사회적 보장제도의 부재

03
전단적 의료

04
불법행위

05
전손해설

합격테스트 제2회

정답

01 ④	02 ③	03 ①	04 ①	05 ③
06 ①	07 ④	08 ③	09 ①	10 ④
11 ③	12 ②	13 ③	14 ④	15 ②
16 ①	17 ②	18 ④	19 ②	20 ②
21 ④	22 ④	23 ④	24 ①	25 ④

01 정답 ④
민사책임은 가해자에 대해 사적인 책임을 추궁하는 것을 말하며 사회적 책임은 형사책임에 해당한다. 민사상의 책임은 금전적 보상을 원칙으로 하고 벌금과 같은 재산형, 징역, 금고와 같은 자유형은 형사상의 책임에 포함된다. 이는 위법한 행위로 인해 발생한 손해의 전보를 목적으로 하기 때문에 위법한 행위자의 징계 및 방지 목적은 형사책임이다.

02 정답 ③
과실상계는 채무불이행 또는 불법행위로 인한 손해배상에서 그 손해발생과 확대에 채권자 또는 피해자가 기여한 경우 이를 참작하여 채무자 또는 가해자의 손해배상적 책임에서 감면하는 제도를 말한다.

03 정답 ①
윤리강령은 시대에 따라 변하는 한계가 있다.

04 정답 ①
위험한 처치를 하기 전에 환자에게 동의를 구하는 것의 궁극적인 목적은 환자의 자율성을 보장하기 위함이다.

05 정답 ③
선행의 원칙은 타인을 돕기 위해 적극적인 선을 행해야 한다는 원칙으로, 응급환자를 치료하는 것은 선행의 원칙 중 선의의 간섭주의에 해당한다.

06 정답 ①
간호전문직의 업무범위・책임・법적 권위・역할・기능을 설정하는 것은 규정된 범위에서 자율성을 가지고 업무를 수행하기 위함이다.

07 정답 ④

한국간호사 윤리강령 – 제4차 개정

- 간호의 근본이념은 인간 생명의 존엄성과 기본권을 존중하고 옹호하는 것이다.
- 간호사의 책무는 건강을 증진하고 간병을 예방, 건강을 회복, 고통을 경감하도록 돕는 것이다.
- 간호대상자의 자기결정권을 존중하고 스스로 건강증진 시 필요한 지식, 정보를 획득하도록 돕는다.
- 윤리강령이 법적 근거가 되지 않는다.
- 윤리강령이 간호사 행동의 최소한이 표준은 맞으나 가장 중요하게 생각하는 이념은 아니다.

08 정답 ③

알 권리 및 자기결정권

- 알 권리는 병명, 병상, 병의 진전 예측, 진료계획, 치료와 수술, 약의 이름과 작용, 부작용, 필요한 비용 등에 대해 납득될 때까지 설명을 받을 권리이다.
- 간호사는 간호대상자를 간호의 전 과정에 참여시키며, 충분한 정보 제공과 설명으로 간호대상자가 스스로 의사결정을 하도록 돕는다.

09 정답 ①

나쁜 결과는 단지 불가피할 따름이어야 정당화될 수 있다.

10 정답 ④

자율성의 원칙과 선의의 간섭주의 간의 상충 시 선의의 간섭주의에 우선하여 적용시키며, 간섭으로 인해 예방할 수 있는 피해나 제공할 수 있는 혜택이 자율성의 침해나 그로 인한 독립성의 손실을 능가해야 한다.

11 정답 ③

진료 신청과정에서 환자의 개인정보 처리기준

진료 신청을 위한 개인정보는 진료를 목적으로 한 필요한 최소한의 개인정보를 수집하여야 하며, 수집 목적의 범위에서 이용하여야 한다.

1) 인터넷, 전화 또는 팩스에 의한 진료·검사 예약 시 건강보험 가입여부, 건강검진 대상여부 등 확인이 필요한 경우, 의료기관은 필요한 최소한의 개인정보를 수집하여야 함
2) 다만, 단순예약(시간약속)을 위한 주민등록번호 수집은 원칙적으로 허용되지 않음
3) 전화를 통하여 필요한 최소한의 개인정보를 수집할 때에는 통화내용을 녹취하고, 녹취할 때에는 녹취 사실을 정보주체에게 알려야 하며, 해당 녹취파일에 대하여 안전성 확보조치를 하여야 함
4) 인터넷 또는 팩스로 진료·검사 신청을 받는 경우 개인정보의 안전성을 확보하기 위하여 이를 취급할 수 있는 '개인정보취급자'를 최소화하여 해당 정보를 취급하도록 하여야 함
5) 인터넷으로 수집한 주민등록번호는 암호화하여야 하며, 해당 팩스 문서 또는 주민등록번호를 포함한 개인정보는 안전하게 보관하고 관리하여야 함

12 정답 ②

의료기관 인증 기준(의료법 제58조의 3)

- 환자의 권리와 안전
- 의료기관의 의료서비스 질 향상 활동
- 의료서비스의 제공과정 및 성과
- 의료기관의 조직·인력관리 및 운영
- 환자 만족도

13 정답 ③

알 권리 및 자기결정권

- 환자는 담당 의사·간호사 등으로부터 질병 상태, 치료 방법, 의학적 연구 대상 여부, 장기이식 여부, 부작용 등 예상 결과 및 진료비용에 관하여 충분한 설명을 듣고 자세히 물어볼 수 있으며, 이에 관한 동의 여부를 결정할 권리를 가진다.
- 환자는 진료와 관련된 신체상·건강상의 비밀과 사생활의 비밀을 침해받지 아니한다.
- 의료인과 의료기관은 환자의 동의를 받거나 범죄 수사 등 법률에서 정한 경우 외에는 비밀을 누설·발표하지 못한다.

14 정답 ④

설명 및 동의의무

설명의무는 수술 등 침습을 하는 과정과 그 후에 나쁜 결과(악결과)가 발생할 개연성이 있는 의료행위를 하는 경우 또는 사망 등의 중대한 결과발생이 예측되는 의료행위 등과 같이 환자의 자기결정이 요구되는 경우, 환자에게 의료행위를 받을지를 결정하는 데 필요한 정보를 제공하고 동의를 구하여야 할 의무를 말한다. 설명 및 동의의무의 궁극적 목적은 알 권리를 통한 대상자의 자기결정권 존중이다.

15 정답 ②

설명 및 동의의무

설명의무는 수술 등 침습을 하는 과정과 그 후에 나쁜 결과(악결과)가 발생할 개연성이 있는 의료행위를 하는 경우 또는 사망 등의 중대한 결과 발생이 예측되는 의료행위 등과 같이 환자의 자기결정이 요구되는 경우, 환자에게 의료행위를 받을지를 결정하는 데 필요한 정보를 제공하고 동의를 구하여야 할 의무를 말한다. 설명 및 동의의무의 궁극적 목적은 알 권리를 통한 대상자의 자기결정권 존중이다.

전단적 의료는 의료인이 어떤 위험성이 있는 의료행위를 실시하기 전에 환자의 동의를 얻지 않고 의료행위를 시행할 수 있는 것을 말한다. 전단적 의료는 동의 없이도 의료행위를 할 수 있는 경우로 이때에는 설명 및 동의의무가 면제된다.

16 정답 ①

간호사고를 예방하기 위한 조직적 대응방안

- 간호과오의 근본적 원인해결을 위해 필요하다면 병원의 구조적 변화를 요청한다.
- 효과적인 사건보고 및 의사소통 체계를 마련한다. 이는 문제를 신속하고 정확히 발견 및 해결하는 데 필수적이며, 사건보고와 인사고과를 분리시켜 처벌에 대한 두려움 때문에 간호사고를 숨기지 않도록 하여야 한다.
- 누가 과오를 범하였는지보다 왜 문제가 발생되었는지를 따져 근본적인 원인을 분석한다.
- 간호사의 실무관련 법적 의무에 대한 교육을 강화한다. 법적 의무에 대한 정기적 교육은 간호사의 법적 의무 및 책임인식을 높인다. 특히 지침서 위주의 형식적 교육보다는 사례중심의 문제해결식 교육이 바람직하다.
- 조직적 위험관리를 제도화한다. 능력을 갖춘 위험관리 전담자를 양성하여 체계적 위험분석 및 예방전략을 구축한다.
- 간호실무표준과 지침을 마련한다. 간호실무표준은 간호사의 주의의무를 판단하는 기준이 되고, 전문간호사의 주의의무 최소화의 법적인 기준이 된다. 또한 간호실무지침은 간호업무의 구체적 기준이 된다.

17 정답 ②

수술기록 보존은 10년이다.

18 정답 ④

의료인의 면허취소 사유

- 제8조(의료인의 결격사유) 각 호의 어느 하나에 해당하게 한 경우
- 자격 정지 처분 기간 중에 의료행위를 하거나 3회 이상 자격정지 처분을 받은 경우
- 면허 조건을 이행하지 아니한 경우
- 면허증을 빌려준 경우
- 일회용 주사 의료용품 재사용 금지를 위반하여 사람의 생명 또는 신체에 중대한 위해를 발생하게 한 경우

의료인의 결격 사유(의료법 제8조)

다음 각 호의 어느 하나에 해당하는 자는 의료인이 될 수 없다.

1. 「정신건강증진 및 정신질환자 복지서비스 지원에 관한 법률」 제3조 제1호에 따른 정신질환자. 다만, 전문의가 의료인으로서 적합하다고 인정하는 사람은 그러하지 아니하다.
2. 마약·대마·향정신성의약품 중독자
3. 피성년후견인·피한정후견인
4. 이 법 또는 「형법」 제233조, 제234조, 제269조, 제270조, 제317조 제1항 및 제347조(허위로 진료비를 청구하여 환자나 진료비를 지급하는 기관이나 단체를 속인 경우만을 말한다), 「보건범죄단속에 관한 특별조치법」, 「지역보건법」, 「후천성면역결핍증 예방법」, 「응급의료에 관한 법률」, 「농어촌 등 보건의료를 위한 특별 조치법」, 「시체 해부 및 보존 등에 관한 법률」, 「혈액관리법」, 「마약류관리에 관한 법률」, 「약사법」, 「모자보건법」, 그 밖에 대통령령으로 정하는 의료 관련 법령을 위반하여 금고 이상의 형을 선고받고 그 형의 집행이 종료되지 아니하였거나 집행을 받지 아니하기로 확정되지 아니한 자

19 정답 ②

과오는 일반인을 기준으로 하는 것이 아니라 전문가(전문인)를 기준으로 한다.

20 정답 ②

간호사는 간호조무사(간호보조인력)에게 위임한 업무를 지도 및 감독하고 확인해야 하는 의무를 갖는다. 간호사가 간호보조인력에게 업무를 위임하더라도 업무에 대한 책임이 면제되는 것이 아니며, 간호보조인력이

위임받은 업무를 수행하는 과정에서 과실을 범한 경우 업무를 위임한 간호사는 그에 대한 책임을 지게 된다. 이 문제에서는 간호사가 간호조무사의 행위를 제대로 확인하지 않았으므로 확인의무 태만에 해당한다.

21 정답 ④

설명의 방법은 기본적으로 일반인의 상식 수준에서 상대방이 이해할 수 있는 언어로 의사결정에 여유가 있는, 심리적으로 자유로운 상태에서 이루어져야 한다. 위험의 정도에 있어 그 발생가능성은 적으나 대상자의 신체 상태를 중대하게 침해할 수 있는 경우와 여러 진료 대안 중 대상자가 합리적으로 결정권을 행사할 수 있을 경우 설명요구 정도는 높아지고, 의료의 긴급성과 필요성이 높을수록 설명요구 정도는 적어진다.

① 의료행위를 하기 전에 충분한 고려기간을 주어야 한다. 의료행위를 하기 직전에 설명을 하고 동의를 받는다면, 이는 환자에게 충분한 고려기간을 주지 않았기 때문에 옳지 않다.
② 설명은 상대방이 이해할 수 있도록 쉽게 해야 한다.
③ 설명의 내용과 범위는 의료법과 판례, 대상자 등에 의해 결정되므로 의료인의 판단에 근거하여 설명의 내용과 범위를 결정한다는 것은 설명의무를 제대로 이행하지 않는 것이다.
④ 설명의 시점에서 대상자가 설명을 이해하고 판단을 할 수 있을 정도의 이해력과 판단능력을 갖추어야 하고, 설명을 하는 의료인은 이를 확인하여야 한다.

22 정답 ④

전단적 의료(unauthorized medical care)는 의료인이 어떤 위험성이 있는 의료행위를 실시하기 전에 환자의 동의를 얻지 않고 의료행위를 시행할 수 있는 예외적인 상황을 말한다. 전단적 의료는 본래 설명 및 동의의무가 면제되는 것을 가리키는데, 이 문제에서 전단적 의료는 환자에게 설명 및 동의 없이 전단적(專斷的)으로 의료를 행한다는 부정적인 의미로 사용되었다. 따라서 전단적 의료가 발생하지 않도록 의료인이 준수해야 할 의무는 설명 및 동의의무이다.

23 정답 ④

주의의무의 대표적인 사례이다.

24 정답 ①

「의료법 시행규칙」 별표 1에 규정된 환자의 4가지는 진료받을 권리, 알 권리 및 자기결정권, 비밀을 보호받을 권리, 상담・조정을 신청할 권리이다.

25 정답 ④

간호사의 과실로 인해 환자에게 신체상의 손해가 발생하였는데, 간호사의 책임에는 형사적, 민사적 책임이 있다. 불법행위 책임과 채무불이행 책임은 민사적 책임에 해당하고, 이 문제에서 사용자 책임은 병원의 민사책임이다. 형사적 책임은 업무상 과실치상죄로 볼 수 있다.

주관식 정답

01
비교과실

02
계속적 학습의무, 연찬의무

03
업무상 과실치사죄

04
충격기

05
동조직 이식

합격테스트 제3회

정답

01 ④	02 ④	03 ④	04 ④	05 ④
06 ②	07 ④	08 ④	09 ④	10 ③
11 ①	12 ④	13 ③	14 ①	15 ④
16 ①	17 ②	18 ②	19 ②	20 ④
21 ③	22 ①	23 ①	24 ④	25 ③

01 정답 ④
전문직의 조건이란 노력에 의해 대중의 인정을 획득하는 것으로 고정된 것이 아니기 때문이다.

02 정답 ④
전문직 활동은 이타적 선택동기를 가지는 특징이 있다.

03 정답 ④
전문직은 윤리강령 및 행위의 규범을 자체단체가 개발하여 실천한다.

04 정답 ④
건강유지・증진, 생명연장, 질병치료에 기여하는 것은 간호 전문직 뿐만 아니라 모든 의료인의 의무이다.

05 정답 ④
근거중심간호의 4가지 요소는 근거중심 이론이나 연구로부터 도출된 과학적 근거, 환자의 가치와 선호도, 활용가능한 자원, 간호사의 임상 전문성이다.

06 정답 ②
시대와 장소에 따라 달라지는 것은 예절이며, 윤리는 보편성과 일반성을 가진다.

07 정답 ④
치료의 내용을 결정해 주는 것이 아니라 다양한 관점과 정보의 논의를 통해 문제해결을 모색한다.

08 정답 ④
돌봄 제공자로서 간호사는 영원한 환자의 옹호자이다.

09 정답 ④

타인에게 의도적으로 해를 입히거나 해가 될 위험을 초래하지 않도록 하는 것을 의미하는 악행금지의 원칙이 이중효과의 원칙을 포함하고 있다.

10 정답 ③

선의의 간섭주의란 적극적인 선을 위해서 환자의 자율성을 무시하는 경우로 자율성 존중의 원칙과 충돌하게 된다.

11 정답 ①

주의의무

② 주의의무 이행여부의 판단은 통상적인 일반간호사를 의미하는 것이며, 그 능력의 정도는 당해 시대의 간호사로서 요구되는 일반적인 지식을 기준으로 한다. 간호사의 주의의무는 의료행위 당시 일반 간호학적 지식 정도의 능력을 갖춘 간호사가 통상 베풀어야 할 주의의무를 가리키는 것으로, 통상인의 주의의무가 아니라 간호전문가로서의 주의의무를 의미한다.

③ 간호사의 주의의무 불이행에 대한 민사책임은 간호사 본인뿐만 아니라 병원의 사용자 책임도 있다.

④ 주의의무는 구체적인 내용이 명확히 설정되어 있는 것이 아니라, 사고가 발생한 후에 이를 위반하였는지의 여부가 검토되며, 이는 결과예견의무와 결과회피의무로 구성한다.

12 정답 ④

보기의 내용 모두 설명을 요구할 수 있다.

13 정답 ③

환자안전법 제14조(환자안전사고의 보고 등)

① 환자안전사고를 발생시켰거나 발생한 사실을 알게 된 또는 발생할 것이 예상된다고 판단한 보건의료인이나 환자 등 보건복지부령으로 정하는 사람은 보건복지부장관에게 그 사실을 보고할 수 있다.

② 보건복지부령으로 정하는 일정 규모 이상의 병원급 의료기관에서 다음 각 호의 어느 하나에 해당하는 환자안전사고가 발생한 경우 그 의료기관의 장은 보건복지부장관에게 그 사실을 지체 없이 보고하여야 한다.

1. 「의료법」 제24조의2 제1항에 따라 설명하고 동의를 받은 내용과 다른 내용의 수술, 수혈, 전신마취로 환자가 사망하거나 심각한 신체적·정신적 손상을 입은 환자안전사고가 발생한 경우
2. 진료기록과 다른 의약품이 투여되거나 용량 또는 경로가 진료기록과 다르게 투여되어 환자가 사망하거나 심각한 신체적·정신적 손상을 입은 환자안전사고가 발생한 경우
3. 다른 환자나 부위의 수술로 환자안전사고가 발생한 경우
4. 의료기관 내에서 신체적 폭력으로 인해 환자가 사망하거나 심각한 신체적·정신적 손상을 입은 경우

③ 제1항에 따른 보고(이하 "자율보고"라 한다)를 환자안전사고를 발생시킨 사람이 한 경우에는 「의료법」 등 보건의료 관계 법령에 따른 행정처분을 감경하거나 면제할 수 있다.

14 정답 ①

간호사의 법적 의무

① 환자에게 위험한 결과가 발생하지 않도록 최선의 조치를 취하였다고 인정된다면, 실제 해(harm)가 발생했다고 하더라도 주의의무 위반이 아니다.

② 응급상황과 같이 환자의 생명이 위태로운 경우에는 설명의무를 생략할 수 있다.

③ 의사의 지시가 불명확하거나 불충분할 경우에는 이에 대한 확인의무가 있다. 확인의무는 간호사가 간호조무사에 대한 감독·확인의무 등도 있다.

④ 의료인의 비밀유지의무는 절대적인 것이 아니다. 법령에서 허용된 경우와 비밀유지의 주체가 되는 환자가 동의한 경우에는 치료정보를 제3자에게 공개할 수 있다.

15 정답 ④

간호관리의 법적 측면

① 간호사고는 간호행위가 개시되어 종료되기까지의 과정이나 그 종료 후 당해 간호행위로 인하여 발생한 예상하지 못하고 원치 않았던 불상사를 총칭하는 것으로 가치중립적인 개념이다. 또한 간호행위 과정에서 환자, 보호자, 간호사 직원 등에게 예상외의 원하지 않은 불상사가 야기된 경우를 총칭하는 것이며, 간호사 과실 또는 과오 여부의 판단을 전제로 한 개념이 아니다. 따라서 간호사가 오염된 주사바늘에 찔린 경우에도 간호사고에 해당한다.

② 과실은 통상 요구되는 주의의무를 태만히 하는 것이다. 간호과오로 인한 책임에 있어서 형사상 과실은 고도의 실질적인 주의의무를 태만히 하는 것이다. 간호과오로 인한 책임에 있어서 형사상 과실은 고도의 실질적인 주의의무 위반이 있어야 하며, 형사상 과실이 인정될 경우 민사상 과실도 인정되는 것이 일반적이기 때문에 대부분의 의료과오소송에서 형사책임 추궁이 선행된다. 과실은 합리적이고 신중한 태도로 행동하지 못한 잘못으로 같은 상황에서 정상적인 신중한 사람이라면 행하는 범위에서 행동하지 않은 잘못을 말한다.

③ 과오는 과실의 특수한 형태로서 합리적이고 신중하게 행동하도록 교육받고 훈련된 전문가에게 기대되는 실무표준을 위반하는 경우를 말한다. 간호과오는 간호사가 간호행위를 행함에 있어서 평균수준의 간호사에게 요구되는 업무상의 주의의무를 게을리하여 환자에게 인신상의 손해를 발생하게 한 것을 말한다.

④ 예견의무는 예견가능성이 있는 범주 내에서만 추궁되며, 예견가능성이란 행위의 성질에 따라 특정한 영역의 통상인이라면 행위 시 결과발생을 예견할 수 있는 것을 말한다. 반면, 결과회피의무는 예견가능한 위험이 발생하는 경우에는 이를 피할 수 있는 수단을 강구해야 할 의무, 즉 나쁜 결과의 회피의무를 말한다.

⑤ 주의의무는 일정한 나쁜 결과 발생을 예견하고 이러한 예견가능한 나쁜 결과를 회피하기 위하여 주의를 다할 의무를 말하는데, 이를 확인하기 위해서는 당시 사회에서 통찰력 있고 신중한 간호사라면 동일한 상황에서 취하리라고 가상되는 행태 방법을 객관적 기준으로 삼는다. 주의의무는 악결과예견의무와 악결과회피의무의 이중적 구조이며, 주의의무를 위반하면 민사상·형사상 책임을 진다.

16 정답 ①

▶ 간호사의 확인의무

(1) 간호의 내용 및 그 행위가 정확하게 이루어지는가를 확인해야 하는 의무를 말한다.

(2) 의료보조원에 의료행위가 위임되었을지라도 간호사는 이들을 지도·감독하고 그 행위를 확인해야 하는 의무가 있다. → 과실에 대한 확인을 태만히 한 책임을 추궁받는다.

17 정답 ②

▶ 결과예견의무

㉡ 꼭 해야 할 의무가 있어야 한다. 그냥 "하면 좋았을 행위"를 강제하는 것은 병원 내의 근무평정 같은 데서 요구되는 것이지 법적 영역에서 강제되는 것이 아니다.

㉣ 위험회피를 위해 일정조치를 했으면 결과예견의무와 결과회피의무를 다한 것이다.

18 정답 ②

▶ 간호과오

- **과오** : 과실의 특수한 형태로서 합리적이고 신중하게 행동하도록 교육받고 훈련된 전문가에게 기대되는 실무표준을 위반하는 경우
- **간호과오** : 간호사가 간호행위를 함에 있어 평균적인 간호사에게 요구되는 업무상 주의의무를 게을리 하여(태만히 하여) 환자에게 손해를 입힌 경우, 즉 환자를 간호하면서 주의의무 태만으로 환자에게 손해를 입히게 된 것을 총칭하는 것

19 정답 ②

위법행위를 한 자 외에 이익의 귀속자인 사용자 책임도 물을 수 있다.

20 정답 ④

간호과오가 불법행위책임을 발생시키는 데 필요한 요건이라고 하였으므로 고의를 증명할 것이 아니라 과실을 증명해야 하므로 ④는 잘못된 내용이다.

21 정답 ③

의료인의 의도와 목적에 맞게 정보를 제공해서는 아니된다.

22 정답 ①

▶ 주의의무와 관련된 간호실무표준을 위한 지침

(1) 간호실무표준은 전문간호의 최소한의 수준이다.

(2) 간호실무표준은 강제가 따르는 외적 기준이면서 간호전문직의 내적 기준이다.

(3) 간호실무표준은 관련 법령, 판례, 전문단체가 편찬한 간호표준, 행정부의 행정명령 및 지침, 병원정책 및 매뉴얼, 간호의 직무기술서 등에서 발견된다.

(4) 간호사는 직무를 수행하는 간 간호실무표준을 이행할 책무가 있으며, 전문잡지 구독, 보수교육 이수 등을 통해 전문적 능력과 기술을 유지하도록 하여야 한다.
(5) 간호실무표준은 전문가 증인 또는 사실조회 등의 절차를 통한 재판과정을 통해 결정된다.

23 정답 ①

파발코가 제시한 전문직의 기준에서 자율성이란 업무수행에서 의사결정과 판단에 대한 자유재량이며, 스스로 업무를 통제하는 것으로 외적 통제로부터 자유로운 권한을 갖는 것이다. 우리나라는 아직까지 간호에 대한 의사들의 통제범위가 넓기 때문에 간호법 제정을 통해 간호사의 법적 권한을 인정받음으로써 자율성을 확보하기 위한 노력을 기울이고 있다.

24 정답 ④

연구 윤리에 관한 최초의 국제적 지침(지침서)은 뉘른베르크 강령(Nuremberg Code, 1947)이다.

25 정답 ③

「한국간호사 윤리강령」

- **간호사와 대상자 영역** : 평등한 간호제공, 개별적 요구 존중, 사생활 보호 및 비밀유지, 알 권리 및 자기결정권 존중
- **전문가로서의 간호사 의무** : 간호표준 준수, 교육과 연구, 전문적 활동, 정의와 신뢰의 증진(신설), 안전한 간호제공, 건강 및 품위 유지
- **간호사와 협력자** : 관계윤리 준수, 대상자 보호, 생명과학기술과 존엄성 보호

주관식 정답

01

헬싱키 선언

02

이론개발이 정련과정에 있음, 실무에서의 자율성이 제한적임, 평생 헌신하는 사람이 많지 않음

03

사회화

04

전문가

05

주의의무 위반

독학사

간호학과

합격문제집

4 단계

인터넷 강의 | 신지원에듀
www.sinjiwonedu.co.kr

MEMO

MEMO